中小学校园网建设与应用全程指导

主　编　丁卫泽
副主编　陈　巧　张　静　陈益均
参　编　邵叶秦　章志国　罗永平

科 学 出 版 社
北　京

内 容 简 介

本书的编写充分调研了目前中小学校园网建设运行现状和中小学校园网网管员的需求，以应用为导向，注重理论与实践相结合，力求反映计算机网络技术的最新发展和中小学校园网运行、管理、应用的现实问题。全书共13章，分为4篇。其中，网络建设篇包括网络规划、综合布线、局域网设计、路由技术，网络管理篇包括网络管理协议、网络安全技术，网络应用篇包括WWW服务器、FTP服务器、DHCP服务器和DNS服务器、流媒体视频服务器以及Windows Server 2003服务器安全配置，网络资源篇包括网站制作、网络教学平台建设。本书内容全面，几乎涵盖了校园网建设、运行、管理、应用的全部内容。

本书既可作为中小学校园网网管员的使用手册，也可作为高校本科生网络技术课程的教材。

图书在版编目(CIP)数据

中小学校园网建设与应用全程指导 / 丁卫泽主编. —北京：科学出版社，2013

ISBN 978-7-03-037799-9

I. ①中… II. ①丁… III. ①中小学–校园网–基本知识 IV. ①TP393. 18

中国版本图书馆CIP数据核字(2013)第125436号

责任编辑：相 凌 赵鹏利 / 责任校对：桂伟利
责任印制：徐晓晨 / 封面设计：华路天然工作室

科 学 出 版 社 出版
北京东黄城根北街16号
邮政编码：100717
http://www.sciencep.com

北京凌奇印刷有限责任公司 印刷

科学出版社发行 各地新华书店经销

*

2013年6月第 一 版 开本：787×1092 1/16
2021年8月第五次印刷 印张：23 1/2
字数：601 000

定价：69.00 元

(如有印装质量问题，我社负责调换)

前　言

近 20 年来，信息化浪潮席卷全球，给教育带来深刻变化，世界各国无不视信息技术为促进教育公平、提高教学质量、扩大办学效益的良方。《国家中长期教育改革和发展规划纲要(2010—2020 年)》(下称《规划纲要》)明确指出："信息技术对教育发展具有革命性影响，必须予以高度重视"。作为教育信息化的基础工程，校园网的建设一直是各级教育行政主管部门的标志性抓手，继《规划纲要》之后国家颁布了第一个教育发展单项规划——《教育信息化十年发展规划(2011—2020 年)》，提出要"超前部署覆盖城乡各级各类学校和教育机构的教育信息网络，实现校校通宽带，人人可接入"。2012 年，在全国教育信息化工作电视电话会议上，中华人民共和国国务院副总理刘延东明确提出了"宽带网络校校通，优质资源班班通，网络学习空间人人通"的建设要求。早在 2000 年，教育部就开始组织实施"校校通"工程，目标是"用 5～10 年的时间，使全国 90%左右独立建制的中小学校能够上网，使中小学师生都能共享网上教育资源"。2003 年，国家又实施了"农村中小学现代远程教育工程"，旨在解决农村中小学的信息化教学问题。到目前为止，上述目标基本实现。

在国家花费大量资金普及全国中小学校园网以后，校园网的运行、维护、管理、应用就成为一个更加紧迫的问题。有鉴于此，江苏省电化教育馆在 2008 年开始了"中小学校园网网络管理员培训"，南通大学有幸成为全省六个培训点之一，本书正是四年网管员培训工作的结晶。

全书共 13 章，分为四篇。

第一篇为网络建设篇，共 4 章。第 1 章讲述了网络的基础知识与网络工程的基本概念，介绍了工程招投标与项目管理的相关知识；第 2 章介绍了网络综合布线的概念、设计、施工、测试与验收的相关知识，并安排了综合布线的实训内容；第 3 章介绍了局域网设计中 IP 地址与子网划分、交换机、VLAN、冗余链路与访问控制列表的相关知识；第 4 章介绍了路由的基本概念、静态路由、动态路由与路由优化的相关知识。

第二篇为网络管理篇，共 2 章。第 5 章讲述了网络管理的各种协议与网络管理系统，并通过实践案例帮助理解网络管理的相关知识；第 6 章介绍了网络安全设置、防火墙和入侵检测系统的使用，以及病毒防护与漏洞修补等网络安全知识。

第三篇为网络应用篇，共 5 章。第 7 章介绍了 WWW 服务器的配置方法与 Web 站点的创建和管理，并通过解决方案的实例帮助理解 WWW 服务器的相关概念；第 8 章讲述了 FTP 服务器的配置方法与 FTP 服务原理，并分别介绍了 IIS6.0 和 Serv-U 两种环境下的 FTP 服务器搭建方法以及实训；第 9 章分别介绍了 DHCP 与 DNS 两种服务器的基本概念和搭建方法，并设计了 Windows Server 2003 系统架构 DHCP 与 DNS 服务器的案例；第 10 章讲述了流媒体技术与流媒体服务器的架构，着重介绍了基于 Windows Media 的流媒体服务器和基于 Helix Server 的流媒体服务的配置和安全设置；第 11 章讲述了 Windows Server 2003 服务器的安全配置，着重介绍了服务器端口的安全配置和各种安全配置协议。

第四篇为网络资源篇，共 2 章。第 12 章讲述了网站建设的基本知识，着重介绍了如何运用 Fireworks 进行网页设计和如何运用 Dreamweaver 进行网页制作，并通过案例引导实践；

第 13 章介绍了网络教学平台的相关知识，并着重讲述了开源系统 Moodle 网络教学平台运行环境配置、软件安装、软件应用等相关知识和 Moodle 二次开发的具体方法。

参加本书编写的有南通大学现代教育技术中心丁卫泽(第 1 章)、陈巧(第 7、8、9、12 章)、张静(第 10、11、13 章)、陈益均(第 3、4 章)、邵叶秦(第 5、6 章)、章志国(第 2 章)，全书由丁卫泽统稿，吴延慧负责审校。虽然主编、副主编都有十年以上校园网建设、运行、管理、维护和应用的实践和教学经验，但要把经验之谈集结出版，殊非易事。由于编者水平有限，经验不足，书中的不足之处请读者批评指正并提出宝贵意见。

丁卫泽

2012 年 11 月

目　录

第二篇 网络管理篇

第三篇 网络应用篇

第四篇　网络资源篇

第一篇　网络建设篇

第1章 网络规划

1.1 网络基础知识

1.1.1 计算机网络

1. 计算机网络的概念

计算机网络就是以资源共享和信息传递为目的，利用通信线路和网络设备，采用统一的网络协议将分散的、具有独立功能的计算机或智能终端连接起来的复杂系统。

2. 计算机网络发展的阶段

计算机网络从20世纪50年代至今，其发展过程主要经历了以下四个阶段：远程终端访问阶段、计算机互连阶段、网络标准化阶段以及高速互连和智能化阶段。

(1)远程终端访问阶段。这个阶段是计算机技术与通信协议的结合，表现为“主机-终端”模式，它是将多个终端集中连接到一台中央主机，实现了各分散终端与中央主机的通信。20世纪50年代，美国建立的半自动地面防空系统(SAGE)就是将远距离的雷达和其他测量控制设备的信息，通过通信线路汇集到一台中心计算机进行集中处理，首次实现了计算机技术和通信技术的结合。

(2)计算机互连阶段。在远程终端访问阶段，所有的任务交由中央主机来处理，因此中央主机的负担较重。为减轻主机负担，实现计算机与计算机的相互直接访问成了必然选择。1969年美国国防部高级研究计划局建成的ARPANET实验网是一个标志性的项目。

(3)网络标准化阶段。在网络设计之初，各个厂商没有统一的标准，生产的设备采用各自的协议，因此，建设一个网络只能选择某一个厂家的设备。国际化标准组织ISO于20世纪70年代发布了OSI七层网络模型，规范了网络设计和建设。

(4)高速互连和智能化阶段。网络资源的丰富和应用，网络应用系统的发展，通信技术的发展使得计算机高速互连，并且往智能化方向快速发展。

3. 中国计算机网络的发展简史

纵观我国互联网发展的历程，可以将其划分为四个阶段。

1)网络探索阶段(1987～1993年)

这一阶段主要是科研院所的实验研究阶段。1986年，北京市计算机应用技术研究所实施的国际联网项目——中国学术网(CANET)启动。1987年9月，CANET在北京计算机应用技术研究所内正式建成中国第一个国际互联网电子邮件节点，并于9月14日发出了中国第一封电子邮件：“Across the Great Wall we can reach every corner in the world(越过长城，走向世界)”，揭开了中国人使用互联网的序幕。

1990年11月28日，钱天白教授代表中国正式在斯坦福研究院互联网消息中心(SRI-NIC)注册登记了中国的顶级域名CN，并且开通了使用中国顶级域名CN的国际电子邮件服务，从此中国的网络有了自己的身份标识。由于当时中国尚未实现与国际互联网的全功能连接，中国 CN 顶级域名服务器暂时建在了德国卡尔斯鲁厄大学。

1992 年 12 月底，清华大学校园网(TUNET)建成并投入使用，这是中国第一个采用 TCP/IP 体系结构的校园网。主干网首次成功采用 FDDI 技术。1992 年底，中国国家计算机与网络设施(NCFC)联合设计组完成了三个院校网的建设，即中国科学院网(CASnet，连接了中关村地区 30 多个研究所及三里河中国科学院院部)、清华大学校园网(TUnet)和北京大学校园网(PUnet)。

2) 蓄势待发阶段(1994～1998 年)

1994 年 4 月 20 日，NCFC 通过美国 Sprint 公司连入 Internet 的 64K 国际专线开通，实现了与 Internet 的全功能连接。从此中国被国际上正式承认为真正拥有全功能 Internet 的国家。此事被中国新闻界评为 1994 年中国十大科技新闻之一，被国家统计公报列为中国 1994 年重大科技成就之一。

1994 年 7 月初，由清华大学等六所高校建设的“中国教育和科研计算机网”试验网开通，该网络采用 IP/x.25 技术，连接北京、上海、广州、南京、西安等五所城市，并通过 NCFC 的国际出口与 Internet 互连，成为运行 TCP/IP 协议的计算机互联网络。1994 年 8 月，由国家计划委员会投资，国家教育委员会主持的中国教育和科研计算机网(CERNET)正式立项。该项目的目标是利用先进实用的计算机技术和网络通信技术，实现校园间的计算机联网和信息资源共享，并与国际学术计算机网络互连，建立功能齐全的网络管理系统。

3) 飞速发展阶段(1999～2002 年)

1999 年 1 月 22 日，由中国电信集团公司和国家经济贸易委员会经济信息中心牵头、联合四十多家部委(办、局)信息主管部门在北京共同举办“政府上网工程启动大会”，倡议发起了“政府上网工程”，政府上网工程主站点 www.gov.cn 开通试运行。2000 年 7 月 7 日，由国家经济贸易委员会、中华人民共和国工业和信息化部指导，中国电信集团公司与国家经济贸易委员会经济信息中心共同发起的“企业上网工程”正式启动。2001 年 12 月 20 日，由中华人民共和国工业和信息化部、中华全国妇女联合会、中国共产主义青年团中央委员会、中华人民共和国科学技术部、中华人民共和国文化部主办的“家庭上网工程”正式启动。

2000 年 5 月 17 日，中国移动互联网(CMNET)投入运行。2001 年 12 月 22 日，中国联通 CDMA 移动通信网一期工程如期建成，并于 2001 年 12 月 31 日在全国 31 个省、自治区、直辖市开通运营。中国联通 CDMA 网络的建成，标志着中国移动通信技术的发展进入了一个新领域。2003 年 4 月 9 日，中国网通集团在北京向社会各界公布中国网通集团与中国电信集团的公众计算机互联网(CHINANET)实施拆分，并隆重推出中国网通集团新的业务品牌“宽带中国 CHINA169”。

4) 繁荣与未来(2003 年至今)

2003 年 8 月 8 日，由中国互联网协会和中国互联网络信息中心联合编写的第一部《中国互联网发展报告》在北京正式出版。它是互联网 1994 年进入中国以来第一部比较全面地反映我国互联网发展状况的综合性大型文献资料。

2003 年 8 月，国务院正式批复启动“中国下一代互联网示范工程”(CNGI)。CNGI 是实施我国下一代互联网发展战略的起步工程，由国家发展和改革委员会主持，中国工程院技术总协调，由国家发展和改革委员会、中华人民共和国科学技术部、中华人民共和国工业和信息化部、国务院信息化工作办公室、中华人民共和国教育部、中国科学院、中国工程院、国家自然科学基金委员会等八部委联合领导。2004 年 7 月 21 日，CNGI 项目专家委员会正式成立。

2004 年 12 月 23 日，我国国家顶级域名.CN 服务器的 IPv6 地址成功登录到全球域名根服务器，标志着.CN 域名服务器接入 IPv6 网络，支持 IPv6 网络用户的.CN 域名解析，这表明我国国家域名系统进入下一代互联网。2004 年 12 月 25 日，CNGI 核心网之一的 CERNET2 主干网正式开通。

根据中国互联网络信息中心(CNNIC)发布的《第 29 次中国互联网络发展状况统计报告》，截至 2011 年底，中国网民数量突破 5 亿，达到 5.13 亿，全年新增网民 5580 万。互联网普及率较上年底提升 4 个百分点，达到 38.3%。2011 年，我国政府扎实推进通信业转型发展，在互联网方面，积极推动宽带网络基础设施建设，加快发展新技术、新业态。截至 2011 年 11 月，我国互联网宽带接入用户达到 1.55 亿户，3G 网络已经覆盖全国所有县城和大部分乡镇，硬件设施的不断完备为互联网深入普及提供了良好的外部环境。截至 2011 年 12 月底，我国 IPv4 地址数量为 3.3 亿，拥有 IPv6 地址 9398 块/32。我国域名总数为 775 万个，其中.CN 域名数达到 353 万个，国际出口带宽为 1389529Mbps。2010 年 12 月—2011 年 12 月网民年龄结构和学历结构分别如图 1-1 和图 1-2 所示，2011.12 网民职业结构如图 1-3 所示。

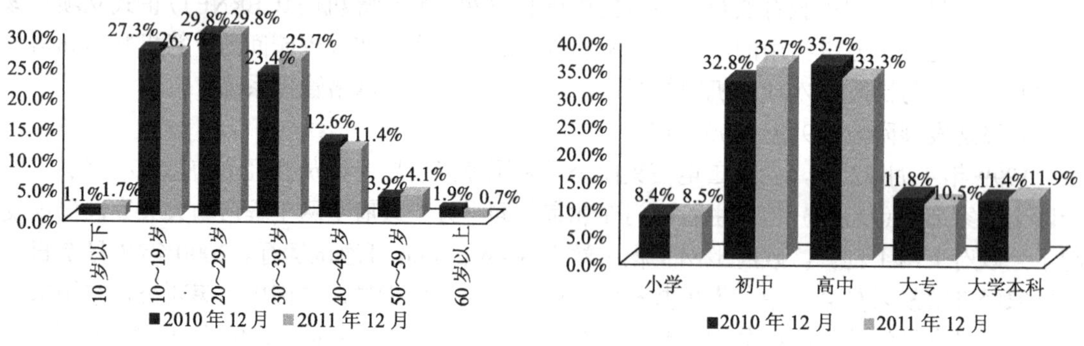

图 1-1 2010 年 12 月～2011 年 12 月网民年龄结构　图 1-2 2010 年 12 月～2011 年 12 月网民学历结构

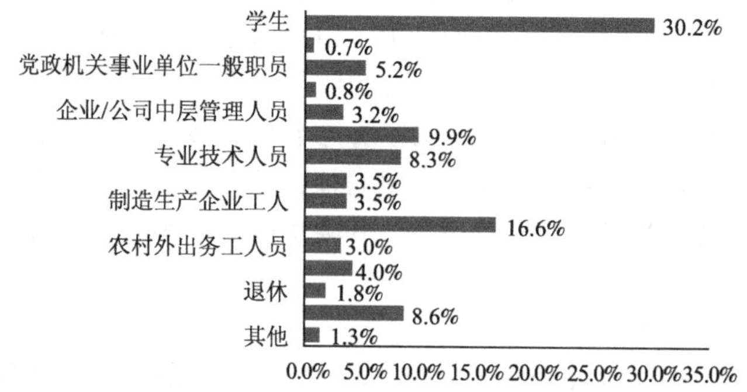

图 1-3 2011 年 12 月网民职业结构

4. 计算机网络的功能

计算机网络的功能主要表现在数据通信、资源共享和分布式处理三个方面。

(1)数据通信。数据通信功能实现了终端与服务器、终端与终端之间的数据传输，是计算机网络的基本功能。

(2)资源共享。资源共享包括硬件资源共享和软件资源共享。硬件资源共享有打印机共享、存储设备共享等；软件资源共享有数据共享、文件共享等，以及对数据资源的几种管理。

(3) 分布式处理。对于大型的任务或当网络中某台计算机的任务负荷太重时，分布式处理可将任务分散到网络中的各台计算机上进行，或由网络中比较空闲的计算机分担负荷。

5. 计算机网络类型

网络类型的划分标准有多种，一般采用按照地理范围划分的标准。按这种标准可以把计算机网络类型划分为局域网、城域网和广域网。

1) 局域网

局域网 (LAN) 指覆盖局部区域 (如办公室或楼层) 的计算机网络，最常用的局域网组网方式是以太网。以太网类型数据传输速率目前主要有 100Mb/s、1000Mb/s 和 10000Mb/s。校园网就是利用网络设备、通信介质和适宜的组网技术与协议以及各类系统管理软件和应用软件，将校园内计算机和各种终端设备有机地集成在一起，应用于教学科研、学校管理、信息资源共享和远程教学等工作的局域网，是实施教育信息化的有效载体。

无线局域网 (WLAN) 是使用无线电波作为数据传送媒介的一种特殊局域网。无线局域网用户通过一个或多个无线接收器 (WAP) 接入无线局域网，但无线局域网的主干网路通常使用有线电缆。无线局域网数据通信采用 802.11 协议标准，主要有 802.11a、802.11b、802.11g 和 802.11n，各协议标准的比较如表 1-1 所示。

表 1-1　802.11 标准比较

	802.11a	802.11b	802.11g	802.11n
标准发布时间	1999 年 9 月	1999 年 9 月	2003 年 6 月	2009 年 9 月
频率	5GHz	2.4GHz	2.4GHz	2.4GHz 和 5GHz
传输速率	54M	11M	54M	300～600M
非重叠信道	12	3	3	12
无线覆盖范围	50M	100M	<100M	>100M
兼容性	与 b/g 不能互通	与 11g 可互通	与 11b 可互通	与 a/b/g 互通

2) 城域网

城域网 (MAN) 是一种跨城区，将不在同一地理小区范围内的计算机互连的网络，这种网络的连接距离可以在 10～100km。MAN 与 LAN 相比扩展的距离更长，连接的计算机数量更多，在地理范围上可以说是 LAN 网络的延伸。在一个大型城市或都市地区，一个 MAN 网络通常连接着多个 LAN 网。

3) 广域网

广域网 (WAN) 是连接不同地区的局域网或城域网的计算机通信远程网，通常跨接很大的物理范围，所覆盖的范围从几十千米到几千千米，它能连接多个地区、城市和国家，或横跨几个洲并能提供远距离通信，形成国际性的远程网络。

1.1.2　网络体系结构

要实现计算机间互相通信，必须有一套标准来规范，网络协议 (network protocol) 就是用于定义数据的格式以及发送和接收的一套规范。为减少网络协议设计的复杂性，网络设计者采用层次化的方法处理数据通信问题，为每层分别设计协议规范。目前的计算机网络模型有开放系统互连模型(OSI)、TCP/IP 模型和 IEEE802 模型。

1. *开放系统互连模型*

开放系统互连模型是国际标准化组织(ISO)在 1985 年研究的网络互连模型。这个模型详细规定了每一层的功能，以实现开放系统环境中的互连性、互操作性和应用的可移植性。

第七层，应用层，OSI 中的最高层。为特定类型的网络应用提供了访问 OSI 环境的手段。应用层确定进程之间通信的性质，不仅要提供应用进程所需要的信息交换和远程操作，而且还要作为应用进程的用户代理，来完成一些为进行信息交换所必需的功能。

第六层，表示层，主要用于处理两个通信系统中交换信息的表示方式。为上层用户解决用户信息的语法问题。它包括数据格式交换、数据加密与解密、数据压缩与恢复等功能。

第五层，会话层，在两个节点之间建立端连接。为端到端的应用程序之间提供了对话控制机制。此服务包括建立连接是以全双工还是以半双工的方式进行设置。

第四层，传输层，常规数据递送——面向连接或无连接。为会话层用户提供一个端到端的可靠、透明和优化的数据传输服务机制。包括全双工或半双工、流控制和错误恢复服务。

第三层，网络层，通过寻址来建立两个节点之间的连接，为源端的传输层送来的分组选择合适的路由和交换节点，正确无误地按照地址传送给目的端的传输层。

在计算机的命令提示符窗口输入“ipconfig /all”命令查看 IP 地址信息，如图 1-4 所示。

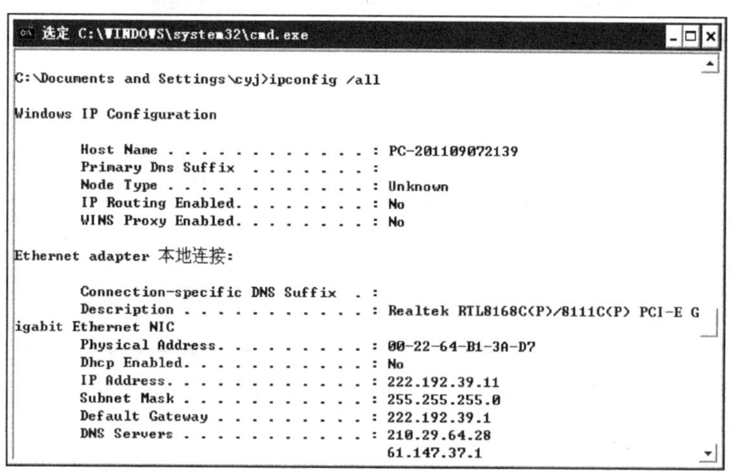

图 1-4　查看 IP 地址

第二层，数据链路层，在此层将数据分帧并处理流控制。为网络层提供一个数据链路的连接，在一条有可能出差错的物理连接上，进行几乎无差错的数据传输。

第一层，物理层，处于 OSI 参考模型的最底层。物理层的主要功能是利用物理传输介质为数据链路层提供物理连接，以便透明地传送比特流。

数据发送时，从第七层传到第一层，接收数据则相反。上三层总称应用层，用来控制软件方面；下四层总称数据流层，用来管理硬件。各层功能介绍如图 1-5 所示。

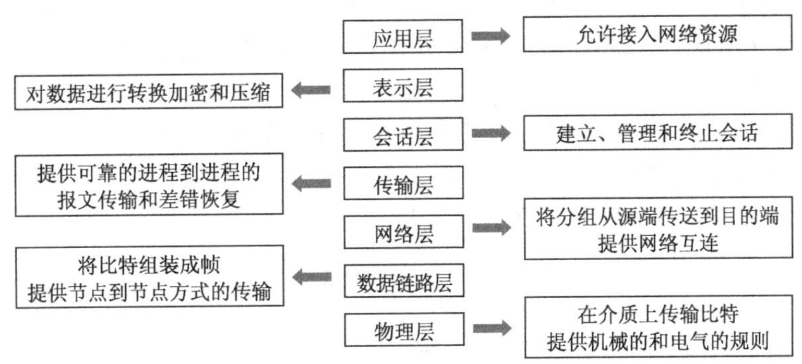

图 1-5　OSI 各层功能介绍

2. TCP/IP 模型

TCP/IP 参考模型是计算机首创网络 ARPANET 和其后继的因特网使用的参考模型。TCP/IP 是一组用于实现网络互连的通信协议。Internet 网络体系结构以 TCP/IP 为核心。基于 TCP/IP 的参考模型将协议分成四个层次，它们分别是应用层、传输层、网络互连层、网络接口层。

(1) 应用层：应用层对应于 OSI 参考模型的高层，为用户提供所需要的各种服务，例如，FTP、Telnet、DNS、SMTP 等。

(2) 传输层：传输层对应于 OSI 参考模型的传输层，为应用层实体提供端到端的通信功能。该层定义了两个主要的协议：传输控制协议(TCP)和用户数据包协议(UDP)。TCP 协议提供的是一种可靠的、面向连接的数据传输服务，而 UDP 协议提供的则是不可靠的、无连接的数据传输服务。

在计算机的命令提示符窗口输入“netstat-an”命令查看计算机当前所使用的服务以及对应的协议类型和端口号，如图 1-6 所示。

```
选定 C:\WINDOWS\system32\cmd.exe
C:\Documents and Settings\cyj>netstat -an

Active Connections

  Proto  Local Address          Foreign Address        State
  TCP    0.0.0.0:21             0.0.0.0:0              LISTENING
  TCP    0.0.0.0:135            0.0.0.0:0              LISTENING
  TCP    0.0.0.0:445            0.0.0.0:0              LISTENING
  TCP    0.0.0.0:1521           0.0.0.0:0              LISTENING
  TCP    0.0.0.0:3389           0.0.0.0:0              LISTENING
  TCP    0.0.0.0:5560           0.0.0.0:0              LISTENING
  TCP    0.0.0.0:5580           0.0.0.0:0              LISTENING
  TCP    0.0.0.0:6001           0.0.0.0:0              LISTENING
  TCP    0.0.0.0:6699           0.0.0.0:0              LISTENING
  TCP    0.0.0.0:7909           0.0.0.0:0              LISTENING
  TCP    0.0.0.0:8900           0.0.0.0:0              LISTENING
  TCP    127.0.0.1:1025         0.0.0.0:0              LISTENING
  TCP    127.0.0.1:1034         0.0.0.0:0              LISTENING
  TCP    127.0.0.1:4242         0.0.0.0:0              LISTENING
  TCP    127.0.0.1:5037         0.0.0.0:0              LISTENING
  TCP    127.0.0.1:43958        0.0.0.0:0              LISTENING
  TCP    222.192.39.11:139      0.0.0.0:0              LISTENING
  TCP    222.192.39.11:1076     49.88.162.21:7909      ESTABLISHED
  TCP    222.192.39.11:1204     117.63.243.48:8775     ESTABLISHED
  TCP    222.192.39.11:1823     210.25.240.88:80       CLOSE_WAIT
  TCP    222.192.39.11:2849     113.250.169.233:7909   CLOSE_WAIT
  TCP    222.192.39.11:3389     112.21.69.143:33400    ESTABLISHED
  TCP    222.192.39.11:3937     180.141.13.68:4468     ESTABLISHED
  TCP    222.192.39.11:4319     61.155.7.66:80         CLOSE_WAIT
```

图 1-6　查看计算机使用的服务

(3)网络互连层：网络互连层对应于 OSI 参考模型的网络层，主要解决主机到主机的通信问题。该层有四个主要协议：网际协议(IP)、地址解析协议(ARP)、互联网组管理协议(IGMP)和互联网控制报文协议(ICMP)。IP 协议是网络互连层最重要的协议，它提供的是一个不可靠、无连接的数据包传递服务。

(4)网络接口层：网络接口层与 OSI 参考模型中的物理层和数据链路层相对应。事实上，TCP/IP 本身并未定义该层的协议，而由参与互连的各网络使用自己的物理层和数据链路层协议，然后与 TCP/IP 的网络访问层进行连接。OSI 模型与 TCP/IP 模型对照如图 1-7 所示。

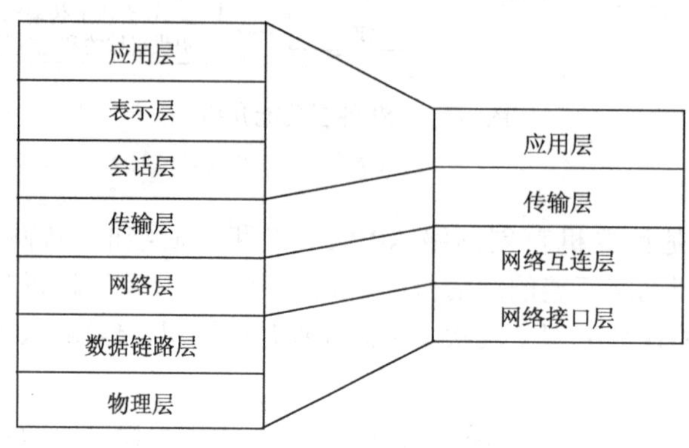

图 1-7 OSI 模型与 TCP/IP 模型对照

3. IEEE802 模型

国际电气与电子工程师协会(IEEE)是专门负责网络标准定义的国际化组织。20 世纪 80 年代初，IEEE 组织负责局域网与城域网的标准委员会发布了自己的局域网标准，这些标准都以 802 开头，简称 IEEE802 协议模型。

在 IEEE802 协议模型中，网络分为两层：数据链路层和物理层。其中数据链路层又划分为两个子层：逻辑链路控制层(LLC)和介质访问控制层(MAC)。

MAC 子层的主要功能包括数据帧的封装和卸装、帧的寻址和识别、帧的接收和发送、链路的管理和帧的差错控制等。MAC 层的核心是管理网络设备的物理地址，物理地址也被称为 MAC 地址。MAC 地址有 48 位(6 个字节)构成，前 24 位是分配给厂商的代码，后 24 位是唯一的设备代码，MAC 地址固化在网卡的 BIOS 中，从而标识设备的唯一性。

在网卡的初始化过程中，操作系统读取网卡中的 MAC 地址，在通信过程中使用的 MAC 地址是从初始化过程结束后建立的缓冲区中读取的，而缓冲区中 MAC 地址可能是注册表定义的 MAC 地址，而不是真实的 MAC 地址，这个过程由网卡驱动程序完成，这也是 Windows 操作系统的 MAC 地址可以被轻易修改的原因。

LLC 子层负责向其上层提供服务，负责对各种网络协议进行封装，使得协议能在物理线路上传输。LLC 帧在传输不同网络协议的时候是需要服务访问点(SAP)来区分的。三大网络参考模型对比如表 1-2 所示。

表 1-2　三大网络参考模型对比

OSI	TCP/IP	IEEE 802
应用层	应用层	无规范
表示层		
会话层		
传输层	传输层	
网络层	网络互连层	
数据链路层	网路接口层	数据链路层
物理层		物理层

1.1.3　实践案例——局域网共享上网

【名称】局域网共享上网。

【目的】利用 SOHO 路由器实现多台计算机的共享上网。

【需求】在小型办公网络中，经常遇到信息点不能满足终端接入的需求，需要采用额外的设备来扩展终端接入能力。SOHO 路由器是一种常用的设备，尤其是当前有很多品牌的设备能够同时提供有线和无线两种接入方式。

【步骤】

1. 制作双绞线

双绞线(图 1-8)的制作方式有两种国际标准，分别为 EIA/TIA568-A 以及 EIA/TIA568-B，其排线顺序如图 1-9 所示。

正线(568-B)：两端线序一样，线序是白橙、橙、白绿、蓝、白蓝、绿、白棕、棕。

反线(568-A)：一端为正线的线序，另一端为白绿、绿、白橙、蓝、白蓝、橙、白棕、棕。

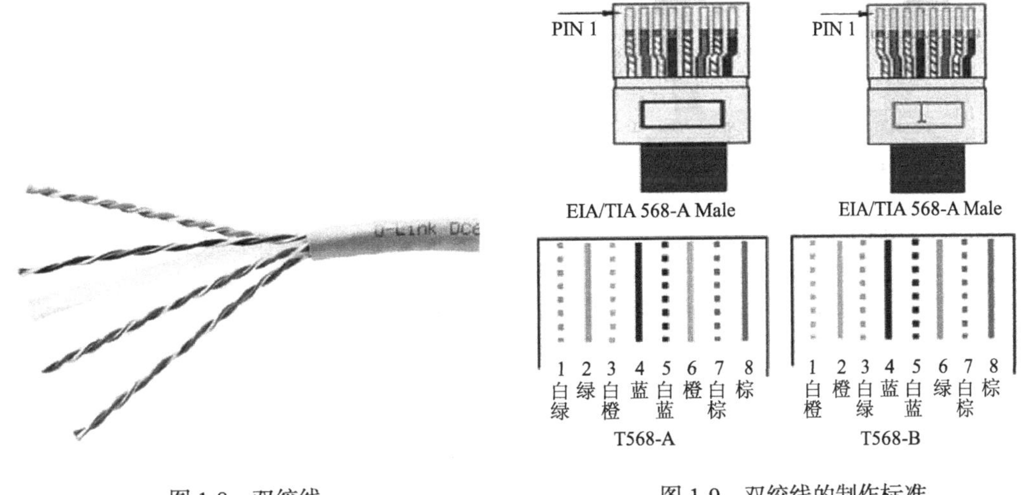

图 1-8　双绞线　　图 1-9　双绞线的制作标准

测线器：简单地测试 8 根线是否连通的设备，如图 1-10 所示，只要 1、2、3、6 号线能连通则说明此双绞线能正常使用。

图 1-10 测线器

2. 选择设备

根据实际需求，选择具有合适端口数量的设备，并根据接入计算机的接入类型，选择设备是否需要具有无线功能。

3. 配置 SOHO 路由器

SOHO 路由器如图 1-11 所示，无线宽带路由器可以通过有线或无线方式进行连接，但是第一次对路由器设置时，一般使用有线方式连接。

对 PC 机的网络进行设置，如果所选设备默认开启 DHCP 服务，则计算机网络设置为自动获得 IP 地址，否则需要手工配置 IP 地址(设备的地址一般为 192.168.0.1，因此计算机的 IP 地址设置为 192.168.0.2～192.168.0.254 中的任意地址即可)，如图 1-12 所示。

图 1-11 SOHO 路由器

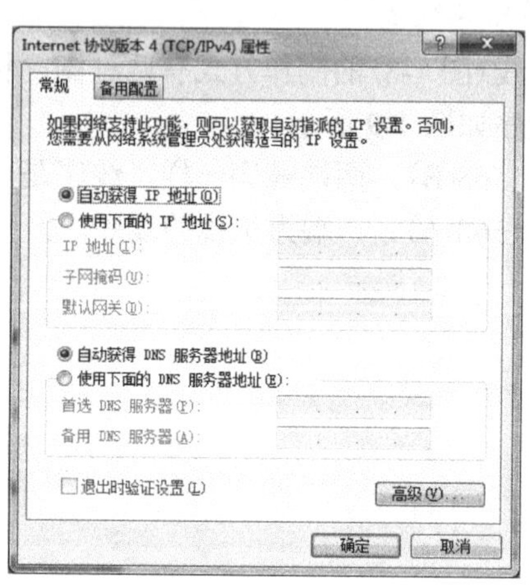

图 1-12 终端计算机网络设置

打开 Web 浏览器，在 URL 地址栏中输入 SOHO 路由器的管理地址(一般为http://192.168.0.1)，然后单击 Enter 键，如图 1-13 所示。

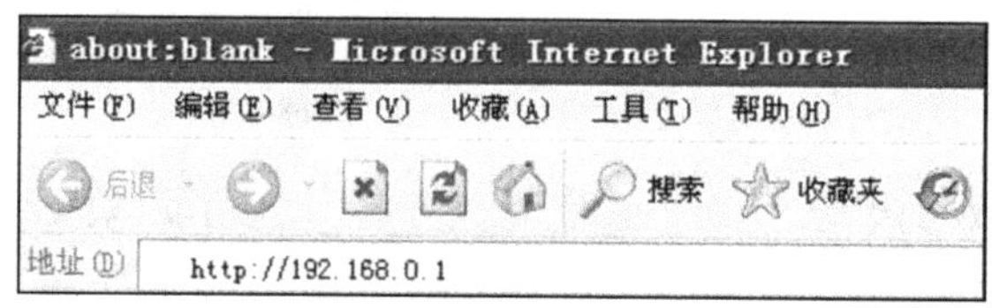

图 1-13 通过浏览器管理 SOHO 路由器

(1) 设置 SOHO 路由器与外网连接方式，如图 1-14 所示。

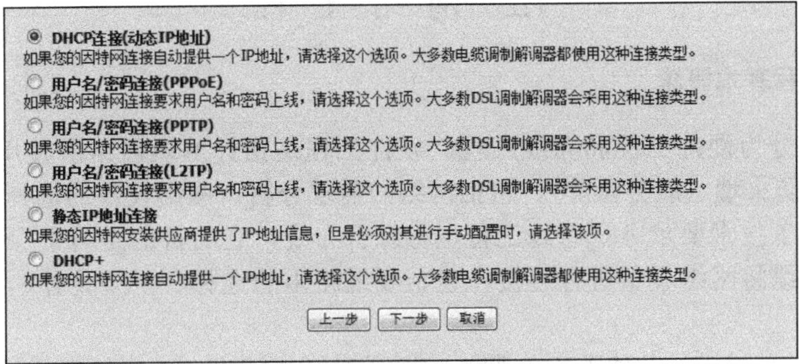

图 1-14　SOHO 路由器与外网连接方式

(2) 开启 DHCP 功能，如图 1-15 所示。

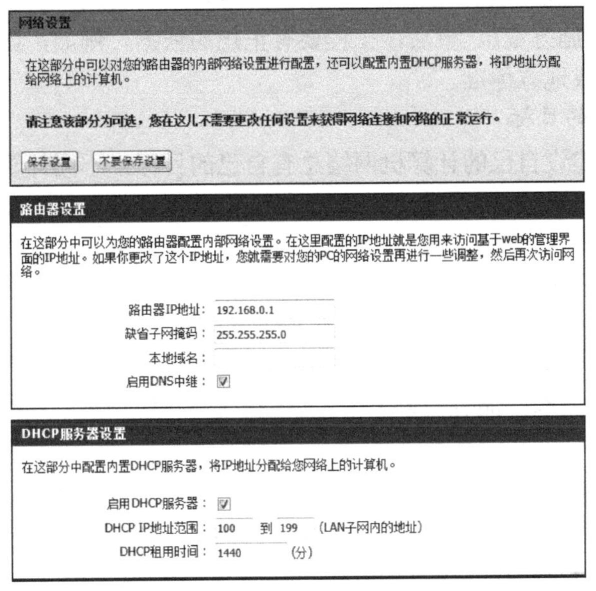

图 1-15　开启 DHCP 功能

(3) 设置无线网络，设置 SSID 名称，用于区分接入点，开启加密，防止非法用户接入，如图 1-16 所示。

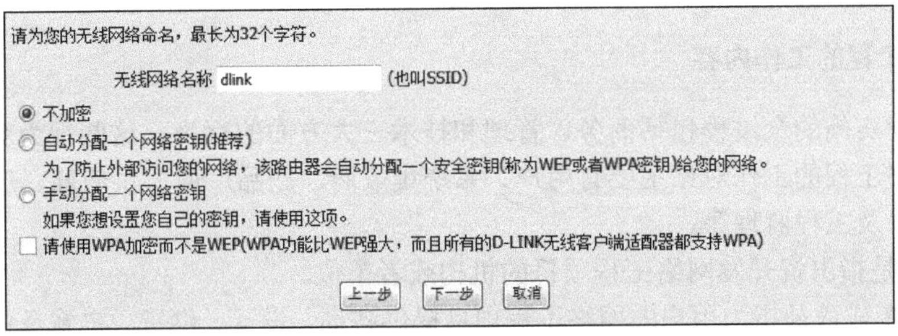

请为您的无线网络命名，最长为32个字符。

无线网络名称 dlink (也叫SSID)

◉ 不加密

○ 自动分配一个网络密钥(推荐)

为了防止外部访问您的网络，该路由器会自动分配一个安全密钥(称为WEP或者WPA密钥)给您的网络。

○ 手动分配一个网络密钥

如果您想设置您自己的密钥，请使用这项。

☐ 请使用WPA加密而不是WEP(WPA功能比WEP强大，而且所有的D-LINK无线客户端适配器都支持WPA)

上一步　下一步　取消

图 1-16　无线网络设置

1.2 网络工程

1.2.1 网络工程基本概念

网络工程分为硬件工程和布线工程。硬件工程是指计算机网络所使用的设备(交换机、路由器、防火墙、服务器等)，包括网络的需求分析、网络设备的选择、网络拓扑结构的设计、施工技术要求等；布线工程也称综合布线，它的目的是为了保持正常通信而使用光缆、铜缆将网络设备进行连接，包括线缆路由的选择、桥架设计、线缆及接插件的选型等。

为了使网络能够满足各种服务在带宽、可扩缩性和可靠性等方面不断增长的需求，网络工程必须解决好网络的设计、实施和维护等一系列技术问题。

首先，在工程开始之前要有非常明确的网络建设目标。目标一旦确定，在工程进行中不能轻易更改。其次，工程应有详细的规划。规划分为不同的层次，有的比较概括(如总体规划)，有的则非常具体(如实施方案)。最后，工程要有正规的依据。例如，国际标准、国家标准、军队标准、行业标准或地方标准。

1. 网络工程建设的目标

任何一个单位要建设自己的计算机网络总有自己的目标，不同计算机网络的建设目标是不尽相同的。对用户来讲，都希望能够以较低的运作及建设成本来建设一个整体性能、扩展性、安全性和可靠性等方面都具有良好表现、易于操作和使用、具有较好的维护性的网络，也就是要建成一个性价比高的网络。

(1)建成实用、先进、安全的计算机网络平台。

(2)提高资源管理水平和生产效率。

(3)提供多种网络服务，如办公自动化、视频会议、远程访问、电子商务等。

(4)促进信息共享、宣传形象等。

2. 网络工程设计的原则

(1)实用性：以应用需求为导向。

(2)可靠性：保证系统的可用性。

(3)先进性：采用先进的主流技术和产品，延长技术和产品换代周期。

(4)扩充性：保证系统未来规模和功能的可扩展。

(5)集成性：实现系统之间的信息互通与共享。

(6)高性价比：在保证系统功能与性能的前提条件下，尽可能节约。

1.2.2 网络工程的工作内容

网络工程实施的全过程包括商务、管理和技术三大方面的行为，这些行为交替或者混合地执行。网络工程的工作对象主要有用户、系统集成商、产品厂商、供应商、应用软件开发商、施工队以及工程监理等。

(1)用户是指出资开发网络工程项目的机构或者单位。

(2)系统集成商是指为用户的网络工程项目提供咨询、设计、供货、实施及售后维护等一系列服务的公司实体，是网络工程项目的主要执行者。通常由一批精通 IT 技术的不同方面、具有系统设计与实施经验的专业技术人员组成，他们可以根据不同用户的环境和技术应用现状、投资预算，为用户设计合理的计算机网络系统方案，通过与用户交流，选定方案并进行项目实施。

(3)产品厂商是指网络工程项目中所选用产品的生产厂家。

(4)供应商是指为系统集成商提供网络工程项目所选用产品的企业或公司，如某种产品的代理商、经销商等。

(5)应用软件开发商是指从事用户应用软件开发的专业公司，也可以是系统集成商自己的软件开发部门(具有应用软件开发能力)。

(6)施工队是指专门从事计算机网络布线相关业务的施工队伍。

(7)工程监理是指网络工程项目中专门对设计、施工、验收等活动进行质量检查和控制的机构或者公司。

按商务活动来划分，一个工程项目可分为前期准备和后期实施两个阶段。

(1)前期准备阶段：前期准备阶段是指用户(甲方)就某个网络工程项目从与一个或多个系统集成商(乙方)的销售代表接触开始，到该项目签订服务合同为止的工作阶段。主要工作内容包括双方交流、需求分析、现场勘查、招标方案设计(甲方)、招标书撰写(甲方)、投标方案设计(乙方)、投标书撰写(乙方)、招标(述标与答辩，评标与定标)以及商务洽谈与合同签订。

(2)后期实施阶段：后期实施阶段是指对网络工程项目从签订集成服务合同开始，到合同约定的服务期结束为止。主要工作内容包括网络系统的逻辑设计、实施方案的编写、产品订货与供货、布线工程、硬件设备安装与调试、软件系统安装与调试、应用软件开发与调试、系统测试、用户培训、竣工文档编制、项目验收、后期技术支持以及系统维护与质量保证。

1.2.3 网络工程需求分析

用户调查与需求分析是网络工程实施的基础和前提，是整个网络工程实施的依据，整个网络工程中大多数技术、产品选型和工程配置等都要依据需求分析的结果。需求分析就是将用户模糊的想法明确化和具体化，完成需求分析的直接方法就是进行用户需求调查。实际上用户需求是指信息系统的终端用户的需求，由使用单位(业主)的信息管理部门或信息管理人员收集、汇总、整理提出建设单位的整体需求。

1. 用户需求调查的方式

(1)实地考察：这种方法是获得第一手资料最直接的方法，也是必需的步骤。

(2)用户访谈：使用单位的信息管理人员与各使用部门进行沟通来获得具体需求信息。

(3)问卷调查：设计人员提供一个调查表格，向终端用户进行问卷调查，获取网络的应用需求。

(4)向同行咨询：将获取的需求分析材料中不涉及商业机密的部分交由专门的网络技术专家，由他们来提出相关的建议和意见。

2. 用户需求调查的内容

(1)业务与组织结构调查：与使用部门主管、具体使用人员进行交流，获取主要相关人员信息、网络工程的关键点信息、投资规模、性能、安全性、远程访问等需求。

(2)用户调查：主要收集用户对网络的要求以及网络故障的容忍度等信息。

(3)应用调查：弄清楚建网目的、当前以及将来部署的应用。

(4)计算机平台的调查：考虑多种类型操作系统的支持。

(5)综合布线调查：了解楼宇分布、楼宇内部结构，以便规划整个网络结构和室内布线。需要统计用户的信息点数和位置、布线要求等信息。

3. 需求分析的制约因素

(1)商务约束：主要是投资预算，所以网络设计者的一个共同目标就是控制网络预算，如果一个项目超出用户的承担能力，即使再好的项目也无法进行。

(2)技术约束：主要是充分考虑现有基础架构，采用当前主流技术的限制。

1.2.4 网络系统设计

网络系统设计分为逻辑设计和物理设计。逻辑设计包括网络拓扑结构设计、IP 地址规划与虚拟网络的划分、网络安全设计、网络管理设计、广域网设计；物理设计包括综合布线、网络机房系统和供电系统。

1.2.5 实践案例——网络工程设计

【名称】网络工程设计。

【目的】根据项目的需求分析，对网络进行设计。

【需求】校园网是利用组网技术、网络设备、传输介质、网络协议以及各种系统管理软件和应用软件将校内的计算机和各类终端设备有机地集成在一起，实现教学、科研、管理、信息资源共享和远程教学等功能的计算机局域网。校园网的基本功能包括：教学、教务管理；图书馆管理；实验室管理；学生成绩和学籍管理；财务和行政管理；后勤管理；办公自动化等。除此之外，还应满足校内外的通信需求，包括 Internet 服务、远程教学、视频会议、电子公告等。校园网建设目标是根据学校的实际需求设计，将已有的网络和未建的网络互连，实现校内数据资源共享，并能与 Internet 相连，使校内各信息点计算机通过校园网能访问 Internet。在此基础上能满足教学、科研和管理的需求，并能开发建设各类教学资源库与应用系统，为教师、学生及家长提供充分的网络信息服务。

【步骤】

1. 需求分析

图 1-17 为某学校楼宇平面图，楼宇信息点分布如表 1-3 所示。

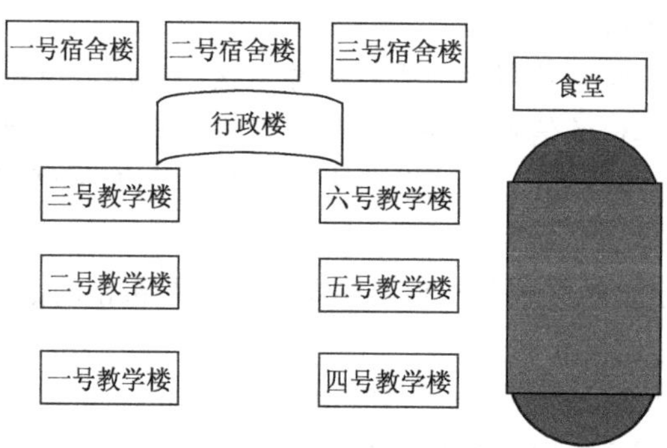

图 1-17 校园楼宇分布图

表 1-3　楼宇信息点分布

楼宇	楼层	信息点数	小计
一号教学楼	1～4：多媒体教室	12/层	48
二号教学楼	1～4：多媒体教室	12/层	48
三号教学楼	1～4：多媒体教室	12/层	48
四号教学楼	1～4：多媒体教室	12/层	48
五号教学楼	1～4：多媒体教室	12/层	48
六号教学楼	1、2：实训基地	24/层	48
	3：计算机机房	70/间，每层 3 间	210
	4：计算机机房	70/间，每层 3 间	210
一号宿舍楼	1～5：学生宿舍	100/层	500
二号宿舍楼	1～5：学生宿舍	100/层	500
三号宿舍楼	1～5：学生宿舍	100/层	500
食堂	1～2 层	40	80
传达室		4	4
体育器材室		4	4
行政楼	1 层：图书馆	100	450
	1 层：网络中心	50	
	2 层：生物组	12	
	2 层：政治组	12	
	2 层：历史组	12	
	2 层：地理组	12	
	2 层：体育组	12	
	2 层：音美组	12	
	3 层：语文组	20	
	3 层：数学组	20	
	3 层：外语组	20	
	3 层：物理组	20	
	3 层：化学组	20	
	4 层：总务处	5	
	4 层：教科室	5	
	4 层：督导室	5	
	4 层：后勤处	20	
	4 层：财务处	10	
	5 层：组织人事处	6	
	5 层：教务处	6	
	5 层：学工处	6	
	5 层：团委	5	
	6 层：校领导	20	
	6 层：校办、党办	16	
	6 层：工会	4	
	1 层：校园网主机房	20	
	合计		2746

2. 网络拓扑结构设计

根据楼宇及信息点分布，设计网络拓扑结构如图 1-18 所示。

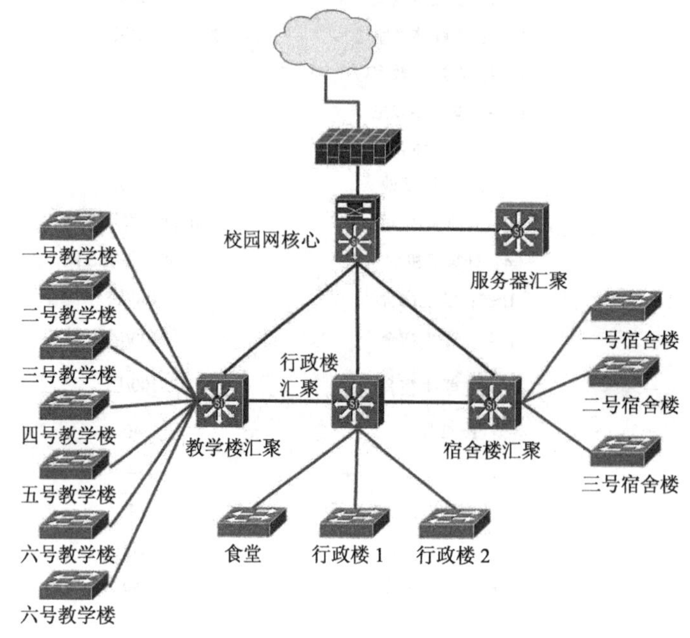

图 1-18　网络拓扑结构图

3. 设计任务书

经过需求分析，按照以下内容，对校园网进行方案设计。

1) 智能化校园系统组成

(1) 计算机网络系统：用传输介质(光纤和双绞线)和交换设备(交换机、路由器等)连接起来的计算机系统的集合，实现信息的录入、存储、传输、处理、发布和应用。整个系统应全面覆盖学校的所有建筑物，主要由以下几个组成部分。

校区内光缆：建筑物之间光纤布线。

楼宇综合布线系统：建筑物布线(垂直和水平布线——光纤和双绞线)；设备间配线架；跳线等。

网络设备选型：布线系统产品；交换设备(交换机、路由器)；防火墙；计费系统。

其他设备及系统：UPS 设备；空调设备；消防系统；监控系统。

软件系统：服务器操作系统；个人计算机操作系统；网络管理软件；电子邮箱系统；防病毒系统；统一认证系统；统一门户系统；入侵检测/防护系统(IDS/IPS)。

机房(含分中心、设备间)工程：机房装潢工程；IDC(数据中心)的建设——服务器、存储及备份系统。

(2) 校园一卡通系统：在 IC 卡及信息传输网络和 POS 终端支持下实现身份认证(门禁、学生注册)与消费(校内购物、就餐、洗澡等消费)的系统。整个系统应全面覆盖学校内部所需要的位置，主要由以下几个组成部分。

信息传输网络(含机房和 IDC)：与计算机网络类似，干路布线与计算机网络一致，特殊位置自行设计。

各种POS终端：能实现电子资金自动转帐，它具有支持消费、预授权、余额查询和转帐等功能，使用起来安全、快捷、可靠。

一卡通IDC：与计算机网络IDC统一设计、集中建设。

(3) 闭路电视系统：闭路电视系统是学校的有线电视系统，闭路电视系统覆盖教室、食堂和报告厅，其他区域通过校园网传输，传输介质支持数字电视信号(860M)。

(4) 语音通信系统：建立覆盖办公、学生宿舍、住宅的语音有线电话通信系统，实现校内外电话通信。

(5) 校园广播系统：支持校园语音广播、背景音乐与上课铃音和消防紧急广播。其干路布线与计算机网络一致，特殊位置自行设计。

(6) 安全防范系统：重要部位的门禁和电子巡更由一卡通系统实现，整个系统由以下几个组成部分。

重要场所和出入口监控、周界安全防范系统。

设备监控、消防、防盗系统。

楼宇监控中心：设在楼宇值班室，全校总的监控中心设在保卫部门。

干路布线：与计算机网络一致，特殊位置自行设计。

安全防范IDC：可独立建立，或与计算机网络IDC统一设置。

(7) 智能建筑系统：智能建筑系统包括供配电、照明、通风、给排水、消防、安全防范等内容，应统一设计、统一建设。

(8) 网络教学系统：网络教学系统是指由多媒体教室、计算机机房、数字图书馆、视频会议系统以及网络教学软件系统构成的系统。这部分可以看成是计算机网络系统的延伸，是具有自己特殊的硬件资源、软件教学资源，支持网络教学的系统，整个系统由以下几个组成部分。

多媒体教室：多媒体教室主要集中在教学楼。配备计算机、投影仪、扩音系统等设备，并与校园网相连接。

计算机机房：配置与座位数一致的计算机并联网，教师用计算机以及与计算机系统连接的投影仪、实物投影仪、麦克风、音箱等设备，网络教学与管理系统等。

终端计算机、电子显示屏及专用设备。

网络教学资源：学科、专业资料库；教学素材库；课件库等。

2) 设计方案的提交内容

(1) 布线系统物理拓扑方案：拓扑图和简要的说明。

(2) 智能化校园系统设计方案：智能化校园概述；智能化校园系统组成及各子系统功能设计；各子系统设计(逻辑/物理拓扑、机房工程、设备及软件选择、设备清单及预算等)；各子系统集成设计；智能化校园系统设备总清单及工程总预算；实施计划。

1.3 工程实施

1.3.1 工程招投标

工程招投标是一个规范的网络工程必需的环节，招投标的目的是为了以公开、公平、公正的原则和方式，从众多系统集成商中选择一个有合格资质、并能为用户提供最佳性价比方案的集成商。招投标工作主要有以下几个重要环节，如图1-19所示。

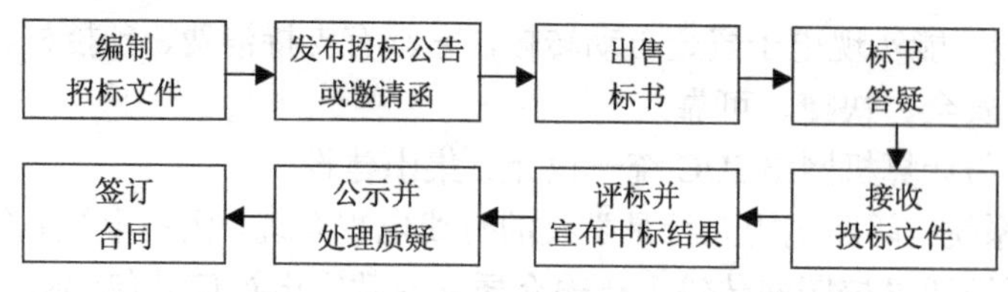

图 1-19　招投标流程

(1)编制招标文件：招标方根据需求分析阶段提交的资料，编制招标文件，招标文件主要包括投标须知、对有特殊要求的内容进行专门的规定、技术规格和要求。

(2)发布招标公告或邀请函：招标文件经审定通过后，面向全社会发布招标公告或面向部分网络系统集成商发送招标邀请函，并负责对有关网络工程问题提供咨询服务。

(3)出售标书：在规定时间内，招标方向有意承接该网络工程项目的网络系统集成商（投标方）出售标书。投标方在购买标书后，仔细阅读标书的投标要求及投标须知，在同意并遵循招标文件的各项规定和要求的前提下，制作自己的投标文件。

(4)标书答疑：投标方根据招标书的要求，进一步向用户进行咨询，用户有义务向投标方解释答疑，以便投标方进行详细的需求分析，更好地制定技术方案。

(5)接收投标文件：投标方根据需求分析的文档，提出网络工程的技术方案及实施方案，然后与商务部分结合在一起，形成一份完整的投标书，招标方在招标文件规定的截止时间前接收投标文件，超过截止时间的标书不予接收。

(6)评标并宣布中标结果：招标单位邀请计算机网络专家、经济财会专家等组成评标专家组进行评标，并邀请监察审计部门对评标过程进行监督；评标专家组对投标单位资格进行审查，对投标方案进行评审，根据事先确定的评标办法进行公平打分，选择得分高的集成商为中标方。

(7)公示并处理质疑：根据评标结果，在相关媒体上进行中标结果公示；未中标方如果对评标事项有质疑，可向招投标的主管部门进行反映和投诉，主管部门收到反映和投诉后，应在规定的时间内响应并进行答疑。

(8)签订合同：公示期后，如未收到任何对投标结果的反映和投诉，或对收到的反映和投诉进行答复且投诉方接受后，与中标方签订合同。

1.3.2　项目管理

网络工程项目管理多采用项目经理制，项目经理在有限资源的约束下，运用系统的观点、方法和技术，对网络工程项目涉及的全部工作进行有效的管理。

网络工程目标、成本和进度是相互制约的，当进度要求不变时，质量要求越高或者任务要求加重，成本就会升高；不考虑成本因素，质量要求越高或者任务要求加重，工程进度就减慢；当建网目标不变时，进度过慢势必造成人力资源的浪费，从而导致成本增加。项目管理的目的就是追求目标、成本和进度三者之间的平衡点。根据网络工程项目实施管理流程，网络工程项目的内容主要分为以下几个方面：项目范围管理、项目时间管理、项目成本管理、项目质量管理、人力资源管理、项目沟通管理、项目风险管理、项目采购管理、项目集成管理等。

要保证网络工程的质量、工期和效益，必须有一个机构来负责组织、协调、实施和管理。根据网络工程的用户需求、应用环境、技术条件等因素的差异，其组织机构也不尽相同，但有三个部分必不可少。

工程甲方：一般也称为用户，是网络工程的提出者和投资方，主要负责网络工程的可行性论证、组织招投标以及工程监督和验收。

工程乙方：一般是网络工程的承建方，其主要任务有投标、签订工程合同、用户需求调查与分析、规划和方案设计、制订施工计划、设备采购和系统集成以及人员培训和技术支持。

工程监理方：一般为第三方专业机构，在网络工程建设中，给甲方提供建设前期咨询、网络方案论证、系统集成商的确定、工程质量控制等一系列服务。

1.3.3 项目测试与验收

1. 测试

网络安装和配置工作完成后，网络工程进入测试阶段，该阶段的任务是检验工程质量是否达到设计要求。测试就是按照设计标准和合同规定对整个工程进行检验，以确认是否达到设计要求，当测试过程中发现问题，要及时查找原因，并采取措施进行整改，待完成后再重新进行测试，直至整个测试工作完成。

2. 验收

验收一般由建设的管理部门组织，由监察、审计、财务、设备、基建、后勤、信息化等使用或管理部门、建设承担单位等组成验收小组。验收小组应至少有一名计算机网络专家参加。正式验收之前应组织预验收，预验收在建设项目已经完成、投入使用之前进行，主要检查建设项目是否完成、验收文档是否齐全。建设项目正常使用一个月后进行正式验收。

1) 验收流程

(1) 使用部门介绍建设项目的需求论证、立项审批、试用情况等。

(2) 建设管理部门介绍项目招标、建设过程。

(3) 建设承担单位介绍建设情况。

(4) 验收小组查看验收文档，就建设、使用的有关问题进行提问，相关单位解答。

(5) 到建设现场检查设备等使用情况。

(6) 各部门就建设项目发表意见。

如验收不能通过，应提出整改意见，限期整改；如验收通过，起草验收意见，验收小组成员签字确认。

2) 验收文档

(1) 项目立项资料：立项申请、论证材料、批准文书等。

(2) 备采购资料：设备采购申请书、招标文件、招标记录、投标书、采购合同、谈判记录、备忘录、协议、《进出口货物征免税证明》(复印件)等。

(3) 工程招标资料：工程设计图、工程施工招标书、投标书、招标记录、施工合同等。

(4) 工程建设资料：施工图、施工文档、变更资料、工程竣工图纸、系统拓扑图、点位图、第三方检测资料等；建设承担单位竣工验收报告。

(5) 设备使用资料：常规、技术验收报告、质保书等；仪器设备的操作规程(使用手册、使用说明书、白皮书)、管理条例、维护制度等。

第2章 综合布线

2.1 综合布线系统概述

2.1.1 智能建筑

1. 智能建筑

智能建筑是多学科跨行业的系统工程，它以建筑物为平台，向人们提供安全、高效、便捷、节能、环保、健康的建筑环境。如公司职员需要刷射频卡进入办公楼，学生在学校用一卡通识别电子身份，银行交通领域采用更高安全级别的CPU卡等，这些智能建筑给人们的生活带来了便利。以智能设施为特征的智能建筑还包括电话、互联网络、门禁、广播系统、中央空调、消防系统和安防监控等。而智能建筑系是指利用系统集成方法，将计算机技术、通信技术、控制技术与建筑艺术有机结合，通过对设备的自动监控，对信息资源的管理和对使用者的信息服务及其与建筑的优化组合，所获得的适合信息化社会要求，并且具有安全、高效、舒适、便利的建筑。

2. 智能建筑的主要组成和特征

智能建筑的主要特征为楼宇自动化(BA)、通信自动化(CA)、办公自动化(OA)和布线综合化(CG)，即人们常说的“3A”智能建筑。还有“5A”之说，即把消防自动化系统(FAS)和安保自动化系统(SAS)独立门户。但是，无论“3A”还是“5A”都是对智能建筑的形象化描述，并不是智能建筑的等级或标准，不能据此判断智能建筑的水平和质量。

《建筑工程施工质量验收统一标准》GB50300—2001将“智能建筑”定为第7项分部工程，《建筑工程施工质量评价标准》GB/T50375—2006也将其纳入“安装工程”范畴，《智能建筑工程质量验收规范》(GB50339—2003)对其质量控制、系统检测和竣工验收作出了具体规定。

依据《智能建筑工程质量验收规范》(GB50339—2003)规定，智能建筑分部工程分为通信网络系统、信息网络系统、建筑设备监控系统、火灾自动报警及消防联动系统、安全防范系统、综合布线系统、智能化系统集成、电源与接地、环境和住宅(小区)智能化等10个子分部工程；子分部工程又分为若干分项工程(子系统)。根据设计和需要，实际的建筑智能化系统可为其中的1个或者多个分项工程和系统集成。

常见的建筑智能化系统分项工程有卫星数字电视及有线电视系统、计算机网络系统、视频安防监控系统、入侵报警系统、出入口控制(门禁)系统、巡更管理系统、停车场(库)管理系统、空调与通风系统、公共照明系统、给排水系统和家庭控制器系统等。

归纳起来，智能建筑由系统集成中心(SIC)、综合布线系统(GCS)、办公自动化系统(OAS)、通信自动化系统(CAS)、楼宇自动化系统(BAS)五大部分组成。

(1)系统集成中心是智能建筑系统的信息交换与处理平台。

(2)综合布线系统，是由线缆及相关连接硬件组成的信息传输通道，传输数据和语音等信息，连接其他智能建筑系统。

(3) 办公自动化系统，是把计算机技术、通信技术、系统科学和行为管理学应用于传统技术难以处理的、数据庞大且结构不明确的业务上。如网上办公(OA)、电子数据处理(EDP)、管理信息系统(MIS)和决策支持系统(DSS)。

(4) 通信自动化系统，用于各种文字、图像、语音和视频等数据的高速通信。如电话、传真、视频会议和互联网络等。

(5) 楼宇自动化系统，对建筑物内部环境及设备运转情况进行实时监控和管理，保证系统运行的高效性和管理的智能化，如空调通风监控、消防联动控制、照明系统、安防监控、给排水系统和智能电梯。

智能建筑各系统之间的关系如图 2-1 所示。

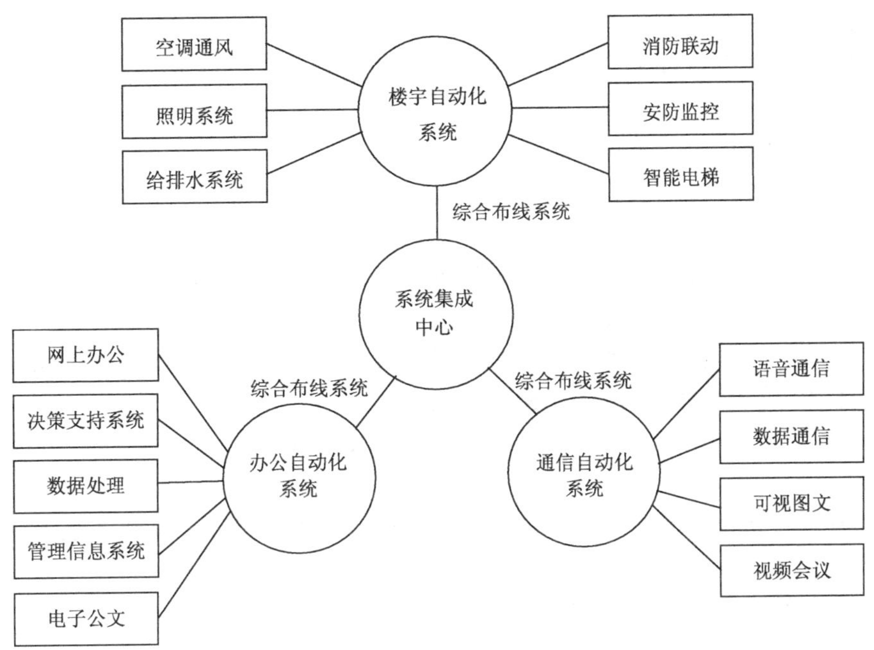

图 2-1　智能建筑的组成和功能

综上所述，智能建筑实质上是利用电子信息系统集成技术，将楼宇自动化、通信自动化、办公自动化和建筑艺术有机结合起来的一种适合现代信息化社会需求的建筑物。综合布线系统是实现这种结合的有机载体，是整个智能建筑的核心和基础设施，同时也是衡量建筑智能化程度的重要标志，其设计规划应能适应今后智能化建筑和各种新兴技术的发展需要。

2.1.2　综合布线系统概述

1. 综合布线的概念

综合布线系统是由通信电缆、光缆及有关连接硬件构成的通用布线系统，能支持多种应用系统。它既能使语音、数据、通信设备与其他信息管理系统彼此相连，又能使这些设备与外部通信网相连接。其中包括传输介质、相关连接硬件(如配线架、连接器和信息插座等)以及电气保护设备等。

商用建筑布线工程的实施遵循结构化布线系统（SCS）标准。结构化布线系统仅限于电话和计算机网络的布线，它的产生是随着电信技术发展而出现的。当建筑物内的电话线和数据线缆越来越多时，人们需要建立一套完善可靠的布线系统，以对成千上万的线缆进行端接和集中管理。结构化布线系统的代表产品称为建筑与建筑群综合布线系统（PDS），通常所说的综合布线系统就是指结构化布线系统。根据我国国家标准 GB/T 50311—2000，命名为综合布线系统（GCS）。

2. 综合布线的技术标准

综合布线系统是一个复杂的系统，包括各种线缆、插接件、转接设备等多种设备，还包括多项技术实现手段。为了使不同厂家的产品互相兼容，使综合布线系统更具有开放性，集成度更高，就需要制定一系列的标准来规范使用和管理。

1）美国标准

美国国家标准协会（ANSI）于 1991 年制定了 ANSI/TIA/EIA 568 民用建筑线缆标准，随着通信应用领域的技术进步，该标准几经修改后于 2008 年 10 月出台了最新的 TIA/EIA 568-C 系列标准。常用的美国国家标准有以下几个。

（1）《商业建筑物电信综合布线标准》（ANSI/TIA/EIA 568-A、ANSI/TIA/EIA 568-B、ANSI/TIA/EIA 568-C）。

（2）《商业建筑物电信布线路径及空间距标准》（ANSI/TIA/EIA 569-A）。

（3）《住宅电信布线标准》（ANSI/TIA/EIA 570-A）。

（4）《非屏蔽双绞线布线系统传输性能现场测试规范》（ANSI/TIA/EIA TSB-67）。

（5）《集中式光缆布线准则》（ANSI/TIA/EIA TSB-72）。

（6）《大开间办公环境的附加水平布线惯例》（ANSI/TIA/EIA TSB-75）。

2）欧洲标准

英国、法国、德国等国家于 1995 年 7 月联合制定了 EN50173 一般电缆连接系统标准，供欧洲一些国家使用。欧洲标准强调电磁兼容性，提出通过线缆屏蔽层，使线缆内部的双绞线对在高带宽传输的条件下，具备更强的抗干扰能力和防辐射能力。

3）国际标准

国际标准化组织/国际电工技术委员会（ISO/IEC）从 1988 年开始，在美国综合布线标准基础上进行修改，于 1995 年 7 月正式公布《ISO/IEC 11801：1995（E）信息技术—用户建筑物综合布线》，作为国际标准供各个国家使用。

4）国内标准

我国参照 ANSI/TIA/EIA 的现行标准及修订中的草案，对建筑物综合布线系统先后制定和颁布了有关的国家标准，主要包括以下几个。

（1）《建筑与建筑群综合布线系统工程设计规范》（GB/T 50311—2000）。

（2）《建筑与建筑群综合布线系统工程验收规范》（GB/T 50312—2000）。

（3）《智能建筑设计标准》（GB/T 50314—2000）。

（4）《大楼通信综合布线系统第一部分：总规范》（YD/T 926.1—2001）。

（5）《大楼通信综合布线系统第二部分：综合布线系统用电缆光缆技术要求》（YD/T 926.2—2001）。

（6）《大楼通信综合布线系统第三部分：综合布线系统用连接硬件技术要求》（YD/T 926.3—2001）。

2007年10月，我国正式颁布了《综合布线系统工程设计规范》(GB50311—2007)和《综合布线系统工程验收规范》(GB50312—2007)。新标准是依据中国国情，结合国际相关标准以及技术发展动态提出的一份既有继承性，又有现实指导意义的标准。它标志着我国综合布线标准跨上了一个新的台阶，使得综合布线行业的产品、设计、施工和验收更为规范。

2.1.3 综合布线的结构和组成

综合布线系统是一种开放结构的布线系统，一般采用星型拓扑结构。该结构下的每个分支子系统都是相对独立的单元，对每个分支子系统的改动都不影响其他子系统，只要改变节点连接方式就可使用综合布线在星型、总线型、环型、树型等结构之间进行转换。

各国综合布线系统标准对综合布线系统的组成划分具有明显的差别。美国标准将其分为6个独立的子系统，国际标准将其划分为3个子系统和工作区布线，而我国国家标准《综合布线系统工程设计规范》(GB50311—2007)中，则建议按照7个子系统进行设计。

我国标准规定综合布线系统的基本构成如图2-2所示。

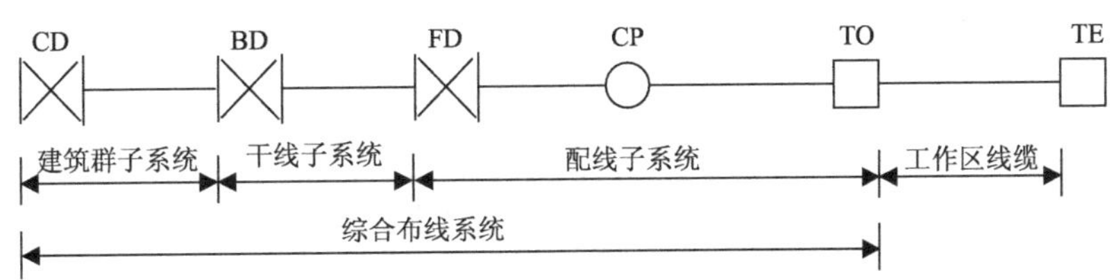

图2-2 综合布线系统的基本构成

综合布线系统采用的主要布线部件有以下几种。

(1) 建筑群配线设备(CD)：终接建筑群主干线缆的配线设备。

(2) 建筑物配线设备(BD)：为建筑物主干线缆或建筑群主干线缆终接的配线设备。

(3) 楼层配线设备(FD)：终接水平电缆、水平光缆和其他布线子系统线缆的配线设备。

(4) 集合点(CP)：楼层配线设备与工作区信息点之间水平线缆路由中的连接点。配线子系统中可以设置集合点，也可以不设置集合点。

(5) 信息点(TO)：各类电缆或光缆终接的信息插座模块。

(6) 终端设备(TE)：接入综合布线系统的终端设备。

《综合布线系统工程设计规范》(GB50311—2007)建议综合布线系统工程宜按照以下7个子系统进行设计。

(1) 工作区。一个独立的需要设置终端设备的区域宜划分为一个工作区。工作区应由配线子系统的信息插座模块(TO)延伸到终端设备处的连接线缆及适配器组成。

(2) 配线子系统。配线子系统应由工作区的信息插座模块、信息插座模块至电信间配线设备(FD)的配线电缆和光缆、电信间的配线设备及设备线缆和跳线组成。

(3) 干线子系统。干线子系统应由设备间至电信间的干线电缆和光缆、安装在设备间的建筑物配线设备及设备线缆和跳线组成。

(4) 建筑群子系统。建筑群子系统应由连接多个建筑物之间的主干电缆和光缆、建筑群配线设备及设备线缆和跳线组成。

(5) 设备间。设备间是在每幢建筑物的适当地点进行网络管理和信息交换的场地。对于综合布线系统工程设计，设备间主要安装建筑物配线设备。电话交换机、计算机主机设备及入口设施也可以与配线设备安装在一起。

(6) 进线间。进线间是建筑物外部通信和信息管线的入口部位，并可作为入口设施和建筑群配线设备的安装场地。建筑群主干电缆和光缆、公用网和专用网电缆、光缆及天线馈线等室外线缆进入建筑物时，应在进线间置换成室内电缆、光缆。进线间一般提供给多家电信业务经营者使用，通常设于地下一层。

(7) 管理。管理应对工作区、电信间、设备间、进线间的配线设备、缆线、信息插座模块等设施按一定的模式进行标识和记录。

综合布线系统的各个子系统构成应符合如图 2-3 所示的要求。

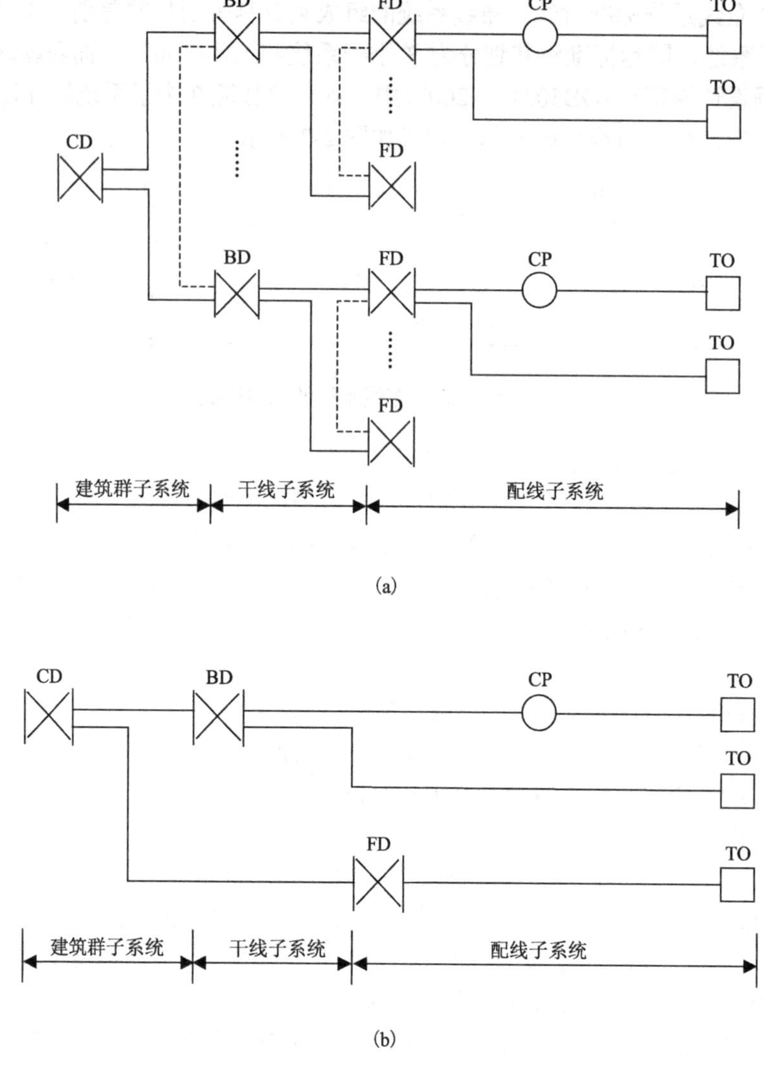

图 2-3　综合布线子系统构成

图 2-3 (a) 中的虚线表示 BD 与 BD 之间、FD 与 FD 之间可以设置主干线缆。同时，建筑物 FD 可以经过主干线缆直接连至 CD，TO 也可以经过水平线缆直接连至 BD。

综合布线系统入口设施及引入线缆构成应符合如图 2-4 所示的要求。其中，对设置了设备间的建筑物，设备间所在楼层的 FD 可以和设备中的 BD/CD 及入口设施安装在同一场地。

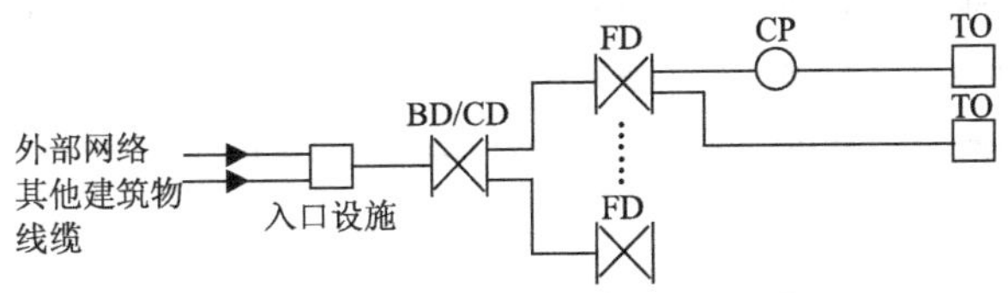

图 2-4 综合布线系统引入部分构成

2.1.4 网络传输介质及相关部件

1. 网络(光纤)跳线标识

1) 网络跳线标识

选取一根 TCL 成品跳线作为实验素材，跳线上面的文字显示：TCL PC103004 TYPE CAT 5E 24AWG/4PRS UTP PATCH CORD 212M 75℃。

TCL 是商品品牌，PC103004 是产品代号，CAT 5E 是超 5 类线的缩写，4PRS 表示 4 对。AWG 是 American Wire Gauge(美制电线标准)的缩写，AWG 值是导线厚度(以英寸计)的函数。如常用的电话线直径为 26AWG，约为 0.4mm，常用网络线直径为 24AWG，为 0.511mm。AWG 值越大直径越小，最大值为 0000，也可以表示为 4/0，直径为 11.68mm，截面积为 107.22mm^2。最小值为 46，直径只有 0.041mm。4PRS 表示四对双绞线，UTP 表示类型为非屏蔽双绞线，相应的屏蔽双绞线表示为 STP。PATCH CORD 为跳线的英文表达，212M 为长度标志，表示生产这条双绞线时的长度点。这个标记在购买双绞线时非常实用。如果想知道一箱双绞线的长度，可以找到双绞线的头部和尾部的长度标记相减后得出。有些网线以英尺为单位，1 英尺=0.3048 米。最后一个标识 75℃表示温度等级。

表 2-1 和表 2-2 展示了 AWG 与公制、英制单位及中国线规的对照表。

表 2-1 AWG 与公制、英制单位对照表

AWG	外径		截面积/mm^2	电阻值/(W/km)	AWG	外径		截面积/mm^2	电阻值/(W/km)
	公制/mm	英制/in				公制/mm	英制/in		
4/0	11.68	0.46	107.22	0.17	6	4.11	0.1620	13.30	1.33
3/0	10.40	0.4096	85.01	0.21	7	3.67	0.1443	10.55	1.68
2/0	9.27	0.3648	67.43	0.26	8	3.26	0.1285	8.37	2.11
1/0	8.25	0.3249	53.49	0.33	9	2.91	0.1144	6.63	2.67
1	7.35	0.2893	42.41	0.42	10	2.59	0.1019	5.26	3.36
2	6.54	0.2576	33.62	0.53	11	2.30	0.0907	4.17	4.24
3	5.83	0.2294	26.67	0.66	12	2.05	0.0808	3.332	5.31
4	5.19	0.2043	21.15	0.84	13	1.82	0.0720	2.627	6.69
5	4.62	0.1819	16.77	1.06	14	1.63	0.0641	2.075	8.45
15	1.45	0.0571	1.646	10.6	31	0.226	0.0089	0.0401	321

续表

AWG	外径		截面积/mm²	电阻值/(W/km)	AWG	外径		截面积/mm²	电阻值/(W/km)
	公制/mm	英制/in				公制/mm	英制/in		
16	1.29	0.0508	1.318	13.5	32	0.203	0.0080	0.0316	583
17	1.15	0.0453	1.026	16.3	33	0.18	0.0071	0.0255	944
18	1.02	0.0403	0.8107	21.4	34	0.16	0.0063	0.0201	956
19	0.912	0.0359	0.5667	26.9	35	0.142	0.0056	0.0169	1200
20	0.813	0.0320	0.5189	33.9	36	0.127	0.0050	0.0127	1530
21	0.724	0.0285	0.4116	42.7	37	0.114	0.0045	0.0098	1377
22	0.643	0.0253	0.3247	54.3	38	0.102	0.0040	0.0081	2400
23	0.574	0.0226	0.2588	48.5	39	0.089	0.0035	0.0062	2100
24	0.511	0.0201	0.2047	89.4	40	0.079	0.0031	0.0049	4080
25	0.44	0.0179	0.1624	79.6	41	0.071	0.0028	0.0040	3685
26	0.404	0.0159	0.1281	143	42	0.064	0.0025	0.0032	6300
27	0.361	0.0142	0.1021	128	43	0.056	0.0022	0.0025	5544
28	0.32	0.0126	0.0804	227	44	0.051	0.0020	0.0020	10200
29	0.287	0.0113	0.0647	289	45	0.046	0.0018	0.0016	9180
30	0.254	0.0100	0.0507	361	46	0.041	0.0016	0.0013	16300

注：1in=2.54cm

表 2-2 AWG 与中国线规的对照表

中国线规 CWG	美国线规 AWG		中国线规 CWG	美国线规 AWG	
直径/mm	线号	直径/mm	直径/mm	线号	直径/mm
	0000	11.693	0.9	19	0.912
	000	10.422	0.8	20	0.812
			0.710	21	0.723
9.00	2/0(00)	9.266	0.63	22	0.644
8.00	1/0(0)	8.251			
7.10	1	7.348	0.56	23	0.573
6.3	2	6.544	0.50	24	0.511
			0.45	25	0.455
5.6	3	5.827	0.40	26	0.405
5.00	4	5.189			
4.5	5	4.621	0.355	27	0.361
4.00	6	4.115	0.315	28	0.321
			0.280	29	0.286
3.55	7	3.665	0.250	30	0.255
3.15	8	3.264			
2.80	9	3.906	0.224	31	0.227

续表

中国线规 CWG	美国线规 AWG		中国线规 CWG	美国线规 AWG	
直径/mm	线号	直径/mm	直径/mm	线号	直径/mm
2.50	10	2.588	0.200	32	0.202
			0.18	33	0.180
2.24	11	2.305	0.16	34	0.16
2.00	12	2.053			
1.80	13	1.828	0.14	35	0.143
1.60	14	1.628	0.125	36	0.127
			0.112	37	0.113
1.40	15	1.450		38	0.102
1.25	16	1.291			
1.12	17	1.150		39	0.089
1.00	18	1.024		40	0.079

再选择另外一根跳线作为实验素材：MOLEX PREMISE NETWORKS POWERCAT C5E UTP PATCH CORD IEC 332.1 4PR CTI 002945M。

MOLEX 表示商品品牌，POWERCAT 为产品代号，MOLEX PREMISE NETWORKS POWERCAT 合起来理解为莫仕公司推出的 POWERCAT 系列产品。C5E 为超 5 类的缩写，UTP 为非屏蔽双绞线，PATCH CORD 为跳线，4PR 为四对双绞线，CTI 表示电脑电话集成。

那么 IEC 332.1（IEC 是 International Electro technical Commission，即国际电工技术委员会的缩写）表达了什么信息？

首先了解 IEC 定义的部分通信电缆防火和燃烧指标。

(1) IEC 332-3C、IEC1034 和 IEC 754 高阻燃低烟雾零卤素（LSZH）电缆属于较高的安全级别。

成捆电缆必须通过风扇强制送风燃烧试验（IEC 332-3C），而且散发的烟雾很少（IEC1034），并且不得释放卤化物气体（IEC 754）。这种级别的电缆的性能要求和 UL 增压级电缆相似。

(2) IEC 332-1、IEC1034 和 IEC 754 低阻燃低烟雾零卤素电缆属于较低的安全级别。

单根电缆必须通过燃烧试验（IEC 332-3C），而且散发的烟雾很少（IEC1034），并且不得释放卤化物气体（IEC 754）。这种级别电缆的性能要求和 UL 家居级电缆相似，但增加了 LSZH 要求。因此，IEC 332.1 表示通信电缆防火和燃烧指标的具体参数，IEC 332.1 传达的信息是低烟无卤电缆，低烟无卤电缆和普通电缆一样会被烧起来，前者烧起来发烟量小，且燃烧的气体中有毒物质很少，对人构不成太大危害。而阻燃电缆不延燃，不会一直燃烧下去。

LSZH 级电缆相比增压级电缆的优势是，除具备类似阻燃性能外，LSZH 电缆的成本较低，但稍高于 UL 商用级电缆。

欧洲的布线标准同样提出了较高的安全要求，但分级方法和美国标准稍有不同。欧洲标准将安全级别划分为三级，即阻燃级、发烟级和卤化物气体散发级。在评测电缆安全时，这些分级标准既可独立试行，也可合并使用。例如，一种电缆可以被定性为阻燃级，类似于 UL CMG 级；也可以被评定为低烟雾零卤素阻燃级，类似于 UL CMP 级。

(3) SYSTIMAX-Q 1074D 4/24 (UL) CM LS03034SYSTIMAX-Q 表示康普网线系列，1074D 为产品型号，4/24 为 4 对双绞线和 24AWG 的缩写。而 UL 为 Underwriters' Laboratories 的缩写，一般译作美国保险商实验室公司或者美国安全检测实验室。在美国，并不是一切产品都一定要有 UL 的标志，基本上制造商都是自愿将产品送至 UL 做测试及安全检定。但是美国有法规规定，其产品在销入该区之前，必须要通过美国认可的测试标志，而 UL 是美国最大且资格最老的测试实验室，其权威性不言自明，所以人们不断把产品送到这里检测。UL 防火等级可分成以下 5 级。

增压级，包括 CMP 铜缆(UTP 和 ScTP)以及 OFNP 或 OFCP 光纤电缆，是等级最高的电缆。在一捆增压级电缆上，用风扇强制吹向火焰时，电缆上的火焰蔓延 5m 以内将自行熄灭。而且这种电缆由于内含化学物质，因此在燃烧或在极度高温时，不会放出毒烟或蒸汽。在美国，增压级电缆是首选的电缆。在通信布线中，它通常安装在通风管道或空气处理设备使用的空气回流增压系统中。

干线级，包括 CMR 铜缆以及 OFNR 或 OFCR 光纤电缆，是等级位居第二的电缆。成捆的干线级电缆在风扇强制吹风的情况下，电缆上的火焰蔓延至 5m 以内必须自行熄灭，但是，它没有烟雾或毒性规范。美国以外的其他国家通常在大楼干线和水平电缆中使用这种防火等级的电缆。

商用级，包括 CM 铜缆以及 OFN 或 OFC 光纤电缆。商用级电缆比干线级的级别低，其成捆电缆上的火焰蔓延至 5m 以内必须自行熄灭，但没有任何风扇强制吹风的限制，也没有烟雾或毒性规范。商用级电缆常用于水平走线，一般捆在一起使用。

通用级，包括 CMG 铜缆以及 OFNG 或 OFCG 光纤电缆。这种级别的电缆性能与商用级类似。

家居级，这是指 CMX 铜缆，没有光纤分类。一条家居级电缆上的火焰，当其蔓延至 5m 以内必须自行熄灭，但没有烟雾或毒性规范。家居级电缆一般仅应用于单独敷设每条电缆的家庭或小型办公室系统。它不应成捆敷设，因为成捆电缆的火焰蔓延方式与一条电缆有很大的差异。

此外，还有 CMUC 毯下铺设级和 CMH 商用级，符合加拿大 CSA FT1 规范。

列入 UL 清单的电缆，在外皮上都标明了它的级别，通常包括防火级别、认证参考编号和 UL 标识符(UL 的徽标或 UL 字样)。例如，商用级非屏蔽(UTP)电缆外皮标有“CM(UL)”字样，后面是产品独有的注册号。干线级绝缘光缆外部标有“OFNR (UL)”字样，后面是产品独有的注册号。

由此可以看出，上述实验所用的康普跳线属于商用级跳线，LS03034 为注册号。

2) 光纤跳线标识

首先选取一根光纤作为跳线实验素材，上面文字显示：SIECOR OPTICAL CABLE -02/00-62.5/125 MICRON TBII -OFNR(UL) OFN FT4(CSA) 00256 FEET。

这是一根西柯尔(SIECOR)光纤跳线，全称为 Southwestern Industrial Electronics Corporation〈美国〉西南工业电子公司。OPTICAL CABLE 表示光导电缆，俗称光纤。62.5/125 MICRON 表示纤芯直径为 62.5μm，包层外直径 125μm，($1\mu m=10^{-6}m$)。

TBII 表示带 TBII 涂层的光纤。OFNR(UL)是 UL 认证的干线级。00256 FEET 应为长度。

那么 OFN 和 FT4(CSA)代表什么？

首先看 OFN，美国国家电气规程(NEC)条款 770 针对带电导体的光纤电缆分为 OFN(非导体光纤电缆)、OFNP(非导体阻燃)、OFNR(非导体垂直主干)等级，其中 OFNP 为阻燃最高等级。条款 800 针对铜缆分为 CMP(用于阻燃)、CMR(用于垂直主干)、CM(除阻燃和垂直主干外的普遍使用)等级，要求用于通信的电缆必须满足防火、机械和电子标准，并经过 UL 的独立测试。由于满足 CMP 标准的电缆外皮可以承受高达 800℃高温的环境，可以有效防止由于电缆短路等原因而造成电缆自燃的可能性，并可以阻止火势的蔓延。

再看 CSA，CSA 是 Canadian Standards Association(加拿大标准协会)的缩写，FT 用于表示燃烧等级，4 即为燃烧等级，FT1、FT2 或 FT4，线材若符合 FT4 或 VW-1 可不必标示 FT1 或 FT2，若符合 FT1 可不标示 FT2。

UL 定义了核实电缆是否符合 NEC 标准的测试方法。

NEC Article 800：CSA FT6/UL 910：用于空气环境中空间传递的电缆和光缆的火焰传播和烟雾浓度的测试。最大的火焰蔓延长度为本 1.50m。通过这种测试的电缆被认为是适用于压力通风空间的阻燃级电缆。

NEC Article 800：CSA FT4/UL 1666：用于安装在垂直竖井中的电缆和光缆的火焰传播的测试。最大的火焰蔓延长度为本 1.50m，耐火温度为 454.4℃，所设计的垂直主干级电缆须通过这种测试。

再选择两根光纤跳线作为实验素材。

(1) ZHONGTIAN TELECOM OPTICAL CABLE 62.5/125 MM-2.8*5.7 OFNR (UL) 122215 00492M。

(2) ZHONGTIAN TELECOM OPTICAL CABLE 9/125 sm-2.8*5.7 OFNR (UL)。

由上述得知，这是中天光缆的两根跳线，分别为多模(multimode optical fiber)和单模(single mode optical fiber)，电缆外径为 2.8*5.7(8 字双芯)，芯/包层直径为 62.5/125μm 和 9/125μm。OFNR(UL)为干线级。

3) 光纤的分类

根据国际电信联盟标准，光纤有以下分类。

G.651 光纤，渐变多模光纤，工作波长为 1.31μm 和 1.55μm，在 1.31μm 处光纤有最小色散，而在 1.55μm 处光纤有最小损耗，主要用于计算机局域网或接入网。

G.652 光纤，常规单模光纤，也称为非色散位移光纤，其零色散波长为 1.31μm，在 1.55μm 处有最小损耗，是目前应用最广的光纤。

G.653 光纤，色散位移光纤，在 1.55μm 处实现最低损耗且与零色散波长一致，但由于在 1.55μm 处存在四波混频等非线性效应，阻碍了其应用。

G.654 光纤，性能最佳单模光纤，在 1.55μm 处具有极低损耗(大约 0.18dB/km)且弯曲性能好。

G.655 光纤，非零色散位移单模光纤，在 1.55～1.65μm 处色散值为 0.1～6.0ps/(nm·km)，用以平衡四波混频等非线性效应，适用于高速(10Gb/s 以上)、大容量、DWDM 系统。

4) 电缆如何阻燃

通信电缆中的绝缘材料包含可发挥阻燃剂作用的化学成分。化学物质的类别决定电缆如何阻燃以及产生哪些有害气体。

(1) PVC 电缆(干线级、商用级、通用级和家居级)。采用基于卤化物的化学物质，如氯，阻止燃烧扩散。PVC 在燃烧时会散发出氯气，氯气会耗尽空气中的氧气，使火焰熄灭。PVC 是一种非常有效的阻燃剂，但其副产品可能有害。浓度很高的氯气毒性很大。此外，氯气在与氧气和水蒸气发生化学反应后，还能形成盐酸，可能危害人体健康。

(2) 增压级电缆。不含诸如 PVC 之类的卤化物，它采用的是诸如特富龙(Teflon®)的氟聚合物阻止燃烧。这些化学物质同样能够抑制火焰，而且散发的烟雾很少，还不会发出毒气或蒸汽。但成本很高，增压级电缆的价格往往是同类商用级电缆的两倍。

(3) 低烟雾零卤素电缆。采用金属氢氧化物阻止燃烧，而不是 PVC 或 Teflon®。遇火时金属氢氧化物可释放水蒸气，从而阻止火焰沿电缆传播。这些化学物质虽然在阻燃效果上不如 PVC，但它们不产生有害气体。LSZH 电缆的成本比 PVC 电缆高，但低于增压级电缆。

综上所述，通常我们使用的双绞线，不同生产商的产品标志可能不同，但一般包括生产商(产品代码)、类型(CAT5E OPTICAL CABLE[MM SM])、防火测试和级别(UL IEC NEC CSA)、长度标志(M FEET)、特征、生产日期、LZSH 等信息。

5) 综合布线工程设计规范推荐的缆线防火等级与测试标准

我国综合布线工程设计规范推荐的缆线防火等级与测试标准见表 2-3。

表 2-3　我国综合布线工程设计规范推荐的缆线防火等级与测试标准

测试标准	NEC 标准(自高向低排列)	
	电缆分级	光缆分级
UL910(NFPA262)	CMP(阻燃级)	OFNP 或 OFCP
UL1666	CMR(主干级)	OFNR 或 OFCR
UL1581	CM、CMG(通用级)	OFN(G)或 OFC(G)
VW-1	CMX(住宅级)	

注：参考现行 NEC 2002 版

建筑物的缆线在不同的场合与安装敷设方式时，建议选用符合相应防火等级的缆线，并按以下几种情况分别列出。

在通风空间内(如吊顶内及高架地板下等)采用敞开方式敷设缆线时，可选用 CMP 级(光缆为 OFNP 或 OFCP)或 B1 级；在缆线竖井内的主干缆线采用敞开的方式敷设时，可选用 CMR 级(光缆为 OFNR 或 OFCR)或 B2、C 级；在使用密封的金属管槽做防火保护的敷设条件下，缆线可选用 CM 级(光缆为 OFN 或 OFC)或 D 级。

2. 双绞线

双绞线(Twisted Pair Cable)是综合布线工程中最常用的一种传输介质，大多数数据和话音网络都使用双绞线布线。双绞线一般是由两根遵循美国线规标准的绝缘铜导线相互缠绕而成。把两根绝缘的铜导线按一定密度互相绞在一起，可降低信号干扰的程度，每一根导线在传输中辐射的电波会被另一根线上发出的电波抵消。

双绞线可以按照以下方式进行分类。

(1) 按结构分为屏蔽双绞线(Shielded Twisted Pair，STP)和非屏蔽双绞线(Unshielded Twisted Pair，UTP)。

(2)按性能分为1类、2类、3类、4类、5类、超5类、6类、超6类、7类双绞线电缆。

(3)按特性阻抗分为100Ω、120Ω及150Ω等几种。常用的是100Ω的双绞线电缆。

(4)按对数分为1对、2对、4对双绞线电缆和25对、50对、100对的大对数双绞线电缆。

屏蔽双绞线是在双绞线电缆中增加了金属屏蔽层，目的是为了提高电缆的物理性能和电气性能，减少电缆信号传输中的电磁干扰。电缆屏蔽层采用金属箔、金属网或金属丝等材料组成，它能将噪声转变成直流电，屏蔽层上的噪声电流与双绞线上的噪声电流相反，因而两者可相互抵消。

屏蔽双绞线电缆分为STP(图2-5)和ScTP(FTP)(图2-6)两类，两类屏蔽双绞线电缆的主要区别在于屏蔽层的设计形式不同：STP的屏蔽层屏蔽每个线对，而ScTP(FTP)的屏蔽层则屏蔽整个电缆。

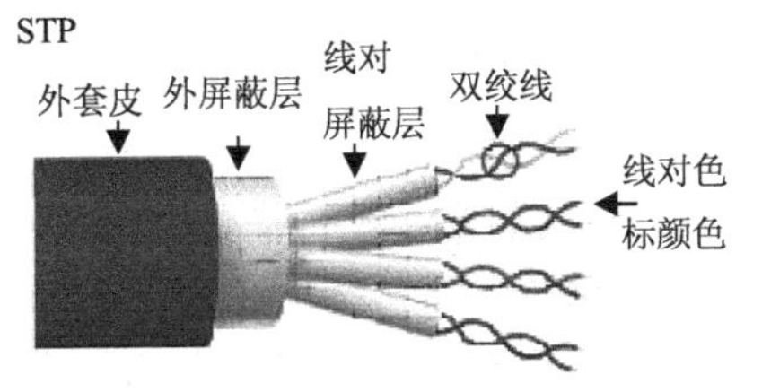

图2-5 STP屏蔽双绞线电缆

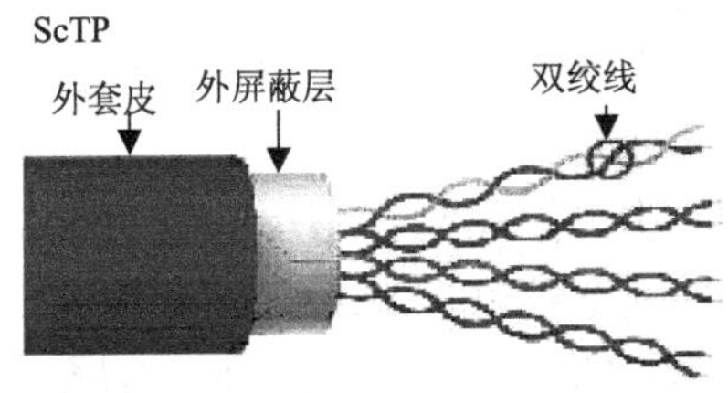

图2-6 ScTP屏蔽双绞线电缆

非屏蔽双绞线没有屏蔽双绞线的金属屏蔽层，它在绝缘套管中封装了一对或一对以上的双绞线，每对双绞线按一定密度互相绞合在一起，如图2-7所示。这样可以提高系统本身抗电子噪声和电磁干扰的能力，但不能防止周围的电子干扰。

图2-7 非屏蔽双绞线电缆

TIA/EIA为UTP双绞线电缆定义了以下几种不同的型号。

1类(CAT-1)：电缆最高频率带宽是750kHz，主要用于报警系统或语音系统(如门铃导线)，不适用于数据传输，不是现代综合布线系统的一部分。

2类(CAT-2)：电缆最高频率带宽是1MHz，用于语音传输和最高传输速率为4Mbps的数据传输，常见于使用4Mbps规范令牌传递协议的IBM令牌环网，目前已不再使用。

3类(CAT-3)：该类电缆的频率带宽最高为16MHz，主要应用于语音、10Mbps的以太网和4Mbps的令牌环，最大网段长为100m，采用RJ形式的连接器。它是10Base-T以太网中的最低配置电缆，目前3类双绞线除了在电话布线系统中有着一定程度的应用以外，其余系统已不再推荐使用。

4类(CAT-4)：该类电缆的传输频率为20MHz，用于语音传输和最高传输速率为16Mbps

的数据传输，主要用于基于 16Mbps 的令牌局域网和 10Base-T 以太网。

5 类(CAT-5)：该类电缆的传输频率为 100MHz，用于 CDDI(基于双绞线的 FDDI 网络)和快速以太网，传输速率达 100Mbps，但在同时使用多对线对以分摊数据流的情况下，也可用于 1000Base-T 网络。目前 5 类双绞线电缆已广泛应用于电话、保安、自动控制等网络中，但在计算机网络布线中已逐渐消失。

超 5 类(CAT-5e)：超 5 类电缆的传输频率为 100MHz，传输速率可达到 100Mbps。与 5 类双绞线电缆相比，具有更多的扭绞数目，可以更好地抵抗来自外部和电缆内部其他导线的干扰，从而提升了性能。在近端串扰、综合近端串扰、衰减和衰减串扰比 4 个主要指标上都有了较大的改进。因此超 5 类双绞线电缆具有更好的传输性能，更适合支持 1000Base-T 网络，是目前综合布线系统的主流产品。

6 类(CAT-6)：其性能超过 CAT-5e，电缆频率带宽为 250MHz 以上，主要应用于 100Base-T 快速以太网和 1000Base-T 以太网中。6 类电缆的绞距比超 5 类电缆更密，线对间的相互影响更小，从而提高了串扰的性能，更适合用于全双工的高速千兆网络，是目前综合布线系统中常用的传输介质。

超 6 类(CAT-6A)：该类电缆主要应用于 1000Base-T 以太网中，其传输带宽为 500MHz。最大传输速率是 1000Mbps，与 6 类电缆相比，在串扰、衰减等方面有较大改善。

7 类(CAT-7)：该类电缆是线对屏蔽的 S-FTP 电缆，它有效地抵御了线对之间的串扰，从而在同一根电缆上可实现多个应用。其最高频率带宽是 600MHz，传输速率可达 10Gbps，主要用于万兆以太网综合布线。

《综合布线系统工程设计规范》(GB50311—2007)中明确规定，综合布线铜缆系统的分级与类别划分应当符合表 2-4 中的要求。

表 2-4　铜缆布线系统的分级与类别

系统分级	支持带宽/Hz	支持应用器件	
		电　缆	连接硬件
A	100k	—	—
B	1M	—	—
C	16M	3 类	3 类
D	100M	5/5e 类	5/5e 类
E	250M	6 类	6 类
F	600M	7 类	7 类

注：3 类、5/5e 类(超 5 类)、6 类、7 类布线系统应能支持向下兼容的应用

为了便于管理，UTP 的每对双绞线均用颜色标识。4 对 UTP 电缆分别使用橙色、绿色、蓝色和棕色线对表示。每对双绞线中，有一根为线对纯颜色，另一根为白底色加上线对纯颜色的条纹或斑点，具体的颜色编码如表 2-5 所示。

表 2-5 4 对 UTP 电缆的颜色编码表

线 对	色 标	英文缩写	线 对	色 标	英文缩写
线对-1	白-橙 橙	W-O O	线对-3	白-蓝 蓝	W-BL BL
线对-2	白-绿 绿	W-G G	线对-4	白-棕 棕	W-BR BR

安装人员可以通过颜色编码来区分每根导线，TIA/EIA 标准描述了两种端接 4 对双绞线电缆时每种颜色的导线排列关系，分别为 T568-A 标准和 T568-B 标准，如表 2-6 所示。

表 2-6 T568-A 和 T568-B 标准规定的双绞线的排列

引 脚	T568-A	T568-B	引 脚	T568-A	T568-B
1	白绿	白橙	5	白蓝	白蓝
2	绿	橙	6	橙	绿
3	白橙	白绿	7	白棕	白棕
4	蓝	蓝	8	棕	棕

在网络连接中常常采用直通网线和交叉网线两种网线，它们均是根据 T568-A 和 T568-B 标准进行制作的，如图 2-8 所示。

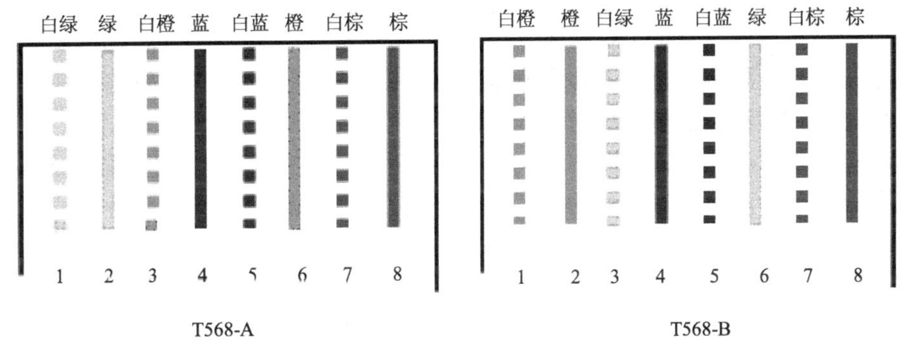

图 2-8 非屏蔽双绞线电缆

此外，还有大对数电缆，即大对数干线电缆。大对数电缆一般为 25 线对（或更多）成束的电缆结构。从外观上看，是直径更大的单根电缆。它也同样采用颜色编码进行管理，每个线对束都有不同的颜色编码，同一束内的每个线对又有不同的颜色编码，如图 2-9 所示。

图 2-9 大对数电缆

3. 双绞线的电气特性参数

对于双绞线，常用的指标包括衰减、串扰、直流环路电阻、特性阻抗、衰减串扰比、传输延迟、传输偏离和回波损耗，这些指标也是综合布线认证测试中的主要参数。

1）衰减

衰减（Attenuation）是沿链路的信号损失度量。衰减与线缆的长度有关系，随着长度的增加，信号衰减也随之增加。衰减用“dB”作单位，表示传送端信号到接收端信号强度的比率。由于衰减随频率而变化，所以应测量在应用范围内的全部频率上的衰减。在计算机网络中，任何传输介质都存在衰减问题，一般每 100m 的传输距离会增加 1dB 的线路噪声。衰减越低，信号传输的距离越长。

2）串扰

串扰分近端串扰（NEXT）和远端串扰（FEXT）。FEXT 是信号从近端发出，而在链路的另一侧（远端）发送信号的线对向其同侧其他相邻（接收）线对通过电磁感应耦合而造成的串扰，由于存在线路损耗，所以 FEXT 的量值影响较小，测试仪主要是测量 NEXT。NEXT 损耗是一条 UTP 链路中从一对线到另一对线的信号耦合。对于 UTP 链路，NEXT 是一个关键的性能指标，也是最难精确测量的一个指标。随着信号频率的增加，其测量难度将加大。NEXT 并不表示在近端点所产生的串扰值，它只是表示在近端点所测量到的串扰值。这个量值会随电缆长度不同而变化，电缆越长，其值变得越小。同时发送端的信号也会衰减，对其他线对的串扰也相对变小。

3）直流环路电阻

直流环路电阻是指一对导线电阻的和。它会消耗一部分信号，并将其转变成热量。双绞线电缆中每个线对的直流电阻在 20～30℃的环境下，其最大值不能超过 30Ω，否则说明接触不良，必须检查连接点。

4）特性阻抗

特性阻抗是指链路在规定工作频率范围内呈现的电阻。无论使用 5 类、超 5 类或 6 类电缆，每对芯线的特性阻抗在整个工作带宽范围内应该保证恒定、均匀。链路上任何点的阻抗的不连续性将导致该链路信号的反射和信号畸变。

与直流环路电阻不同，特性阻抗包括电阻及频率为 1～100MHz 的电感阻抗及电容阻抗，它与一对电线之间的距离及绝缘体的电气性能有关。各种电缆有不同的特性阻抗，双绞线电缆有 100Ω、120Ω及 150Ω几种。

5）衰减串扰比（ACR）

在某些频率范围，串扰与衰减量的比例关系是反映电缆性能的另一个重要参数。ACR 有时也以信噪比（SNR）表示，它由最差的衰减量与 NEXT 量值的差值计算得到。ACR 值较大，表示抗干扰的能力较强。一般系统要求至少大于 10dB。

6）传输延迟

传输延迟是指信号从信道的一端到达另一端需要的时间，以 ns 为单位。传输延迟越小，表明系统性能越好。在信道连接方式、基本连接方式或永久连接方式下，对于 5 类链路，当传输 10～30MHz 的频率信号时，要求线缆中任一线对的传输延迟不超过 1000ns，对于超 5 类和 6 类链路，要求传输延迟不超过 548ns。

7）延迟偏离

延迟偏离是取短的传输延迟线对（以 0ns 表示）与其他线对间的差别。

8）回波损耗

在数据传输中，当遇到线路中阻抗不匹配时，部分能量会反射回发送端，回波损耗（RL）反映了因阻抗不匹配反射回来的能量大小。回波损耗对于全双工传输的应用非常重要。电缆制造过程的结构变化、连接器和布线安装三种因素是影响回波损耗数值的主要因素。

4. 常见布线系统

1)超5类布线系统

超5类布线系统是目前综合布线工程中使用最多的布线系统，广泛用于办公楼、校园网、园区网、各种智能建筑和智能小区。超5类布线系统是一个非屏蔽双绞线布线系统，超5类布线系统在100MHz的频率下运行时，可以提供8dB近端串扰的余量，用户的设备受到的干扰只有普通5类线系统的1/4，使得系统具有更强的独立性和可靠性。

超5类的应用定位于充分保证5类传输千兆以太网。超5类布线系统是所有传输性能参数达到了1000BASE-T要求而被IEEE认可的千兆布线系统。在1000BASE-T处于最差连接的情形下，超5类也能提供足够的性能富余。

2)6类布线系统

6类布线系统提供比超5类布线系统高一倍的传输带宽，对于普通的千兆网络设备而言，6类布线提供了更大的性能容量，使得在较恶劣的环境下依然可以保证网络传输的误码率指标，保持网络传输性能不变。

2002年6月17日，美国通信工业协会正式通过了6类布线标准。6类布线标准关于接插件、线缆至链路、信道的性能指标已全部确定。6类作为非屏蔽布线系统极限，可提供高于超5类2.5倍的带宽及100MHz时高于超5类300%的PSACR值，可全方位满足不断增长的未来数据和视频应用的要求。6类布线标准在如下方面作了改善。

首先是对6类性能的测试频率最终确定为1～250MHz；其次6类布线系统在200MHz时综合衰减串扰比(PS-ACR)应该有较大的余量；它提供高于超5类2倍的带宽，为了确保整个系统有良好的电磁兼容性，这个标准还同时对线缆和连接件的匹配提出了建议；6类与超5类的一个重要的不同点在于改善了在串扰以及回波损耗方面的性能，对于新一代的全双工的高速网络应用而言，优良的回波损耗性能是非常重要的。

同时，6类布线标准保证了系统的向下兼容性和相互兼容性，即不仅能够包容以往的3类、5类布线系统，而且保证了不同厂家产品之间的混合使用，改变了以往6类产品必须完全统一的弊端。另外，布线性能指标也有了较大程度的提高，对衰减、近端串扰、综合近端串扰、等效远端串扰、综合等效远端串扰、回波损耗等指标提出了更高的要求，因而在布线系统性能上已大大优于超5类布线。

在物理属性和性能特点上，6类系统都与超5类系统有许多不同。首先是物理属性，6类系统产品的双绞4线对电缆和RJ-45连接器等都没有变化，布线系统体系结构和定义也没有变化，而其他几乎所有的方面都有改变。新的电缆构造形式是，在电缆中建一个十字交叉中心，把4个线对分成分别的信号区，这样可以提高电缆的NEXT性能，还可以减少在安装过程中由于电缆连接和弯曲引起的电缆物理上的失真，线芯从24AWG改为23AWG，以尽力把衰减损耗减至最小。

5. 同轴电缆

同轴电缆(Coaxial Cable)是局域网中最常见的传输介质之一，其频率特性比双绞线好，能进行较宽频带的信息传输(传输速率为10Mbps)。由于它的屏蔽性能好，抗干扰能力强，通常用于基带传输。目前更多地使用于有线电视或视频等网络应用中，在计算机网络中运用较少。

同轴电缆是由一根空心的外圆柱导体及其所包围的单根内导线所组成，由里往外依次是导体、塑胶绝缘层、金属网状屏蔽网和外套皮(图 2-10)，由于导体与网状屏蔽层同轴，故名为同轴电缆。这种结构的金属屏蔽网可防止中心导体向外辐射电磁场，也可用来防止外界电磁场干扰中心导体的信号。

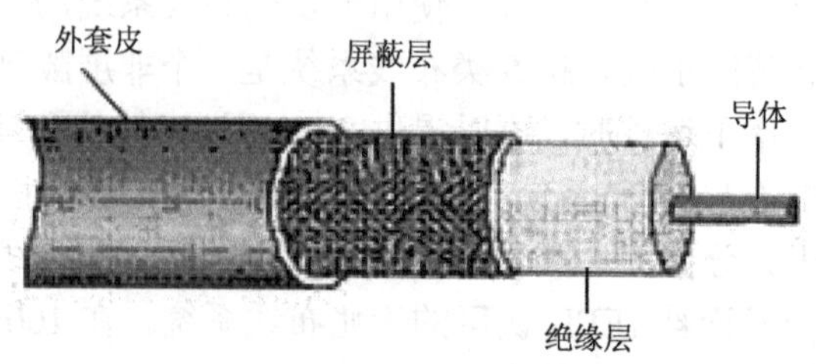

图 2-10　同轴电缆的结构

6. 光纤

1) 光纤概述

光纤是一种传输光束的、细而柔韧的媒质，又称光导纤维。光纤不受电磁干扰的影响，具有更高的数据传输速率和更远的传输距离，这使得光纤在某些应用中更具吸引力，成为目前综合布线系统中常用的传输介质之一。

典型的光纤自内向外为纤芯、包层及涂覆层。光纤芯的折射率较高，包层的折射率较低，光以不同的角度送入光纤芯，在包层和光纤芯的界面发生反射，进行远距离的传输。包层的外面涂覆了一层很薄的涂覆层，涂覆材料为硅酮树脂或聚氨基甲酸乙酯，涂覆层的外面套塑(或称二次涂覆)，套塑的材料大多采用尼龙、聚乙烯或聚丙烯等，可以保护内层。

光纤通信具有传输频带宽，通信容量大；线路损耗低，传输距离远；抗化学腐蚀能力强；线径细，质量小；抗干扰能力强，应用范围广；制造资源丰富。

光纤可以按构成光纤的材料、光传输模式、光纤的折射率分布等来进行分类。

按构成光纤的材料不同，光纤可分为玻璃光纤、胶套硅光纤、塑料光纤三种。

按光传输模式不同，光纤可分为单模光纤和多模光纤两种，单模光纤和多模光纤光轨迹图如图 2-11 所示。

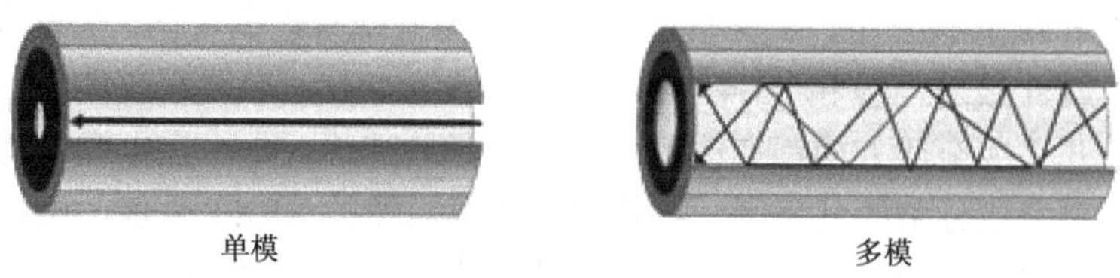

图 2-11　单模光纤和多模光纤光轨迹图

单模光纤采用固体激光器作为光源，在给定的工作波长上只能以单一模式的光传输信号，光信号可以沿着光纤的轴向传播，没有模分散的特性，光信号损耗很小，离散也很小，传播的距离较远。单模导入波长为 1310nm 和 1550nm。

多模光纤可以使用 LED 作为光源，也可以使用激光器作为光源，在给定的工作波长上，以多个模式同时传输光信号，从而形成模分散，限制了带宽和距离，因此多模光纤的芯大、传输速度低、距离短、成本低，多模导入波长为850nm和1300nm。

目前常见的多模光纤主要有50/125μm、62.5/125μm和100/140μm等规格。多模光纤主要用于建筑物内的局域网干线连接。在综合布线系统中主要使用具有62.5μm纤芯直径和125μm包层直径的多模光纤，在传输性能要求更高的情况下，也可以使用50/125μm光纤。

表2-7和表2-8分别列出了在百兆(100Mbps)、千兆(1Gbps)和万兆(10Gbps)以太网中光纤支持的传输距离。

表2-7 百兆、千兆以太网中光纤支持的传输距离

光纤类型	应用网络	光纤直径/μm	波长/nm	模式带宽/MHz	应用距离/m
多模光纤	100 Base-FX	—	—	—	2000
	1000 Base-SX	62.5	850	160	220
				200	275
	1000 Base-LX			500	550
	1000 Base-SX	50	850	400	500
				500	550
	1000 Base-LX		1300	400	550
				500	550
单模光纤	1000 Base-LX	＜10	1310	—	5000

表2-8 万兆以太网中光纤支持的传输距离

光纤类型	应用网络	光纤直径/μm	波长/nm	模式带宽/MHz	应用距离/m
多模光纤	10G Base-S	62.5	850	160/150	26
				200/500	33
		50		400/400	66
				500/500	82
				2000	300
	10G Base-LX4	62.5	1300	500/500	300
		50		400/400	240
				500/500	300
单模光纤	10G Base-L	＜10	1310	—	1000
	10G Base-E		1550	—	30000～40000
	10G Base-LX4		1300	—	1000

2)光缆

光缆是由光纤、高分子材料、金属-塑料复合管及金属加强件等共同构成的传输介质。其中，高分子材料主要包括松套管材料、聚乙烯护套材料、无卤阻燃护套材料、聚乙烯绝缘材料、阻水油膏、阻水带、聚酯带等；金属-塑料复合管主要有钢塑复合管和铝塑复合带；金属加强件主要包括磷化钢丝、不锈钢钢丝、玻璃钢圆棒等。

常见光缆的分类方法如表 2-9 所示。

表 2-9　常见光缆的分类方法

分类方法	光缆种类
按光缆结构分	束管式光缆、层绞式光缆、紧抱式光缆、带式光缆、非金属光缆和可分支光缆等
按敷设方式分	架空光缆、管道光缆、铠装地埋光缆、水底光缆和海底光缆等
按用途分	长途通信用光缆、短途室外光缆、室内光缆和混合光缆等
按传输模式分	单模光缆、多模光缆
按维护方式分	充油光缆、充气光缆

表 2-10 列出了建筑物采用不同线槽或线管时可以使用的光缆。

表 2-10　建筑物采用不同线槽或线管时可以使用的光缆

区　域	光缆类型
商业建筑物内采用 PVC 线槽或线管时光缆的选择	
A(吊顶或有空调系统)	OFNP
A(吊顶或无空调系统)	OFNP/OFNR/OFN
B(一般工作区)	OFNP/OFNR/OFN
C(弱电竖井)	OFNP/OFNR
商业建筑物内采用阻燃 PVC(金属)线槽或线管时光缆的选择	
A(吊顶或有空调系统)	OFNP/OFNR/OFN
A(吊顶或无空调系统)	OFNP/OFNR/OFN
B(一般工作区)	OFNP/OFNR/OFN
C(弱电竖井)	OFNP/OFNR/OFN

7. 有线传输介质的选择

在设计综合布线系统时，需要考虑实际采用的传输介质的不同性能指标。综合布线工程需要适应不同的网络性能需求和布线环境，要求选用不同的传输介质。《综合布线系统工程设计规范》(GB50311—2007)明确规定了综合布线系统等级与类别选用要求，如表 2-11 所示。

表 2-11　综合布线系统等级与类别选用

业务类别	配线子系统		干线子系统		建筑群子系统	
	等级	类别	等级	类别	等级	类别
语音	D/E	5e/6	C	3(大对数)	C	3(室外大对数)
数据	D/E/F	5e/6/7	D/E/F	5e/6/7	—	—
	光纤	62.5μm 多模 50μm 多模 <10μm 单模	光纤	62.5μm 多模 50μm 多模 <10μm 单模	光纤	62.5μm 多模 50μm 多模 <10μm 单模
其他应用	可采用 5e/6 类电缆和 62.5μm 多模/50μm 多模/<10μm 单模光缆					

8. 综合布线系统相关器材与工具

1) 信息插座

信息插座是在一块金属或塑料面板上，以固定或模块化方式集成不同种类和数量的连接器，用于实现工作区子系统中用户设备与网络线缆之间的物理和电气连接，它为工作区布线提供了与水平布线相连的接口。

信息插座通常由信息模块、面板和底盒三部分组成，如图 2-12 所示。

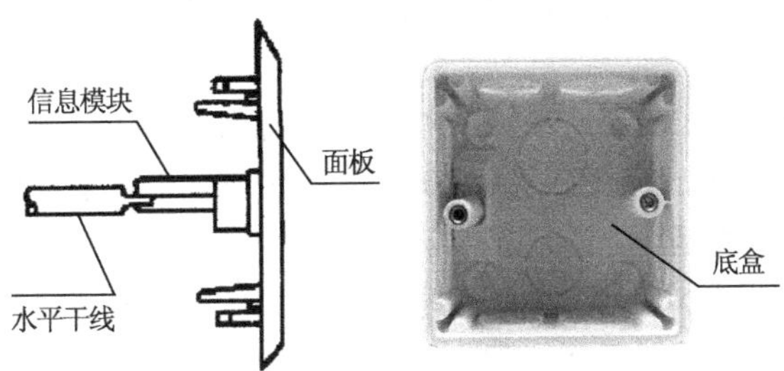

图 2-12 信息插座

2) RJ-45 信息模块

信息插座中的信息模块通过水平干线与楼层配线架相连，通过工作区跳线与应用综合布线系统的设备相连，因此信息模块的类型必须与水平干线和工作区跳线的线缆类型一致。RJ-45 信息模块根据 ISO/IEC11801、TIA/EIA568 的国际标准设计制造，该模块为 8 线式插座模块，适用于双绞线电缆的连接。RJ-45 信息模块如图 2-13 所示。

图 2-13 RJ-45 信息模块

RJ-45 信息模块的类型要求与双绞线电缆的类型要求是一一对应的。RJ-45 信息模块可以分为 3 类、4 类、5 类、5e 类、6 类等。

3) 面板和底盒

信息插座面板用于在信息出口位置安装固定信息模块。插座面板有英式、美式和欧式三种。国内普遍采用的是英式面板，为正方形 86mm×86mm 规格，如图 2-14 所示。

图 2-14 插座面板

信息插座的底盒一般由塑料材质制造，预埋在墙体里的底盒也可以有金属材料。接线底盒有明装和暗装两种，明装底盒可以安装在墙面上或预埋在墙体内。接线底盒内有供固定面板用的螺钉孔，随面板配有将面板固定在接线底盒上的螺钉。接线底盒上都预留了穿线孔，有的接线底盒穿线孔是通的，有的接线底盒在多个方向预留有穿线位，安装时凿穿与线管对接的穿线位即可。

4）配线架

配线架是铜缆或光缆进行端接和连接的装置。从所处位置可以为分建筑群配线架、建筑物配线架和楼层配线架。建筑群配线架用于端接建筑群干线电缆或光缆；建筑物配线架用于端接建筑物内干线电缆或光缆并可连接建筑群干线电缆或光缆；楼层配线架用于水平电缆或光缆并与其他布线子系统或设备相连接。配线架从用途方面又可以分为电缆配线架和光缆配线架。

（1）电缆配线架。

电缆配线架分为110型配线架、模块式快速配线架和多媒体配线架。

110型配线架有25对、50对、100对和300对多种规格，它的套件还包括4对连接块或5对连接块、空白标签、标签夹和基座。110型配线架系统使用的插拔快接可以简单地进行回路的重新排列，这样就为非专业技术人员管理交叉连接系统提供了方便。110型配线架系统如图2-15所示。

模块式快速配线架又称机架式配线架，是一种19英寸的模块式嵌座配线架，有一个110型配线架装置和与其相连接的8针模块化插座，这种设计在工作现场进行模块端接时，可避免使用中间部件并可节省劳动力，使得管理区外观整洁、维护方便。模块式快速配线架系统如图2-16所示。

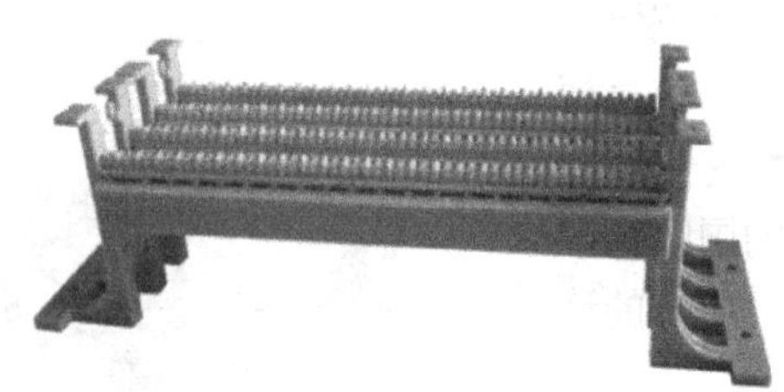

图2-15　110型配线架系统

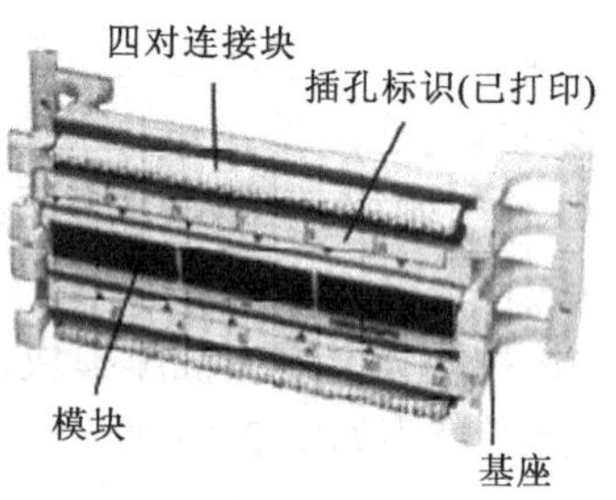

图2-16　模块式快速配线架系统

（2）光缆配线架。

光缆配线架（图2-17）的作用是在管理子系统中对光缆进行连接，同时对光缆进行固定和保护。

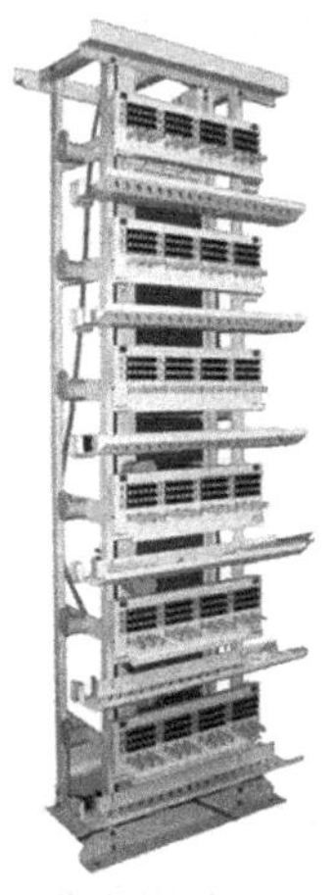

图2-17　光缆配线架

5) 连接器

连接器是用来将有线传输介质与网络通信设备或其他传输介质连接的布线部件。根据综合布线系统中使用的线缆，与之对应的连接器也分为三种类型。

(1) 双绞线连接器。

在双绞线布线系统中，通常使用 RJ-45 连接器(也称为水晶头)。它是一种透明的塑料接头插件，其外形与电话线的插头类似，只是电话线用的是 RJ-11 插头，是 2 针的，而 RJ-45 连接器是 8 针的。新 RJ-45 连接器头部有 8 片平行的带 V 字形刀口的铜片并排放置，V 字头的两尖锐处是较为锋利的刀口。制作双绞线插头时，将双绞线中的 8 根导线按一定的顺序插入 RJ-45 连接器的插头中，导线位于 V 字形刀口的上部，用压线钳将 RJ-45 插头压紧，这时 RJ-45 连接器中的 8 片 V 字形刀口将分别刺破每根双绞线绝缘外皮，使得 RJ-45 连接器与双绞线中的各导线紧密连接。RJ-45 连接器与其连接图如图 2-18 所示。

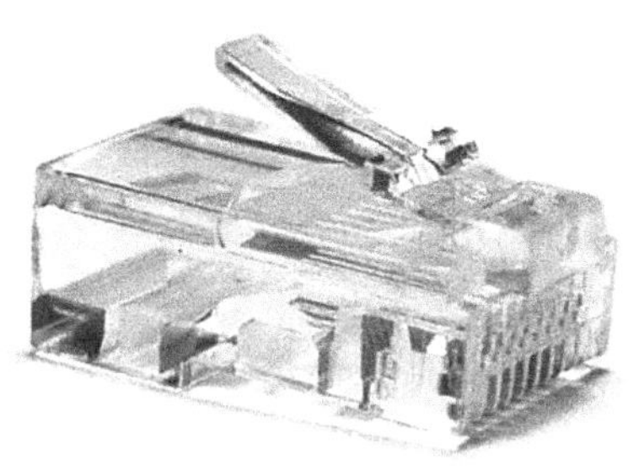

图 2-18 RJ-45 连接器与其连接图

在制作 UTP 电缆的信息插座时，信息插座上有与单根电缆导线相连的狭槽，通过冲压工具或者特殊的连接器帽盖将 UTP 电缆导线压到狭槽里，狭槽穿过导线的绝缘层直接与连接器物理接触。

(2) 同轴电缆连接器。

同轴电缆用同轴电缆连接器端接。同轴电缆连接器有许多不同的类型，常用的有 BNC 型、F 型和 N 型。

(3) 光纤连接器。

光纤连接器(图 2-19)是用来对光缆进行端接的。但是光纤连接器与铜缆连接器不同，它是把两根光纤的芯子对齐，提供低损耗的连接。连接器的对准功能使得光线可以从一条光纤进入另一条光纤或者通信设备。

在实际应用中，一般按照光缆连接器结构的不同来加以区分，多模光缆连接器接头类型有 FC、SC、ST、FDDI、SMA、MT-RJ、LC、MU 及 VF45 等，单模光缆连接器接头类型有 FC、SC、ST、FDDI、SMA、MT-RJ、LC 等。

6) 布线器材

(1) 桥架。桥架是综合布线系统的一个重要器材，它是建筑物内布线不可缺少的一个部分。桥架通常是固定在楼顶或墙壁上，主要用于线缆的支撑。根据桥架本身的形状和组成结构，可将桥架分为梯级式、托盘式和槽式三种类型。

(2) 电缆支撑硬件。在综合布线系统工程中，根据 ANSI/TIA/EIA 569-A 标准要求，必须对所有安装在开放式吊顶上方的电缆进行支撑，因此在综合布线系统工程中，最常用的电缆支撑硬件有吊线环、J 形钩、电缆夹和电缆扎带等。

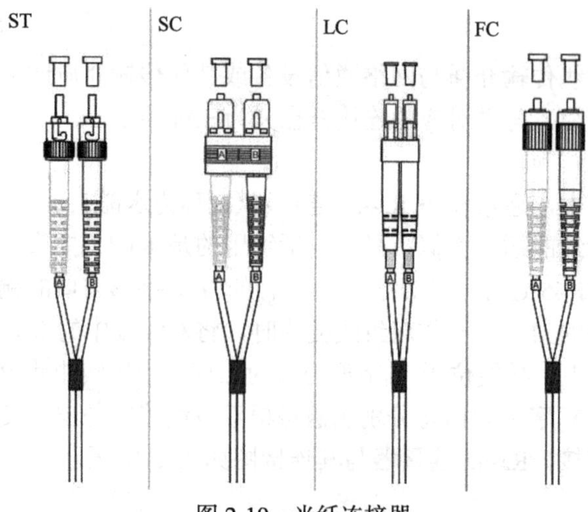

图 2-19　光纤连接器

(3) 管线支撑部件。安装在吊顶上方的管道必须用吊钩等支撑设备来支撑，可以用来固定管道，防止管道移动。支撑管道的硬件主要有管道吊钩、吊架等。

(4) 线管。线管材料有钢管、塑料管和混凝土管等。

(5) 线槽。线槽分为金属线槽和 PVC 塑料线槽。PVC 塑料线槽是综合布线工程明敷管槽时广泛使用的一种材料。

7) 布线工具

(1) 双绞线剥线钳。双绞线剥线钳用于剥去双绞线的外护套，同时保证双绞线外端面的平整，如图 2-20 所示。在剥线时必须想办法不在导线上留有剥线的刻痕，否则可能会损坏导线包皮下的金属导体。双绞线剥线钳也具有压线功能，将双绞线按照一定的相序插入 RJ-45 水晶头，然后把水晶头放入剥线钳的压线部位，用力压下剥线钳的手柄，听到一声轻微的“喀”的响声，就完成了 RJ-45 水晶头跳线的压制。

(2) 同轴电缆剥线钳。同轴电缆剥线钳（图 2-21）分别对应于电缆的不同材质层，在剥线时，把同轴电缆放入剥线钳上不同孔径的剥线孔内，用剥线刀切割不同层的外皮，以导线为轴旋转剥线钳一周，然后向电缆末端拉出，除去已经切断的外皮。

图 2-20　双绞线剥线钳

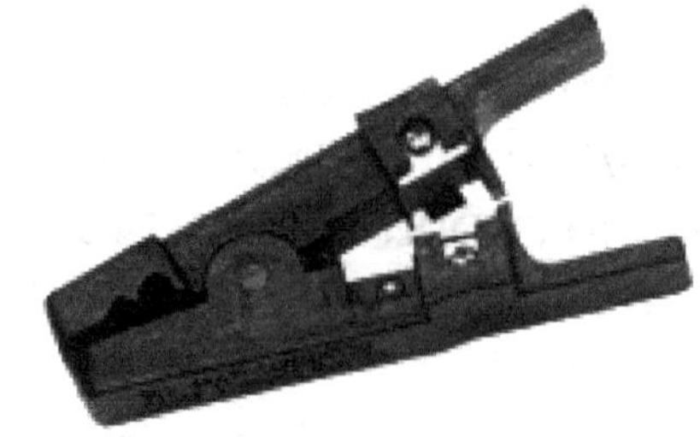

图 2-21　同轴电缆剥线钳

(3) 光纤剥线钳。光纤的外护套直径、覆盖层厚度、缓冲层厚度等都是标准化的，使用如图 2-22 所示的光纤剥线钳能够剥去外皮，而且一般不会损伤内层。

(4) 110 打线工具。双绞线的一端连接在信息插座或配线架的相应接口处，使用 110 打线工具将导线压入相应的茬口。110 打线工具如图 2-23 所示。

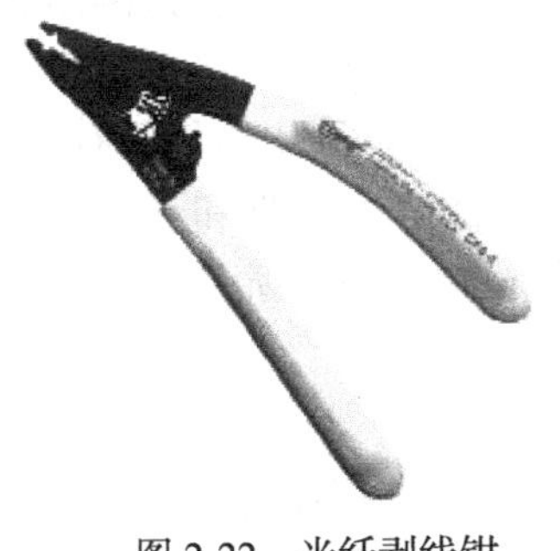

图 2-22 光纤剥线钳

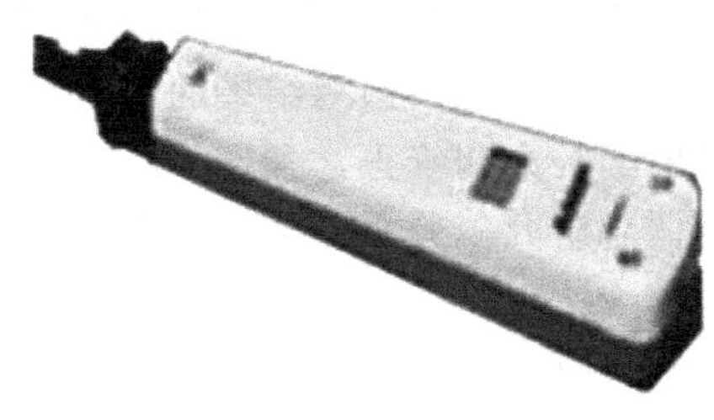

图 2-23 110 打线工具

2.2 综合布线系统设计与施工

2.2.1 综合布线系统设计概述

1. 用户需求分析

综合布线系统工程用户需求的调查分析，主要是针对智能建筑的建设规模、工程范围、使用性质、用户信息需求以及业务功能、通信性质、人员数量、未来扩展等进行的一项非常复杂和系统的工作。用户信息调查和分析的结果是综合布线系统设计的基础数据，它的准确和完善程度将会直接影响综合布线系统的网络结构、线缆规格、设备配置、布线路由和工程投资等一系列重大问题。

1) 用户需求分析的对象

随着信息化社会的到来，新建现代化建筑无一例外地践行智能建筑理念，但同样是智能建筑，不同行业不同领域，如行政办公楼、政务大楼、企业、医院、学校和智能化小区等，都有不同的要求和侧重点，但无一例外是围绕楼宇自动化、通信自动化、办公自动化这三个核心来开展的。在进行综合布线的需求分析时，不仅要围绕用户需求，还应根据分析对象所处的行业领域的要求、特点、新技术和未来发展方向综合考虑客观分析，为高质量的分析报告打下基础。

2) 用户需求调查的内容和方法

首先要确定综合布线系统的工程是单幢独立的智能化建筑，还是由多幢组成的智能化建筑群(如校园式小区和智能化小区)。

用户需求调查的内容包括用户信息点的种类、用户信息点的数量、用户信息点的分布、原有系统的应用及分布情况、设备间的位置以及进行综合布线施工的建筑物的建筑平面图以及相关管线分布图。

用户需求调查的方法一般包括实地考察、用户访谈和发放问卷调查，之后进行归纳整理需求信息，将需求信息用规范的语言表达出来，需求信息可以用图表来表示，常用的有柱图、直方图、折线图和拼图。

3) 用户需求分析的基本要求

以近期需求为主，结合今后发展需要，留有余地。对各种信息终端统筹兼顾、全面调查预测。根据调查收集的基础资料和了解的工程建设项目的情况，参照类似智能化建筑的建筑性质、建设规模和使用功能进行分析比较和预测，初步得到综合布线系统工程设计所需的用户信息，其数据可作为参考依据。将初步得到的用户信息预测结果提供给建设单位或有关部门共同商讨，广泛听取意见。如初步预测结果是由建设单位提供时，工程设计人员应了解该预测结果的依据及有关资料，共同对初步预测结果进行分析讨论，并进行必要的补充和修正。参照以往其他类似工程设计中的有关数据和计算指标，结合工程现场调查研究，分析预测结果与现场实际是否相符，特别是要避免项目丢失或发生重大错误。

2. 建筑物的现场勘查

综合布线系统的设计和施工人员必须熟悉建筑物的结构。要熟悉建筑物的结构主要通过两种方法，一是查阅建筑图纸，二是到现场勘察。勘察工作一般是在新建大楼主体结构完成、综合布线工程中标，并将布线工程项目移交到工程设计部门之后进行。勘察参与人包括工程负责人、布线系统设计人、施工监理人、项目经理及其他需要了解工程现场状况的人员，当然还包括建筑单位的技术负责人，以便现场研究决定一些事情。

因为图纸并不总是能够显示具体路径信息，所以在现场勘查时要特别仔细，应对照“平面图”查看建筑物，逐一确认以下任务。

(1)查看各楼层、走廊、房间、电梯厅和大厅等吊顶的情况，包括吊顶是否可以打开和吊顶距梁的高度等。对于新建建筑物，要确定是走吊顶内槽线，还是走地面线槽。找到布线系统要用的电缆竖井，查看竖井有无楼板，询问同一竖井内有哪些其他线路(包括自控系统、空调、消防、闭路电视、保安监视和音响等系统的线路)。

(2)计算机网络可与哪些线路共用槽道，如果需要共用，要用隔离设施。

(3)没有可用的电缆竖井，则要和甲方技术负责人商定垂直槽道的位置。

(4)在设备间和楼层配线间，要确定机柜的安放位置，确定到机柜的主干线槽的敷设方式，设备间和楼层配线间有无高架活动板，并测量楼层高度数据。同时还要确定配线箱的安放位置。

建筑物结构方面尚不清楚的问题一般包括哪些是承重墙、建筑外墙哪些部分有玻璃幕墙、设备层在哪层等。

3. 综合布线产品介绍

综合布线产品选型首先应符合国情、符合国家标准、符合用户需求；其次要符合技术先进和经济合理相统一的原则。以下列出一些国内外厂商，具体产品介绍可查阅官方网站。

(1)国外部分厂商。康普(http://www.commscope.com)、西蒙(http://www.siemon.com/)、莫仕(http://www.molex.com)、IBM(http://www.ibm.com/cn/zh/)、泰科电子(TE 安普布线 http://www.te.com.cn/)和耐克森(http://www.nexans.cn)等。

(2)国内部分厂商。南京普天通信股份有限公司(http://www.postel.com.cn/)、中天科技集团(http://www.chinaztt.com)、TCL-罗格朗国际电工(惠州)有限公司(http:// www.tcllegrand.com.cn)和成都大唐线缆有限公司(http:// www.datangcable.com)等。

4. 图纸设计

通过用户需求分析，设计人员必须设计出一套综合布线工程图，一般包括网络拓扑结构图、综合布线系统拓扑图、综合布线管线路由图、楼层信息点平面分布图、机柜配线架信息点分布图 5 类。

5. 综合布线系统的设计要求和流程

在满足用户需求的前提下，充分考虑信息社会发展的趋势，在技术上适度超前，使提出的方案保证将布线系统建成先进的、可靠的综合布线系统。总体结构具有可扩展性和兼容性，可以集成不同厂商、不同类型的先进产品。

综合布线系统的流程大致如下：①获取建筑物平面图；②分析用户需求；③系统结构设计；④布线路由设计；⑤技术方案论证；⑥绘制布线施工图；⑦编制布线用料清单。图2-24提出了一种关于综合布线系统设计流程的方案。

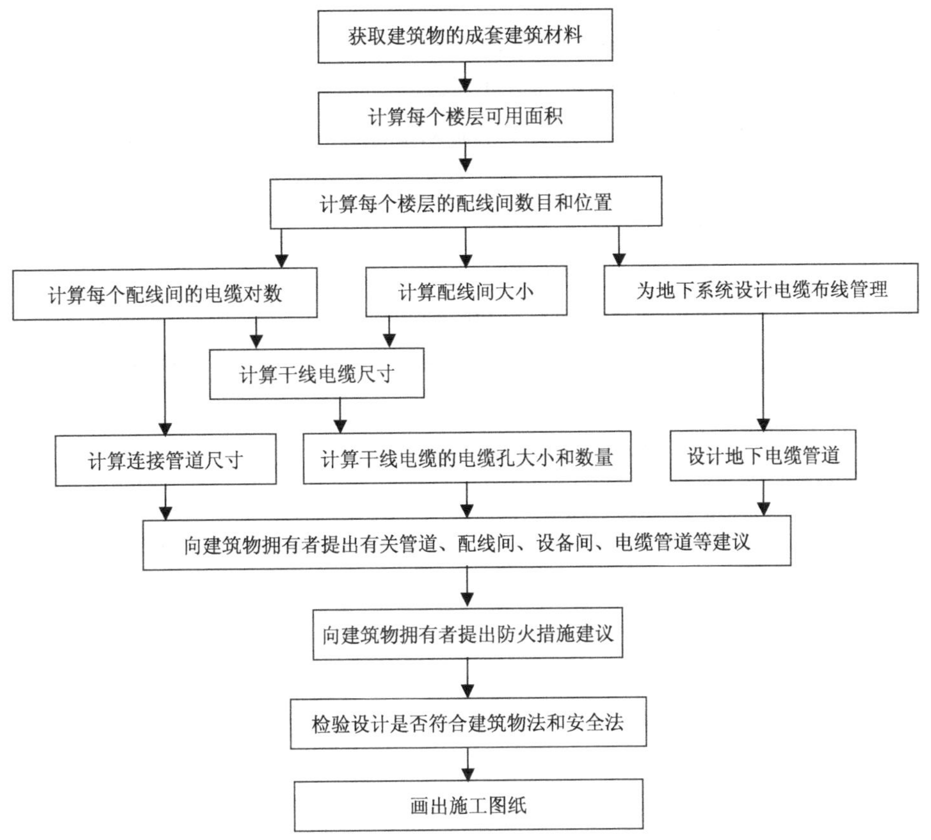

图2-24 综合布线系统的设计流程

在综合布线系统工程的设计与施工中，经常使用一些专业术语和符号。表2-12中列出了部分常见术语和符号。

表2-12 常见术语和符号

英文缩写	英文名称	中文名称或解释
ACR	Attenuation to Crosstalk Ratio	衰减串音比
BD	Building Distributor	建筑物配线设备
CD	Campus Distributor	建筑群配线设备

续表

英文缩写	英文名称	中文名称或解释
CP	Consolidation Point	集合点
dB	dB	电信传输单元：分贝
d.c.	Direct Current	直流
EIA	Electronic Industries Association	美国电子工业协会
ELFEXT	Equal Level Far End Crosstalk Attenuation (10ss)	等电平远端串音衰减
FD	Floor Distributor	楼层配线设备
FEXT	Far End Crosstalk Attenuation (10ss)	远端串音衰减(损耗)
IEC	International Electro technical Commission	国际电工技术委员会
IEEE	The Institute of Electrical and Electronics Engineers	美国电气及电子工程师学会
IL	Insertion Loss	插入损耗
IP	Internet Protocol	因特网协议
ISDN	Integrated Services Digital Network	综合业务数字网
ISO	International Organization for Standardization	国际标准化组织
LCL	Longitudinal to Differential Conversion Loss	纵向对差分转换损耗
OF	Optical Fiber	光纤
PSNEXT	Power Sum NEXT attenuation (10ss)	近端串音功率和
PSACR	Power Sum ACR	ACR 功率和
PS ELFEXT	Power Sum ELFEXT attenuation (10ss)	ELFEXT 衰减功率和
RL	Return Loss	回波损耗
SC	Subscriber Connector (optical fiber connector)	用户连接器(光纤连接器)
SFF	Small Form Factor Connector	小型连接器
TCL	Transverse Conversion Loss	横向转换损耗
TE	Terminal Equipment	终端设备
TIA	Telecommunications Industry Association	美国电信工业协会
UL	Underwriters Laboratories	美国保险商实验所安全标准
Vr.m.s	Vroot.mean.square	电压有效值

2.2.2 综合布线系统的设计

1. 工作区子系统

工作区子系统是指从终端设备(电话、计算机、数据终端或仪器仪表、传感器探头等)到信息插座的整个区域，包括信息插座、信息模块、网卡、跳线等。

工作区系统中所使用的网络连接器，通常使用 T568-B 标准的 8 针模块化信息插座。这种接口同时能接受楼宇自动化系统所有低压信号以及高速数据和数码音频信号。

1)信息插座的数量和类型

常见的信息模块主要有两种形式，一种是 RJ-45，另一种是 RJ-11。RJ-45 标准的信息模块可以用于数据传输也可以用于语音传输，而RJ-11仅用于语音传输。在具体的方案设计时，既可以使用一个RJ-45信息插座来同时完成数据与语音的传输，也可以分别设立RJ-45信息模块和RJ-11信息模块插座。在后一种方式中，设计时须选用双口网络面板。

综合布线的信息插座大致可分为嵌入式安装插座、表面安装插座和多介质信息插座三种类型。其中嵌入式安装插座和表面安装插座用来连接双绞线，多介质信息插座用来连接双绞线和光纤，以解决用户对光纤到桌面的需求。

2）工作区设计要点

工作区内线槽的敷设要合理、美观。信息插座设计在距离地面30cm以上。信息插座与计算机设备的距离保持在5m范围内，网卡接口类型要与线缆接口类型保持一致。所有工作区所需的信息模块、信息插座、面板的数量要准确。

RJ-45水晶头的需求量计算公式（跳线用量）为$m=n\times4\times105\%$。式中，m为RJ-45水晶头的总需求量；n为信息点的总量；105%表示需留有一定的富余量。

信息模块的需求量计算公式为$m=n\times103\%$。式中，m为信息模块的总需求量；n为信息点的总量；103%表示需留有一定的富余量。

2. 水平干线子系统

水平干线子系统是从工作区的信息插座开始到管理子系统的配线架，其功能是将工作区信息插座与楼层配线间的水平分配线架连接起来。

1）线缆的选择与计算

常用线缆的种类有超5类或6类双绞线电缆、多模光纤或单模光纤，那么线缆的需求量应该如何计算呢？

首先，根据布线路由测定信息插座到楼层配线架的最近和最远距离，来确定线缆的平均长度，用如下公式进行计算：$M=(L+S)/2+3$。式中，L为需要的线缆最远长度；S表示最近的电缆长度；3表示预留的线缆端接长度为3m。

然后，通过取整计算每箱线缆可容纳平均长度的线缆根数。

例如，某综合布线工程共有1000个信息点，布点比较均匀，距离FD最近的信息插座布线长度为10m，最远插座的布线长度为80m，布线采用超5类双绞线，线缆的平均长度=(10+80)/2+3=48(m)，选用标称长度为305m的一箱线缆（一般标称长度为1000ft，约305m），每箱可含平均长度线缆的根数=305/48≈6.35，由于0.35不足一条电缆的长度，应舍去，取整数6，则共需线缆箱数=1000/6=166.7（取整为167箱）。

在计算水平干线子系统的线缆长度时，应注意避免以下不正确的计算方法：线缆总长度=1000×48=48000，共需线缆箱数=48000/305=157.4（取整为158箱）。

2）布线路由

（1）布线路由技术。

两点间最短距离是直线，但对于布线缆来说，它不一定就是最好、最佳的路由。在选择最容易布线路由时，要考虑便于施工、便于操作，即使花费更多的线缆也要这样做。在实际工程中，一般遵循“宁可使用额外的1000m线缆，也不使用额外的100工时”的原则。

通常一根4对线电缆，拉力为10kg；两根4对线电缆，拉力为15kg；三根4对线电缆，拉力为20kg；N根线电缆，拉力为$N\times0.5+5$kg。但不管多少根线对电缆，最大拉力不能超过40kg。

（2）布线方法。

在天花板吊顶内敷设缆线的方法有分区布线法、内部布线法和电缆槽道法，如图 2-25 所示。

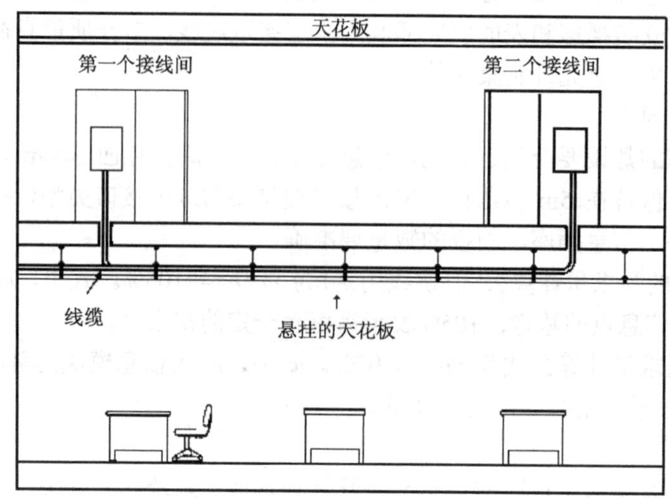

图 2-25　在天花板吊顶内敷设缆线的方法

在地板下敷设缆线的方法有地板下预埋管路布线法、地面线槽布线法、蜂窝状地板布线法和高架地板布线法。

通常采用的高架地板为活动地板。活动地板由许多方块面板组成，置放在钢制支架上，每块面板均能活动，便于安装和检修缆线，布线极为灵活，适应性强，地板下空间较大，可容纳的电缆条数多，也便于安装施工，还能用于空调送风通道。

3. 垂直干线子系统

垂直干线子系统是建筑物综合布线系统中非常关键的组成部分，它提供建筑物的干线电缆，负责连接子系统到设备间子系统，一般使用光缆或选用大对数非屏蔽双绞线。

垂直干线传输电缆的设计必须既满足当前的需要，又适应今后发展。垂直干线子系统布线走向应选择干线线缆最短、最安全、最经济的路由。垂直干线子系统在系统设计施工时，应预留一定的线缆作为冗余信道，这一点对于综合布线系统的可扩展性和可靠性来说是十分重要的。

主干路由应选在该管辖区域的中间，使楼层管路和水平必需的平均长度适中，有利于保证信息传输质量，宜选择带门的封闭型综合布线的专用通道敷设干线电缆，也可与弱电竖井使用，但线缆不应布放在电梯、供水、供气、供暖、强电等竖井中。

光缆设计时应注意以下几点。

（1）光纤电缆敷设不应该绞接。

（2）在室内布线时要走线槽。

（3）在地下管道中穿过时要用 PVC 管。

（4）需要拐弯时，其曲率半径不能小于 30cm。

（5）室外裸露部分要加铁管保护，铁管要固定牢靠。

（6）不要拉得太紧或太松，并要有一定的膨胀收缩余量。

(7)采用地埋方法时，要加铁管保护。

4. 管理子系统

管理子系统由交连、互连和I/O组成。管理间为连接其他子系统提供手段，它是连接垂直干线子系统和水平干线子系统的部分，主要设备有配线架、交换机和机柜等。常见的配线架有RJ-45配线架、电话配线架和光纤配线架。线缆管理器又称理线器，它的用途是将线缆托平，使线缆不对模块施力；为线缆平行进入RJ-45模块提供通道，减少相互之间的信号损耗和干扰。

设计原则如下：

(1)管理子系统中干线配线管理宜采用双点管理双交接；

(2)管理子系统中楼层配线管理应采用单点管理；

(3)配线架的结构取决于信息点的数量、综合布线系统网络性质和选用的硬件。在配线架上应具有用于标记管理的插槽或标牌。

5. 设备间子系统

设备间子系统也称设备子系统。设备间子系统由电缆、连接器和相关支撑硬件组成。它把各种公共系统设备和多种不同设备互连起来。

环境因素的注意项目有温度和湿度、尘埃、照明、噪声、电磁场干扰、供电、物理安全、防火与内部装修、地面、墙面、顶棚、火警与灭火设施。

设备间应采取最近和方便原则，主交接间面积按每1500个信息插座15m^{2}来计算，无障碍空间不低于2.4m，净高(吊顶到地板之间)不应小于2.5m(无障碍空间)，门高大于2.1m，门宽大于0.9m。另外需要注意接地原则、色标原则和操作便利性原则。

设备间线缆敷设一般采用活动地板，高度为330～500mm，优点是空间大，可兼做空调送风通道。如采用地板或墙壁内沟槽，造价较活动地板低，但需土建协调，且不美观。采用预埋管路的优点是造价低廉，但容纳线缆少。另外还可以采用走线架方式进行线缆敷设，适合后期增加设备，方便敷设线路。

6. 电气保护系统

1)电源设计

综合布线系统的设备间和机房的电力负荷等级的选定，应根据智能化建筑的使用性质、重要程度、工作特点以及要求通信安全的保证程度等因素来考虑。一般与智能化建筑中的程控用户电话交换机和计算机主机用同一类型的电力负荷等级，这样便于采用统一的供电方案。

目前，我国的供电方式与世界上很多国家相同，采用三相四线制。单相额定电压(即相电压)为220V，三相额定电压为380V，频率均为50Hz。因此，综合布线系统中所用设备的电源都应符合这一规定。如果所用设备为国外产品，且不符合这一规定(电压不同或制式不一)时，应设置专用变换装置或采取其他措施，以满足用电设备的要求。

电力线进入机房以后，应采用穿放在金属管内的屏蔽方式，为避免交流电源产生电磁干扰，应采用金属网结构、具有屏蔽性能的电力电缆。

2)电气防护设计

光缆布线具有最佳的防电磁干扰性能，既能防电磁泄漏，又不受外界电磁干扰影响，在电磁干扰较严重的情况下，是比较理想的防电磁干扰布线系统。

当采用非屏蔽线缆不限时，如与电力线等平行敷设，或接近电力变压器等干扰源，且不能满足最小净距时，可采用钢管或金属线槽等局部措施加以屏蔽处理。

此外应注意，《综合布线系统工程设计规范》(GB50312—2007) 中关于电气防护的强制条款："7.0.9 当电缆从建筑物外面进入建筑物时，应选用适配的信号线路浪涌保护器，信号线路浪涌保护器应符合设计要求。"

最后，电气保护系统还应有可靠的接地设计和防火设计。

2.2.3 综合布线系统施工技术

1. 综合布线系统工程施工的依据和文件

综合布线系统工程施工相关的标准和规范如表 2-13 所示。

表 2-13 综合布线系统工程施工标准和规范

制定部门	标准名称	标准内容
中国工程建设标准化协会	CECS 72	建筑与建筑群综合布线系统工程设计规范
	CECS 89	建筑与建筑群综合布线系统工程验收规范
	CECS 119	城市住宅建筑综合布线系统工程设计规范
信息产业部	YD/T 9261.3	大楼通信综合布线系统
	YD 5082	建筑与建筑群综合布线系统工程设计施工图集
	YD/T 1013	综合布线系统电气特性通用测试方法
	YD/T 1460.3	通信用气吹微型光缆及光纤单元
国家质量技术监督局与建设部	GB/T 50311	建筑与建筑群综合布线系统工程设计规范
	GB/T 50314	智能建筑设计标准
	GB 50311	综合布线系统工程设计规范
	GB 50312	综合布线系统工程验收规范

相关的施工文件有综合布线系统工程设计文件和施工图纸、共同签订的承包施工合同或有关协议、施工操作规范和生产厂商提供的产品安装手册、深化系统设计和增补或变动有关的会议纪要和重要记录。

2. 综合布线系统工程施工要求

1) 基本要求

综合布线系统工程施工严格按照《综合布线系统工程验收规范》(GB50312—2007) 安装和施工，如有验收规范未包括的内容，按《综合布线系统工程设计规范》中的标准执行；线缆类型和性能、布线部件的规格及质量应符合《大楼通信综合布线系统》第 1～第 3 部分等规范；安装和施工不得影响房屋建筑结构强度，不影响内部装修美观要求，不得降低其他系统功能和妨碍用户通道通畅；施工现场需有技术人员监督、指导，并进行随工检查，相关标记清晰、有序，及时组织隐蔽工程的检验和验收；工程验收前应组织自检测试，积极准备竣工验收测试工作。

2) 施工过程中要求

现场派驻管理人员要认真负责，及时处理出现的各种情况，协调处理各方意见；对不可预见的问题，及时向工程单位汇报，并提出解决办法给工程单位以便尽快解决；对工程单位计划不周的问题，要及时妥善解决；对工程单位新增加的点要及时在施工图中反映出来；对部分场地或工段要及时进行阶段检查验收，确保工程质量。

3) 施工结束要求

及时清理现场，保持现场清洁、美观；对墙洞、竖井等交接处要进行修补；施工剩余材料汇总，并把剩余材料集中放置一处，并登记其还可使用的数量；准备总结材料。

总结材料的主要内容有开工报告、布线工程图、施工过程报告、测试报告、使用报告和工程验收所需要的验收报告。

3. 综合布线系统工程施工准备

1) 工程施工准备

相关的技术准备：熟悉综合布线系统工程规范要求，收集、审定和学习施工用标准、规范、施工图集，掌握综合布线整个工程的施工组织技术；熟悉和会审施工图纸；进行技术交底。技术交底主要包括材料与设备性能参数、施工顺序、施工方法、预埋部件、安全注意事项等。

人力资源方面要落实组织机构设置，落实职责分工，如项目经理、技术主管和施工主管等人选。

2) 工程施工工具

管槽安装工具有电工工具箱、线盘、线槽剪、台虎钳、梯子、管子台虎钳、管子切割器、管子钳、简易弯管器、螺纹铰板、充电起子、手电钻、冲击电钻、电锤、型材切割机等。

线缆安装工具有穿线器、线轴支架、滑车、牵引机和扎带机等。

线缆的端接工具有双绞线剪线钳、剥线钳、打线工具、手掌保护器、光纤接续子、光纤切割工具和光纤熔接机等。

验证测试工具有简易布线通断测试仪、电缆线序检测仪、电缆验证仪、单端电缆测试仪、数字万用表和接地电阻测量仪等。

2.3 综合布线系统测试与验收

2.3.1 综合布线系统的测试技术

1. 测试概述

要提高综合布线工程的施工质量，不仅需要一支经过专门训练、实践经验丰富的施工队伍来完成施工任务，而且需要一套科学、有效的测试方法来监督、保障工程的施工质量。

1) 综合布线系统的测试类型

(1) 验证测试(随工检测)。

施工人员在施工过程中边施工边测试，主要是检测线缆质量和安装工艺，及时发现并纠正施工过程中随机产生的问题。一般来说，工程竣工检查中，短路、反接、线对交叉、链路超长等问题占整个工程质量问题的80%左右，这些质量问题在施工过程中通过重新端接、调换线缆、修正布线路由等措施比较容易解决，而如果到了工程完工验收阶段出现这些问题，解决起来是十分困难的。

(2)认证测试(竣工检测)。

认证测试又称验收测试或竣工测试，是所有测试环节中最重要的一项内容，也是最为全面和细致的一项测试。它是指在工程验收时对布线系统的电气特征、传输性能等进行全面检测，以确定布线是否达到有关规定要求的标准。认证测试是评价一个综合布线工程设计水平和工程质量总体水平的行之有效的手段，综合布线系统必须进行认证测试。

竣工测试主要分为两种类型。自我认证测试，由施工方自行组织，按照设计施工方案对工程所有链路进行测试，从而确保每一条链路都符合标准要求；第三方认证测试，是指在进行了施工方自我认证测试后，委托第三方对系统进行的认证测试。

2)测试标准

综合布线中所遵循的测试标准主要出自北美的工业技术标准化委员会 ANSI/TIA/EIA、国际标准化委员会 ISO/IEC 以及欧洲标准化委员会 CENELEC。其中 ANSI/TIA/EIA 标准，最新版本为 2008 年 10 月发布的 ANSI/TIA/EIA568-C。

国家标准为《综合布线系统工程验收规范》(GB50312—2007)，该标准包括了目前使用最广泛的 5 类电缆、超 5 类电缆、6 类电缆和光缆的测试方法。

3)测试模型

3 类和 5 类布线系统按照基本链路和信道进行测试，5e 类和 6 类布线系统按照永久链路和信道进行测试，测试按图 2-26～28 进行连接。

(1)基本链路模型。

如图 2-26 所示，基本链路模型包括最长 90m 的建筑物中固定的水平电缆、水平电缆两端的接插件(一端为工作区信息插座，另一端为楼层配线架)和两条与现场测试仪相连的各 2m 长的测试设备跳线。

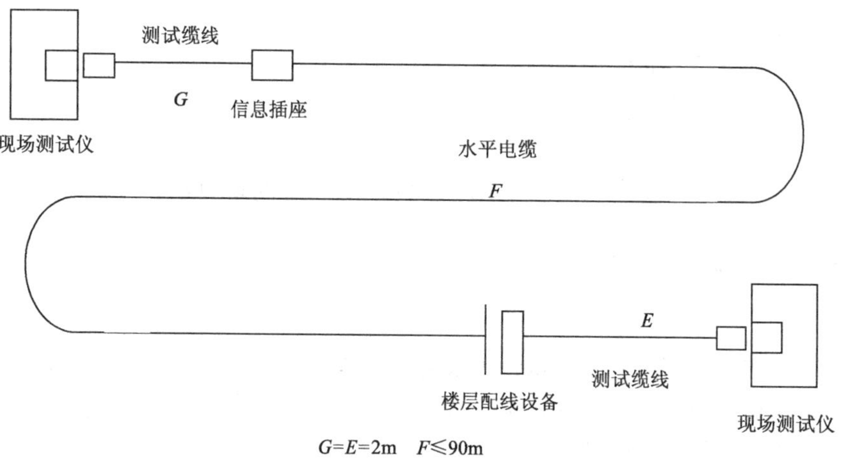

图 2-26　基本链路模型

(2)永久链路连接模型。

如图 2-27 所示，永久链路连接模型适用于测试固定链路(水平电缆及相关连接器件)性能，由最长 90m 的水平电缆、水平电缆两端的接插件(一端为工作区信息插座，另一端为楼层配线设备)和链路可选的转接连接器组成，即 $H \leqslant 90\text{m}$。

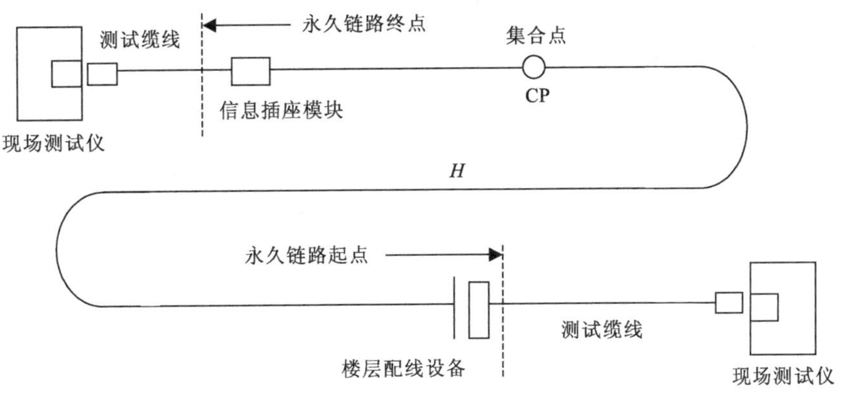

图 2-27 永久链路连接模型

(3)信道连接模型。

如图 2-28 所示，信道包括最长 90m 的水平缆线、信息插座模块、集合点、电信间的配线设备、跳线、设备线缆在内，总长不得大于 100m。即在永久链路连接模型的基础上，包括工作区和电信间的设备电缆和跳线在内的整体信道。图中，A 为工作区终端设备电缆；B 为 CP 缆线；C 为水平缆线；D 为配线设备连接跳线；E 为配线设备到设备连接电缆，$B+C \leqslant 90\text{m}$，$A+D+E \leqslant 10\text{m}$。

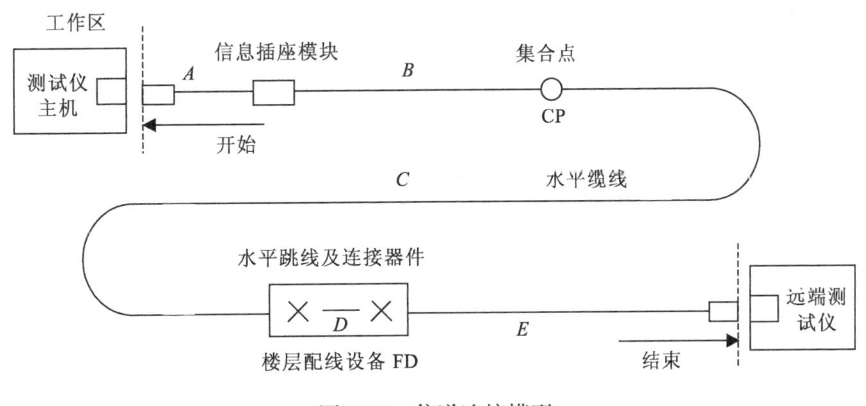

图 2-28 信道连接模型

2. 综合布线系统传输介质测试内容与参数

1)双绞线链路测试

接线图(Wire Map)测试用来验证水平电缆终接在工作区或管理间配线设备的 8 位模块式通用插座的安装连接正确或错误。综合布线可采用 T568-A 和 T568-B 两种端接方式，两种端接方式的线序是固定的，不能混用和错接。正确的线对组合为 1/2、3/6、4/5、7/8，分为非屏蔽和屏蔽两类，对于非 RJ-45 的连接方式按相关规定要求列出结果。布线过程中可能出现以下正确或不正确的连接图测试情况，具体如图 2-29 所示。

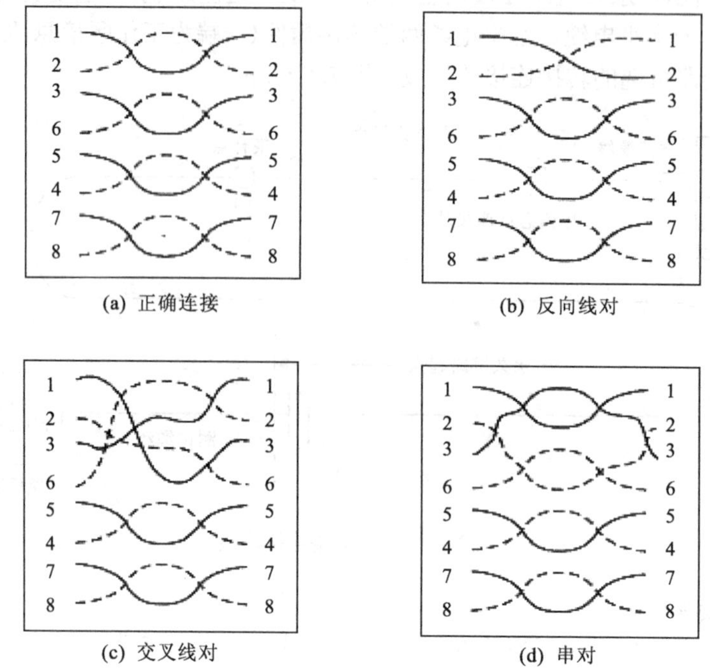

图 2-29　典型的几种接线图

2) 长度与电气参数

长度指链路的物理长度，测试仪从电缆的一端发出一个脉冲波，在脉冲行进时如果碰到阻抗的变化，如开路、短路或接线错误，就会将部分或全部的脉冲波能量反射回测试仪。布线链路及信道缆线长度应在测试连接图所要求的极限长度范围之内。

《综合布线系统工程验收规范》(GB50312—2007) 对于不同类别所处级别的电缆在衰减、近端串音(NEXT)、近端串音功率 5N(PS NEXT)、衰减串音比值(ACR)、等电平远端串音(ELFEXT)、等电平远端串音功率和(PS ELFEXT)、回波损耗、传播时延、传播时延偏差和插入损耗等方面描述了详细的指标或建议值，具体可查阅《综合布线系统工程验收规范》(GB50312—2007)。另请注意，所有电缆的链路和信道测试结果应有记录，记录在管理系统中并纳入文档管理。

3) 光纤链路主要测试内容

在施工前进行器材检验时，一般检查光纤的连通性，必要时采用光纤损耗测试仪(稳定光源和光功率计组合)对光纤链路的插入损耗和光纤长度进行测试。

对光纤链路(包括光纤、连接器和熔接点)的衰减进行测试时，同时测试光纤跳线的衰减值可作为设备连接光缆的衰减参考值，整个光纤信道的衰减值应符合设计要求。

测试应按图 2-30(注：光连接器件可以为工作区 TO、电信间 FD、设备间 BD、CD 的 SC、ST、sFF 连接器件)进行连接，注意点如下：在两端对光纤逐根进行双向(收与发)测试；光缆可以为水平光缆、建筑物主干光缆和建筑群主干光缆。光纤链路中不包括光跳线。

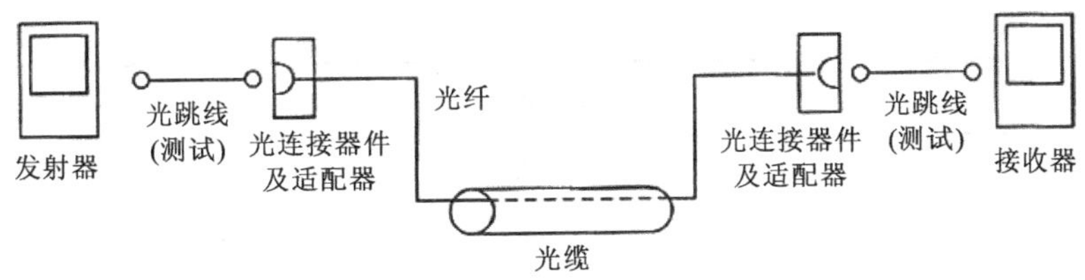

图 2-30 光纤链路测试连接(单芯)

布线系统所采用光纤的性能指标及光纤信道指标应符合设计要求。不同类型的光缆在标称的波长、每千米的最大衰减值应符合表 2-14 的规定。

表 2-14 光缆衰减

最大光缆衰减/(dB/km)				
项目	OM1、OM2 及 OM3 多模		OSl 单模	
波长	850nm	1300nm	1310nm	1550nm
衰减	3.5	1.5	1.0	1.0

光缆布线信道在规定的传输窗口测量出的最大光衰减(介入损耗)应不超过表 2-15 的规定，该指标已包括接头与连接插座的衰减在内，每个连接处的衰减值最大为 1.5dB。

表 2-15 光缆信道衰减范围

级别	最大信道衰减/dB			
	单模		多模	
	1310nm	1550nm	850nm	1300nm
OF-300	1.80	1.80	2.55	1.95
OF-500	2.00	2.00	3.25	2.25
OF-2000	3.50	3.50	8.50	4.50

表 2-16 列出了 GB50312—2007 综合布线工程验收规范中的光纤链路损耗参考值。

表 2-16 光纤链路损耗参考值

种类	工作波长/nm	衰减系数/(dB/km)
多模光纤	850	3.5
多模光纤	1300	1.5
单模室外光纤	1310	0.5
单模室外光纤	1350	0.5

续表

种类	工作波长/nm	衰减系数/(dB/km)
单模室内光纤	1310	1.0
单模室内光纤	1350	1.0
链接器件衰减	0.75dB	
光纤连接点衰减	0.3dB	

2.3.2 综合布线系统的验收

1. 验收概述

验收是用户对综合布线系统工程施工工作的认可，检查工程施工是否符合设计要求和符合有关施工规范。用户要确认工程施工是否达到了设计目标，质量是否符合要求，是否遵照了有关施工规范和标准。验收过程分两部分进行，第一部分是现场验收，第二部分是文档验收。

对综合布线系统工程的验收，应从以下各个方面进行验收：环境检查、器材检验、设备安装检验、缆线的敷设和保护方式检验、缆线的敷设、保护措施、缆线终接、工程电气测试、工程文档验收等。

综合布线系统工程的验收小组应包括工程双方单位的行政负责人、有关项目主管、主要工程项目的监理人员、建筑设计施工单位的相关技术人员、第三方验收机构或相关技术人员组成的专家组。

2. 工程验收原则

(1)综合布线系统工程的验收首先必须以工程合同、设计方案、设计修改变更为依据。

(2)布线链路性能测试应符合《综合布线系统工程设计规范》(GB50311—2007)。

(3)竣工验收的项目内容和方法应按《综合布线工程验收规范》(GB50312—2007)执行。

(4)综合布线工程是一项系统工程，不同的项目会涉及通信、机房、防火等问题，因此，验收还需符合以下技术规范原则：《本地网通信线路工程验收规范》(YD5051—1997)、《通信管道工程施工及验收技术规范》(YD5103—2003)、《建筑物防雷设计规范》(GB50057—1994)和《计算机场地技术要求》(GB2887—2000)等。

3. 验收内容

综合布线系统工程验收项目、验收内容和验收方式如表 2-17 所示。

表 2-17 综合布线系统工程验收项目、验收内容和验收方式

阶段	验收项目	验收内容	验收方式
施工前检查	1.环境要求	(1)土建施工情况：地面、墙面、门、电源插座及接地装置；(2)土建工艺：机房面积、预留孔洞；(3)施工电源；(4)地板铺设；(5)建筑物人口设施检查	施工前检查
	2.器材检验	(1)外观检查；(2)型式、规格、数量；(3)电缆及连接器件电气性能测试；(4)光纤及连接器件特性测试；(5)测试仪表和工具的检验	
	3.安全、防火要求	(1)消防器材；(2)危险物的堆放；(3)预留孔洞防火措施	

续表

阶段	验收项目	验收内容	验收方式
设备安装	1.电信间、设备间、设备机柜、机架	(1)规格、外观；(2)安装垂直、水平度；(3)油漆不得脱落，标志完整齐全；(4)各种螺丝必须紧固；(5)抗震加固措施；(6)接地措施	随工检验
	2.配线模块及8位模块式通用插座	(1)规格、位置、质量；(2)各种螺丝必须拧紧；(3)标志齐全；(4)安装符合工艺要求；(5)屏蔽层可靠连接	
电、光缆布放(楼内)	1.电缆桥架及线槽布放	(1)安装位置正确；(2)安装符合工艺要求；(3)符合布放缆线工艺；(4)接地	
	2.缆线暗敷(包括暗管、线槽、地板下等方式)	(1)缆线规格、路由、位置；(2)符合布放缆线工艺要求；(3)接地	隐蔽工程签证
电、光缆布放(楼间)	1.架空缆线	(1)吊线规格、架设位置、装设规格；(2)吊线垂度；(3)缆线规格；(4)卡、挂间隔；(5)缆线的引入符合工艺要求	随工检验
	2.管道缆线	(1)使用管孔孔位；(2)缆线规格；(3)缆线走向；(4)缆线的防护设施的设置质量	隐蔽工程签证
	3.埋式缆线	(1)缆线规格；(2)敷设位置、深度；(3)缆线的防护设施的设置质量；(4)回土夯实质量	
	4.通道缆线	(1)缆线规格；(2)安装位置，路由；(3)土建设计符合工艺要求	
	5.其他	(1)通信线路与其他设施的间距；(2)进线室设施安装、施工质量	随工检验隐蔽工程签证
缆线终接	1.8位模块式通用插座	符合工艺要求	随工检验
	2.光纤连接器件	符合工艺要求	
	3.各类跳线	符合工艺要求	
	4.配线模块	符合工艺要求	
系统测试	1工程电气性能测试	(1)连接图；(2)长度；(3)衰减；(4)近端串音；(5)近端串音功率和；(6)衰减串音比；(7)衰减串音比功率和；(8)等电平远端串音；(9)等电平远端串音功率和；(10)回波损耗；(11)传播时延；(12)传播时延偏差；(13)插入损耗；(14)直流环路电阻，(15)设计中特殊规定的测试内容；(16)屏蔽层的导通	竣工检验
	2.光纤特性测试	(1)衰减；(2)长度	
管理系统	1.管理系统级别	符合设计要求	竣工检验
	2.标识符与标签设置	(1)专用标识符类型及组成；(2)标签设置；(3)标签材质及色标	
	3.记录和报告	(1)记录信息；(2)报告；(3)工程图纸	
工程总验收	1.竣工技术文件 2.工程验收评价	清点、交接技术文件 考核工程质量、确认验收结果	

4. 工程验收

《综合布线系统工程验收规范》(GB50312—2007)规定了综合布线系统工程的验收测试形式。自检测试由施工单位进行，主要验证布线系统的连通性和终接的正确性。

竣工验收测试则由测试部门根据工程的类别，按布线系统标准规定的连接方式完成性能指标参数的测试。

施工单位必须严格执行《综合布线系统工程验收规范》(GB50312—2007)有关施工质量检查的规定。建设单位应通过工地代表或工程监理人员加强工地的随工质量检查，及时组织隐蔽工程的检验和验收。

1)环境检查

(1)工作区、电信间、设备间的检查。

检查内容主要包括工作区、电信间、设备间土建工程的竣工检查。房屋地面平整、光洁，门的高度和宽度、房屋预埋线槽、暗管、孔洞和竖井的位置、数量、尺寸均应符合设计要求；铺设活动地板的场所，活动地板防静电措施及接地应符合设计要求；电信间、设备间应提供 220V 带保护接地的单相电源插座，并提供可靠的接地装置，接地电阻值及接地装置的设置应符合设计要求；电信间、设备间的位置、面积、高度、通风、防火及环境温、湿度等应符合设计要求。

如果电信间安装有源设备(集线器、局域网交换机等)、设备间安装计算机主机、电话交换机、传输等设备时，建筑物的环境条件应按上述系统设备的安装工艺设计要求进行检查。

(2)建筑物进线间及入口设施的检查。

检查内容主要包括引入管道与其他设施如电气、水、煤气、下水道等的位置间距的检查；引入缆线采用的敷设方法、管线入口部位的处理应符合设计要求，并应检查采取排水及防止气、水、虫等进入的措施；进线间的位置、面积、高度、照明、电源、接地、防火、防水等应符合设计要求。

进线间的设置、引入管道和孔洞的封堵、引入缆线的排列布放等应按照现行国家标准《通信管道工程施工及验收技术规范》(GB50379)等相关国家标准和行业规范进行检查。

2)器材的检验

器材的检验主要包括工程所用缆线和器材的品牌、型号、规格、数量、质量，它们均应在施工前进行检查，应符合设计要求并具备相应的质量文件或证书，无出厂检验证明材料、质量文件或与设计不符者不得在工程中使用；进口设备和材料应具有产地证明和商检证明；经检验的器材应做好记录，对不合格的器件应单独存放，以备核查与处理；工程中使用的缆线、器材应与订货合同或封存的产品在规格、型号、等级上相符；备品、备件及各类文件资料应齐全。

器材应具备的质量文件或证书包括产品合格证(质量合格证或出厂合格证)、国家指定的检测单位出具的检验报告或认证标志、认证证书、质量保证书等。

(1)缆线的检验。

检验内容主要包括工程使用的电缆和光缆型式、规格及缆线的防火等级的检验；缆线所附标志、标签内容应齐全、清晰，外包装应注明型号和规格；缆线外包装和外护套需完整无损；电缆应附有本批量的电气性能检验报告，施工前应进行链路或信道的电气性能及缆线长度的抽验，并做测试记录。

光缆开盘后应先检查光缆端头封装是否良好；光缆外包装或光缆护套如有损伤，应对该盘光缆进行光纤性能指标测试，如有断纤，检查合格后才允许使用。光纤检测完毕，光缆端头应密封固定，恢复外包装。光纤接插软线或光跳线两端的光纤连接器件端面应装配合适的保护盖帽，光纤类型应符合设计要求，并应有明显的标记。

缆线标志方面，在缆线的护套上以不大于 1m 的间隔印有生产厂厂名或代号、缆线型号及生产年份。以 1m 的间距印有以 m 为单位的长度标志。

标签方面，应在每根成品缆线所附的标签或在产品的包装外给出下列信息：制造厂名及商标；电缆型号；电缆长度(m)；毛重(kg)；出厂编号；制造日期。

电气性能抽验可使用现场电缆测试仪对电缆长度、衰减、近端串音等技术指标进行测试。应从本批量对绞电缆中的任意三盘中各截出90m长度，加上工程中所选用的连接器件按永久链路测试模型进行抽样测试。如按照信道连接模型进行抽样测试，则电缆和跳线总长度为100m。另外从同批量电缆配盘中任意抽取三盘进行电缆长度的核准。

光纤链路通常采用抽测形式使用可视故障定位仪进行连通性的测试。故障定位仪也可与光时域反射仪(OTDR)配合检查故障点。光缆外包装受损时也可用相应的光缆测试仪对每根光缆按光纤链路进行衰减和长度测试。

(2) 配套型材、管材与铁件的检查。

检查内容主要包括各种型材的材质、规格和型号等，如各种型材的表面应光滑、平整，不得变形、断裂；预埋金属线槽、过线盒、接线盒及桥架等表面涂覆或镀层应均匀、完整，不得变形、损坏；室内管材采用金属管或塑料管时，其管身应光滑、无伤痕，管孔无变形，孔径、壁厚应符合设计要求；金属管槽应根据工程环境要求做镀锌或其他防腐处理；塑料管槽必须采用阻燃管槽，外壁应具有阻燃标记；各种铁件的材质、规格均应符合相应质量标准，不得有歪斜、扭曲、飞刺、断裂或破损；铁件的表面处理和镀层应均匀、完整，表面光洁，无脱落、气泡等缺陷。

3) 设备安装检验

(1) 机柜、机架安装要求。

机柜、机架安装位置应符合设计要求，垂直偏差度不应大于3mm；机柜、机架上的各种零件不得脱落或碰坏，漆面不应有脱落及划痕，各种标志应完整、清晰；机柜、机架、配线设备箱体、电缆桥架及线槽等设备的安装应牢固，如有抗震要求，应按抗震设计进行加固。

各类配线部件安装各部件应完整，安装就位，标志齐全；安装螺丝必须拧紧，面板应保持在一个平面上。

(2) 信息插座模块安装。

信息插座模块、多用户信息插座、集合点配线模块安装位置和高度应符合设计要求。安装在活动地板内或地面上时，应固定在接线盒内，插座面板采用直立和水平等形式；接线盒盖可开启，并应具有防水、防尘、抗压功能。接线盒盖面应与地面齐平；信息插座底盒同时安装信息插座模块和电源插座时，间距及采取的防护措施应符合设计要求；信息插座模块明装底盒的固定方法根据施工现场条件而定，固定螺丝需拧紧，不应产生松动现象；各种插座面板应有标识，以颜色、图形、文字表示所接终端设备业务类型；工作区内终接光缆的光纤连接器件及适配器安装底盒应具有足够的空间，并应符合设计要求。

(3) 电缆桥架及线槽的安装。

桥架及线槽的安装位置应符合施工图要求，左右偏差不应超过 50mm；桥架及线槽水平度每米偏差不应超过2mm；垂直桥架及线槽应与地面保持垂直，垂直度偏差不应超过3mm；线槽截断处及两线槽拼接处应平滑、无毛刺；吊架和支架安装应保持垂直，整齐牢固，无歪斜现象；金属桥架、线槽及金属管各段之间应保持连接良好，安装牢固；采用吊顶支撑柱布放缆线时，支撑点宜避开地面沟槽和线槽位置，支撑应牢固。

另外，安装机柜、机架、配线设备屏蔽层及金属管、线槽、桥架使用的接地体应符合设计要求，就近接地，并应保持良好的电气连接。

4）缆线的敷设和保护措施检验

（1）缆线的敷设。

缆线敷设应满足下列要求：缆线的型式、规格应与设计规定相符；缆线在各种环境中的敷设方式、布放间距均应符合设计要求；缆线的布放应自然平直，不得产生扭绞、打圈、接头等现象，不应受外力的挤压和损伤；缆线两端应贴有标签，应标明编号，标签书写应清晰、端正和正确；标签应选用不易损坏的材料；缆线应有余量以适应终接、检测和变更。对绞电缆预留长度：在工作区宜为3～6cm，电信间宜为0.5～2m，设备间宜为3～5m；光缆布放路由宜盘留，预留长度宜为3～5m，有特殊要求的应按设计要求预留长度；缆线的弯曲半径和缆线间的最小净距应符合《综合布线工程验收规范》（GB50312—2007）中的规定；屏蔽电缆的屏蔽层端到端应保持完好的导通性。

（2）预埋线槽和暗管敷设缆线。

敷设线槽和暗管的两端宜用标志表示出编号等内容；预埋线槽宜采用金属线槽，预埋或密封线槽的截面利用率应为30%～50%；敷设暗管宜采用钢管或阻燃聚氯乙烯硬质管；布放大对数主干电缆及4芯以上光缆时，直线管道的管径利用率应为50%～60%，弯管道应为40%～50%。暗管布放4对对绞电缆或4芯及以下光缆时，管道的截面利用率应为25%～30%。

一般情况下，各子系统的缆线应布放在各自的金属线槽中，金属线槽应可靠就近接地。各系统缆线间距应符合设计要求。缆线预留长度按照电信间、设备间内安装的机架数量以及在同一架内、不同架间进行终接和变更的需要进行预留。

在暗管中布放的电缆为屏蔽电缆（具有总屏蔽和线对屏蔽层）或扁平型缆线（可为2根非屏蔽4对对绞电缆或2根屏蔽4对对绞电缆组合及其他类型的组合）；主干电缆为25对及以上，主干光缆为12芯及以上时，宜采用管径利用率进行计算，选用合适规格的暗管。

在暗管中布放的对绞电缆采用非屏蔽或总屏蔽4对对绞电缆及4芯以下光缆时，为了保证线对扭绞状态，避免缆线受到挤压，宜采用管截面利用率公式进行计算，选用合适规格的暗管。

以下列出了《综合布线系统工程验收规范》（GB50312—2007）规定的管径和截面利用率计算公式。

穿放线缆的暗管管径利用率的计算公式为：管径利用率=d/D。式中，d为缆线的外径；D为管道的内径。

穿放缆线的暗管截面利用率的计算公式为：截面利用率=$A1/A$。式中，A为管子的内截面积；$A1$为穿在管子内缆线的总截面积（包括导线的绝缘层的截面）。

在电缆桥架和线槽中敷设缆线时，为减少缆间串扰，6类4对对绞电缆可采用电缆桥架和线槽中顺直绑扎或随意布放。

此外，设置缆线桥架和线槽敷设缆线应符合下列规定：密封线槽内缆线布放应顺直，尽量不交叉，在缆线进出线槽部位、转弯处应绑扎固定；缆线桥架内缆线垂直敷设时，在缆线的上端和每间隔1.5m处应固定在桥架的支架上；水平敷设时，在缆线的首、尾、转弯及每间隔5～10m处进行固定；在水平、垂直桥架中敷设缆线时，应对缆线进行绑扎。对绞电缆、光缆及其他信号电缆应根据缆线的类别、数量、缆径、缆线芯数分束绑扎，绑扎间距不宜大于1.5m，间距应均匀，不宜绑扎过紧或使缆线受到挤压；楼内光缆在桥架敞开敷设时应在绑扎固定段加装垫套。

最后，建筑群区域内综合布线系统电、光缆与各种设施之间的间距要求按国家现行标准《本地网通信线路工程验收规范》(YD 5051)中的相关规定执行。

(3)保护措施。

保护措施的检验主要有配线子系统缆线敷设保护要求、干线子系统缆线敷设保护要求和建筑群子系统缆线敷设保护要求等。其中，配线子系统缆线敷设保护要求又分为预埋金属线槽保护要求、预埋暗管保护要求、设置缆线桥架和线槽保护要求、网络地板缆线敷设保护要求和活动地板净空要求等。

以上保护要求在《综合布线工程验收规范》(GB50312—2007)中有详细描述，需要特别提及的是，当电缆从建筑物外面进入建筑物时，应选用适配的信号线路浪涌保护器，信号线路浪涌保护器应符合设计要求，为强制性条文，必须严格执行。

另外需要注意，根据现行国家标准《建筑电气工程施工质量验收规范》(GB50303—2011)相关规定，直线段钢制桥架长度超过 30m、铝合金或玻璃钢制桥架长度超过 15m 设有伸缩节；电缆桥架跨越建筑物变形缝处设置补偿装置。

5)缆线终接

缆线终接应符合下列要求：缆线在终接前，必须核对缆线标识内容是否正确；缆线中间不应有接头；缆线终接处必须牢固、接触良好；对绞电缆与连接器件连接应认准线号、线位色标，不得颠倒和错接。

(1)对绞电缆终接应符合的要求。

终接时，每对对绞线应保持扭绞状态，扭绞松开长度对于 3 类电缆不应大于 75mm；对于 5 类电缆不应大于 13mm；对于 6 类电缆应尽量保持扭绞状态，减小扭绞松开长度。

2 对绞线与 8 位模块式通用插座相连时，必须按色标和线对顺序进行卡接。插座类型、色标和编号应符合图 2-31 的规定。两种连接方式均可采用，但在同一布线工程中两种连接方式不应混合使用。

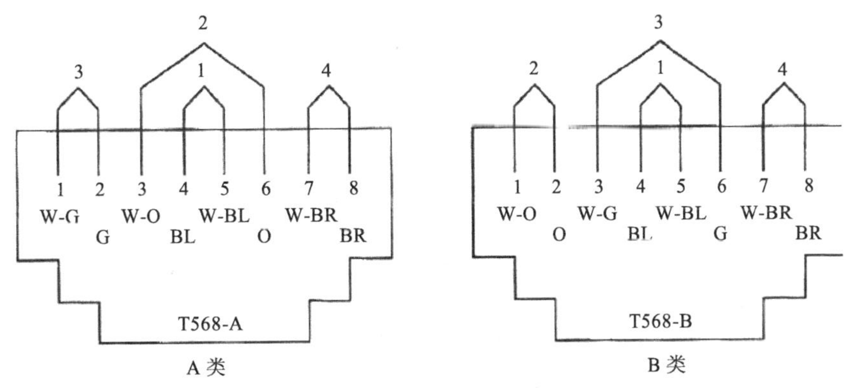

图 2-31 8 位模块式通用插座连接

G(Green)——绿；BL(Blue)——蓝；BR(Brown)——棕；W(White)——白；O(Orange)——橙

7 类布线系统采用非 RJ-45 方式终接时，连接图应符合相关标准规定。

屏蔽对绞电缆的屏蔽层与连接器件终接处屏蔽罩应通过紧固器件可靠接触，缆线屏蔽层应与连接器件屏蔽罩 360°圆周接触，接触长度不宜小于 10mm。屏蔽层不应用于受力的场合。

对不同的屏蔽对绞线或屏蔽电缆，屏蔽层应采用不同的端接方法。应对编织层或金属箔与汇流导线进行有效的端接。

每个 2 口 86 面板底盒宜终接 2 条对绞电缆或 1 根 2 芯/4 芯光缆，不宜兼做过路盒使用。

(2) 光缆终接与接续。

光纤与连接器件连接可采用尾纤熔接、现场研磨和机械连接方式。光纤与光纤接续可采用熔接和光连接子(机械)连接方式。

光缆芯线终接应符合下列要求。

采用光纤连接盘对光纤进行连接、保护，在连接盘中光纤的弯曲半径应符合安装工艺要求；光纤熔接处应加以保护和固定；光纤连接盘面板应有标志；光纤连接损耗值应符合表 2-18 的规定。

表 2-18 光纤连接损耗值 (单位：dB)

连接类别	多模		单模	
	平均值	最大值	平均值	最大值
熔接	0.15	0.3	0.15	0.3
机械连接	—	0.3	—	0.3

此外，各类跳线缆线和连接器件间接触应良好，接线无误，标志齐全。跳线选用类型应符合系统设计要求；各类跳线长度也应符合设计要求。

6) 竣工技术资料

工程竣工后，施工单位应在工程验收前，将工程竣工技术资料交给建设单位。综合布线系统工程的竣工技术资料应包括以下内容。

安装工程量；工程说明；设备、器材明细表；竣工图纸；测试记录(宜采用中文表示)；工程变更、检查记录及施工过程中，需更改设计或采取相关措施，建设、设计、施工等单位之间的双方洽商记录；随工验收记录；隐蔽工程签证；工程决算。

竣工技术文件要保证质量，做到外观整洁、内容齐全、数据准确。在验收中发现不合格的项目，应由验收机构查明原因、分清责任、提出解决办法。

工程应按《综合布线工程验收规范》(GB50312—2007) 附录 A 所列项目、内容进行检验。检测结论作为工程竣工资料的组成部分及工程验收的依据之一。

系统工程安装质量检查，各项指标符合设计要求，则被检项目检查结果为合格；被检项目的合格率为 100%，则工程安装质量判为合格。系统性能检测中，对绞电缆布线链路、光纤信道应全部检测，竣工验收需要抽验时，抽样比例不低于 10%，抽样点应包括最远布线点。

关于系统性能检测单项合格判定如下。

如果一个被测项目的技术参数测试结果不合格，则该项目判为不合格；如果某一被测项目的检测结果与相应规定的差值在仪表准确度范围内，则该被测项目应判为合格。

按《综合布线工程验收规范》(GB50312—2007) 附录 B 的指标要求，采用 4 对对绞电缆作为水平电缆或主干电缆，所组成的链路或信道有一项指标测试结果不合格，则该水平链路、信道或主干链路判为不合格。

主干布线大对数电缆中按 4 对对绞线对测试，指标有一项不合格，则判为不合格。

如果光纤信道测试结果不满足《综合布线工程验收规范》(GB50312—2007)附录C的指标要求，则该光纤信道判为不合格。

未通过检测的链路、信道的电缆线对或光纤信道可在修复后复检。

关于竣工检测综合合格判定有以下标准。

对绞电缆布线全部检测时，无法修复的链路、信道或不合格线对数量有一项超过被测总数的1%，则判为不合格；光缆布线检测时，如果系统中有一条光纤信道无法修复，则判为不合格。

对绞电缆布线抽样检测时，被抽样检测点(线对)不合格比例不大于被测总数的1%，则视为抽样检测通过，不合格点(线对)应予以修复并复检；被抽样检测点(线对)不合格比例如果大于1%，则视为一次抽样检测未通过，应进行加倍抽样，加倍抽样不合格比例不大于1%，则视为抽样检测通过；若不合格比例仍大于1%，则视为抽样检测不通过，应进行全部检测，并按全部检测要求进行判定。

全部检测或抽样检测的结论为合格，则竣工检测的最后结论为合格；全部检测的结论为不合格，则竣工检测的最后结论为不合格。

综合布线管理系统检测方面，标签和标识按10%抽检，系统软件功能全部检测。检测结果符合设计要求，则判为合格。

2.4 综合布线·实训

2.4.1 布线安全

参加实训的人员应遵守以下几点要求：穿特定的工作服；正确使用施工工具；保证工作区的安全；遵守施工安全措施。

2.4.2 线缆布放实训

(1)线缆布放前应核对规格、程式、路由及位置是否与设计规定相符合。

(2)布放的线缆应平直，不得产生扭绞、打圈等现象，不应受到外力挤压和损伤。

(3)在布放前，线缆两端应贴有标签。

(4)双绞线缆、光缆及综合布线其他弱电线缆应分离布放。

(5)线缆布放过程中为避免受力和扭曲，应制作合格的牵引端头。

2.4.3 线缆牵引实训

(1)用电工胶布缠绕多根双绞线电缆的末端(图2-32)。

(2)在电缆缠绕端绑扎好拉绳，然后牵引拉绳(图2-33)。

图2-32 用电工胶布缠绕多根双绞线电缆的末端

图2-33 将双绞线电缆与拉绳绑扎固定

2.4.4 信息插座端接实训

通常，在工作区或管理间配线设备使用的是8位模块式通用插座(图2-34)。综合布线可采用T568-A和T568-B两种端接方式(图2-31)，两种端接方式的线序是固定的，不能混用和错接。

模块端接实训步骤如下(实际制作可能有所不同，以实验素材模块为准)。

(1)使用剥线工具，在距线缆末端 5cm 处剥除线缆的外皮(图 2-35)。

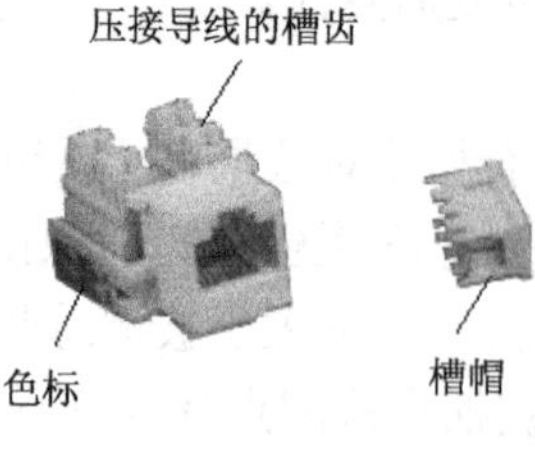

图 2-34 模块结构图

图 2-35 剥除线缆外皮

(2)使用线缆的抗拉线将线缆外皮剥除至线缆末端 10cm。

(3)剪除线缆的外皮及抗拉线。

(4)按色标顺序将 4 对双绞线对分别插入模块的槽齿内，并逐一弯曲(图 2-36)。

(5)将线缆及槽帽一起压入模块插座，使用打线工具加固各线对与槽齿的连接，并插入面板(图 2-37)。

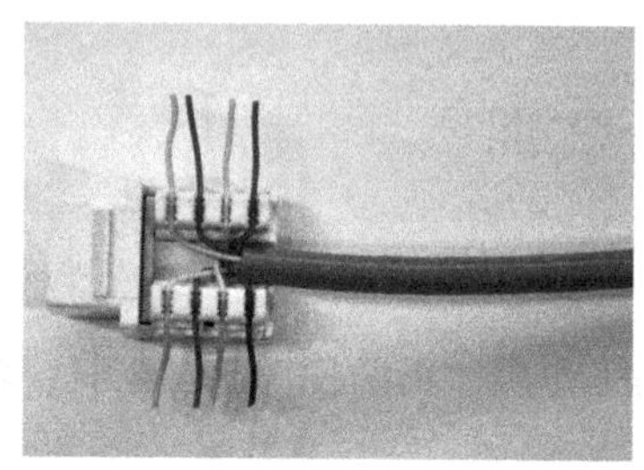

图 2-36 将 4 对双绞线对分别插入模块的槽齿内

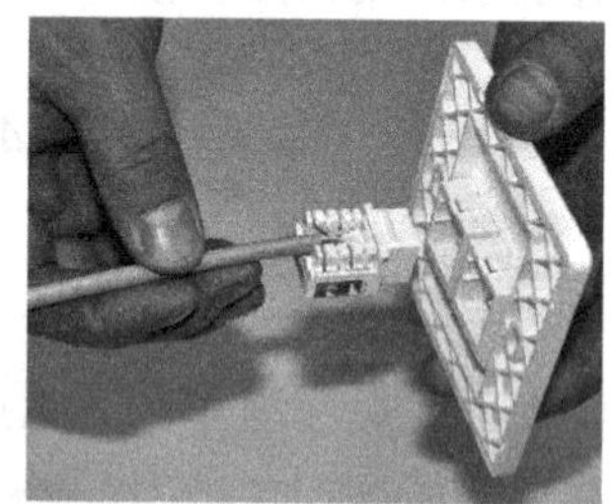

图 2-37 用打线工具加固各线对与槽齿的连接，并插入面板

2.4.5 RJ-45 跳线端接实训

RJ-45 跳线端接技术要点：RJ-45 接头端接要遵循 T568-A 标准或 T568-B 标准。终接时，每对对绞线应保持扭绞状态，扭绞松开长度对于 3 类电缆不应大于 75mm；对于 5 类电缆不应大于 13mm；对于 6 类电缆应尽量保持扭绞状态，减小扭绞松开长度。

RJ-45 接头端接具体步骤如下。

(1)切开电缆直至距端头 20mm(图 2-38)。

(2)对导线解钮并平行排列(图 2-39)。

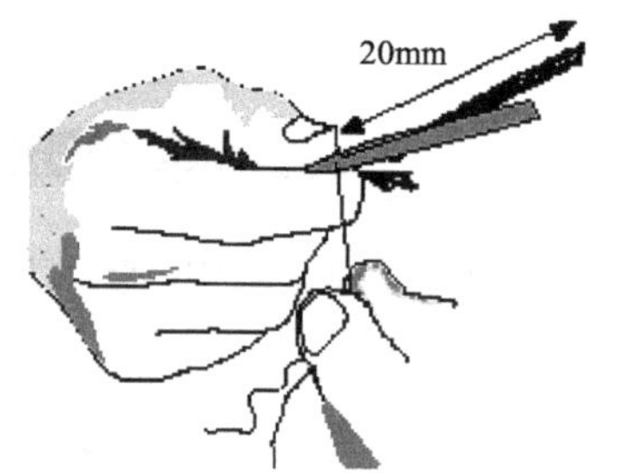

图 2-38 切开电缆直至距端头 20mm

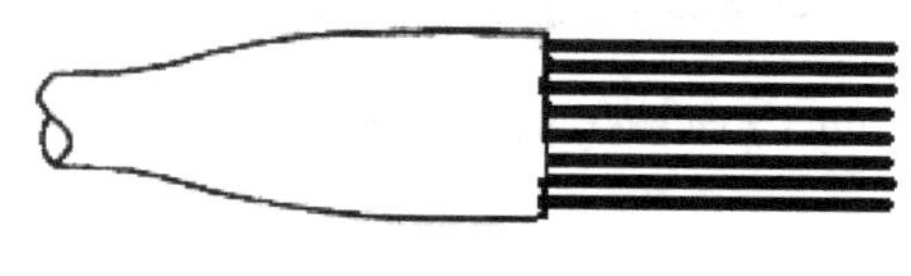

图 2-39 对导线解钮并平行排列

(3)将导线排列整齐并修整(图 2-40)。

(4)将导线插入 RJ-45 接头(图 2-41)。

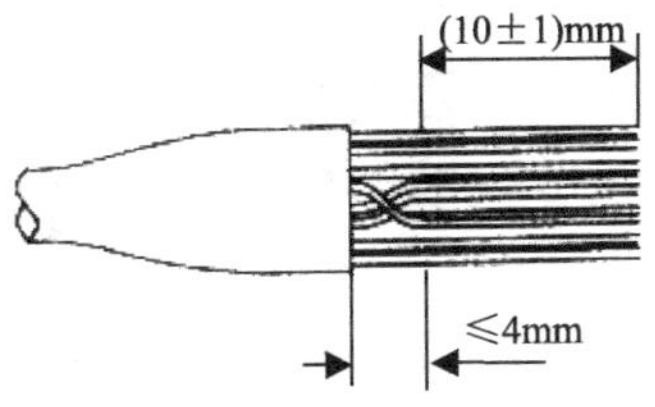

图 2-40 将导线排列整齐并修整

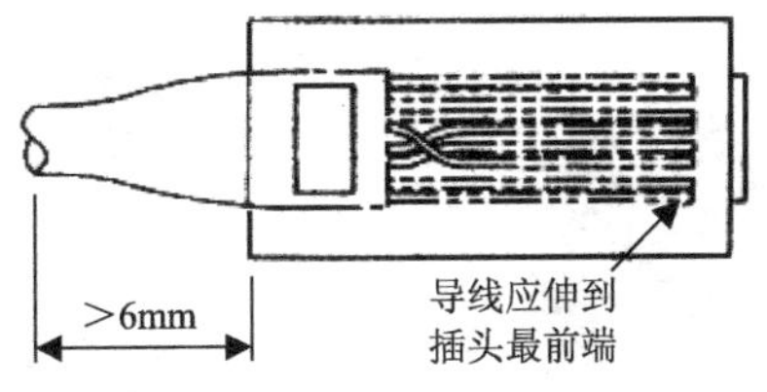

图 2-41 将导线插入 RJ-45 接头

(5)使用压线压接 RJ-45 接头(图 2-42)。

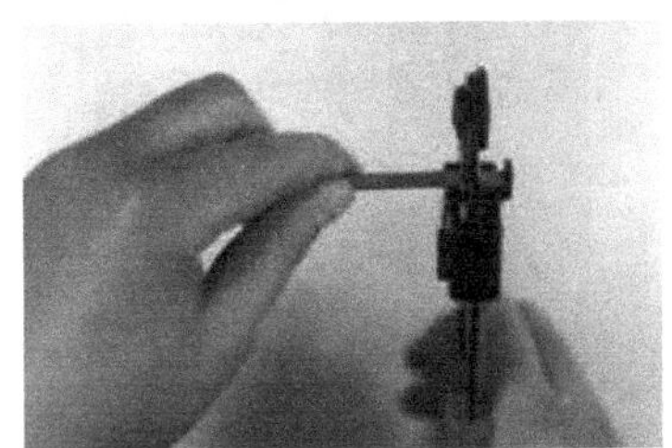

图 2-42 使用压线压接 RJ-45 接头

2.4.6 光纤熔接实训

1. 准备材料

①光纤跳线(图 2-43);②光纤切割刀(图 2-44);③酒精(图 2-45);④热缩管(图 2-46);⑤棉签(图 2-47);⑥光纤剥线刀(图 2-48)。

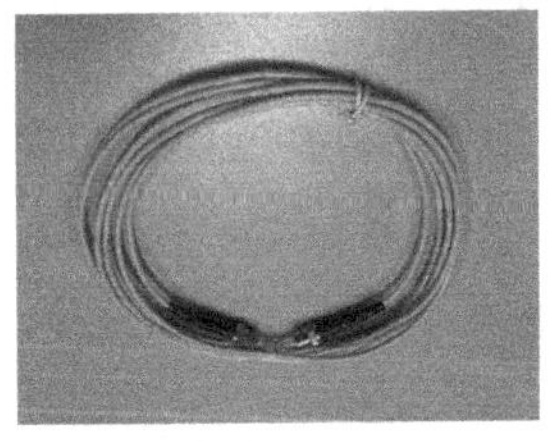

图 2-43 光纤跳线

图 2-44 光纤切割刀

图 2-45 酒精

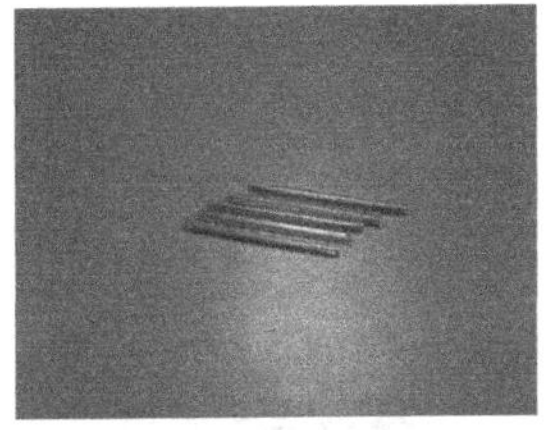

图 2-46 热缩管

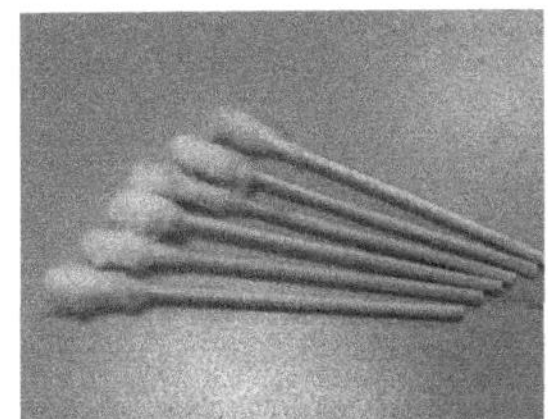

图 2-47 棉签

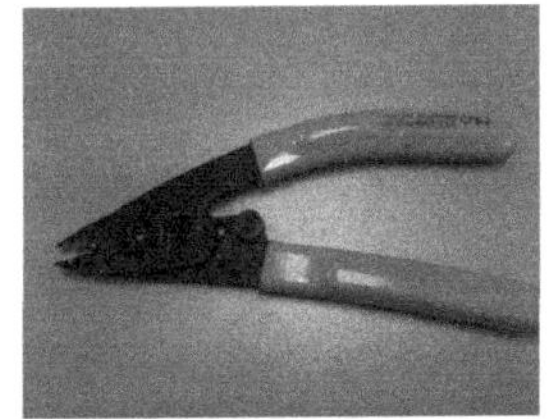

图 2-48 光纤剥线刀

2. 操作步骤

①剥绝缘皮(图 2-49);②剪牵引丝(图 2-50);③套上热缩管(图 2-51);④去除一次涂层(图 2-52);⑤去除二次涂覆层(图 2-53);⑥蘸取酒精(图 2-54);⑦擦拭光纤(图 2-55);⑧切

割光纤横截面(图 2-56)；⑨光纤跳线放入 V 形槽对准(图 2-57)；⑩按照以上步骤把尾纤弄好，盖上密封盖(图 2-58)；⑪通过监视器确认已最佳对准(图 2-59)；⑫电弧熔接(图 2-60)；⑬增强保护(图 2-61)；⑭放入并加热热缩管(图 2-62)；⑮熔接完毕(图 2-63)。

图 2-49　剥绝缘皮

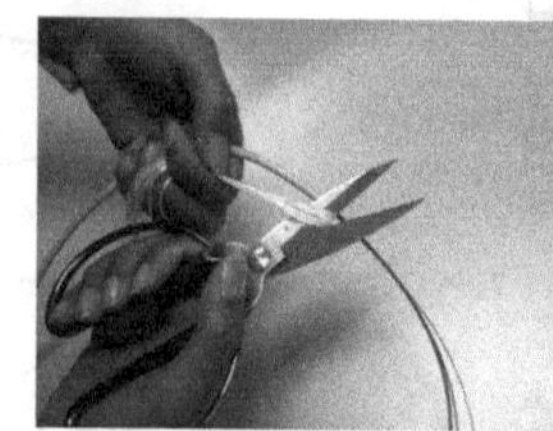
图 2-50　剪牵引丝

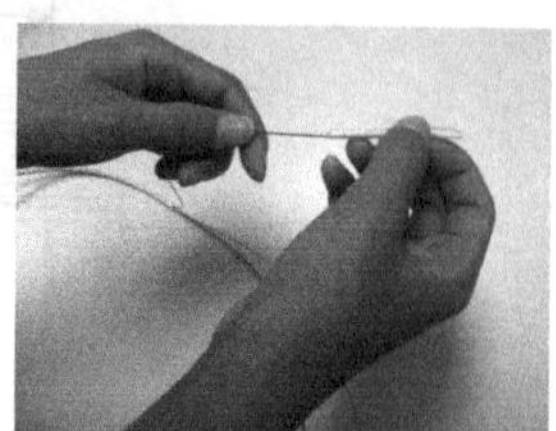
图 2-51　套上热缩管

图 2-52　去除一次涂层

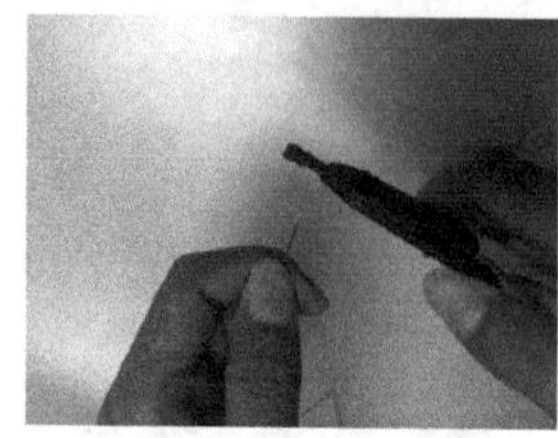
图 2-53　去除二次涂覆层

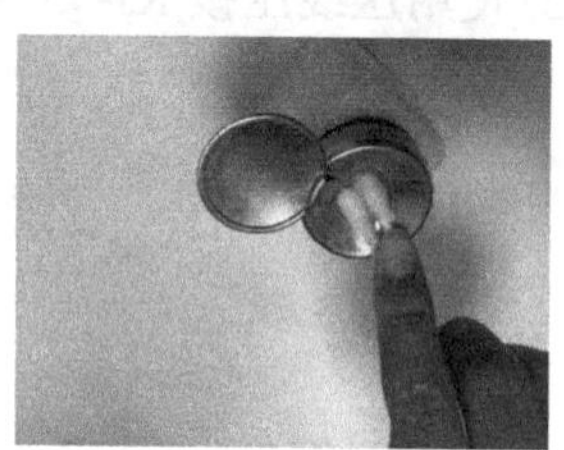
图 2-54　蘸取酒精

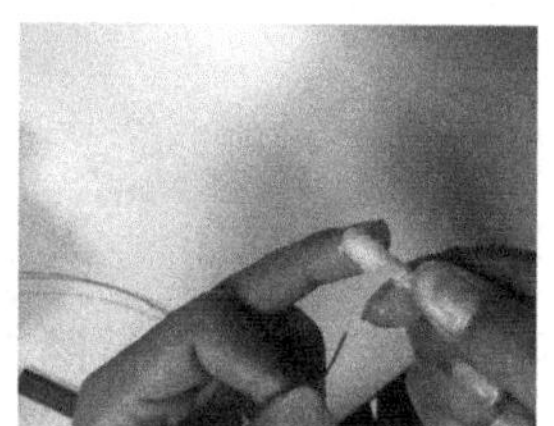
图 2-55　擦拭光纤

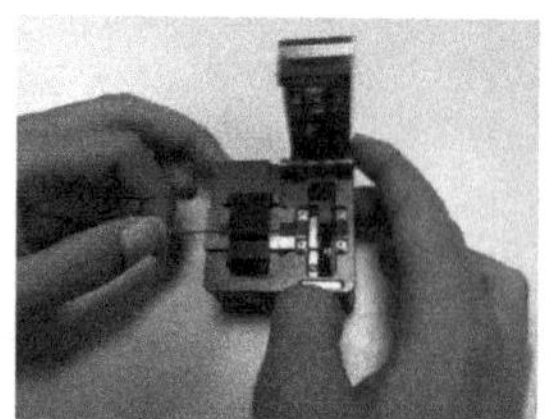
图 2-56　切割光纤横截面

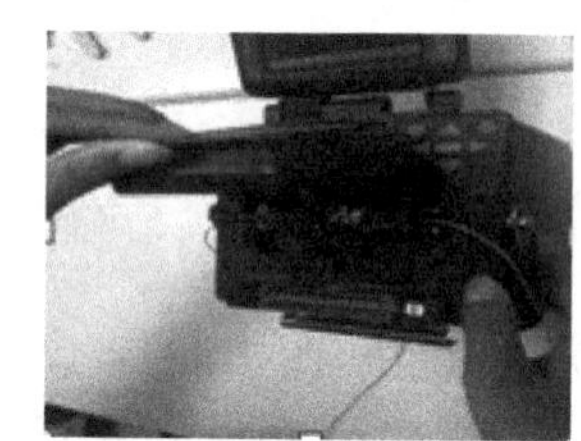
图 2-57　光纤跳线放入 V 形槽

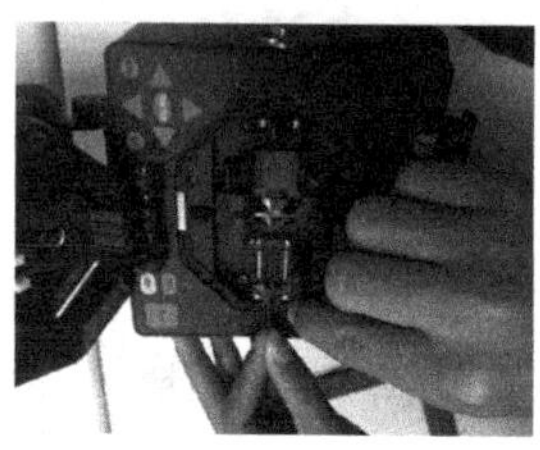
图 2-58　盖上密封盖

图 2-59　确认最佳对准

图 2-60　电弧熔接

图 2-61　增强保护

图 2-62　放入并加热热缩管

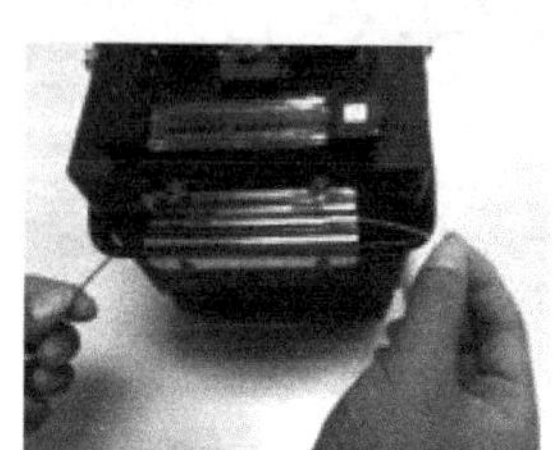
图 2-63　熔接完毕

第 3 章　局域网设计

3.1　IP 地址与子网划分

3.1.1　IP 地址

1. IP 地址的分类

网络需要唯一的地址来标识 Internet 上的每一个设备，以确保所有设备的全球通信，这类似于电话系统中，每一个用户都有唯一的电话号码，IP 地址对网上某个节点来说是一个逻辑地址，IP 地址是唯一的。

IP 地址分配是分级进行的，ICANN(The Internet Corporation for Assigned Names and Numbers)负责全球 Internet 上的 IP 地址分配，根据 ICANN 的规定，ICANN 将部分 IP 地址分配给地区级的 Internet 注册机构(Regional Internet Registry，RIR)，然后由 RIR 负责该地区的 IP 地址登记注册服务。

全球一共有 4 个 RIR：ARIN、RIPE、LACNIC、APNIC。ARIN 主要负责北美地区业务；RIPE 主要负责欧洲地区业务；LACNIC 主要负责拉丁美洲业务；APNIC 管理亚太地区国家的 IP 地址和 AS 号码分配。在 RIR 之下还可以存在一些注册机构，如国家级注册机构(NIR)、普通地区级注册机构(LIR)，这些注册机构都可以从 APNIC 那里得到地址并可以向其各自的下级进行分配。我国的国家级注册机构是中国互联网络信息中心。

目前 IP 地址有两个版本：IPv4 和 IPv6。IPv4 是 Internet Protocol version 4(网际协议版本 4)的英文简称，IPv4 是一个 32 位的二进制数，理论上有 2^{32} 个地址。IP 地址由网络 ID 和主机 ID 组成，网络 ID 表示一个物理网络，同一物理网络中所有主机具有相同的网络 ID。主机 ID 确定网络中的一个终端，在同一物理网络中，主机 ID 也是唯一的，网络寻址时，先按照网络 ID 找到主机所在的网络，然后再按主机 ID 找到终端。

IP 地址分为 A、B、C、D、E 五类，如表 3-1 所示。其中 A、B、C 为主要使用的类型；D 类为组播地址，用于 Internet 上的特殊应用，如视频组播；E 类为保留地址，主要用于研究实验。

表 3-1　IP 地址分类

地址类型	标志位	网络 ID	主机 ID	网络数	主机数	地址范围
A 类	1	高 8 位	低 24 位	2^7	2^{24}-2	1.*.*.* ～126.*.*.*
B 类	10	高 16 位	低 16 位	2^{14}	2^{16}-2	128.*.*.* ～192.*.*.*
C 类	110	高 24 位	低 8 位	2^{21}	2^8-2	192.*.*.* ～223.*.*.*
D 类	1110	—	—	—	—	224.*.*.* ～239.*.*.*
E 类	1110	—	—	—	—	240.*.*.* ～247.*.*.*

目前基于 IPv4 的网络难以实现网络实名制，主要是因为 IP 地址的共用，不同的人在不同的时间段共用一个 IP，导致 IP 和上网用户无法实现一一对应。而 IPv6(Internet Protocol version 6 的缩写)能解决此问题，IPv6 地址为 128 位长，IPv6 所拥有的地址容量是 2^{128}，但通常写为 8 组，每组为 4 个十六进制数的形式，例如，FE80:0000:0000:0000:AAAA:0000:00C2:0002 是一个合法的 IPv6 地址。

与 IPv4 相比，IPv6 有以下特点和优点。

(1) 更大的地址空间。IPv4 中规定 IP 地址长度为 32，即有 2^{32} 个地址；而 IPv6 中 IP 地址的长度为 128，即有 2^{128} 个地址。夸张点说，如果 IPv6 被广泛应用，全世界的每一粒沙子都会有相对应的一个 IP 地址。

(2) 更小的路由表。IPv6 的地址分配一开始就遵循聚类(Aggregation)原则，这使得路由器能在路由表中用一条记录(Entry)表示一片子网，大大减小了路由器中路由表的长度，提高了路由器转发数据包的速度。

(3) 增强的组播(Multicast)支持以及对流的支持(Flow-control)。这使得网络上的多媒体应用有了长足发展的机会，为服务质量(QoS)控制提供了良好的网络平台。

(4) 加入了对自动配置(Auto-configuration)的支持。这是对 DHCP 协议的改进和扩展，使得网络(尤其是局域网)的管理更加方便和快捷。

(5) 更高的安全性。在使用 IPv6 网络中，用户可以对网络层的数据进行加密并对 IP报文进行校验，极大地增强了网络安全。

2. 几种特殊 IP 地址

1) 回环地址

TCP/IP 模型将 A 类网络地址中 127 开头的作为保留地址，用于网络软件测试以及本地机进行通信。如 127.0.0.1，主机会将 IP 数据包回传给自身。

2) 广播地址

广播地址(Broadcast Address)是专门用于同时向本网段中所有主机发送数据的一个地址。在使用 TCP/IP 协议的网络中，主机 ID 为全 1 的 IP 地址是广播地址，数据包通过广播方式传送给网段内所有计算机。例如，对于 211.10.0.0(255.255.255.0)网段，其广播地址为 211.10.0.255(主机 ID 为 255)，当发出数据包的目的地址为 211.10.0.255 时，它将被分发给该网段上的所有计算机。

3) 私有地址

私有地址(Private Address)属于非注册地址，专门为组织机构内部使用。在 3 类 IP 地址中均专门保留了私有地址，其地址范围如下。

A 类：10.0.0.0～10.255.255.255。

B 类：172.16.0.0～172.31.255.255。

C 类：192.168.0.0～192.168.255.255。

说明：169.254.0.0～169.254.255.255 是保留地址。如果终端采用 DHCP 方式获取 IP 地址，在 DHCP 过程中未找到 DHCP 服务器，终端将从 169.254.0.0～169.254.255.255 中临时获得一个 IP 地址。

3. 避免 IP 地址冲突

在 Windows 环境下，用户很容易修改自己主机的 IP 地址，当用户不能上网时，会修改本机 IP 地址或者盗用别人的 IP 地址使用，这样使得 IP 地址出现混乱，导致 IP 地址冲突，甚至会导致整个网络陷入瘫痪。

避免 IP 地址冲突的方法有启用 DHCP、IP 地址与 MAC 地址绑定、交换机端口与 MAC 地址绑定。

1) 启用 DHCP

启用 DHCP 服务，用户无须手工设置 IP 地址，将计算机插上网线即可获取地址并上网，这样可以避免私设地址造成的地址冲突。

2) IP 地址与 MAC 地址绑定

由于网卡的 MAC 地址是唯一确定的，所以为了防止内部人员非法盗用 IP，可以将内部网络的 IP 地址与 MAC 地址绑定，盗用者即使修改了 IP 地址，也会因 MAC 地址不匹配而盗用失败。同时，由于网卡的 MAC 地址的唯一确定性，可以根据 MAC 地址查找该 MAC 地址的网卡，进而查出非法盗用者。

3) 交换机端口与 MAC 地址绑定

有的用户可以通过修改注册表或使用专用小工具等方法更改本机的 MAC 地址，复制出跟被盗用户一样的 IP 地址和网卡 MAC 地址，此时用绑定 IP 地址与网卡 MAC 地址的方法防止盗用 IP 地址就不能起作用。在此情况下，可采用交换机端口与用户 MAC 地址绑定的方法。

因为交换机是根据 MAC 地址表来确定允许访问网络的设备，其中 MAC 地址表记录的是 MAC 与交换机端口的映射，同时 MAC 地址是每个网络接口设备的唯一标识，因此可以对交换机的任意端口进行端口安全设置，通过限制允许访问交换机某个端口的 MAC 地址以及 IP 地址来实现严格控制对该端口的输入。

3.1.2　子网划分

IP 地址被设计成两级：网络地址和主机地址。然而在某些情况下，采取两级层次结构无法满足需求。按照两级层次，某个网段的众多主机不能再划分，所有主机都在同一个层次上，处于同一个大的网络中。

解决此问题的方法是划分子网，即通过技术，把一个大的网络再进一步划分为若干个小的网络。子网划分实际上是对原来标准类别 IP 地址的优化，增加子网的原理就是在 IP 地址中增加一个中间级的层次，把原标准的主类网络地址向主机地址延伸，将原来主机地址的高位部分拿出来作为子网的地址，这样 IP 地址就有三个级别：主网、子网、主机。

1. 子网掩码

IP 地址主机部分的高位拿出来作为网络地址，如何区分 IP 地址是否进行了子网划分？子网掩码就是用来辨别 IP 地址是否进行子网划分的机制。

子网掩码与 IP 地址相同，也采用二进制的规则来表示，子网掩码由 1 和 0 组成，且 1 和 0 分别连续。子网掩码的长度也是 32 位，左边是网络位，用二进制数字“1”表示，1 的数目等于网络位的长度；右边是主机位，用二进制数字“0”表示，0 的数目等于主机位的长度。

2. 可变长子网掩码

在进行网络划分时，根据每个子网中需要分配的最大地址数，需要将大的网络划分为大小不等的多个子网络。因此，需要在一个网络中使用不同长度的掩码，这个技术即可变长子网掩码(Variable Length Subnet Mask，VLSM)。使用可变长子网掩码可以为每个子网分配不同的 IP 地址数，子网的划分非常灵活，IP 地址能得到充分的使用。

3. 子网划分方法

子网划分一般按照终端所在的地理位置或者按照部门的终端数来划分。主机 ID 的高 m 位用于划分子网，剩余的 n 位为主机 ID，则共产生 2^n 个子网，每个子网的主机数为 2^m-2 个，详细配置过程如下。

(1)判断分配的 IP 地址所属的主类，确认默认子网掩码，划分出网络 ID 和主机 ID，其中主机 ID 的位数为 h。

(2)如果需要划分的子网数为 s，根据 $s\leqslant 2m$，计算出 n(n 必须为整数)的最小值，剩余的主机位数为 $n=h-m$，验证每个子网的主机数是否满足终端数量(p)的需求，即 $p\leqslant 2^n-2$。

(3)用 1 标识网络 ID 和子网 ID 的位数，用 0 标识主机 ID，然后将二进制数转换成十进制数。

【例】一个部门分配到一个 C 类地址 211.10.0.0，这个部门下设多个科室，每个科室的终端数少于 60。

根据子网划分的方法，该地址为 C 类地址，默认子网掩码为 255.255.255.0，在这个地址中，前 24 位是网络 ID，后 8 位为主机 ID，网络 ID 为 211.10.0.0。

根据 $p\leqslant 2^n-2$ 公式，$60\leqslant 2^n-2$，计算得出 n 的最小整数为 6，根据 $n=h-m$ 得出 $n=2$，即借用主机的高 2 位进行子网划分。

网络 ID 和子网 ID 用 1 标识，其余用 0 标识，得出划分子网的子网掩码为 255.255.255.192，子网划分的详细信息如表 3-2 所示。

表 3-2 标准子网划分

子网号	起始地址	结束地址	网络 ID	IP 地址范围
00	00 000001	00 111110	211.10.0.0	211.10.0.1～211.10.0.63
01	01 000001	01 111110	211.10.0.64	211.10.0.65～211.10.0.127
10	10 000001	10 111110	211.10.0.128	211.10.0.129～211.10.0.191
11	11 000001	11 111110	211.10.0.192	211.10.0.193～211.10.0.254

【例】一个部门分配到一个 C 类地址 211.10.0.0，部门下设 5 个科室，每个科室的终端数分别为 100、60、25、10、6，采用可变长子网掩码技术，合理进行子网划分。

根据子网划分的步骤，一般先计算需要分配最多终端数的子网，分配的子网掩码如表 3-3 所示。

表 3-3 使用 VLSM 划分子网

网络 ID	子网掩码	IP 地址范围
211.10.0.0	255.255.255.128	211.10.0.1～211.10.0.127
211.10.0.128	255.255.255.192	211.10.0.129～211.10.0.191
211.10.0.192	255.255.255.224	211.10.0.193～211.10.0.223
211.10.0.224	255.255.255.240	211.10.0.225～211.10.0.239
211.10.0.240	255.255.255.248	211.10.0.241～211.10.0.247

3.1.3　实践案例——IP 地址分配和子网划分

按照网络需求，整个学校共有信息点 2746 个，向 IP 地址管理机构申请 16 个 C 类地址(211.10.0.0/20)，按照楼宇信息点分布，合理进行子网设计及 IP 地址划分，子网划分如表 3-4 所示。

表 3-4　子网划分

楼宇	楼层	信息点数	小计	网络 ID	子网掩码
一号教学楼	1～4：多媒体教室	12/层	240	211.10.0.0	255.255.255.0
二号教学楼	1～4：多媒体教室	12/层		211.10.0.0	255.255.255.0
三号教学楼	1～4：多媒体教室	12/层		211.10.0.0	255.255.255.0
四号教学楼	1～4：多媒体教室	12/层		211.10.0.0	255.255.255.0
五号教学楼	1～4：多媒体教室	12/层		211.10.0.0	255.255.255.0
六号教学楼	1、2：实训基地	24/层	48	211.10.1.0	255.255.255.192
	3：计算机机房	70/间，每层 3 间	210	211.10.2.0	255.255.255.0
	4：计算机机房	70/间，每层 3 间	210	211.10.3.0	255.255.255.0
一号宿舍楼	1～5：学生宿舍	100/层	500	211.10.4.0	255.255.254.0
二号宿舍楼	1～5：学生宿舍	100/层	500	211.10.6.0	255.255.254.0
三号宿舍楼	1～5：学生宿舍	100/层	500	211.10.8.0	255.255.254.0
食堂	1、2	40/层	80	211.10.1.128	255.255.255.128
传达室	—	4	4	211.10.1.64	255.255.255.248
体育器材室	—	4	4	211.10.1.72	255.255.255.248
行政楼	1：图书馆	100	450	211.10.10.0	255.255.255.128
	1：网络中心	50		211.10.10.128	255.255.255.192
	2：生物组	12		211.10.12.0	255.255.255.240
	2：政治组	12		211.10.12.16	255.255.255.240
	2：历史组	12		211.10.12.32	255.255.255.240
	2：地理组	12		211.10.12.48	255.255.255.240
	2：体育组	12		211.10.12.64	255.255.255.240
	2：音美组	12		211.10.10.192	255.255.255.192
	3：语文组	20		211.10.11.0	255.255.255.224
	3：数学组	20		211.10.11.32	255.255.255.224
	3：外语组	20		211.10.11.64	255.255.255.224
	3：物理组	20		211.10.11.96	255.255.255.224
	3：化学组	20		211.10.11.128	255.255.255.224
	4：总务处	5		211.10.12.128	255.255.255.248
	4：教科室	5		211.10.12.136	255.255.255.248

续表

楼宇	楼层	信息点数	小计	网络 ID	子网掩码
行政楼	4：督导室	5		211.10.12.144	255.255.255.248
	4：后勤处	20		211.10.11.160	255.255.255.224
	4：财务处	10		211.10.12.80	255.255.255.240
	5：人事处	6		211.10.12.152	255.255.255.248
	5：教务处	6		211.10.12.160	255.255.255.248
	5：学工处	6		211.10.12.168	255.255.255.248
	5：团委	5		211.10.12.176	255.255.255.248
	6：校领导	20		211.10.11.192	255.255.255.224
	6：校办、党办	16		211.10.11.224	255.255.255.224
	6：工会	4		211.10.12.184	255.255.255.248
	1：校园网机房	20		211.10.13.1	255.255.255.0
合计			2746	—	—

3.2 交　换　机

3.2.1　交换机的分类

交换机的分类方法有多种，根据交换机的技术功能，可以分为二层交换机和三层交换机；根据交换机端口结构可以分为固定端口交换机和模块化交换机；根据交换机在网络中承担的业务，可以分为接入层交换机、汇聚层交换机和核心层交换机。

1. 二层交换机和三层交换机

二层交换机属于数据链路层设备，可以识别数据包中的 MAC 地址信息，根据 MAC 地址进行转发，并将这些 MAC 地址与对应的端口记录在自己内部的一个地址表中。

三层交换机具有部分路由器功能，三层交换机最重要的作用是加快大型局域网内部的数据交换，所具有的路由功能也是为这个目的服务的，能够做到一次路由、多次转发。三层交换技术在 OSI 网络模型中的第三层实现了数据包的高速转发，既可实现网络路由功能，又可根据不同网络状况做到最优网络性能。

2. 固定端口交换机和模块化交换机

固定端口交换机指交换机所提供的网络接口是固化的，不可以增减，常用的有 24 口和 48 口等。固定端口的交换机价格便宜，适用于信息点固定的终端接入。

模块化交换机可以根据组网需求，选择不同数量、不同速率或者不同接口类型的模块，与主机箱组合成一台具有较大扩展能力的交换机，同时交换机的电源和风扇都具有冗余配置。模块化交换机相对价格较高，适用于骨干网络。

3. 接入层交换机、汇聚层交换机与核心层交换机

网络中直接面向用户连接或访问网络的部分称为接入层，将位于接入层和核心层之间的部分称为汇聚层。接入交换机一般用于直接连接电脑；汇聚交换机一般用于楼宇间；核心层

交换机一般用于网络主干和出口。

(1) 接入层。接入层的作用是允许终端用户连接到网络，因此接入层交换机具有低成本和高端口密度特性。接入交换机是最常见的交换机，它直接与终端联系，使用最广泛，尤其是在一般办公室、小型机房和业务受理较为集中的业务部门、多媒体制作中心、网站管理中心等部门。在传输速度上，大都提供多个具有 10M/100M/1000M 自适应能力的端口。

(2) 汇聚层。汇聚层交换机是多台接入层交换机的汇聚点，它必须能够处理来自接入层设备的所有通信量，并提供到核心层的上行链路。与接入层交换机比较，汇聚层交换机需要更高的性能、更少的接口和更高的交换速率。

(3) 核心层。网络主干部分称为核心层，核心层的主要作用在于通过高速转发通信，提供优化、可靠的骨干传输结构，因此核心层交换机应拥有更高的可靠性性能和吞吐量。

3.2.2　交换机的选择

以太网交换机的几个主要性能指标决定了交换机的整体性能，主要包括如下。

(1) 背板带宽。交换机的背板带宽是交换机接口处理器或接口卡和数据总线间所能吞吐的最大数据量。背板带宽标志了交换机总的数据交换能力，单位为 Gbps，也称为交换带宽。一般交换机的背板带宽从几 Gbps 到上百 Gbps 不等。一台交换机的背板带宽越高，所能处理数据的能力就越强，但同时设计成本也会越高。线速的背板带宽考察交换机上所有端口能提供的总带宽。计算公式为端口数×相应端口速率×2(全双工模式)。

(2) 包转发率。交换机的包转发率标志了交换机转发数据包能力的大小，单位一般为 pps(每秒钟传送的数据包)，一般交换机的包转发率在几十 Kpps 到几百 Mpps 不等。包转发率以数据包为单位，体现了交换机的交换能力。第二层包转发率=千兆端口数量×1.488Mpps+百兆端口数量×0.1488Mpps+其余类型端口数×相应计算方法，标称二层包转发速率不小于理论计算速率能，交换机在做第二层交换的时候可以做到线速。

(3) 是否支持 VLAN。通过将局域网划分为多个 VLAN，可以控制不必要的广播报文。使用 VLAN 划分技术还可以灵活地将网络按照管理功能划分成多个虚拟的网络，从而突破地址位置的限制，增强网络的灵活性和安全性。

(4) 是否支持生成树协议。生成树协议可以保证一个网络的冗余性。在一个网络中设置冗余链路，并用生成树协议让备份链路阻塞，在逻辑上不形成环路，而一旦出现故障，再启用备份线路，增强了网络的健壮性。

(5) 服务质量(Quality of Service，QoS)。服务质量是网络的一种安全机制，是用来解决网络延迟和阻塞等问题的一种技术。在正常情况下，如果网络只用于特定的、无时间限制的应用系统，并不需要 QoS。但是对关键应用和多媒体应用就十分必要。当网络过载或拥塞时，QoS 能确保重要业务量不受延迟或丢弃，同时保证网络的高效运行。

(6) 可管理性。管理功能通过管理软件远程管理交换机。一般交换机满足 SNMP、Web 管理功能。

【例】根据学校楼宇分布和信息点数，结合交换机的性能参数，选择合适的交换机型号和数量，交换机统计信息如表 3-5 所示。

表 3-5　交换机统计信息

楼宇	信息点数	交换机数(48 口)	堆叠数
一号教学楼	48	1	1
二号教学楼	48	1	1
三号教学楼	48	1	1
四号教学楼	48	1	1
五号教学楼	48	1	1
六号教学楼	468	10	2
一号宿舍楼	500	11	3
二号宿舍楼	500	11	3
三号宿舍楼	500	11	3
食堂	80	2	1
传达室	4	1	1
体育器材室	4	1	1
行政楼	450	10	2
合计	2746	62	21

根据拓扑结构图，所需的接入交换机、汇聚交换机和核心交换机的数量如表 3-6 所示。

表 3-6　交换机配置信息

编号	交换机类型	数量	备注
1	接入交换机	62	21 组堆叠，配置 21 个单模光纤模块
2	汇聚交换机	3	按照拓扑结构，配置合理的光纤接口
3	核心交换机	1	

3.2.3　交换机的管理

对交换机的访问有以下四种方式：通过带外管理对交换机进行管理(PC 机与交换机直接相连)；通过 Telnet 对交换机进行远程管理；通过 Web 对交换机进行远程管理；通过 SNMP 管理工作站对交换机进行远程管理。

上面四种方式中，后三种方式均要通过网络传输，可以根据实际需求和网络安全来确定交换机开放的管理方式。但第一次配置交换机时，必须使用带外管理方式来对交换机进行初始配置。

1. 通过带外管理交换机

可网管交换机通过一个 Console 端口来提供带外管理，不同类型的交换机 Console 端口所处的位置并不相同，使用专用线缆将计算机与交换机连接，目前有些笔记本没有 COM 口，必须通过专用的 USB 转 COM 口线缆。

将计算机与交换机连接后，启动计算机上的超级终端程序，并设置参数，启动超级终端："开始"→"程序"→"附件"→"超级终端"(推荐安装 SecureCRT 程序)。Windows 操作系统首次运行超级终端程序需要进行参数设置，如图 3-1～图 3-6 所示。

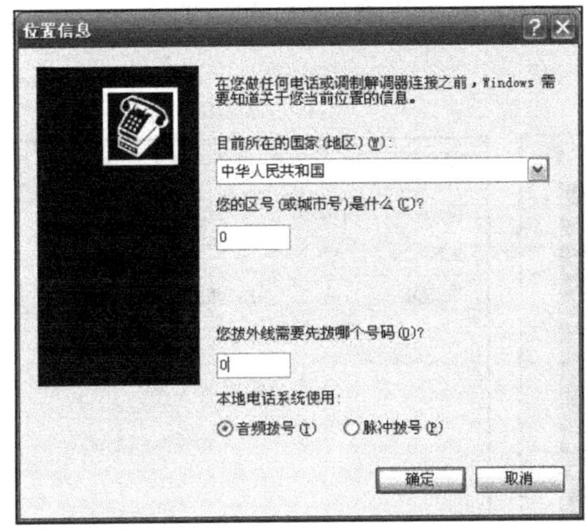

图 3-1　超级终端首次运行参数设置

图 3-2　超级终端首次运行参数设置

图 3-3　选择超级终端所用端口

图 3-4　设置超级终端名称

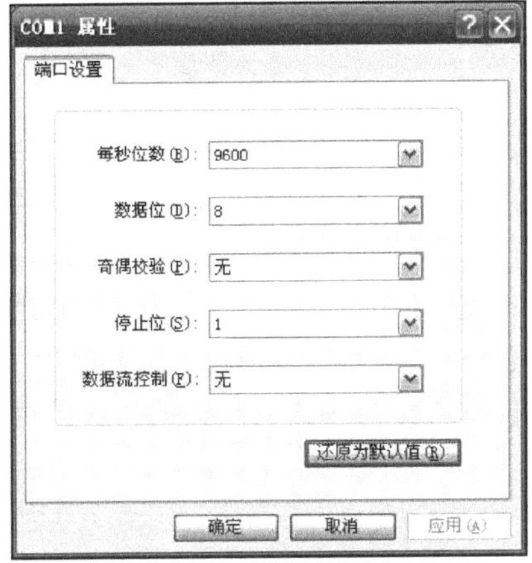

图 3-5　超级终端参数设置

图 3-6　SecureCRT

2. 通过 Telnet 管理交换机

通过带外管理方式对交换机进行管理地址和远程登录等基本配置后，即可通过 Telnet 方式管理交换机。特别需要注意的是，在通过 Telnet 管理交换机前，必须设置交换机的远程访问密码，否则无法登录。启动命令提示符窗口(图 3-7)：“开始”→“运行”，输入“CMD”并确定。SecureCRT 参数设置如图 3-8 所示。

图 3-7 命令提示符窗口

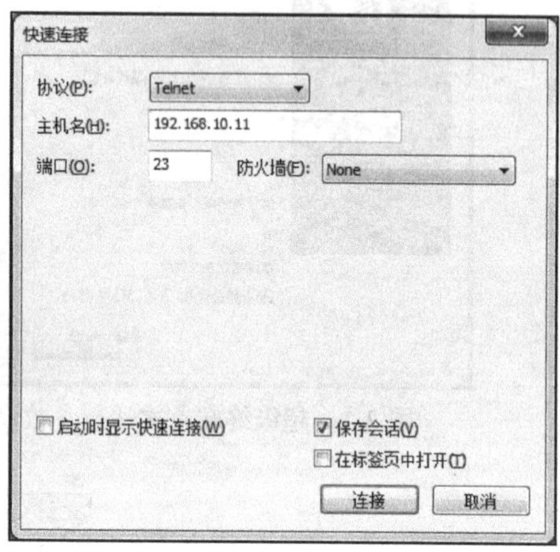

图 3-8 SecureCRT 参数设置

3. 通过 Web 方式访问

Web 方式管理交换机就像访问普通网页一样，在浏览器地址栏输入交换机管理地址，就可以进入交换机管理程序，通过该程序可以查看交换机配置，进行参数的设置。但是通过 Web 方式管理交换机，可操作和管理功能有限。

4. 通过 SNMP 管理交换机

简单网络管理协议(SNMP)，由一组网络管理的标准组成，该协议能够支持网络管理系统，用以监测连接到网络上的设备。

目前，几乎所有的网络设备生产厂家都实现了对 SNMP 的支持。SNMP 是一个从网络上的设备收集管理信息的公用通信协议。设备的管理者收集这些信息并记录在管理信息库(MIB)中。这些信息报告设备的特性、数据吞吐量、通信超载和错误等。

3.2.4 实践案例——交换机的基本配置

【背景】通过带外管理和 Telnet 方式，对交换机进行基本配置。

【要求】通过带外管理方式配置交换机，使得远程的计算机能通过 Telnet 方式登录交换机进行管理。全网将 VLAN 10 作为管理 VLAN，管理地址段为 192.168.10.0/24，按照表 3-7 规划进行配置。采用交换机端口与 MAC 地址绑定的方式，避免因为盗用 IP 地址造成关键计算机的上网业务故障。网络管理员的计算机 MAC 地址为 F0DE.F110.F930，接在行政楼第一组交换机中第二台交换机的第十口，所属 VLAN 为 305，采用绑定方式避免 IP 地址盗用。

表 3-7　接入交换机管理地址

楼宇	信息点数	交换机数(48 口)	堆叠数	管理地址
一号教学楼	48	1	1	192.168.10.11
二号教学楼	48	1	1	192.168.10.12
三号教学楼	48	1	1	192.168.10.13
四号教学楼	48	1	1	192.168.10.14
五号教学楼	48	1	1	192.168.10.15
六号教学楼	468	10	3	192.168.10.16 192.168.10.17 192.168.10.18
一号宿舍楼	500	11	3	192.168.10.19 192.168.10.20 192.168.10.21
二号宿舍楼	500	11	3	192.168.10.22 192.168.10.23 192.168.10.24
三号宿舍楼	500	11	3	192.168.10.25 192.168.10.26 192.168.10.27
食堂	80	2	1	192.168.10.28
传达室	4	1	1	192.168.10.33
体育器材室	4	1	1	192.168.10.34
行政楼	450	10	2	192.168.10.35 192.168.10.36
校园网机房	20	1	1	192.168.10.37

【步骤】

1. 通过专用线缆连接计算机和交换机，启动 SecureCRT，设置正确的参数

交换机配置线缆如图 3-9 所示，USB 转 COM 线如图 3-10 所示。

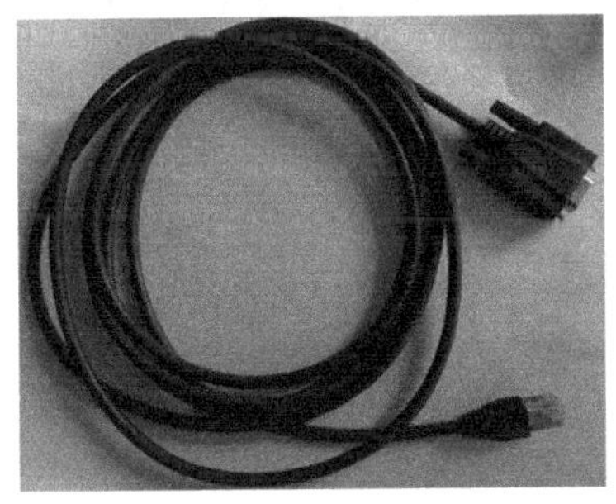

图 3-9　交换机配置线缆

图 3-10　USB 转 COM 线

2. 连接交换机后，进行配置

```
Switch>enable                                    //进入特权模式
Switch#configure terminal                        //进入全局配置模式
XZL_1(config)#enable secret level 1 0 star       //配置权限口令
XZL_1(config)#enable secret level 15 0 star      //配置权限口令
```

```
XZL_1(config)#line vty 0 4                              //配置通过LINE登录数
XZL_1(config-line)#password star                        //配置登录密码
XZL_1(config)#vlan 10                                   //配置管理 VLAN 号
XZL_1(config)#name guanli                               //为 VLAN 命名
XZL_1(config-vlan)#exit
XZL_1(config)#interface vlan 10                         //配置交换机管理地址
XZL_1(config-VLAN 100)#ip address 192.168.10.35 255.255.255.0
XZL_1(config-VLAN 100)#no shutdown                      //激活管理地址接口
XZL_1(config-VLAN 100)#exit
XZL_1(config)#interface fastEthernet 1/0/1              //将交换机端口配置为管理端口
XZL_1(config-FastEthernet 1/0/1)#switchport access vlan 10
XZL_1(config-FastEthernet 1/0/1)#exit                   //退出配置
XZL_1(config)#interface gigabitEthernet 1/0/49
XZL_1(config-GigabitEthernet 1/0/49)# switchport mode trunk
XZL_1(config-GigabitEthernet 1/0/49)#exit
XZL_1(config)#exit
XZL_1#write                                             //保存配置
```

3. 通过 Telnet 方式验证配置是否正确

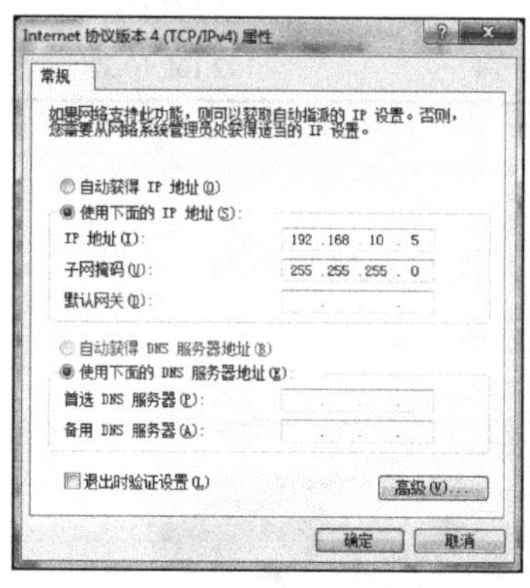

图 3-11　管理计算机 IP 地址设置

将计算机 IP 地址设置成与交换机管理地址同一网段，运行 SecureCRT，通过 Telnet 方式登录交换机，登录时需要输入登录密码。管理计算机 IP 地址设置如图 3-11 所示。

4. 采用 MAC 地址绑定方式，避免 IP 地址盗用

配置静态 MAC 地址表项，明确以下三个要素。

(1) 指定表项对应的目的 MAC 地址(mac-address)。

(2) 指定该地址所属的 VLAN(vlan-id)。

(3) 接口 ID(interface-id)。

当交换机在 vlan-id 指定的 VLAN 上接收到以 mac-address 为目的地址的报文时，这个报文将被转发到 interface-id 所指定的接口上。

```
User Access Verification
Password:
XZL_1>enable
Password:
XZL_1# configure terminal
XZL_1(config)#
XZL_1(config)#mac-address-table?
  aging-time              Set MAC address table entry maximum age
  filtering               Configure a filtering address
  mac-manage-learning     MAC manage-learning mode setting
```

```
  notification          Enable/Disable MAC Notification on the switch
  static                Static keyword
XZL_1(config)#mac-address-table static F0DE.F110.F930 VLan 305
interface fastEthernet 2/0/10
XZL_1(config)#exit
XZL_1#sh mac-address-table static
Vlan      MAC Address      Type      Interface
-------- ---------------- --------- --------------------
3005      f0de.f110.f930   STATIC    FastEthernet 2/0/10
XZL_1#write
XZL_1#
```

5. 查看交换机配置

```
User Access Verification
Password:
XZL_1>enable
Password:
ZL_1#show version
System description      : Ruijie Layer 3 Gigabit Intelligent Switch
(S3250E-48) By Ruijie Networks
System start time       : 2011-08-02 22:28:25
System uptime           : 363:13:2:24
System hardware version : 1.04
System software version : RGOS 10.4(2) Release(75955)
System BOOT version     : 10.4(2) Release(75955)
System CTRL version     : 10.4(2) Release(75955)
System serial number    : 2953DHA140049
Device information:
  Device-1
    Hardware version    : 1.04
    Software version    : RGOS 10.4(2) Release(75955)
    BOOT version        : 10.4(2) Release(75955)
    CTRL version        : 10.4(2) Release(75955)
    Serial Number       : 2953DHA140049
XZL_1#show running-config
Building configuration...
Current configuration   : 2090 bytes
!
version RGOS 10.4(2) Release(75955)(Mon Jan 25 20:03:16 CST 2010
-ngcf51) hostname XZL_1
!
```

```
!
!
!
Nfpp
!
vlan 1
!
vlan 10
 name guanli
!
!
no service password-encryption
!
!
!
!
!
enable secret level 1 5 $1$76jh$swB2ssCvq7u7w08B
enable secret 5 $1$AXVk$6v1C5Ay0Ap1yF0w8
!
!
!
!
interface FastEthernet 1/0/1
switchport access vlan 10
!
interface FastEthernet 1/0/2

!
......
interface FastEthernet 1/0/47
!
interface FastEthernet 1/0/48
!
interface FastEthernet 2/0/1
!
interface FastEthernet 2/0/2
!
......
interface FastEthernet 2/0/47
```

```
!
interface FastEthernet 2/0/48
!
interface FastEthernet 3/0/1
!
interface FastEthernet 3/0/2
!
......
interface FastEthernet 3/0/47
!
interface FastEthernet 3/0/48
!
interface FastEthernet 4/0/1
!
interface FastEthernet 4/0/2
!
......
interface FastEthernet 4/0/47
!
interface FastEthernet 4/0/48
!
interface FastEthernet 5/0/1
!
interface FastEthernet 5/0/2
!
......
interface FastEthernet 5/0/47
!
interface FastEthernet 5/0/48
!
interface GigabitEthernet 1/0/49
switchport mode trunk
!
!
interface GigabitEthernet 1/0/50
!
interface VLAN 10
 no ip proxy-arp
 ip address 192.168.10.35 255.255.255.0
!
```

```
!
!
!
!
!
mac-address-table static f0de.f110.f930 vlan 305 interface
FastEthernet 2/0/10
!
!
line con 0
line vty 0 4
 login
 password star
!
!
end
XZL_1#
```

3.3　VLAN 的实现

3.3.1　VLAN 的概念

1. VLAN 概述

虚拟局域网（VLAN）是利用交换机在逻辑上将终端划分成多个区域，通过划分 VLAN，可以提高网络管理的效率和安全性，控制不必要的广播数据。在共享网络中，一个物理的网段就是一个广播域，而在交换网络中，工作组可以根据管理的需要划分成多个广播域。在同一个 VLAN 中的终端无须关心是连接在同一台交换机上还是多台交换机上，逻辑上它们处于同一个广播域中，终端之间的通信就好像在独立的交换机上一样。同一个 VLAN 中的广播只有 VLAN 中的成员才能听到，而不会传输到其他的 VLAN 中去，这样可以很好地控制不必要的广播风暴的产生。交换机广播域如图 3-12 所示。

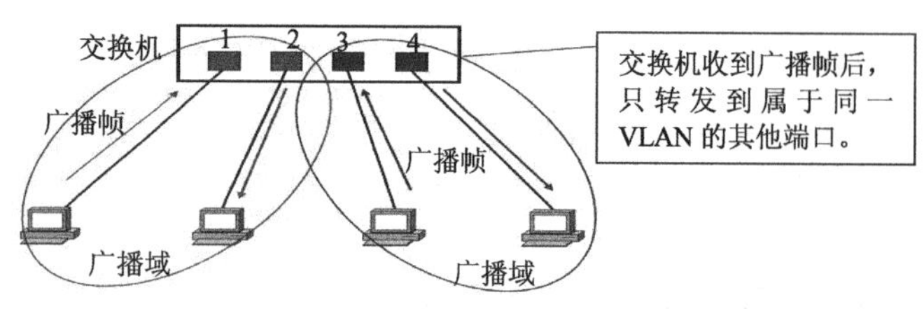

图 3-12　交换机广播域

2. VLAN 的划分

基于交换机端口的划分是最常用的一种 VLAN 划分方法，目前绝大多数支持 VLAN 协议的交换机都提供这种 VLAN 配置方法，这种划分是把一个或多个交换机上的几个端口划分为一个逻辑组，这是最简单有效的划分方法。该方法只需网络管理员对网络设备的交换端口进行重新分配即可，不用考虑该端口所连接的设备。

在二层交换机上，同一个 VLAN 之间可以直接互相访问，但对于划分在不同 VLAN 中的终端，即使是同一部门也不能直接通过二层交换机互相访问。如需要互访时，必须通过路由器或者三层交换机来实现。如表 3-8 所示，学校按照部门或楼宇进行 VLAN 划分。

3. 交换机端口模式

当采用基于交换机端口划分 VLAN 方法时，端口将根据转发信息帧功能的不同分为 Access 模式和 Trunk 模式。如果交换机的端口连接的是终端主机，则一般指定为 Access 模式，该端口只能属于一个 VLAN。如果跨交换机划分 VLAN，则交换机与交换机之间的端口一般指定为 Trunk 模式，该端口可以转发不同 VLAN 的数据帧，该端口属于本交换机的所有 VLAN。

4. VLAN 裁剪

Trunk 接口默认属于所有的 VLAN，因此来自任何 VLAN 的组播/广播流量将被泛洪到整个交换区域中。LAN 的范围越大，Trunk 链路越多，泛洪造成的无谓带宽消耗就越严重。因此，需要缩小接口的 VLAN 范围，VLAN 裁剪能大量减少广播报文，从而有效利用网络带宽。

5. SVI 接口

SVI 是交换虚拟接口，用来实现三层交换的逻辑接口。SVI 可以作为本机的管理接口，通过该管理接口，管理员可管理设备。也可以创建 SVI 为一个网关接口，就相当于对应各个 VLAN 的虚拟的子接口，可用于三层设备中跨 VLAN 之间的路由。创建一个 SVI，可通过 interface vlan 接口配置命令，然后给 SVI 分配 IP 地址来建立 VLAN 之间的路由。

表 3-8　VLAN 规划

楼宇	楼层	信息点数	小计	网络 ID	子网掩码	VLAN
一号教学楼	1～4：多媒体教室	12/层	48	211.10.0.0	255.255.255.0	101
二号教学楼	1～4：多媒体教室	12/层	48	211.10.0.0	255.255.255.0	101
三号教学楼	1～4：多媒体教室	12/层	48	211.10.0.0	255.255.255.0	101
四号教学楼	1～4：多媒体教室	12/层	48	211.10.0.0	255.255.255.0	101
五号教学楼	1～4：多媒体教室	12/层	48	211.10.0.0	255.255.255.0	101
六号教学楼	1、2：实训基地	24/层	48	211.10.1.0	255.255.255.192	102
	3：计算机机房	70/间，每层3间	210	211.10.2.0	255.255.255.0	103
	4：计算机机房	70/间，每层3间	210	211.10.3.0	255.255.255.0	104
一号宿舍楼	1～5：学生宿舍	100/层	500	211.10.4.0	255.255.254.0	201
二号宿舍楼	1～5：学生宿舍	100/层	500	211.10.6.0	255.255.254.0	202
三号宿舍楼	1～5：学生宿舍	100/层	500	211.10.8.0	255.255.254.0	203
食堂	1、2	40/层	80	211.10.1.128	255.255.255.128	301
传达室	—	4	4	211.10.1.64	255.255.255.248	302
体育器材室	—	4	4	211.10.1.72	255.255.255.248	303

续表

楼宇	楼层	信息点数	小计	网络 ID	子网掩码	VLAN
行政楼	1：图书馆	100	450	211.10.10.0	255.255.255.128	304
	1：网络中心	50		211.10.10.128	255.255.255.192	305
	2：生物组	12		211.10.12.0	255.255.255.240	306
	2：政治组	12		211.10.12.16	255.255.255.240	307
	2：历史组	12		211.10.12.32	255.255.255.240	308
	2：地理组	12		211.10.12.48	255.255.255.240	309
	2：体育组	12		211.10.12.64	255.255.255.240	310
	2：音美组	12		211.10.10.192	255.255.255.192	311
	3：语文组	20		211.10.11.0	255.255.255.224	312
	3：数学组	20		211.10.11.32	255.255.255.224	313
	3：外语组	20		211.10.11.64	255.255.255.224	314
	3：物理组	20		211.10.11.96	255.255.255.224	315
	3：化学组	20		211.10.11.128	255.255.255.224	316
	4：总务处	5		211.10.12.128	255.255.255.248	317
	4：教科室	5		211.10.12.136	255.255.255.248	318
	4：督导室	5		211.10.12.144	255.255.255.248	319
	4：后勤处	20		211.10.11.160	255.255.255.224	320
	4：财务处	10		211.10.12.80	255.255.255.240	321
	5：组织人事处	6		211.10.12.152	255.255.255.248	322
	5：教务处	6		211.10.12.160	255.255.255.248	323
	5：学工处	6		211.10.12.168	255.255.255.248	324
	5：团委	5		211.10.12.176	255.255.255.248	325
	6：校领导	20		211.10.11.192	255.255.255.224	326
	6：校办、党办	16		211.10.11.224	255.255.255.224	327
	6：工会	4		211.10.12.184	255.255.255.248	328
	1：校园网机房	20		211.10.13.1	255.255.255.0	401
	合计		2746	—	—	—

3.3.2　实践案例——配置 VLAN

【背景】利用交换机的 VLAN 功能，将网络进行划分。

【要求】根据网络拓扑结构设计以及 VLAN 规划，在交换机上配置，将对应的终端所连交换机端口划入对应的 VLAN，完成所有接入层交换机的配置。

【步骤】

1. 通过 Telnet 方式登录交换机

2. 配置行政楼第二组交换机 VLAN，该交换机接入行政楼 3～6 层的用户

```
User Access Verification
Password:
XZL_1>enable
```

```
Password:
XZL_1#configure terminal
XZL_1(config)#vlan 312                          //创建 VLAN
XZL_1(config-vlan)#name YMZ                     //为 VLAN 命名
XZL_1(config-vlan)#exit
XZL_1(config)#vlan 313
XZL_1(config-vlan)#name SXZ
XZL_1(config-vlan)#exit
XZL_1(config)#vlan 314
XZL_1(config-vlan)#name WYZ
XZL_1(config-vlan)#exit
XZL_1(config)#vlan 315
XZL_1(config-vlan)#name WLZ
XZL_1(config-vlan)#exit
XZL_1(config)#vlan 316
XZL_1(config-vlan)#name HXZ
XZL_1(config-vlan)#exit
XZL_1(config)#vlan 317
XZL_1(config-vlan)#name ZWC
XZL_1(config-vlan)#exit
XZL_1(config)#vlan 318
XZL_1(config-vlan)#name JKS
XZL_1(config-vlan)#exit
XZL_1(config)#vlan 319
XZL_1(config-vlan)#name DDS
XZL_1(config-vlan)#exit
XZL_1(config)#vlan 320
XZL_1(config-vlan)#name HQC
XZL_1(config-vlan)#exit
XZL_1(config)#vlan 321
XZL_1(config-vlan)#name CWC
XZL_1(config-vlan)#exit
XZL_1(config)#vlan 322
XZL_1(config-vlan)#name RSC
XZL_1(config-vlan)#exit
XZL_1(config)#vlan 323
XZL_1(config-vlan)#name JWC
XZL_1(config-vlan)#exit
XZL_1(config)#vlan 324
XZL_1(config-vlan)#name XGC
```

```
XZL_1(config-vlan)#exit
XZL_1(config)#vlan 325
XZL_1(config-vlan)#name TW
XZL_1(config-vlan)#exit
XZL_1(config)#vlan 326
XZL_1(config-vlan)#name XLD
XZL_1(config-vlan)#exit
XZL_1(config)#vlan 327
XZL_1(config-vlan)#name DXB
XZL_1(config-vlan)#exit
XZL_1(config)#vlan 328
XZL_1(config-vlan)#name GH
XZL_1(config-vlan)#exit
XZL_1(config)#interface fastEthernet 1/0/1  //进入端口模式
XZL_1(config-if)#switchport access vlan 312 //将交换机端口加入VLAN
XZL_1(config-if-range)#exit
XZL_1(config)#interface range fastEthernet 1/0/2-20   //可同时将多个端口加入一个VLAN
XZL_1(config-if-range)#switchport access vlan 312
XZL_1(config-if-range)#exit
XZL_1(config)#interface range fastEthernet 1/0/21-40
XZL_1(config-if-range)#switchport access vlan 313
XZL_1(config-if-range)#exit
XZL_1(config)#interface range fastEthernet 1/0/41-48
XZL_1(config-if-range)#switchport access vlan 314
XZL_1(config-if-range)#exit
XZL_1(config)#interface range fastEthernet 2/0/1-12
XZL_1(config-if-range)#switchport access vlan 314
XZL_1(config-if-range)#exit
XZL_1(config)#interface range fastEthernet 2/0/13-32
XZL_1(config-if-range)#switchport access vlan 315
XZL_1(config-if-range)#exit
XZL_1(config)#interface range fastEthernet 2/0/33-48
XZL_1(config-if-range)#switchport access vlan 316
XZL_1(config-if-range)#exit
XZL_1(config)#interface range fastEthernet 3/0/1-4
XZL_1(config-if-range)#switchport access vlan 316
XZL_1(config-if-range)#exit
XZL_1(config)#interface range fastEthernet 3/0/5-9
XZL_1(config-if-range)#switchport access vlan 317
```

```
XZL_1(config-if-range)#exit
XZL_1(config)#interface range fastEthernet 3/0/10-14
XZL_1(config-if-range)#switchport access vlan 318
XZL_1(config-if-range)#exit
XZL_1(config)#interface range fastEthernet 3/0/15-19
XZL_1(config-if-range)#switchport access vlan 319
XZL_1(config-if-range)#exit
XZL_1(config)#interface range fastEthernet 3/0/20-39
XZL_1(config-if-range)#switchport access vlan 320
XZL_1(config-if-range)#exit
XZL_1(config)#interface range fastEthernet 3/0/40-48
XZL_1(config-if-range)#switchport access vlan 321
XZL_1(config-if-range)#exit
XZL_1(config)#interface astEthernet 4/0/1
XZL_1(config-if-range)#switchport access vlan 321
XZL_1(config-if-range)#exit
XZL_1(config)#interface range fastEthernet 4/0/2-7
XZL_1(config-if-range)#switchport access vlan 322
XZL_1(config-if-range)#exit
XZL_1(config)#interface range fastEthernet 4/0/8-13
XZL_1(config-if-range)#switchport access vlan 323
XZL_1(config-if-range)#exit
XZL_1(config)#interface range fastEthernet 4/0/14-19
XZL_1(config-if-range)#switchport access vlan 324
XZL_1(config-if-range)#exit
XZL_1(config)#interface range fastEthernet 4/0/20-24
XZL_1(config-if-range)#switchport access vlan 325
XZL_1(config-if-range)#exit
XZL_1(config)#interface range fastEthernet 4/0/25-44
XZL_1(config-if-range)#switchport access vlan 326
XZL_1(config-if-range)#exit
XZL_1(config)#interface range fastEthernet 4/0/45-48
XZL_1(config-if-range)#switchport access vlan 327
XZL_1(config-if-range)#exit
XZL_1(config)#interface range fastEthernet 5/0/1-12
XZL_1(config-if-range)#switchport access vlan 327
XZL_1(config-if-range)#exit
XZL_1(config)#interface range fastEthernet 5/0/13-16
XZL_1(config-if-range)#switchport access vlan 328
XZL_1(config-if-range)#exit
```

```
XZL_1(config)#interface gigabitEthernet 1/0/49
XZL_1(config-if-range)#switchport mode trunk
XZL_1(config-if-range)#exit
XZL_1(config)#exit
XZL_1#write
XZL_1#
```

3. 查看交换机端口 VLAN 信息

```
XZL_1#show vlan
VLAN Name                 Status     Ports
---- -------------------- ---------- ----------------------
   1 VLAN0001             STATIC     Gi1/0/50,Gi2/0/49，Gi2/0/50,Gi3/0/49
                                     Gi3/0/50,Gi3/0/49，Gi3/0/50,Gi4/0/49
                                     Gi4/0/50,Fa5/0/17,Fa5/0/18,Fa5/0/19
                                     Fa5/0/20,Fa5/0/21,Fa5/0/22,Fa5/0/23
                                     Fa5/0/24,Fa5/0/25,Fa5/0/26,Fa5/0/27
                                     Fa5/0/28,Fa5/0/29,Fa5/0/30,Fa5/0/31
                                     Fa5/0/32,Fa5/0/33,Fa5/0/34,Fa5/0/35
                                     Fa5/0/36,Fa5/0/37,Fa5/0/38,Fa5/0/39
                                     Fa5/0/40,Fa5/0/41,Fa5/0/42,Fa5/0/43
                                     Fa5/0/44,Fa5/0/45,Fa5/0/46,Fa5/0/47
                                     Fa5/0/48
  10 guanli               STATIC     Gi1/0/49
312  YMZ                  STATIC     Fa1/0/1,Fa1/0/2,Fa1/0/3,Fa1/0/4
                                     Fa1/0/5,Fa1/0/6,Fa1/0/7,Fa1/0/8
                                     Fa1/0/9,Fa1/0/10,Fa1/0/11,Fa1/0/12
                                     Fa1/0/13,Fa1/0/14,Fa1/0/15,Fa1/0/16
                                     Fa1/0/17,Fa1/0/18,Fa1/0/19,Fa1/0/20
                                     Gi1/0/49
313  SXZ                  STATIC     Fa1/0/21,Fa1/0/22,Fa1/0/23,Fa1/0/24
                                     Fa1/0/25,Fa1/0/26,Fa1/0/27,Fa1/0/28
                                     Fa1/0/29,Fa1/0/30,Fa1/0/31,Fa1/0/32
                                     Fa1/0/33,Fa1/0/34,Fa1/0/35,Fa1/0/36
                                     Fa1/0/37,Fa1/0/38,Fa1/0/39,Fa1/0/40
                                     Gi1/0/49
314  WYZ                  STATIC     Fa1/0/41,Fa1/0/42,Fa1/0/43,Fa1/0/44
                                     Fa1/0/45,Fa1/0/46,Fa1/0/47,Fa1/0/48
                                     Gi1/0/49,Fa2/0/1,Fa2/0/2,Fa2/0/3
                                     Fa2/0/4,Fa2/0/5,Fa2/0/6,Fa2/0/7
                                     Fa2/0/8,Fa2/0/9,Fa2/0/20,Fa2/0/11
                                     Fa2/0/12
```

```
315  WLZ            STATIC    Gi1/0/49,Fa2/0/13, Fa2/0/14,Fa2/0/15
                              Fa2/0/16,Fa2/0/17,Fa2/0/18,Fa2/0/19
                              Fa2/0/20, Fa2/0/21,Fa2/0/22,Fa2/0/23
                              Fa2/0/24,Fa2/0/25,Fa2/0/26,Fa2/0/27
                              Fa2/0/28,Fa2/0/29,Fa2/0/30,Fa2/0/31
                              Fa2/0/32
316  HXZ            STATIC    Gi1/0/49,Fa2/0/33,Fa2/0/34,Fa2/0/35
                              Fa2/0/36,Fa2/0/37, Fa2/0/38,Fa2/0/39
                              Fa2/0/40,Fa2/0/41, Fa2/0/42,Fa2/0/43
                              Fa2/0/44,Fa2/0/45, Fa2/0/46,Fa2/0/47
                              Fa2/0/48,Fa3/0/1,Fa3/0/2,Fa3/0/3
                              Fa3/0/4
317  ZWC            STATIC    Gi1/0/49,Fa3/0/5,Fa3/0/6,Fa3/0/7
                              Fa3/0/8,Fa3/0/9
318  JKS            STATIC    Gi1/0/49,Fa3/0/10,Fa3/0/11,Fa3/0/12
                              Fa3/0/13,Fa3/0/14
319  DDS            STATIC    Gi1/0/49,Fa3/0/15,Fa3/0/16,Fa3/0/17
                              Fa3/0/18,Fa3/0/19,
320  HQC            STATIC    Gi1/0/49Fa3/0/20,Fa3/0/21,Fa3/0/22
                              Fa3/0/23,Fa3/0/24,Fa3/0/25,Fa3/0/26
                              Fa3/0/27,Fa3/0/28,Fa3/0/29,Fa3/0/30
                              Fa3/0/31,Fa3/0/32,Fa3/0/33,Fa3/0/34
                              Fa3/0/35,Fa3/0/36,Fa3/0/37,Fa3/0/38
                              Fa3/0/39
321  CWC            STATIC    Gi1/0/49,Fa3/0/40,Fa3/0/41,Fa3/0/42
                              Fa3/0/43,Fa3/0/44,Fa3/0/45,Fa3/0/46
                              Fa3/0/47,Fa3/0/48,Fa4/0/1
322  RSC            STATIC    Gi1/0/49,Fa4/0/2,Fa4/0/3,Fa4/0/4
                              Fa4/0/5,Fa4/0/6,Fa4/0/7
323  JWC            STATIC    Gi1/0/49,Fa4/0/8,Fa4/0/9,Fa4/0/10
                              Fa4/0/11,Fa4/0/12,Fa4/0/13
324  XGC            STATIC    Gi1/0/49,Fa4/0/14,Fa4/0/15,Fa4/0/16
                              Fa4/0/17,Fa4/0/18,Fa4/0/19
325  TW             STATIC    Gi1/0/49,Fa4/0/20,Fa4/0/21,Fa4/0/22
                              Fa4/0/23,Fa4/0/24
326  XLD            STATIC    Gi1/0/49,Fa4/0/25,Fa4/0/26,Fa4/0/27
                              Fa4/0/28,Fa4/0/29,Fa4/0/30,Fa4/0/31
                              Fa4/0/32,Fa4/0/33,Fa4/0/34,Fa4/0/35
                              Fa4/0/36,Fa4/0/37,Fa4/0/38,Fa4/0/39
                              Fa4/0/40,Fa4/0/41,Fa4/0/42,Fa4/0/43
```

```
                                       Fa4/0/44
327   DLZ                   STATIC     Gi1/0/49,Fa4/0/45,Fa4/0/46,Fa4/0/47
                                       Fa4/0/48,Fa5/0/1,Fa5/0/2,Fa5/0/3
                                       Fa5/0/4,Fa5/0/5,Fa5/0/6,Fa5/0/7
                                       Fa5/0/8,Fa5/0/9,Fa5/0/10,Fa5/0/11
                                       Fa5/0/12
328   DLZ                   STATIC     Gi1/0/49,Fa5/0/13,Fa5/0/14,Fa5/0/15
                                       Fa5/0/16
```

4. 终端验证

配置行政楼总务处的两台计算机地址分别为 211.10.12.130 和 211.10.12.131，子网掩码都为 255.255.255.248，网关都为 211.10.12.129；配置财务处的一台计算机地址为 211.10.12.82，子网掩码为 255.255.255.240，网关为 211.10.12.81。因为总务处的两台计算机属于同一个 VLAN，能够相互 ping，如图 3-13 所示，而总务处与财务处的计算机属于不同 VLAN，无法直接 ping 通，如图 3-14 所示。

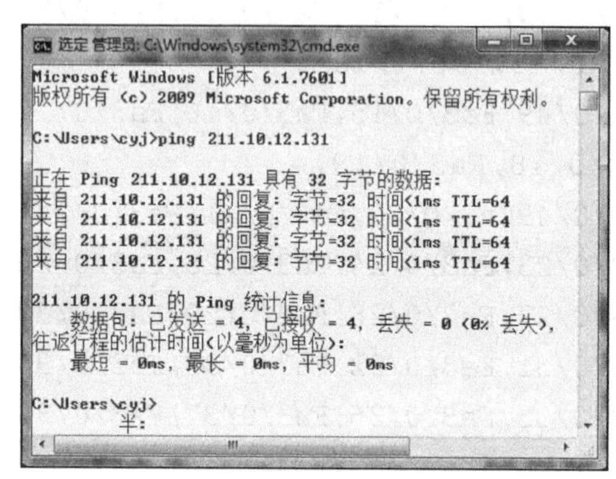

图 3-13　总务处的计算机能相互 ping 通

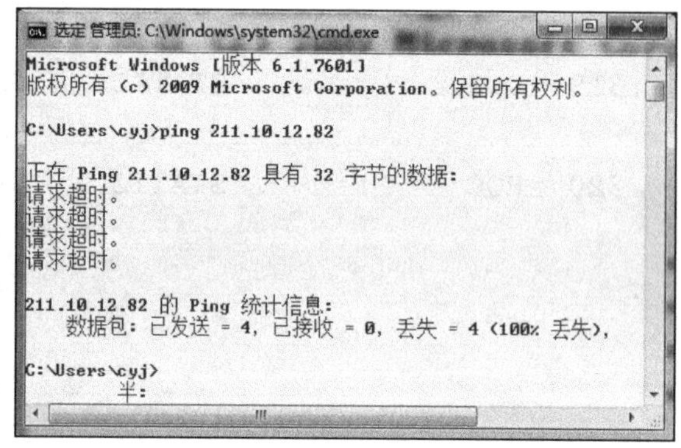

图 3-14　总务处的计算机无法 ping 通财务处计算机

3.3.3　实践案例——使用 SVI 实现 VLAN 间通信

【背景】利用三层交换机跨交换机实现 VLAN 间路由。

【要求】在二层交换机划分 VLAN 可实现不同 VLAN 的主机接入，而 VLAN 间的主机通信为不同网段，需要通过三层设备对数据进行路由转发才可以实现，通过在三层交换机为各 VLAN 配置 SVI 接口，利用三层交换机的路由功能可以实现 VLAN 间的路由。拓扑结构如图 3-15 所示。

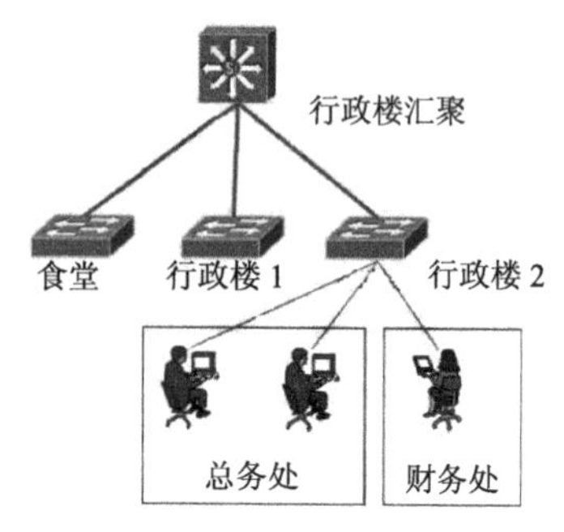

图 3-15　拓扑结构

【步骤】

1. 在二层交换机创建 VLAN

2. 在三层交换机创建 VLAN 及相应网关

```
User Access Verification
```

```
Password:
XZL_1>enable
Password:
XZL_huiju#configure terminal
XZL_huiju(config)#vlan 304
XZL_huiju(config-vlan)#name TSG
XZL_huiju(config-vlan)#name TSG
XZL_huiju(config-vlan)#exit
XZL_huiju(config)#vlan 305
XZL_huiju(config-vlan)#name WLZX
XZL_huiju(config-vlan)#exit
XZL_huiju(config)#vlan 306
XZL_huiju(config-vlan)#name SWZ
XZL_huiju(config-vlan)#exit
XZL_huiju(config)#vlan 307
XZL_huiju(config-vlan)#name ZZZ
XZL_huiju(config-vlan)#exit
XZL_huiju(config)#vlan 308
XZL_huiju(config-vlan)#name LSZ
XZL_huiju(config-vlan)#exit
XZL_huiju(config)#vlan 309
XZL_huiju(config-vlan)#name DLZ
XZL_huiju(config-vlan)#exit
XZL_huiju(config)#vlan 310
XZL_huiju(config-vlan)#name TYZ
XZL_huiju(config-vlan)#exit
XZL_huiju(config)#vlan 311
XZL_huiju(config-vlan)#name YMZ
XZL_huiju(config-vlan)#exit
XZL_huiju(config)#vlan 312                         //创建 VLAN
XZL_huiju(config-vlan)#name YMZ                    //为 VLAN 命名
XZL_huiju(config-vlan)#exit
XZL_huiju(config)#vlan 313
XZL_huiju(config-vlan)#name SXZ
XZL_huiju(config-vlan)#exit
XZL_huiju(config)#vlan 314
XZL_huiju(config-vlan)#name WYZ
XZL_huiju(config-vlan)#exit
XZL_huiju(config)#vlan 315
XZL_huiju(config-vlan)#name WLZ
```

```
XZL_huiju(config-vlan)#exit
XZL_huiju(config)#vlan 316
XZL_huiju(config-vlan)#name HXZ
XZL_huiju(config-vlan)#exit
XZL_huiju(config)#vlan 317
XZL_huiju(config-vlan)#name ZWC
XZL_huiju(config-vlan)#exit
XZL_huiju(config)#vlan 318
XZL_huiju(config-vlan)#name JKS
XZL_huiju(config-vlan)#exit
XZL_huiju(config)#vlan 319
XZL_huiju(config-vlan)#name DDS
XZL_huiju(config-vlan)#exit
XZL_huiju(config)#vlan 320
XZL_huiju(config-vlan)#name HQC
XZL_huiju(config-vlan)#exit
XZL_huiju(config)#vlan 321
XZL_huiju(config-vlan)#name CWC
XZL_huiju(config-vlan)#exit
XZL_huiju(config)#vlan 322
XZL_huiju(config-vlan)#name RSC
XZL_huiju(config-vlan)#exit
XZL_huiju(config)#vlan 323
XZL_huiju(config-vlan)#name JWC
XZL_huiju(config-vlan)#exit
XZL_huiju(config)#vlan 324
XZL_huiju(config-vlan)#name XGC
XZL_huiju(config-vlan)#exit
XZL_huiju(config)#vlan 325
XZL_huiju(config-vlan)#name TW
XZL_huiju(config-vlan)#exit
XZL_huiju(config)#vlan 326
XZL_huiju(config-vlan)#name XLD
XZL_huiju(config-vlan)#exit
XZL_huiju(config)#vlan 327
XZL_huiju(config-vlan)#name DXB
XZL_huiju(config-vlan)#exit
XZL_huiju(config)#vlan 328
XZL_huiju(config-vlan)#name GH
XZL_huiju(config-vlan)#exit
```

```
XZL_huiju(config)# interface gigabitEthernet 0/1
XZL_huiju(config-if)# switchport mode trunk
XZL_huiju(config-if)#exit
XZL_huiju(config)# interface gigabitEthernet 0/2
XZL_huiju(config-if)# switchport mode trunk
XZL_huiju(config-if)#exit
XZL_huiju(config)#interface vlan 304
XZL_huiju(config-if)#ip address 211.10.10.1 255.255.255.128
XZL_huiju(config-if)#no shutdown
XZL_huiju(config-if)#exit
XZL_huiju(config)#interface vlan 305
XZL_huiju(config-if)#ip address 211.10.10.129 255.255.255.192
XZL_huiju(config-if)#no shutdown
XZL_huiju(config-if)#exit
XZL_huiju(config)#
XZL_huiju(config)#interface vlan 306
XZL_huiju(config-if)#ip address 211.10.12.1 255.255.255.240
XZL_huiju(config-if)#no shutdown
XZL_huiju(config-if)#exit
XZL_huiju(config)#interface vlan 307
XZL_huiju(config-if)#ip address 211.10.12.17 255.255.255.240
XZL_huiju(config-if)#no shutdown
XZL_huiju(config-if)#exit
XZL_huiju(config)#interface vlan 308
XZL_huiju(config-if)#ip address 211.10.12.33 255.255.255.240
XZL_huiju(config-if)#no shutdown
XZL_huiju(config-if)#exit
XZL_huiju(config)#interface vlan 309
XZL_huiju(config-if)#ip address 211.10.12.49 255.255.255.240
XZL_huiju(config-if)#no shutdown
XZL_huiju(config-if)#exit
XZL_huiju(config)#interface vlan 310
XZL_huiju(config-if)#ip address 211.10.12.65 255.255.255.240
XZL_huiju(config-if)#no shutdown
XZL_huiju(config-if)#exit
XZL_huiju(config)#interface vlan 311
XZL_huiju(config-if)#ip address 211.10.10.193 255.255.255.192
XZL_huiju(config-if)#no shutdown
XZL_huiju(config-if)#exit
XZL_huiju(config)#interface vlan 312
```

```
XZL_huiju(config-if)#ip address 211.10.11.1 255.255.255.224
XZL_huiju(config-if)#no shutdown
XZL_huiju(config-if)#exit
XZL_huiju(config)#interface vlan 313
XZL_huiju(config-if)#ip address 211.10.11.33 255.255.255.224
XZL_huiju(config-if)#no shutdown
XZL_huiju(config-if)#exit
XZL_huiju(config)#interface vlan 314
XZL_huiju(config-if)#ip address 211.10.11.65 255.255.255.224
XZL_huiju(config-if)#no shutdown
XZL_huiju(config-if)#exit
XZL_huiju(config)#interface vlan 315
XZL_huiju(config-if)#ip address 211.10.11.97 255.255.255.224
XZL_huiju(config-if)#no shutdown
XZL_huiju(config-if)#exit
XZL_huiju(config)#interface vlan 316
XZL_huiju(config-if)#ip address 211.10.11.129 255.255.255.224
XZL_huiju(config-if)#no shutdown
XZL_huiju(config-if)#exit
XZL_huiju(config)#interface vlan 317
XZL_huiju(config-if)#ip address 211.10.12.129 255.255.255.248
XZL_huiju(config-if)#no shutdown
XZL_huiju(config-if)#exit
XZL_huiju(config)#interface vlan 318
XZL_huiju(config-if)#ip address 211.10.12.137 255.255.255.248
XZL_huiju(config-if)#no shutdown
XZL_huiju(config-if)#exit
XZL_huiju(config)#interface vlan 319
XZL_huiju(config-if)#ip address 211.10.112.145 255.255.255.248
XZL_huiju(config-if)#no shutdown
XZL_huiju(config-if)#exit
XZL_huiju(config)#interface vlan 320
XZL_huiju(config-if)#ip address 211.10.11.161 255.255.255.224
XZL_huiju(config-if)#no shutdown
XZL_huiju(config-if)#exit
XZL_huiju(config)#interface vlan 321
XZL_huiju(config-if)#ip address 211.10.12.81 255.255.255.240
XZL_huiju(config-if)#no shutdown
XZL_huiju(config-if)#exit
XZL_huiju(config)#interface vlan 322
```

```
XZL_huiju(config-if)#ip address 211.10.12.153 255.255.255.248
XZL_huiju(config-if)#no shutdown
XZL_huiju(config-if)#exit
XZL_huiju(config)#interface vlan 323
XZL_huiju(config-if)#ip address 211.10.12.161 255.255.255.248
XZL_huiju(config-if)#no shutdown
XZL_huiju(config-if)#exit
XZL_huiju(config)#interface vlan 324
XZL_huiju(config-if)#ip address 211.10.12.169 255.255.255.248
XZL_huiju(config-if)#no shutdown
XZL_huiju(config-if)#exit
XZL_huiju(config)#interface vlan 325
XZL_huiju(config-if)#ip address 211.10.12.177 255.255.255.248
XZL_huiju(config-if)#no shutdown
XZL_huiju(config-if)#exit
XZL_huiju(config)#interface vlan 326
XZL_huiju(config-if)#ip address 211.10.11.193 255.255.255.224
XZL_huiju(config-if)#no shutdown
XZL_huiju(config-if)#exit
XZL_huiju(config)#interface vlan 327
XZL_huiju(config-if)#ip address 211.10.11.225 255.255.255.224
XZL_huiju(config-if)#no shutdown
XZL_huiju(config-if)#exit
XZL_huiju(config)#interface vlan 328
XZL_huiju(config-if)#ip address 211.10.12.185 255.255.255.248
XZL_huiju(config-if)#no shutdown
XZL_huiju(config-if)#exit
XZL_huiju(config)# interface gigabitEthernet 0/1
XZL_huiju(config-if)#switchport trunk allowed vlan remove 1-99,
101-303,312-4093
XZL_huiju(config-if)#exit
XZL_huiju(config)# interface gigabitEthernet 0/2
XZL_huiju(config-if)#switchport trunk allowed vlan remove 1-99,
101-311,329-4093
XZL_huiju(config-if)#exit
XZL_huiju(config)#exit
XZL_huiju#write
Building configuration...
[OK]
XZL_huiju#
```

3. 配置工作组计算机 IP 地址，验证结果

总务处计算机能 ping 通财务处计算机如图 3-16 所示。

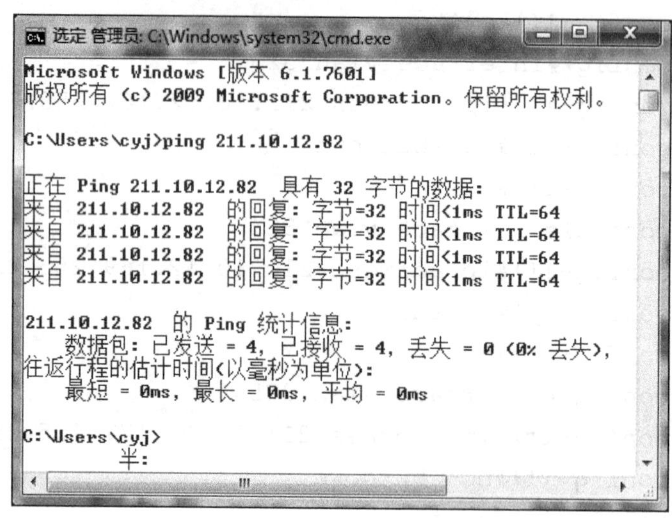

图 3-16　总务处计算机能 ping 通财务处计算机

4. 查看汇聚交换机配置

```
XZL_huiju#show running-config
Building configuration...
Current configuration : 4116 bytes
!
version RGNOS 10.1.00(4), Release(18574)(Mon Jul 23 17:10:40 CST 2007
-server49)
hostname XZL_huiju
co-operate enable
!
!
!
vlan 1
!
vlan 10
!
vlan 304
!
vlan 305
!
vlan 306
!
vlan 307
```

```
!
vlan 308
!
vlan 309
!
vlan 310
!
vlan 311
!
vlan 312
!
vlan 313
!
vlan 314
!
vlan 315
!
vlan 316
!
vlan 317
!
vlan 318
!
vlan 319
!
vlan 320
!
vlan 321
!
vlan 322
!
vlan 323
!
vlan 324
!
vlan 325
!
vlan 326
!
vlan 327
```

```
!
vlan 328
!
!
enable secret level 1 5 $1$8yhN$p85wB1DCDr8rv9vx
enable secret 5 $1$u42A$9yCxD4xEpyvtw4s5
!
!
!
!
interface GigabitEthernet 0/1
 switchport mode trunk
 switchport trunk allowed vlan remove 1-99,101-303,312-4093
!
interface GigabitEthernet 0/2
switchport mode trunk
 switchport trunk allowed vlan remove 1-99,101-311,329-4093
!
interface GigabitEthernet 0/3
!
interface GigabitEthernet 0/4
!
interface GigabitEthernet 0/5
!
interface GigabitEthernet 0/6
!
interface GigabitEthernet 0/7
!
interface GigabitEthernet 0/8
!
interface GigabitEthernet 0/9
!
interface GigabitEthernet 0/10
!
interface GigabitEthernet 0/11
!
interface GigabitEthernet 0/12
!
interface GigabitEthernet 0/13
!
```

```
interface GigabitEthernet 0/14
!
interface GigabitEthernet 0/15
!
interface GigabitEthernet 0/16
!
interface GigabitEthernet 0/17
!
interface GigabitEthernet 0/18
!
interface GigabitEthernet 0/19
!
interface GigabitEthernet 0/20
!
interface GigabitEthernet 0/21
!
interface GigabitEthernet 0/22
!
interface GigabitEthernet 0/23
!
interface GigabitEthernet 0/24
!
interface VLAN 10
 ip address 192.168.10.1 255.255.255.0
!
interface VLAN 304
 ip address 211.10.10.1 255.255.255.128
!
interface VLAN 305
 ip address 211.10.10.129 255.255.255.192
!
interface VLAN 306
 ip address 211.10.12.1 255.255.255.240
!
interface VLAN 307
 ip address 211.10.12.17 255.255.255.240
!
interface VLAN 308
 ip address 211.10.12.33 255.255.255.240
!
```

```
interface VLAN 309
 ip address 211.10.12.49 255.255.255.240
!
interface VLAN 310
 ip address 211.10.12.65 255.255.255.240
!
interface VLAN 311
 ip address 211.10.10.193 255.255.255.192
!
interface VLAN 312
 ip address 211.10.11.1 255.255.255.224
!
interface VLAN 313
 ip address 211.10.11.33 255.255.255.224
!
interface VLAN 314
 ip address 211.10.11.65 255.255.255.224
!
interface VLAN 315
 ip address 211.10.11.97 255.255.255.224
!
interface VLAN 316
 ip address 211.10.11.129 255.255.255.224
!
interface VLAN 317
 ip address 211.10.12.129 255.255.255.248
!
interface VLAN 318
 ip address 211.10.12.137 255.255.255.248
!
interface VLAN 319
 ip address 211.10.12.145 255.255.255.248
!
interface VLAN 320
!ip address 211.10.11.161 255.255.255.224
!
interface VLAN 321
 ip address 211.10.12.81 255.255.255.240
!
interface VLAN 322
```

```
 ip address 211.10.12.153 255.255.255.248
!
interface VLAN 323
 ip address 211.10.12.161 255.255.255.248
!
interface VLAN 324
 ip address 211.10.12.169 255.255.255.248
!
interface VLAN 325
 ip address 211.10.12.177 255.255.255.248
!
interface VLAN 326
 ip address 211.10.11.193 255.255.255.224
!
interface VLAN 327
 ip address 211.10.11.225 255.255.255.224
!
interface VLAN 328
 ip address 211.10.11.185 255.255.255.248
!
!
!
!
!
!
!
line con 0
line vty 0 4
 login
 password 7 025a48234a556b51
!
!
!
!
!
end
XZL_huiju#
```

3.4 冗余链路的实现

3.4.1 生成树协议的基本概念

1. 生成树

随着人们对网络的依赖越来越强，为了保证网络高可用性，有时会希望在网络中提供设备、模块和链路的冗余。但在二层网络中，冗余链路可能会导致交换环路，使得广播包在交换环路中无休止地循环，因而破坏网络中设备的工作性能，甚至导致整个网络瘫痪。生成树协议(Spanning Tree Protocol，STP)技术能够解决交换环路的问题，同时为网络提供冗余。STP定义在IEEE 802.1D中，是用来避免链路环路产生的广播风暴，并提供链路冗余备份的协议。它能使一个局域网中的设备起到以下作用。

(1)发现并启动局域网的一个最佳树型拓扑结构。

(2)发现故障并随之进行恢复，自动更新网络拓扑结构，使在任何时候都选择可能的最佳树型结构。

2. 快速生成树协议

快速生成树协议(Rapid Spanning Tree Protocol，RSTP)从STP发展过来，定义在IEEE 802.1W中，两者实现思想基本一致，但RSTP更进一步地处理了网络临时失去连通性的问题。RSTP规定在某些情况下，处于Blocking状态的端口不必经历两倍的Forward Delay时延而可以直接进入转发状态。如网络边缘端口(即直接与终端相连的端口)，可以直接进入转发状态，不需要任何时延；或者是旧的根端口已经进入Blocking状态，并且新的根端口所连接的对端设备的指定端口仍处于Forwarding状态，那么新的根端口可以立即进入Forwarding状态。即使是非边缘的指定端口，也可以通过与相连的设备进行一次握手，等待对端设备的确认报文而快速进入Forwarding状态。

3. 多生成树协议

多生成树协议(Multiple Spanning Tree Protocol，MSTP)是在STP和RSTP的基础上发展起来的，定义在IEEE802.1S中。STP和RSTP在网络中进行生成树计算的时候都没有考虑到VLAN的情况，所有VLAN都共享相同的生成树。MSTP的实现解决了这一问题，MSTP在计算生成树的过程中，会为每个VLAN或每组VLAN计算一个生成树。

4. 生成树协议工作机制

STP的基本原理是，通过在交换机之间传递一种特殊的协议报文——网桥协议数据单元(Bridge Protocol Data Unit，BPDU)来确定网络的拓扑结构。在生成树协议中，有且仅有一台根交换机，其他均为非根交换机，每台非根交换机有且仅有一个根端口，最终形成一个无环路的树型结构。交换机BPDU数据包如表3-9所示。

表3-9 交换机BPDU数据包

Bytes	Field
2	Protocol ID
1	Version

续表

Bytes	Field
1	Message type
1	Flags
8	Root ID
4	Cost of Path
8	Bridge ID
2	Port ID
2	Message age
2	Max age
2	Hello time
2	Forward delay

初始状态，每台交换机都将自己作为根交换机，发送自己的 BPDU，交换机根据 Bridge ID 来选举根交换机。如果收到 BPDU 中的 Bridge ID 比自己小，则认为自己是非根交换机，交换机停止发送自己的 BPDU，转发根交换机的 BPDU，交换机的 BridgeID=交换机优先级+交换机 MAC 地址。

选好根交换机后，其他交换机均为非根交换机，非根交换机根据生成树协议，通过交换机特定的端口与根交换机连接，进行 BPDU 的更新及数据包的转发。非根交换机有以下几种端口类型。

(1) 根端口：每台非根交换机有且仅有一个根端口，根端口用于根交换机与非根交换机间 BPDU 的更新。根端口的选择也是根据 BPDU 来选举，依次比较 Cost of Path（表 3-10）、Bridge ID 和 Port ID 三个指标，当第一个指标相同时再比较第二个指标，第一个和第二个指标都相同时再比较第三个指标，数值最小的为根端口。

表 3-10　Cost of Path

速率	COST（修订后的 IEEE 规范）
10Gbit/s	2
1Gbit/s	4
100Mbit/s	19
10Mbit/s	100

(2) 指派端口：每个网段都有一台指派交换机，用于将该网段的数据转发给根交换机，指派端口属于指派交换机。如果一个网段有多台交换机与根交换机连接，则根据发送的 BPDU 来选举，同样依次比较 Cost of Path、Bridge ID 和 Port ID 三个指标。

(3) 阻塞端口：既不是根端口，也不是指派端口的端口将被阻塞。

以下举例说明生成树协议是如何把杂乱的网络拓扑生成一个树型结构。如图 3-17 所示，假设 Switch A、Switch B、Switch C 的 Bridge ID 是递增的，即 Switch A 的优先级最高。Switch A

与 Switch B 间是千兆链路，Switch A 和 Switch C 间为十兆链路，Switch B 和 Switch C 间为百兆链路。Switch A 作为该网络的骨干设备，对 Switch B 和 Switch C 都做了链路冗余，显然，如果让这些链路都生效是会产生广播风暴的。

如果这三台 Switch 都打开了 Spanning Tree 协议，它们通过交换 BPDU 选出根桥(RootBridge)为 Switch A。Switch B 发现有两个端口都连在 Switch A 上，它就选出优先级最高的端口为 Root Port，另一个端口就被选为 Alternate Port。而 Switch C 发现它既可以通过 Switch B 到 Switch A，也可以直接到 Switch A，但由于通过计算发现：就算通过 Switch B 到 Switch A 的链路花费(PathCost)也比直接到 Switch A 的低，于是 Switch C 就选择了与 Switch B 相连的端口为 Root Port，与 A 相连的端口为 Alternate Port。都选择好端口角色(Port Role)后，就进入各个端口相应的状态，于是就生成了如图 3-18 所示的生成树结构。

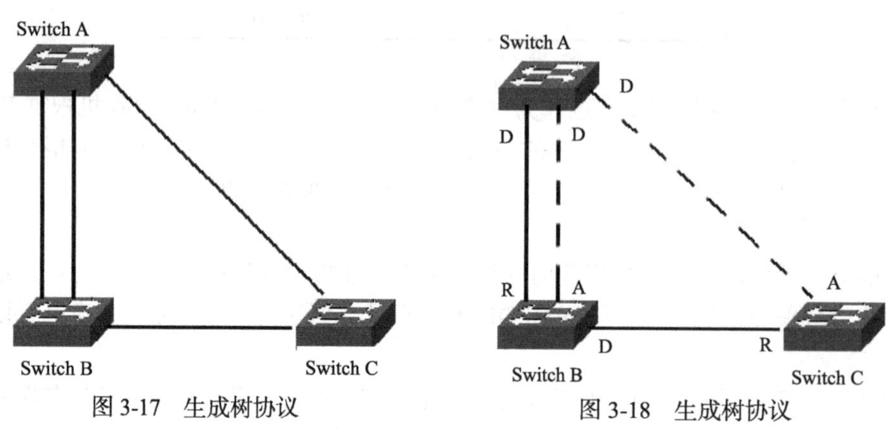

图 3-17　生成树协议　　　图 3-18　生成树协议

如果 Switch A 和 Switch B 之间的活动链路出了故障，那备份链路就会立即产生作用，于是就生成了如图 3-19 所示的生成树结构。

如果 Switch B 和 Switch C 之间的链路出了故障，那 Switch C 就会自动把 Alternate Port 转为 Root Port，就生成了如图 3-20 所示的生成树结构。

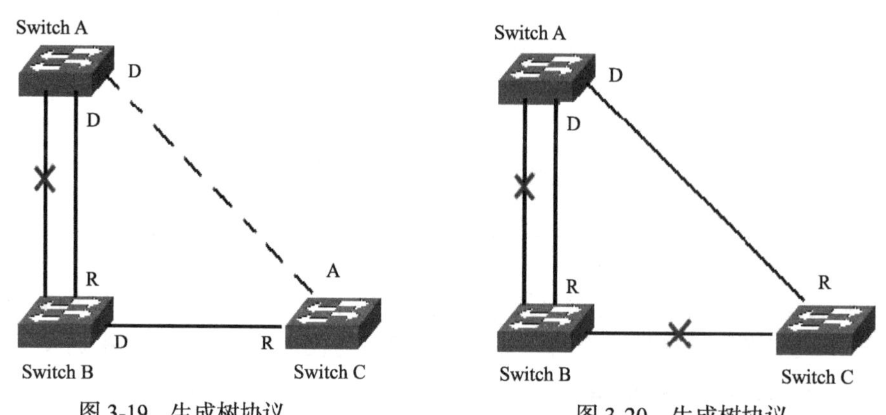

图 3-19　生成树协议　　　图 3-20　生成树协议

5. 聚合链路

可以把多个物理连接捆绑在一起形成一个逻辑链接，这个逻辑链接称为聚合链路

(AP)。AP 功能符合 IEEE802.3ad 标准，它可以用于扩展链路带宽，提供更高的连接可靠性。

AP 功能支持流量平衡，可以把流量均匀地分配给各成员链路。AP 功能还实现了链路备份，当 AP 中的一条成员链路断开时，系统会将该成员链路的流量自动分配到 AP 中其他有效成员链路上去。AP 中一条成员链路收到的广播或者多播报文，将不会被转发到其他成员链路上。

AP 成员端口的端口速率必须一致。二层端口只能加入二层 AP，三层端口只能加入三层 AP，包含成员口的 AP 口不允许改变二层/三层属性。

3.4.2 实践案例——冗余链路的设计

【背景】理解快速生成树协议的配置及原理。

【要求】网络管理员为了提高网络链路的可靠性，将行政楼两组交换机互连，现在要在交换机上进行相应配置，以避免网络环路。利用 STP 解决网络环路的问题时，在网络收敛时需要大概 30～50s，在很多网络中，这个时间是难以忍受的，而 RSTP 很好地解决了这个问题，将收敛时间缩短到最快 1s 以内。拓扑结构如图 3-21 所示。

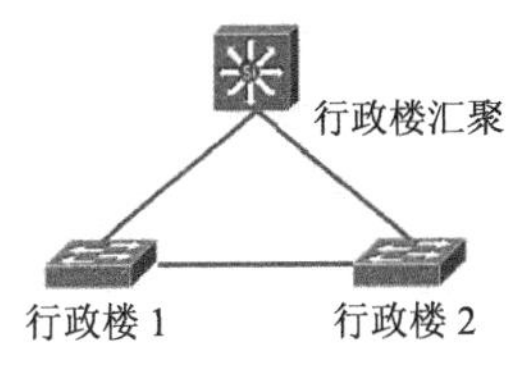

图 3-21 拓扑结构

【步骤】

1. 配置快速生成树协议

```
//行政楼第一组交换机配置
User Access Verification
Password:
XZL_1>enable
Password:
XZL_1#configure terminal
XZL_1(config)#interface GigabitEthernet 2/0/49
XZL_1(config-GigabitEthernet 2/0/49)switchport mode trunk
XZL_1(config-GigabitEthernet 2/0/49)#exit
XZL_1(config)#spanning-tree
XZL_1(config)#spanning-tree mode rstp
XZL_1(config)#exit
XZL_1#
//行政楼第二组交换机配置
User Access Verification
Password:
XZL_2>enable
Password:
XZL_2#configure terminal
XZL_2(config)#interface GigabitEthernet 2/0/49
XZL_2(config-GigabitEthernet 2/0/49)switchport mode trunk
```

```
XZL_2(config-GigabitEthernet 2/0/49)#exit
XZL_2(config)#spanning-tree
XZL_2(config)#spanning-tree mode rstp
XZL_2(config)#exit
XZL_2#
//行政楼汇聚交换机配置
User Access Verification
Password:
XZL_huiju>enable
Password:
XZL_huiju#configure terminal
XZL_huiju(config)#spanning-tree
XZL_huiju(config)#spanning-tree mode rstp
XZL_huiju(config)#exit
XZL_huiju#
```

2. 查看配置生成树协议后交换机端口状态

```
//行政楼汇聚交换机配置
XZL_huiju#show spanning-tree
StpVersion : RSTP
SysStpStatus : ENABLED
MaxAge : 20
HelloTime : 2
ForwardDelay : 15
BridgeMaxAge : 20
BridgeHelloTime : 2
BridgeForwardDelay : 15
MaxHops: 20
TxHoldCount : 3
PathCostMethod : Long
BPDUGuard : Disabled
BPDUFilter : Disabled
LoopGuardDef  : Disabled
BridgeAddr : 001a.a97d.7f53
Priority: 4096
TimeSinceTopologyChange : 0d:0h:7m:0s
TopologyChanges : 5
DesignatedRoot : 1000.001a.a97d.7f53
RootCost : 0
RootPort : 0
XZL_huiju#show spanning-tree interface gibabitEthernet 0/49
```

```
PortAdminPortFast : Disabled
PortOperPortFast : Disabled
PortAdminAutoEdge : Enabled
PortOperAutoEdge : Disabled
PortAdminLinkType : auto
PortOperLinkType : point-to-point
PortBPDUGuard : Disabled
PortBPDUFilter : Disabled
PortGuardmode  : None
PortState : forwarding
PortPriority : 128
PortDesignatedRoot : 1000.001a.a97d.7f53
PortDesignatedCost : 0
PortDesignatedBridge :1000.001a.a97d.7f53
PortDesignatedPort : 8031
PortForwardTransitions : 2
PortAdminPathCost : 20000
PortOperPathCost : 20000
Inconsistent states : normal
PortRole : designatedPort
PortRole : designatedPort
XZL_huiju#show spanning-tree interface gibabitEthernet 0/50
PortAdminPortFast : Disabled
PortOperPortFast : Disabled
PortAdminAutoEdge : Enabled
PortOperAutoEdge : Disabled
PortAdminLinkType : auto
PortOperLinkType : point-to-point
PortBPDUGuard : Disabled
PortBPDUFilter : Disabled
PortGuardmode  : None
PortState : forwarding
PortPriority : 128
PortDesignatedRoot : 1000.001a.a97d.7f53
PortDesignatedCost : 0
PortDesignatedBridge :1000.001a.a97d.7f53
PortDesignatedPort : 8032
PortForwardTransitions : 2
PortAdminPathCost : 20000
PortOperPathCost : 20000
```

```
Inconsistent states : normal
PortRole : designatedPort
//行政楼第一组交换机配置
XZL_1#show spanning-tree
StpVersion : RSTP
SysStpStatus : ENABLED
MaxAge : 20
HelloTime : 2
ForwardDelay : 15
BridgeMaxAge : 20
BridgeHelloTime : 2
BridgeForwardDelay : 15
MaxHops: 20
TxHoldCount : 3
PathCostMethod : Long
BPDUGuard : Disabled
BPDUFilter : Disabled
LoopGuardDef  : Disabled
BridgeAddr : 1414.4b1a.5e24
Priority: 32768
TimeSinceTopologyChange : 0d:0h:5m:10s
TopologyChanges : 6
DesignatedRoot : 8000.001a.a97d.7f53
RootCost : 20000
RootPort : 49
XZL_1#show spanning-tree inter gibabitEthernet 0/49
PortAdminPortFast : Disabled
PortOperPortFast : Disabled
PortAdminAutoEdge : Enabled
PortOperAutoEdge : Disabled
PortAdminLinkType : auto
PortOperLinkType : point-to-point
PortBPDUGuard : Disabled
PortBPDUFilter : Disabled
PortGuardmode  : None
PortState : forwarding
PortPriority : 128
PortDesignatedRoot : 8000.001a.a97d.7f53
PortDesignatedCost : 0
PortDesignatedBridge :8000.001a.a97d.7f53
```

```
PortDesignatedPort : 8031
PortForwardTransitions : 5
PortAdminPathCost : 20000
PortOperPathCost : 20000
Inconsistent states : normal
PortRole : rootPort
XZL_1#show spanning-tree inter gibabitEthernet 0/50
PortAdminPortFast : Disabled
PortOperPortFast : Disabled
PortAdminAutoEdge : Enabled
PortOperAutoEdge : Disabled
PortAdminLinkType : auto
PortOperLinkType : point-to-point
PortBPDUGuard : Disabled
PortBPDUFilter : Disabled
PortGuardmode  : None
PortState : discarding
PortPriority : 128
PortDesignatedRoot : 8000.001a.a97d.7f53
PortDesignatedCost : 20000
PortDesignatedBridge :8000.1414.4b1a.5c60
PortDesignatedPort : 8032
PortForwardTransitions : 5
PortAdminPathCost : 20000
PortOperPathCost : 20000
Inconsistent states : normal
PortRole : alternatePort
//行政楼第二组交换机配置
XZL_2#show spanning-tree
StpVersion : RSTP
SysStpStatus : ENABLED
MaxAge : 20
HelloTime : 2
ForwardDelay : 15
BridgeMaxAge : 20
BridgeHelloTime : 2
BridgeForwardDelay : 15
MaxHops: 20
TxHoldCount : 3
PathCostMethod : Long
```

```
BPDUGuard : Disabled
BPDUFilter : Disabled
LoopGuardDef  : Disabled
BridgeAddr : 1414.4b1a.5c60
Priority: 32768
TimeSinceTopologyChange : 0d:0h:5m:44s
TopologyChanges : 6
DesignatedRoot : 8000.001a.a97d.7f53
RootCost : 20000
RootPort : 49
XZL_2#sh spa interface gi 0/49
PortAdminPortFast : Disabled
PortOperPortFast : Disabled
PortAdminAutoEdge : Enabled
PortOperAutoEdge : Disabled
PortAdminLinkType : auto
PortOperLinkType : point-to-point
PortBPDUGuard : Disabled
PortBPDUFilter : Disabled
PortGuardmode  : None
PortState : forwarding
PortPriority : 128
PortDesignatedRoot : 8000.001a.a97d.7f53
PortDesignatedCost : 0
PortDesignatedBridge :8000.001a.a97d.7f53
PortDesignatedPort : 8032
PortForwardTransitions : 4
PortAdminPathCost : 20000
PortOperPathCost : 20000
Inconsistent states : normal
PortRole : rootPort
XZL_2#
XZL_2#show spanning-tree interface gibabitEthernet 0/50
PortAdminPortFast : Disabled
PortOperPortFast : Disabled
PortAdminAutoEdge : Enabled
PortOperAutoEdge : Disabled
PortAdminLinkType : auto
PortOperLinkType : point-to-point
PortBPDUGuard : Disabled
```

```
PortBPDUFilter : Disabled
PortGuardmode  : None
PortState : forwarding
PortPriority : 128
PortDesignatedRoot : 8000.001a.a97d.7f53
PortDesignatedCost : 20000
PortDesignatedBridge :8000.1414.4b1a.5c60
PortDesignatedPort : 8032
PortForwardTransitions : 10
PortAdminPathCost : 20000
PortOperPathCost : 20000
Inconsistent states : normal
PortRole : designatedPort
```

启用生成树协议后，实际的拓扑结构如图 3-22 所示。

3. 验证生成树效果

当断开行政楼第一组交换机与行政楼间的线路时，查看交换机端口状态及拓扑结构，如图 3-23 所示。

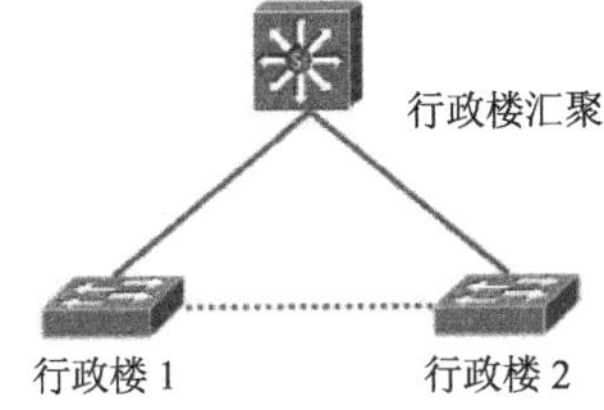

图 3-22　拓扑结构

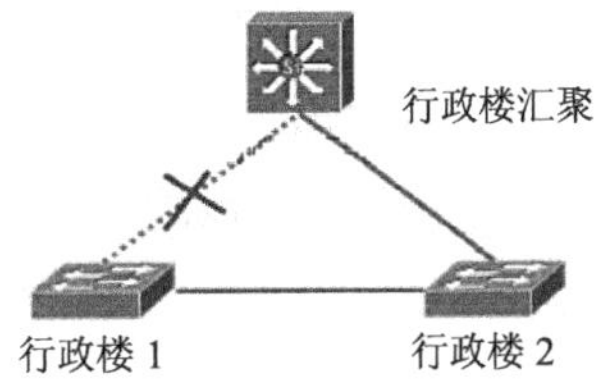

图 3-23　拓扑结构

```
XZL_1#show spanning-tree
StpVersion: RSTP
SysStpStatus: ENABLED
MaxAge: 20
HelloTime: 2
ForwardDelay: 15
BridgeMaxAge: 20
BridgeHelloTime: 2
BridgeForwardDelay: 15
MaxHops: 20
TxHoldCount: 3
PathCostMethod: Long
BPDUGuard: Disabled
BPDUFilter: Disabled
LoopGuardDef: Disabled
```

```
BridgeAddr: 1414.4b1a.5e24
Priority: 32768
TimeSinceTopologyChange: 0d:0h:5m:49s
TopologyChanges: 7
DesignatedRoot: 8000.001a.a97d.7f53
RootCost: 40000
RootPort: 50
XZL_1#sh spa inter gi 0/49
no spanning tree info available for GigabitEthernet 0/49.
XZL_1#show spanning-tree inter gibabitEthernet 0/50
PortAdminPortFast: Disabled
PortOperPortFast: Disabled
PortAdminAutoEdge: Enabled
PortOperAutoEdge: Disabled
PortAdminLinkType: auto
PortOperLinkType: point-to-point
PortBPDUGuard: Disabled
PortBPDUFilter: Disabled
PortGuardmode: None
PortState: forwarding
PortPriority: 128
PortDesignatedRoot: 8000.001a.a97d.7f53
PortDesignatedCost: 20000
PortDesignatedBridge: 8000.1414.4b1a.5c60
PortDesignatedPort: 8032
PortForwardTransitions: 6
PortAdminPathCost: 20000
PortOperPathCost: 20000
Inconsistent states: normal
PortRole: rootPort
XZL_2#show spanning-tree
StpVersion: RSTP
SysStpStatus: ENABLED
MaxAge: 20
HelloTime: 2
ForwardDelay: 15
BridgeMaxAge: 20
BridgeHelloTime: 2
BridgeForwardDelay: 15
MaxHops: 20
```

```
TxHoldCount: 3
PathCostMethod: Long
BPDUGuard: Disabled
BPDUFilter: Disabled
LoopGuardDef: Disabled
BridgeAddr: 1414.4b1a.5c60
Priority: 32768
TimeSinceTopologyChange: 0d:0h:20m:7s
TopologyChanges: 6
DesignatedRoot: 8000.001a.a97d.7f53
RootCost: 20000
RootPort: 49
XZL_2#show spanning-tree interface gigabitEthernet 0/49
PortAdminPortFast: Disabled
PortOperPortFast: Disabled
PortAdminAutoEdge: Enabled
PortOperAutoEdge: Disabled
PortAdminLinkType: auto
PortOperLinkType: point-to-point
PortBPDUGuard: Disabled
PortBPDUFilter: Disabled
PortGuardmode: None
PortState: forwarding
PortPriority: 128
PortDesignatedRoot: 8000.001a.a97d.7f53
PortDesignatedCost: 0
PortDesignatedBridge: 8000.001a.a97d.7f53
PortDesignatedPort: 8032
PortForwardTransitions: 4
PortAdminPathCost: 20000
PortOperPathCost: 20000
Inconsistent states: normal
PortRole: rootPort
XZL_2#show spanning-tree interface gigabitEthernet 0/50
PortAdminPortFast: Disabled
PortOperPortFast: Disabled
PortAdminAutoEdge: Enabled
PortOperAutoEdge: Disabled
PortAdminLinkType: auto
PortOperLinkType: point-to-point
```

```
PortBPDUGuard: Disabled
PortBPDUFilter: Disabled
PortGuardmode: None
PortState: forwarding
PortPriority: 128
PortDesignatedRoot: 8000.001a.a97d.7f53
PortDesignatedCost: 20000
PortDesignatedBridge: 8000.1414.4b1a.5c60
PortDesignatedPort: 8032
PortForwardTransitions: 10
PortAdminPathCost: 20000
PortOperPathCost: 20000
Inconsistent states : normal
PortRole: designatedPort
```

3.5 访问控制列表

3.5.1 访问控制列表的作用

访问控制列表(ACL)技术通过数据包中的五个元素(源地址、目的地址、协议号、源端口号、目的端口号)来区分特定的数据流，并对匹配预设规则的数据采取相应的措施，允许(permit)或拒绝(deny)数据通过，从而实现对网络的安全控制。

访问控制列表是网络安全防范和保护的主要策略，其主要任务是保证网络资源不被非法使用和访问。访问控制列表不但可以起到控制网络流量和流向的作用，而且在很大程度上起到保护网络设备、服务器的关键作用。

3.5.2 访问控制列表的类型

根据需求及应用环境的不同，主要有以下几种类型的 ACL。

1. 标准 IPACL

在标准 IPACL 中，仅检查数据包的源地址或者网段，命令为：

access-list access-list-number {**permit**|**deny**}{**any**|source source-wildcard} [**time-range** time-rang-name]

access-list-number：所创建的 ACL 的编号，标准的 IP ACL 的编号范围为 1～99。

permit|deny：对匹配此规则的数据包需要采取的措施，**permit** 表示允许数据包通过，**deny** 表示拒绝数据包通过。

any：表示任何源地址。

source：需要检测的源 IP 地址或网段。

source-wildcard：需检测的源 IP 地址的反向子网掩码。

time-range time-rang-name：规则生效的时间范围，并指定时间范围的名称。

2. 扩展 IP ACL

扩展的 IP ACL 与标准的 IP ACL 的应用规则基本相同，差别在于扩展的访问控制列表对数据的检查元素更丰富一些。扩展的访问控制列表可以检查的元素有源 IP 地址、目标 IP 地址、协议、源端口号、目的端口号。扩展的访问控制列表命令为：

access-list access-list-number {**permit**|**deny**} protocol {**any**|source source-wildcard} [operator port] {**any**| destination destination-wildcard} [operator port] [**precedence** precendence] [**tos** tos][**time-range** time-rang-name][**dscp** dscp] [**fragment**]

access-list-number：所创建的 ACL 的编号，扩展的 IP ACL 的编号范围为 100～199。

permit|**deny**：对匹配此规则的数据包需要采取的措施，**permit** 表示允许数据包通过，**deny** 表示拒绝数据包通过。

Protocol：协议，如 IP、ICMP、UDP、TCP。

any：表示任何源地址。

source：需要检测的源 IP 地址或网段。

source-wildcard：需要检测的源 IP 地址的反向子网掩码。

operator：源端口操作符，lt 表示小于，eq 表示等于，gt 表示大于，neg 表示不等于，range 表示范围，只有 protocol 为 TCP 或 UDP 时，才有此选项。

port：源端口号，可以用数字表示，也可以使用服务名称表示，如 www、ftp 等。

any：表示任何目的地址。

destination：数据包的目的 IP 地址。

destination-wildcard：目的 IP 地址的反掩码。

operator：目的端口的操作符。

port：目的端口号。

precedence precedence：报文的 IP 优先级。

tos tos：报文的服务类型，范围为 0～15。

time-range time-rang-name：规则生效的时间范围，并指定时间范围的名称。

dscp dscp：数据包的 DSCP 值，范围为 0～64。

fragment：表示非初始分段报文。

3. 名称 ACL

标准 ACL 的编号为 1～99，扩展 ACL 的编号为 100～199，编号有可能耗尽，而名称 ACL 则没有此限制，名称 ACL 又分为标准名称 IP ACL 和扩展名称 IP ACL。

1）标准名称 IP ACL

ip access-list standard {name|access-list-number}

name：表示此 ACL 的名称，可以使用数字或英文字符表示。

access-list-number：标准 ACL 的编号为 1～99，当这里指定 ACL 的编号而不指定名称时，则此 ACL 仍为一个编号的 ACL。

在 ACL 模式下，使用如下命令可以配置标准 ACL 的规则：

{**permit**|**deny**} {**any**|source source-wildcard} [**time-range** time-rang-name]

命令中各个参数的含义与标准编号的 ACL 相同。

2）扩展名称 IP ACL

ip access-list extend {name|access-list-number}

name：表示此 ACL 的名称，可以使用数字或英文字符表示。

access-list-number：扩展 ACL 的编号为 100～199，当这里指定 ACL 的编号而不指定名称时，则此 ACL 仍为一个编号的 ACL。

在 ACL 模式下，使用如下命令可以配置标准 ACL 的规则：

{**permit**|**deny**} protocol {**any**|source source-wildcard} [operator port] {**any**| destination destination-wildcard} [operator port] [**precedence** precendence] [**tos** tos][**time-range** time-rang-name][**dscp** dscp][**fragment**]

命令中各个参数含义与扩展编号的 ACL 相同。

4. 基于 MAC 的 ACL

前面三种 ACL 都是基于 IP 的，但是在某些环境无法满足网络需求，基于 MAC 的 ACL 所检查的元素为数据包的源 MAC 地址与目的 MAC 地址。通常，主机的 MAC 地址是固定的，不能修改，所以根据 MAC 地址过滤的访问控制设备不会被“欺骗”。

mac access-list extend {name|accexx-list-number}

进入 MAC ACL 模式后，使用如下命令配置规则：

{**permit**|**deny**}{**any**|**host** source-mac-address}{**any**|**host** destination-mac-address} [ethernet-type] [**time-range** time-range-name]

permit|**deny**：对匹配此规则的数据包需要采取的措施，**permit** 表示允许数据包通过，**deny** 表示拒绝数据包通过。

any：表示任何源 MAC 地址。

host source-mac-address:表示源 MAC 地址。

any：表示任何目的 MAC 地址。

host destination-mac-address：表示目的 MAC 地址。

ethernet-type：表示以太网类型。

time-range time-rang-name：规则生效的时间范围，并指定时间范围的名称。

5. 基于时间的 ACL

前面介绍的每种 ACL 最后都有一个参数 **time-range**，此参数表示一个时间段，时间段可以分为三种类型：绝对(absolute)时间段、周期(periodic)时间段和混合时间段。

绝对时间段：表示一个时间范围，即从某时刻开始到某时刻结束。

周期时间段：表示一个时间周期，周期时间段不是一个连续的时间范围。

混合时间段：将绝对时间段与周期时间段结合起来就是混合时间段。

3.5.3　应用 ACL

创建好的 ACL 需要应用到相应的接口上才生效，在接口模式下使用如下命令应用 ACL：

ip access-group name|access-list-number {**in**|**out**}

name|access-list-number：为需要在此接口应用的访问控制列表的名称或编号。

{**in**|**out**}表示在此接口上对哪个方向的数据进行过滤，**in** 表示对进入接口的数据进行过滤，**out** 表示对接口发出的数据进行过滤。过滤方向的选择在 ACL 应用上至关重要。在应用 ACL 时，通常将其放置到尽可能靠近目标的位置。

3.5.4　实践案例——使用 ACL

【背景】总务处和财务处都接在行政楼第一组交换机上，在交换机上采取必要的安全控制策略实现接入用户和服务器访问的安全性。拓扑结构如图 3-24 所示。

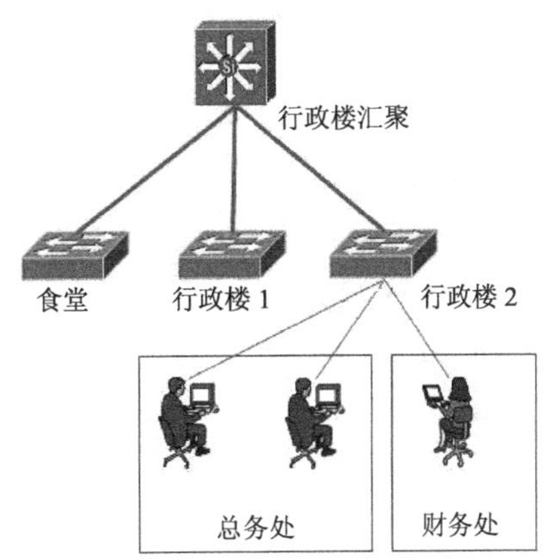

图 3-24　拓扑结构

【要求】财务服务器的 IP 地址为 211.10.13.10/255.255.255.0，采用名称 ACL，限制总务处的计算机能访问财务服务器的 WWW 服务，其他服务不能访问，财务处的计算机能访问财务服务器的所有服务。

【步骤】

1. 创建 ACL

```
XZL_2#configure terminal
XZL_2(config)#ip access-list ?
  extended              Extended access list
  standard              Standard access list
XZL_2(config)#ip access-list extended ?
  WORD                  ACL name
XZL_2(config)#ip access-list extended control
XZL_2(config-ext-nacl)#
XZL_2(config-ext-nacl)#permit  tcp  211.10.12.128  0.0.0.15  host
211.10.13.10 eq ?
  <0-65535>             Port number
  bgp                   Border Gateway Protocol (179)
  chargen               Character generator (19)
  cmd                   Remote commands (rcmd, 514)
  daytime               Daytime (13)
  discard               Discard (9)
  domain                Domain Name Service (53)
  echo                  Echo (7)
  exec                  Exec (rsh, 512)
```

```
    finger              Finger (79)
    ftp                 File Transfer Protocol (21)
    ftp-data            FTP data connections (used infrequently, 20)
    gopher              Gopher (70)
    hostname            NIC hostname server (101)
    ident               Ident Protocol (113)
  irc               Internet Relay Chat (194)
    klogin              Kerberos login (543)
    kshell              Kerberos shell (544)
    login               Login (rlogin, 513)
    lpd                 Printer service (515)
    nntp                Network News Transport Protocol (119)
    pim-auto-rp         PIM Auto-RP (496)
    pop2                Post Office Protocol v2 (109)
    pop3                Post Office Protocol v3 (110)
    smtp                Simple Mail Transport Protocol (25)
    sunrpc              Sun Remote Procedure Call (111)
    syslog-conn         Reliable Syslog Service (601)
    tacacs              TAC Access Control System (49)
    talk                Talk (517)
    telnet              Telnet (23)
    telnet              Telnet (23)
    time                Time (37)
    uucp                Unix-to-Unix Copy Program (540)
    whois               Nicname (43)
    www                 World Wide Web (HTTP, 80)
XZL_2(config-ext-nacl)# permit tcp 211.10.12.128 0.0.0.15 host 211.10.13.10 eq www
XZL_2(config-ext-nacl)# permit ip 211.10.12.80 0.0.0.7 host 211.10.13.10
XZL_2(config-ext-nacl)#deny ip any any
XZL_2(config-ext-nacl)#
```

2. 应用 ACL

```
XZL_2(config)# interface range fastEthernet 2/0/1-5
XZL_2(config-if-range)#ip access-group control in
XZL_2(config-if-range)#exit
XZL_2(config)# interface range fastEthernet 2/0/6-15
XZL_2(config-if-range)#ip access-group control in
XZL_2(config-if-range)#exit
XZL_2(config)#exit
```

```
XZL_2#write
XZL_2#
```

3. 查看交换机配置

```
XZL_2#show running-config
Building configuration...
Current configuration : 2090 bytes
!
version RGOS 10.4(2) Release(75955)(Mon Jan 25 20:03:16 CST 2010
-ngcf51) hostname XZL_1
!
!
!
Nfpp
!
vlan 1
!
vlan 10
 name guanli
!
ip access-list extended control
  permit tcp 211.10.12.128 0.0.0.15  host 211.10.13.10 eq www
  permit ip 211.10.12.80 0.0.0.7  host 211.10.13.10
deny ip any  any
!

no service password-encryption
!
!
!
!
enable secret level 1 5 $1$76jh$swB2ssCvq7u7w08B
enable secret 5 $1$AXVk$6v1C5Ay0Ap1yF0w8
!
!
!
!
interface FastEthernet 1/0/1
switchport access vlan 312
!
interface fastEthernet 1/0/2
```

```
switchport access vlan 312
!
……
interface fastEthernet 3/0/5
switchport access vlan 317
ip access-group control in
!
interface fastEthernet 3/0/6
switchport access vlan 317
ip access-group control in
!
interface fastEthernet 3/0/7
switchport access vlan 317
ip access-group control in
!
interface fastEthernet 3/0/8
switchport access vlan 317
ip access-group control in
!
interface fastEthernet 3/0/9
switchport access vlan 317
ip access-group control in
!
……
interface fastEthernet 3/0/40
switchport access vlan 321
ip access-group control in
!
interface fastEthernet 3/0/41
switchport access vlan 321
ip access-group control in
!
……
interface fastEthernet 4/0/48
switchport access vlan 321
ip access-group control in
!
interface fastEthernet 5/0/1
switchport access vlan 321
ip access-group control in
```

```
!
……
interface fastEthernet 5/0/48
!
interface VLAN 10
 no ip proxy-arp
 ip address 192.168.10.36 255.255.255.0
!
!
!
!
!
!
!
!
line con 0
line vty 0 4
 login
 password star
!
!
end
XZL_2#
```

第4章 路 由 技 术

4.1 路 由 基 础

4.1.1 路由概念

路由(Routing)就是通过互连的网络把数据包从源地址传输到目的地址的过程，路由引导数据包转发，经过一些中间的节点后，到它们最后的目的地。

4.1.2 路由协议

路由协议作为TCP/IP协议族中重要成员之一，其选路过程实现的好坏会影响整个网络的效率。按应用范围的不同，路由协议可分为两类：内部网关协议(IGP)和外部网关协议(EGP)。目前使用的内部网关路由协议主要有以下几种：RIPv1、RIPv2、IGRP、EIGRP、IS-IS和OSPF。其中前4种路由协议采用的是距离向量算法，IS-IS和OSPF采用的是链路状态算法。对于小型网络，采用基于距离向量算法的路由协议易于配置和管理，且应用较为广泛，但在面对大型网络时，不但其固有的环路问题变得更难解决，所占用的带宽也迅速增长，以至于网络无法承受。因此对于大型网络，采用链路状态算法的IS-IS和OSPF较为有效。

4.2 静 态 路 由

4.2.1 静态路由

1. 静态路由

静态路由是指由网络管理员手工配置的路由信息。当网络的拓扑结构或链路的状态发生变化时，网络管理员需要手工修改路由表中相关的静态路由信息。静态路由信息在缺省情况下是私有的，不会传递给其他的路由器。静态路由一般适用于比较简单的网络环境，在这样的环境中，网络管理员易于清楚地了解网络的拓扑结构，便于设置正确的路由信息。

2. 静态路由的作用及缺点

使用静态路由的好处是网络安全保密性高，但大型和复杂的网络环境通常不宜采用静态路由。一方面，网络管理员难以全面地了解整个网络的拓扑结构；另一方面，当网络的拓扑结构和链路状态发生变化时，路由器中的静态路由信息需要大范围地调整，这一工作的难度和复杂程度非常高。

3. 静态路由配置命令

Router(config)#ip route [网络ID] [子网掩码][转发路由器的IP地址/本地接口]

参数说明如下。

[网络ID][子网掩码]：目的IP地址和掩码，点分十进制格式。

[转发路由器的IP地址/本地接口]：指定该路由的发送接口名或该路由的下一跳IP地址。

4. 静态路由配置步骤

(1)为每条链路确定地址(包括子网地址和网络掩码)。

(2)为每个路由器标识非直连的链路地址。

(3)为每个路由器写出未直连的地址的路由命令。

4.2.2 默认路由

1. 默认路由

默认路由是一种特殊的静态路由，指的是当路由表中与包的目的地址之间没有匹配的表项时路由器能够做出的选择。如果没有默认路由，那么目的地址在路由表中没有匹配表项的包将被丢弃。默认路由在某些时候非常有效，当存在边界网络时，默认路由会大大简化路由器的配置，减轻管理员的工作负担，提高网络性能。

2. 默认路由配置命令

Router(config)#ip route 0.0.0.0 0.0.0.0 [转发路由器的 IP 地址/本地接口]

参数说明如下。

[转发路由器的 IP 地址/本地接口]：指定该路由的发送接口名或该路由的下一跳 IP 地址。

4.2.3 实践案例——静态路由配置

【背景】掌握静态路由的配置方法。

【要求】通过在行政楼汇聚交换机上配置静态路由，实现网络中心网段的计算机能访问服务器，同时从服务器也能直接访问该网段的计算机，拓扑结构如图 4-1 所示。

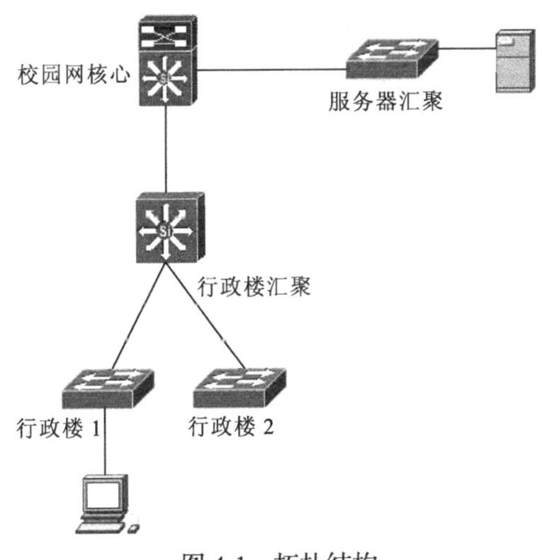

图 4-1 拓扑结构

【步骤】

1. 交换机静态路由配置

配置行政楼汇聚交换机

```
XZL_huiju#configure terminal
XZL_huiju(config)# interface gigabitEthernet 0/24
```

```
XZL_huiju(config-if)# no switchport
XZL_huiju(config-if)#ip address 192.168.11.2 255.255.255.252
XZL_huiju(config-if)#no shutdown
XZL_huiju(config-if)#exit
XZL_huiju(config)# ip route 211.10.13.0 255.255.255.0 192.168. 11.1
```

配置核心交换机

```
HX#configure terminal
HX(config)# interface gigabitEthernet 0/1
HX(config-if)# no switchport
HX(config-if)#ip address 192.168.11.1 255.255.255.252
HX(config-if)#no shutdown
HX(config-if)#exit
HX(config)# ip route 211.10.10.128 255.255.255.192 192.168. 11.2
```

2. 验证结果(图 4-2)

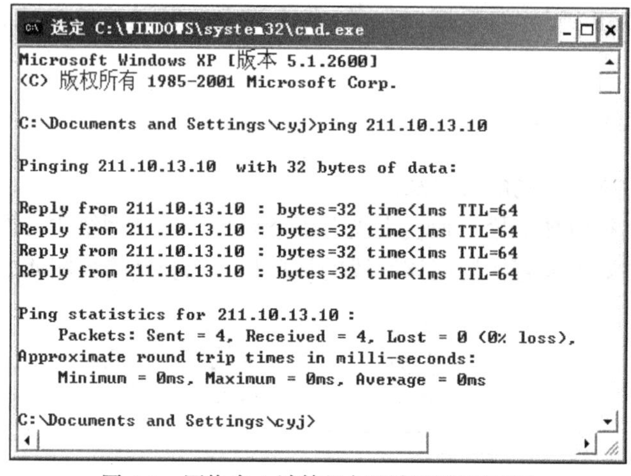

```
选定 C:\WINDOWS\system32\cmd.exe
Microsoft Windows XP [版本 5.1.2600]
(C) 版权所有 1985-2001 Microsoft Corp.

C:\Documents and Settings\cyj>ping 211.10.13.10

Pinging 211.10.13.10 with 32 bytes of data:

Reply from 211.10.13.10 : bytes=32 time<1ms TTL=64
Reply from 211.10.13.10 : bytes=32 time<1ms TTL=64
Reply from 211.10.13.10 : bytes=32 time<1ms TTL=64
Reply from 211.10.13.10 : bytes=32 time<1ms TTL=64

Ping statistics for 211.10.13.10 :
    Packets: Sent = 4, Received = 4, Lost = 0 (0% loss),
Approximate round trip times in milli-seconds:
    Minimum = 0ms, Maximum = 0ms, Average = 0ms

C:\Documents and Settings\cyj>
```

图 4-2　网络中心计算机与服务器实现互通

4.3　动 态 路 由

4.3.1　RIP

1. RIP 的基本原理

RIP(Routing Information Protocol)是一种基于距离向量的路由选择协议，其最大的优点就是简单。RIP 协议要求网络中每一个路由器都要维护从它自己到其他每一个目的网络的距离记录。RIP 协议将“距离”定义为：将一路由器到直接连接的网络的距离定义为 1，从一路由器到非直接连接的网络的距离定义为每经过一个路由器则距离加 1，“距离”也称为“跳数”。RIP 允许一条路径最多只能包含 15 个路由器，距离等于 16 时数据包即为不可达，因此 RIP 协议只适用于小型互联网。

RIPv2 由 RIP 而来，属于 RIP 协议的补充协议，主要用于扩大装载有用信息的数量，同时增加其安全性能，RIPv1 和 RIPv2 都是基于 UDP 的协议。在 RIPv2 下，每台主机或路由器通过路由选择进程发送和接受来自 UDP 端口 520 的数据包。RIP 协议默认的路由更新周期是 30s。

2. RIP 的环路及防环机制

启用 RIPv1 的路由器会以每 30s 一次的频率复制自己的路由表副本作为路由更新发送给其直连邻居，更新方式为广播，即以 254.254.254.255 为目的地址发送更新报文。而启用 RIPv2 的路由器更新方式为组播更新，即以 224.0.0.9 为目的地址发送更新。距离矢量路由协议采用周期性的更新，容易导致各路由器对网络的认知不一致，从而导致路由环路。

RIP 的路由更新机制会导致网络环路的产生，所以 RIP 提供几种防止路由环路的机制。

最大跳数：当一个路由条目作为副本发送出去的时候就会自动加 1 跳，跳数最大为 16 跳，16 跳意味着此网络永不可达。

水平分割：路由器不会把从某个接口学习到的路由再从该接口广播或者以组播的方式发送出去。

带毒性反转的水平分割：路由器从某个接口学习到的路由有可能从该接口发送出去，只是这些路由已经具有毒性，即跳数都为 16 跳。

抑制定时器：当路由表中的某个条目所指网络消失时，路由器并不会立刻删除该条目，而是严格按照前面所介绍的计时器时间将条目设置为无效并挂起，在到达 240s 时才删除该条目，这样做的目的是尽可能利用这个时间等待发生改变的网络恢复。

触发更新：因网络拓扑发生变化导致路由表发生改变时，路由器立刻产生更新通告给直连邻居，不再需要等待 30s 的更新周期，这样做是为了将网络拓扑的改变立刻通告给其他邻居路由器。

3. RIP 自动汇总

作为距离矢量路由协议的 RIP 有一个最大的特性就是边界汇总，所谓的边界汇总是由 RIP 的发送行为和更新行为导致的。RIP 在发送路由更新的时候会将更新报文中的每个路由条目和发送该路由更新的接口做一个对比，比较双方地址是否属于同一主网。如果是同一主网，那么还要判断发送的条目掩码和发送该条目的接口掩码是否一样长，如果两者都一样长，那么这个就是所谓的连续子网，则该条目套用接口掩码发送出去，即可以带子网信息，而不再是单一的主网信息。

如果发现条目和发送接口是不同主网，那么直接将该条目自动汇总为主类网地址发送出去，这个就是所谓的自动汇总或边界汇总。但如果发现是同一主网，但掩码长度不一致，那么 RIP 将直接删除该条目，这也是 RIPv1 不支持不连续子网和不支持 VLSM 的原因。

4. RIP 配置步骤

(1)开启 RIP 路由协议进程。

Router(config)#router rip

(2)指定 RIP 协议的版本 2(默认是 version1)。

Router(config-router)#version 2

(3)添加与本路由器直连网段信息。

Router(config-router)#network 192.168.1.0

(4)在 RIPv2 版本中关闭自动汇总。

Router(config-router)#no auto-summary

4.3.2 实践案例——RIP 的配置

【背景】理解 RIP 协议的工作原理，配置 RIP 路由实现子网间访问。

【要求】学生宿舍子网已经完成 VLAN 划分及地址分配，配置 RIP 协议，将学生宿舍的网段发布到其他三层交换机上，拓扑结构如图 4-3 所示。

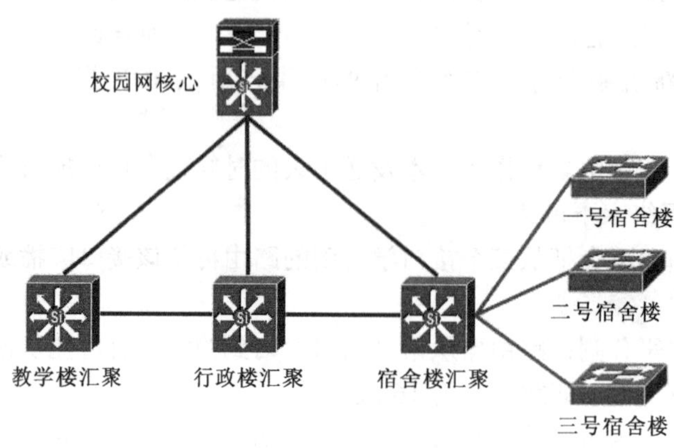

图 4-3　拓扑结构

【步骤】

配置宿舍楼汇聚交换机

```
SS_huiju#configure terminal
SS_huiju(config)#interface GigabitEthernet0/2
SS_huiju(config-if)#no switchport
SS_huiju(config-if)#ip address 192.168.11.10 255.255.255.252
SS_huiju(config-if)#exit
SS_huiju(config)# router rip
SS_huiju(config-router)#version 2
SS_huiju(config-router)#network 192.168.11.0
SS_huiju(config-router)#network 211.10.4.0
SS_huiju(config-router)#network 211.10.6.0
SS_huiju(config-router)#network 211.10.8.0
SS_huiju(config-router)#no auto-summary
SS_huiju(config-router)#exit
SS_huiju(config)#exit
SS_huiju#
```

配置行政楼汇聚交换机

```
XZL_huiju(config)#router rip
XZL_huiju(config-router)#version 2
XZL_huiju(config-router)#network 192.168.11.0
XZL_huiju(config-router)#exit
```

```
XZL_huiju(config)#exit
XZL_huiju#
```

配置教学楼汇聚交换机

```
JX_huiju(config)#router rip
JX_huiju(config-router)#version 2
JX_huiju(config-router)#net 192.168.11.4
JX_huiju(config-router)#exit
JX_huiju(config)#exit
JX_huiju#
```

配置核心交换机

```
HX(config)#router rip
HX(config-router)#version 2
HX(config-router)#network 192.168.11.0
HX(config-router)#network 192.168.11.4
HX(config-router)#network 192.168.11.8
HX(config-router)#exit
HX(config)#exit
HX#
```

查看配置

//宿舍楼汇聚交换机

```
SS_huiju#show ip route
Codes: C - connected, S - static, I - IGRP, R - RIP, M - mobile, B - BGP
       D - EIGRP, EX - EIGRP external, O - OSPF, IA - OSPF inter area
       N1 - OSPF NSSA external type 1, N2 - OSPF NSSA external type 2
       E1 - OSPF external type 1, E2 - OSPF external type 2, E - EGP
       i - IS-IS, L1 - IS-IS level-1, L2 - IS-IS level-2, ia - IS-IS inter area
       * - candidate default, U - per-user static route, o - ODR
       P - periodic downloaded static route

Gateway of last resort is not set

     192.168.11.0/30 is subnetted, 3 subnets
R       192.168.11.0 [120/1] via 192.168.11.9, 00:00:14, GigabitEthernet0/2
R       192.168.11.4 [120/1] via 192.168.11.9, 00:00:14, GigabitEthernet0/2
C       192.168.11.8 is directly connected, GigabitEthernet0/2
```

```
C       211.10.4.0/23 is directly connected, Vlan201
C       211.10.6.0/23 is directly connected, Vlan202
C       211.10.8.0/23 is directly connected, Vlan203
HX#show ip route
Codes: C - connected, S - static, I - IGRP, R - RIP, M - mobile, B - BGP
        D - EIGRP, EX - EIGRP external, O - OSPF, IA - OSPF inter area
        N1 - OSPF NSSA external type 1, N2 - OSPF NSSA external type 2
        E1 - OSPF external type 1, E2 - OSPF external type 2, E - EGP
        i - IS-IS, L1 - IS-IS level-1, L2 - IS-IS level-2, ia - IS-IS inter area
        * - candidate default, U - per-user static route, o - ODR
        P - periodic downloaded static route

Gateway of last resort is not set
192.168.11.0/30 is subnetted, 3 subnets
C       192.168.11.0 is directly connected, FastEthernet0/24
C       192.168.11.4 is directly connected, GigabitEthernet0/1
C       192.168.11.8 is directly connected, GigabitEthernet0/2
R       211.10.4.0/23  [120/1]  via  192.168.11.10,  00:00:26, GigabitEthernet0/2
R       211.10.6.0/23  [120/1]  via  192.168.11.10,  00:00:26, GigabitEthernet0/2
R       211.10.8.0/23  [120/1]  via  192.168.11.10,  00:00:26, GigabitEthernet0/2
//行政楼汇聚交换机配置
XZL_huiju#show ip route
Codes: C - connected, S - static, I - IGRP, R - RIP, M - mobile, B - BGP
        D - EIGRP, EX - EIGRP external, O - OSPF, IA - OSPF inter area
        N1 - OSPF NSSA external type 1, N2 - OSPF NSSA external type 2
        E1 - OSPF external type 1, E2 - OSPF external type 2, E - EGP
        i - IS-IS, L1 - IS-IS level-1, L2 - IS-IS level-2, ia - IS-IS inter area
        * - candidate default, U - per-user static route, o - ODR
        P - periodic downloaded static route
Gateway of last resort is not set

    192.168.11.0/30 is subnetted, 3 subnets
```

```
   C      192.168.11.0 is directly connected, FastEthernet0/24
   R      192.168.11.4    [120/1]    via    192.168.11.1,     00:00:08,
FastEthernet0/24
   R      192.168.11.8    [120/1]    via    192.168.11.1,     00:00:08,
FastEthernet0/24
   R      211.10.4.0/23    [120/2]    via    192.168.11.1,     00:00:08,
FastEthernet0/24
   R      211.10.6.0/23    [120/2]    via    192.168.11.1,     00:00:08,
FastEthernet0/24
   R      211.10.8.0/23    [120/2]    via    192.168.11.1,     00:00:08,
FastEthernet0/24
          211.10.10.0/24 is variably subnetted, 3 subnets, 2 masks
   C      211.10.10.0/25 is directly connected, Vlan304
   C      211.10.10.128/26 is directly connected, Vlan305
   C      211.10.10.192/26 is directly connected, Vlan311
          211.10.11.0/27 is subnetted, 1 subnets
   C      211.10.11.0 is directly connected, Vlan312
          211.10.12.0/28 is subnetted, 3 subnets
   C      211.10.12.0 is directly connected, Vlan306
   C      211.10.12.16 is directly connected, Vlan307
   C      211.10.12.32 is directly connected, Vlan308
          211.120.12.0/28 is subnetted, 1 subnets
   C      211.120.12.48 is directly connected, Vlan309
   XZL_huiju#
```

4.3.3 OSPF

1. 链路状态路由协议的特点

链路状态是指路由器接口、链路和邻居的状态，包括接口的地址、网络类型、接口状态。链路状态信息被封装在链路状态通告信息中，扩散到每个路由器，并用来建立一个拓扑数据库，这个数据库是依靠收到的所有路由器发送的链路状态通告而构建成的。

链路状态路由协议(Link-State Routing Protocol)具有以下特征。

(1)对网络发生的变化能够快速响应。

(2)当网络发生变化的时候发送触发式更新。

(3)发送周期性更新。

链路状态路由协议只有在网络拓扑发生变化以后才产生路由更新。当链路状态发生变化以后，检测到变化的路由器生成并发送链路状态通告(Link-State Advertisement，LSA)，并通过组播地址发送给所有的邻居路由器。接收到 LSA 的每个路由器都会复制一份 LSA，更新自己的链路状态数据库(Link-State Database，LSDB)，然后再将新的 LSA 转发给其他的邻居。这种扩散机制被称为泛洪(Flooding)，该机制保证了所有的路由器在更新自己的路由表之前更新自己的 LSDB。

2. 开放式最短路径优先的工作机制

SPF 算法是 OSPF 路由协议的基础，SPF 算法将每一个路由器作为根(ROOT)来计算其到每一个目的地路由器的距离，每一个路由器根据一个统一的数据库会计算出路由域的拓扑结构图，该结构图类似于一棵树，在 SPF 算法中，被称为最短路径树。在 OSPF 路由协议中，最短路径树的树干长度，即 OSPF 路由器至每一个目的地路由器的距离，称为 OSPF 的 COST。

3. OSPF 区域概念

链路状态路由选择协议通常将网络划分成多个区域，以减少 SPF 算法的计算量。使用分区域的拓扑后，区域内的路由器数量以及在区域内扩散的 LSA 数量较少，这意味着区域内的链路状态数据库较小，其结果是 SPF 算法的计算量更小，收敛需要的时间更短。OSPF 区域是一组逻辑上的 OSPF 路由器，每一个区域都是通过它自己的链路状态数据库来描述的，而且每台路由器也都只需维护路由器本身所在的区域的链路状态数据库。

OSPF 的网络设计要求层次化，包括以下两层。

(1)核心区域：Backbone 或者 Area 0。

(2)非核心区域：Nonbackbone areas。

在 OSPF 路由协议中，存在一个核心区域，核心区域必须是连续的，其他区域与骨干区域直接相连，核心区域主要工作是在非核心区域间传递信息。所有区域，包括核心区域之间的网络结构情况是互不可见的，当一个区域的路由信息对外广播时，其路由信息是先传递至核心区域，再由核心区域将该路由信息传递到其他区域。

非核心区域的主要功能就是连接用户和资源，非核心区域一般是根据功能和地理位置来划分，一个非核心区域不允许其他区域的流量通过它直接打到另外一个区域。

4. OSPF 配置方法

1)配置 Router ID

OSPF 路由器 ID 唯一标识了网络中的每一台路由器，OSPF 路由器进程启动时将选择路由器 ID。在整个 OSPF 自治系统中，路由器 ID 不能重复，否则可能会导致路由计算错误。关于 Router ID 的选举有以下说明。

(1)如果不存在回环接口，选择物理接口地址等级最高的作为 Router ID，接口不是必须参与 OSPF 进程，但是它的状态必须是 UP。

(2)如果存在回环接口，选举回环接口地址作为 Router ID(因为回环地址永远不会 DOWN)。

(3)通过使用 router-id 命令配置的 Router ID 具有最高的优先级。

2)配置 OSPF 进程

配置 OSPF 进程，并定义与该 OSPF 路由进程关联的 IP 地址范围，以及该范围 IP 地址所属的 OSPF 区域。属于该 IP 地址范围的接口将发送、接收 OSPF 报文，并且对外通告链路状态信息。

要创建 OSPF 路由进程，在全局配置模式中执行以下命令：

```
Router(config)#router ospf [process-id]
Router(config-router)#network [network] [wildcard] area [area-id]
```

process-id 只在本路由器有效，所以可以设置成和其他路由器的 process-id 一样的值，network 和 wildcard 为网络地址和反向掩码。

3)配置OSPF接口参数

OSPF 允许用户更改某些特定的接口参数，用户可以根据实际应用的需要将这些参数任意设置。应该注意的是，一些参数的设置必须保证与该接口相邻路由器的响应参数一致，这些参数通过 ip ospf hello-interval，ip ospf dead-interval 和 ip ospf authentication-key 三个接口参数进行设置，使用这些命令时应该注意邻居路由器也有相同的配置。

4.3.4 实践案例——OSPF的配置

【背景】配置OSPF实验，理解OSPF层次型网络的特点。

【要求】合理配置OSPF协议，实现全网路由的发布，将整个网络划分为5个OSPF区域，其中汇聚交换机与核心交换机互连部分作为主干网络，定义为area 0，其余用户网均为非核心区域，教学楼区域为area 1，行政楼区域为area 2，宿舍楼区域为area 3，服务器区域为area 4，拓扑结构如图4-4所示。

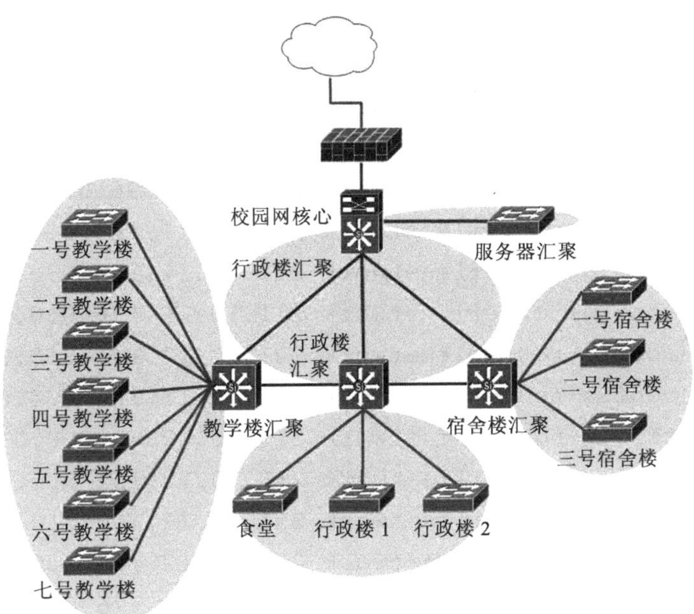

图4-4 拓扑结构

【步骤】

//教学楼汇聚交换机配置

```
JX_huiju(config)#router ospf 1
JX_huiju(config-router)#network 192.168.11.4 0.0.0.3 area 0
JX_huiju(config-router)#network 211.10.1.0 0.0.0.63 area 1
JX_huiju(config-router)#network 211.10.2.0 0.0.0.255 area 1
JX_huiju(config-router)#network 211.10.3.0 0.0.0.255 area 1
JX_huiju(config-router)#exit
JX_huiju(config)#
JX_huiju#
```

//行政楼汇聚交换机配置

```
XZL_huiju(config)#router os 1
XZL_huiju(config-router)#network 211.10.1.128 0.0.0.127 area 2
XZL_huiju(config-router)#network 211.10.64.0 0.0.0.7 area 2
XZL_huiju(config-router)#network 211.10.1.72 0.0.0.7 area 2
XZL_huiju(config-router)#network 211.10.10.0 0.0.0.127 area 2
XZL_huiju(config-router)#network 211.10.10.128 0.0.0.63 area 2
XZL_huiju(config-router)#network 211.10.12.0 0.0.0.15 area 2
XZL_huiju(config-router)#network 211.10.12.16 0.0.0.15 area 2
XZL_huiju(config-router)#network 211.10.12.32 0.0.0.15 area 2
XZL_huiju(config-router)#network 211.10.12.48 0.0.0.15 area 2
XZL_huiju(config-router)#network 211.10.12.64 0.0.0.15 area 2
XZL_huiju(config-router)#network 211.10.10.192 0.0.0.63 area 2
XZL_huiju(config-router)#network 211.10.11.0 0.0.0.31 area 2
XZL_huiju(config-router)#network 211.10.11.32 0.0.0.31 area 2
XZL_huiju(config-router)#network 211.10.11.64 0.0.0.31 area 2
XZL_huiju(config-router)#network 211.10.11.96 0.0.0.31 area 2
XZL_huiju(config-router)#network 211.10.11.128 0.0.0.31 area 2
XZL_huiju(config-router)#network 211.10.12.128 0.0.0.7 area 2
XZL_huiju(config-router)#network 211.10.12.136 0.0.0.7 area 2
XZL_huiju(config-router)#network 211.10.12.144 0.0.0.7 area 2
XZL_huiju(config-router)#network 211.10.11.160 0.0.0.31 area 2
XZL_huiju(config-router)#network 211.10.12.80 0.0.0.15 area 2
XZL_huiju(config-router)#network 211.10.12.152 0.0.0.7 area 2
XZL_huiju(config-router)#network 211.10.12.160 0.0.0.7 area 2
XZL_huiju(config-router)#network 211.10.12.168 0.0.0.7 area 2
XZL_huiju(config-router)#network 211.10.12.176 0.0.0.7 area 2
XZL_huiju(config-router)#network 211.10.11.192 0.0.0.31 area 2
XZL_huiju(config-router)#network 211.10.11.224 0.0.0.31 area 2
XZL_huiju(config-router)#network 211.10.12.184 0.0.0.7 area 2
XZL_huiju(config-router)#exit
XZL_huiju(config)#exit
XZL_huiju#
```

//宿舍楼汇聚交换机配置

```
SS_huiju(config)#router ospf 1
SS_huiju(config-router)#network 192.168.11.8 0.0.0.3 area 0
SS_huiju(config-router)#network 211.10.4.0 0.0.1.255 area 3
SS_huiju(config-router)#network 211.10.6.0 0.0.1.255 area 3
SS_huiju(config-router)#network 211.10.8.0 0.0.1.255 area 3
SS_huiju(config-router)#exit
```

```
SS_huiju(config)#
//核心交换机配置
HX(config)#router ospf 1
HX(config-router)#network 192.168.11.0 0.0.0.3 area 0
HX(config-router)#network 192.168.11.4 0.0.0.3 area 0
HX(config-router)#network 192.168.11.8 0.0.0.3 area 0
HX(config-router)#network 211.10.13.0 0.0.0.255 area 4
HX(config-router)#exit
HX(config)#
```

查看配置，验证测试。

```
HX#show ip route
Codes: C - connected, S - static, I - IGRP, R - RIP, M - mobile, B - BGP
       D - EIGRP, EX - EIGRP external, O - OSPF, IA - OSPF inter area
       N1 - OSPF NSSA external type 1, N2 - OSPF NSSA external type 2
       E1 - OSPF external type 1, E2 - OSPF external type 2, E - EGP
       i - IS-IS, L1 - IS-IS level-1, L2 - IS-IS level-2, ia - IS-IS inter area
       * - candidate default, U - per-user static route, o - ODR
       P - periodic downloaded static route
Gateway of last resort is not set
     192.168.11.0/30 is subnetted, 3 subnets
C       192.168.11.0 is directly connected, FastEthernet0/24
C       192.168.11.4 is directly connected, GigabitEthernet0/1
C       192.168.11.8 is directly connected, GigabitEthernet0/2
O IA 211.10.0.0/24 [110/2] via 192.168.11.6, 00:22:35, GigabitEthernet0/1
     211.10.1.0/26 is subnetted, 1 subnets
O IA    211.10.1.0 [110/2] via 192.168.11.6, 00:22:13, GigabitEthernet0/1
O IA 211.10.4.0/23 [110/2] via 192.168.11.10, 00:23:38, GigabitEthernet0/2
O IA 211.10.6.0/23 [110/2] via 192.168.11.10, 00:23:38, GigabitEthernet0/2
O IA 211.10.8.0/23 [110/2] via 192.168.11.10, 00:23:38, GigabitEthernet0/2
     211.10.10.0/24 is variably subnetted, 3 subnets, 2 masks
O IA    211.10.10.0/25 [110/2] via 192.168.11.2, 00:10:54, FastEthernet0/24
O IA    211.10.10.128/26 [110/2] via 192.168.11.2, 00:10:23, FastEthernet
```

```
0/24
   O IA    211.10.10.192/26 [110/2] via 192.168.11.2, 00:09:26, FastEthernet
0/24
        211.10.11.0/27 is subnetted, 1 subnets
   O IA    211.10.11.0 [110/2] via 192.168.11.2, 00:09:14, FastEthernet
0/24
        211.10.12.0/28 is subnetted, 3 subnets
   O IA    211.10.12.0 [110/2] via 192.168.11.2, 00:10:04, FastEthernet
0/24
   O IA    211.10.12.16 [110/2] via 192.168.11.2, 00:10:04, FastEthernet
0/24
   O IA    211.10.12.32 [110/2] via 192.168.11.2, 00:09:54, FastEthernet
0/24
   C   211.10.13.0/24 is directly connected, Vlan401

   HX#show ip ospf neighbor
   Neighbor ID    Pri  State      Dead Time  Address        Interface
   211.120.12.49  1    FULL/DR    00:00:39   192.168.11.2   FastEthernet0/24
   211.10.3.1     1    FULL/BDR   00:00:35   192.168.11.6   GigabitEthernet0/1
   211.10.8.1     1    FULL/BDR   00:00:30   192.168.11.10  GigabitEthernet0/2
```

4.4 路由优化

4.4.1 路由重分发

1. 路由重分发作用

在大型网络中，可能在同一网络内使用多种路由协议，为了实现多种路由协议的协同工作，路由器使用路由重分发(route redistribution)将其学习到的一种路由协议的路由通过另一种路由协议广播出去，这样采用不同路由协议的设备能相互通信。为了实现重分发，路由器必须同时运行多种路由协议，这样，每种路由协议才可以取路由表中的所有或部分其他协议的路由来进行广播。

2. 路由重分发配置方法

重分发支持所有路由选择协议、静态路由和直连路由。路由重分发到一种路由选择协议时，需要在接收重分发路由的路由选择进程下配置 redistribute 命令。

1) RIP 协议的 redistribute 命令

使用路由配置命令 redistribute protocol [metric metric-value][match internal| external nssa-external type][router-map map-tag]将路由重分发到 RIP 协议中。

重分发到 RIP 中时，除了静态路由和直连路由外，其他重分发路由的默认度量值为无穷大，静态路由和直连路由的默认度量值为 1。

2) OSPF 协议的 redistribute 命令

重分发到 OSPF 中时，除了静态路由和直连路由外，其他重分发路由的默认度量值为 20，默认度量值类型为 2，且默认不重分发子网。

因为 OSPF 是无类路由协议，而 RIP 是有类的路由协议，所以在重分发的时候需要指定关键字 subnets。

3) 直连路由、静态路由和默认路由的重分发

(1) 直连路由重分发。

RIP 协议配置命令：redistribute connected [metric metric-value]，如果不指定 metric 值，那么默认为 1。

OSPF 协议配置命令：redistribute connected [subnets] [metric metric-value][metric-type {1|2}] [tag tag-value][route-map map-tag]，如果不指定 metric 值，那么默认为 20。如果不指定 metric-type 值，那么默认为 E2 类型路由。

(2) 静态路由重分发。

RIP 协议配置命令：redistribute static [metric metric-value]，如果不指定 metric 值，那么默认为 1。

OSPF 协议配置命令：redistribute static [subnets] [metric metric-value] [metric- type {1|2}][tag tag-value][route-map map-tag]，如果不指定 metric 值，那么默认为 20。如果不指定 metric-type 值，那么默认为 E2 类型路由。

(3) 默认路由重分发。

RIP 协议配置命令：default-information originate [route-map route-map-name]。

OSPF 协议配置命令：Default-information originate [always] [metric metric-value] [metric-type type-value][route-map map-name]。

4.4.2 被动接口

1. 被动接口

为了防止本地网络上的路由器动态地学到路由协议，可以配置被动接口 passive-interface，不允许路由更新报文从该网络接口发送出去。既然没有路由更新报文从路由器接口发送出去，该接口所连接的路由器就学不到路由信息，该特性可以应用在所有 IGP 路由协议上。

被动接口将阻止通过该接口发送指定协议的路由选择更新，被动接口不参与路由进程，在 OSPF 路由域中，如果路由器接口配置了 passive-interface，该接口在 OSPF 路由域中就表现为一个残余网络，而且该接口将不发送更新路由信息也不接收更新路由信息。实际上，配置 passive-interface，该接口将不发送 OSPF 的 HELLO 报文，所以该接口就不可能有邻居的存在，也不会交换路由。

2. 被动接口配置方法

passvie-interface [interface]。

4.4.3 策略路由

策略路由是一种比基于目标网络进行路由更加灵活的数据包路由转发机制，应用了策略路由，路由器将通过路由图决定如何对需要路由的数据包进行处理，路由图决定了一个数据包的下一跳转发路由器。

应用策略路由，必须要指定策略路由使用的路由图，一个路由图由多条策略组成，每条策略都定义了一个或多个匹配规则和对应操作。一个接口应用策略路由后，将对该接口接收到的所有包进行检查，不符合路由图任何策略的数据包将按照缺省的路由转发进行处理，符合路由图中某个策略的数据包就按照该策略中定义的操作进行处理。

策略路由可以使数据包按照用户指定的策略进行转发。对于某些管理目的，如 QoS 需求或 VPN拓扑结构，要求某些路由必须经过特定的路径，就可以使用策略路由。例如，一个策略可以指定从某个网络发出的数据包只能转发到某个特定的接口。

第二篇　网络管理篇

第5章　网络管理协议

网络管理是指对网络进行监测和控制，使网络能够正常、高效地运行，并在网络运行出现故障时能够及时报告和处理的网络技术。

根据国际标准化组织(ISO)的定义，网络管理的基本功能包括配置管理、故障管理、性能管理、安全管理和计费管理5个功能。

1. 配置管理

配置管理是定义、收集、监测和管理系统的配置参数，使网络性能达到最优。配置管理可自动发现网络拓扑结构，构造和维护网络系统的配置，监测网络被管对象的状态，完成网络关键设备配置的语法检查，配置自动生成和自动配置备份系统，对于配置的一致性进行严格的检验。

2. 故障管理

故障管理是网络管理最基本的功能。它是指系统出现异常情况下的管理操作，包括过滤、归并网络事件，有效地发现、定位网络故障，给出排错建议与排错工具，形成整套的故障发现、告警与处理机制，以便网络有效地运行。

3. 性能管理

性能管理主要收集和统计数据(如网络的吞吐量、用户的响应时间和线路的利用率等)，以便评价网络资源的运行状况和通信效率等系统性能，分析各系统之间通信操作的趋势，或者平衡系统之间的负载。

4. 安全管理

安全管理是指按照安全策略来控制对网络资源的访问，以保证网络不被侵害(有意识的或无意识的)，并保证重要信息不被未授权的用户访问。它包括身份鉴别、密钥管理、病毒预防和灾难恢复等。

5. 计费管理

计费管理负责记录网络资源的使用情况和使用这些资源的代价，包括以下几个方面。

(1)统计已被使用的网络资源和估算用户应付的费用。

(2)设置网络资源的使用计费限制，控制用户占用和使用过多的网络资源。

(3)对为了实现某个特定通信目的所引用的多个网络资源进行联合收费。

为了实现合理的计费，计费管理必须和性能管理相结合。

5.1　网络管理协议

5.1.1　SNMP概述

1. SNMP概述

SNMP是TCP/IP网络中使用最广泛的网络管理协议，它由一系列协议组和规范组成，提供了从网络设备中收集网络管理信息的方法。

SNMP 从被管理设备中收集信息主要采用两种方法。

(1) 基于轮询(polling-only)的方法。在这样方法中，SNMP 使用嵌入到被管理设备中的代理软件来收集网络的通信信息以及有关网络设备的运行数据。代理软件不断地收集相关的信息，并将这些信息记录到管理信息库(MIB)中。SNMP 管理站通过依次主动地向被管理设备的代理发出查询请求，得到这些信息。这个过程称为轮询。轮询的时间间隔和设备被轮询的顺序会对轮询结果产生影响。

(2) 基于中断(interrupt-based)的方法。在这种方法中，一旦网络中有异常事件发生，被管设备就主动通知网络管理工作站，以便网络管理人员进行及时处置，具有很强的实时性。但是，这种方法在产生警告或者自陷时需要消耗系统资源。实际应用中，一般将上述两种方法结合起来。一方面，网络管理工作站通过轮询的方法从被管理设备中获得所需要的网络和设备相关的数据；另一方面，被管理设备中的代理通过基于中断的方式随时向网络管理工作站报告错误、警告等异常信息。

2. SNMP 模型

SNMP 网络管理模型由 SNMP 管理站、代理、MIB 和简单网络管理协议等组成，如图 5-1 所示。SNMP 管理站是一个发送管理命令、并接受命令响应的设备，为网络管理人员提供一个管理网络的平台。代理是存在于被管理设备(如主机、路由器和交换机等)的一个程序，它能够接受和处理管理站的请求、响应所需要的信息或者报告请求不能处理的错误信息，也可以在异常时向管理站发送警告信息。管理信息库是一个树形结构的对象集合，包含了网络中所有可能被管理的资源。每个对象是一个变量，表示被管理设备某一方面的属性，可以被管理站读取或修改。

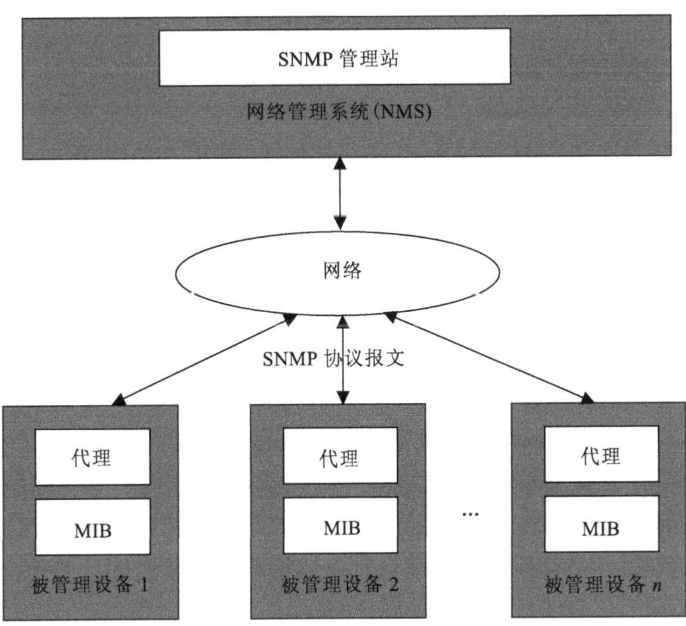

图 5-1　SNMP 模型示意图

简单网络管理协议是管理站和代理之间进行通信的协议，主要完成如下功能。

(1)管理站通过简单网络管理协议向代理请求管理信息库中对象的值来监控网络和设备的情况。

(2)管理站通过简单网络管理协议要求代理修改管理信息库中某些对象的值来改变配置。

(3)代理在异常发生时通过简单网络管理协议向管理站主动报告意外情况。

一个管理站可以管理多个代理，一个代理也可以受多个管理站管理。每个代理与通信的管理站之间要建立团体(community)关系，如图 5-2 所示。团体关系通过设置一个团体字符串(community string)来实现。团体字符串相当于一个简单的身份认证手段，同时与管理信息库的权限(只读、读写)和操作对象绑定。一般来说，代理不处理团体字符串没有通过的报文请求。

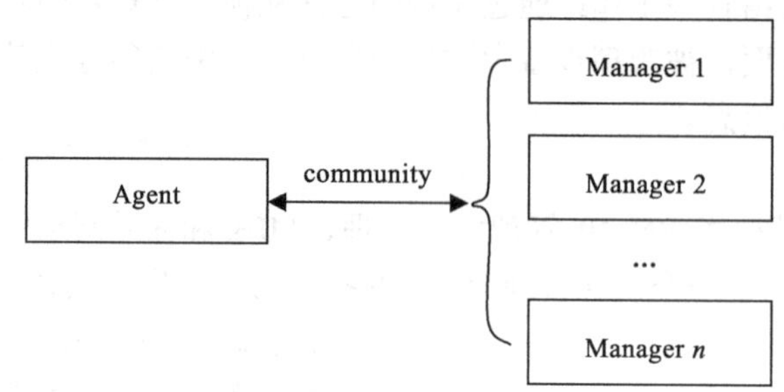

图 5-2　SNMPv1 的团体关系

5.1.2　管理信息结构

管理信息结构(SMI)是指如何将被管资源用抽象的管理信息来描述，以及如何组织这些抽象的管理信息，它主要包括 MIB 的公用结构和表示符号。SMI 定义了 MIB 中对象的命名规则、所用数据类型的定义规则和详细的对象及其值的编码规则。

1. 对象的命名

对象实例的命名方法是 SMI 中很重要的一个部分。基于 SNMP 的 SMI，其对象实例与对象用同一棵注册树进行标识。对象实例存于注册树的叶节点上，而其父节点就是该对象。所有的对象用一个对象标识(object identifier)来唯一地表示。

2. 数据类型

SMI 采用 ASN.1 定义的简单变量或者表格变量进行表示，数据类型主要包括以下 12 种。

(1) Integer。一个变量虽然定义为整型，但也有多种形式，可以取特定的数值，或者有一定的取值范围，或者没有范围限制。

(2) Octer String。0 或多个字节，每个字节值为 0～255。

(3) Display String。0 或多个字节，但是每个字节必须是 ASCII 码。MIB-II 规定，该类型的变量最长不能超过 255 个字符。

(4) Object Identifier。对象标识，一个通过点连接起来的字符串，每个部分可以是数字或字符串。

(5) NULL。代表相关的变量没有值。

(6) IPAddress。4 个字节长度的 OCTER STRING，每个字节代表 IP 地址的一个字段。

(7) PhysAddress。网络设备的物理地址，OCTER STRING 类型。

(8) Counter。计数器，非负的整数，范围为 0～2^{32-1}，达到最大值后又变为 0。

(9) Gauge。非负的整数，取值范围为 0～2^{32-1}（或增或减）。达到最大值后锁定直到复位。

(10) TimeTicks。时间计数器，以 0.01s 为单位递增，不同的变量可以定义不同的递增幅度。

(11) Sequence。一个 Sequence 包括 0 个或多个元素，每一个元素又是另一个 ASN.1 数据类型，类似于 C++中的结构。

(12) Sequence of。一个 Sequence of 包含了一系列具有相同类型的元素，每个元素是一个 Sequence，类似于数组。

3. 编码规则

SMI 中定义的编码规则如图 5-3 所示。

1 字节	1 或多个字节	长度不定
代码	长度	值

图 5-3　SMI 定义的编码规则

第一个字节中保存的是数据类型的代码，具体见表 5-1；第二个字节中保存了对应值的长度(最高比特是 0)，或者保存着存放长度信息的字节数，接下来的几个字节一起表示对应值的长度；后面指定长度的字节一起表示数据类型对应的值。

表 5-1　常用数据类型的代码

数据类型名称	代码(二进制)	代码(十六进制)
Integer	00000010	02
Octet String	00000100	04
Object Identifier	00000110	06
NULL	00000101	05
Sequence, Sequence of	00110000	30
IPAddress	01000000	40
Counter	01000001	41
Gauge	01000010	42
TimeTicks	01000011	43
Opaque	01000100	44

在 SNMP 中，被管理对象用变量来表示，每个变量用 5 个部分来描述。

(1) 对象名：一个与 Object Identifier 相对应的字符串。

(2) 语法描述：SMI 中定义的变量类型。

(3) 定义描述：对象类型的文本描述。

(4) 访问权限：规定管理操作访问变量的方式，其取值可以是 read-only、read-write、write-only 和 not-accessible。

(5) 状态：即对象的状态，其取值可以是 mandatory、optional 和 obsolete。

例如：

这表示一个名称是系统启动时间(SysUpTime)的对象，它的语法描述，即变量类型是 TimeTicks，访问权限是只读，状态是必选项，描述信息是“Time since the network management portion of the system was last re-initialised.”。

```
SysUpTime   OBJECT-TYPE
            SYNTAX Time-Ticks
            ACCESS read-only
            STATUS mandatory
            DESCRIPTION
              "Time since the network management
              portion of the system was last re-initialised."
              ::= {system 3}
```

5.1.3 管理信息库

管理信息库指明了能够被管理进程查询和设置的信息，给出了一个网络中所有可能的被管理对象的集合的数据结构。目前，SNMP 协议中的管理信息库是 MIB-II，最初从属于它的管理信息包括 system、interfaces、address translation、ip、icmp、tcp、udp 和 egp 八个类别。管理信息库采用与 DNS 域名系统类似的树形结构，如图 5-4 所示，管理所有可以访问的网络设备及其属性(只是根没有名字)。对象标识符(OID)用来唯一地标识每一个管理对象。例如：.1.3.6.1.2.1.1 唯一地标识 system 对象。利用对象标志符，SNMP 管理站可以对任何对象进行查询、修改等 SNMP 操作。

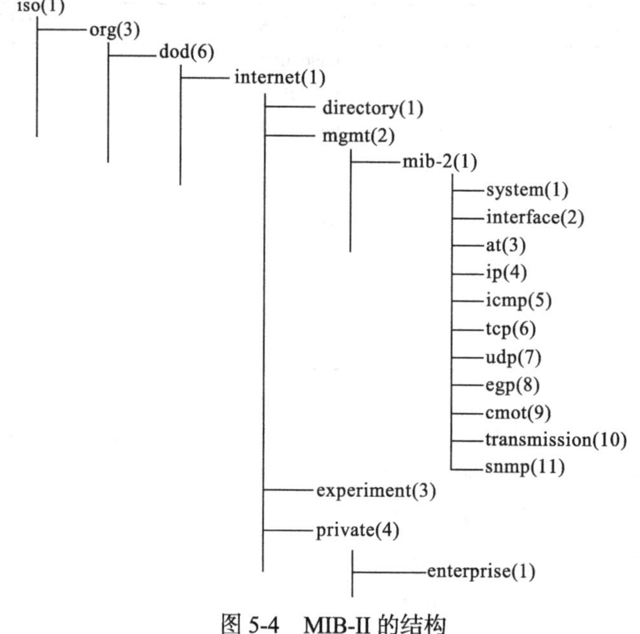

图 5-4　MIB-II 的结构

5.1.4 SNMP 操作

SNMP 协议是一个应用层协议，SNMP 管理站可以利用它读取和修改被管理设备的管理信息库中对象的某个变量的值，也可传送被管理设备主动报告的异常事件。

SNMPv1 报文由 3 部分组成：版本号、团体字符串和协议数据单元(PDU)。其中，版本号是指 SNMP 的版本，每个 SNMP 代理只处理与自己协议版本相同的报文。团体字符串用于身份认证和分配相应的权限。协议数据单元是 SNMP 协议的数据部分，定义了协议允许的 5 种操作：get-request、get-nextrequest、set-request、get-response 和 trap，对应的报文操作如图 5-5 所示。

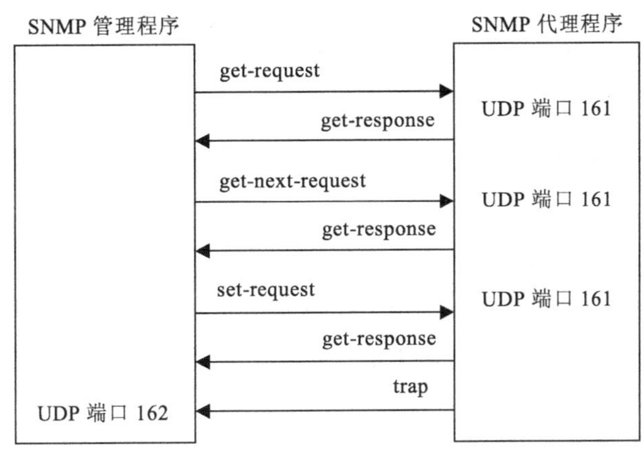

图 5-5　SNMP 的 5 种报文操作

1. get-request——读取请求操作

管理员主动向被管理设备的代理请求，从 MIB 中读取一个或多个变量的值。

2. get-nextrequest——读取下一个请求操作

管理员主动向被管理设备的代理请求，从 MIB 中读取紧跟当前变量的下一个变量的值。

3. set-request——设置请求操作

管理员主动向被管理设备的代理请求，要求设置 MIB 中某个变量的值。

4. get-response——响应操作

被管理设备的代理在接收到上述三个请求后，主动向管理员响应，将操作的结果(如所请求的变量的值等)返回给管理员。

5. trap——自陷操作

被管理设备的代理向管理员自动报告发生的异常事件。SNMP 协议中定义了 6 种基本的 Trap，涵盖大部分设备的主要状态改变，具体如下。

(1) coldStart：发送 Trap 的实体正在重新初始化，以修改代理的配置或协议实例的实现，特别是由崩溃或重大故障而引起的意外重启。

(2) warmStart：发送 Trap 的实体正在重新初始化，但不修改代理的配置或协议实例的实现。

(3) linkDown：表示代理的一个通信连接失败。

(4) linkUP：表示代理的一个通信连接成功。

(5) authenticationFailure：表示发送方的 SNMP 消息检验失败。

(6) egpNeighborLoss：表示发送协议实体的 EGP 邻居已被标记为 Down，相邻关系已经不存在。

5.2　网络管理系统介绍

网络管理系统(NMS)是由管理网络、保证网络有效运行的软件和硬件有机组合而成的，它主要实现故障管理、性能管理、配置管理、安全管理和计费管理等功能，是网络管理人员管理网络的工具。

5.2.1 网络管理系统的分类

网络管理系统软件并没有完全统一的分类标准，通常的网络管理系统应包括故障管理、性能管理、安全管理、配置管理和计费管理 5 种。

5.2.2 常见的网络管理系统

1. HP Open View

Open View 是一个管理大规模网络的通用网络管理系统。它实现了网络管理的五大功能，可以在多种操作系统平台上可靠运行，比较适合网络专家使用。它提供了一个第三方平台，可以管理多种厂商的设备，能够对网络中的关键网络设备和主机部件(CPU、内存等)进行实时监控和统一管理，并主动报告异常情况。

Open View 的特性如下。

(1) 自动发现和监控网络节点，自动生成网络拓扑图，并对网络事件进行处理。

(2) 分布式和可伸缩。

(3) NNM 支持分层管理，并且没有层次的限制。

(4) 可以集成多个合作伙伴开发的应用程序，以满足用户特定的需求。

(5) 用户可以选择要被发现监控的对象，并根据自己的需要将被管对象进行分组。

(6) 易于使用的 GUI。

2. IBM Tivoli NetView

Tivoli NetView 扩展了传统的网络管理技术特性，确保关键业务的可用性和问题解决的快速性。Tivoli NetView 检测 TCP/IP 网络，显示网络拓扑结构、关联，管理事件和 SNMP 陷阱，监控网络运行状况并收集性能数据。Tivoli NetView 具有良好的可伸缩性和灵活性，满足大型网络管理人员的需要。

Tivoli NetView 的特性如下。

(1) 提供可升缩的分布式管理解决方案。

(2) 迅速识别导致网络故障的根源。

(3) 构建管理关键业务系统的集合。

(4) 与领先的软件产品集成，例如，CiscoWorks 2000。

(5) 维护资产管理的设备清单。

(6) 评估系统可用性并提供问题控制和管理的故障隔离。

(7) 报告网络趋势并进行分析。

3. Sun NetManager

NetManager 是 Sun 公司开发的一款网管软件，主要应用在政府、教育科研、金融、互联网、制造业等领域。NetManager 的功能和特点如下。

(1) 分布式管理：为用户提供了管理来自不同厂商的、规模和复杂程度可变的网络及系统的能力。

(2) 协同管理：主要特点是信息的分布采集、信息的分布使用、应用的分布执行。可以将一个小型企业网按其业务组织或地域分为若干区，每个区都有自己独立的网管系统。但有关区之间可以互相作用，区与区之间的关系可根据实际需要灵活配置。

(3) SNMP 支持：Sun NetManager 包括了所有基本的 SNMP 机制，而且允许配置 SNMP 陷阱(Trap)为不同的优先等级。在网络出现故障时，能够传送到其他 Solstice 或非 Solstice 的平台上，同时还支持 SNMPv2。

(4) 安全性：提供访问控制表，以保证那些被授权接受管理数据的人才能得到相关信息。

(5) 用户工具：Sun NetManager 的用户工具很丰富，它可使操作员监视和控制网络及系统资源。图形化的界面简化了操作过程并减轻了培训任务。这些工具主要包括管理控制台(managment console)和搜寻工具(discover tool)。

(6) 应用接口：提供了开发工具，厂商和用户可用来构造强大的工具，以补充 Sun NetManager 的功能。

4. Cisco 公司的 Cisco View

CiscoView 是一个基于 GUI 的设备管理软件应用程序，可为 Cisco 系统公司的网络互联设备(交换机、路由器、集中器和适配器)提供动态状态信息、统计数据和全面的配置信息。CiscoView 可以以图形的方式显示 Cisco 的物理视图。另外，它还提供配置和监视功能以及基本的故障排除功能。

CiscoView 可与多种基于 SNMP 的领先网络管理系统集成在一起，从而提供强有力的网络视图。CiscoView 也与 Cisco 的企业网管理应用程序套件 Cisco work 附随在一起。CiscoView 还能够作为功能齐全的独立管理应用程序在 UNIX 工作站上运行。

5. 华为网络公司的 Quidview 等

HuaWei Quidview 是华为公司针对 IP 网络开发的适合各种规模网络管理的网管软件，主要用于管理华为公司的 Quidway 系列路由器、以太网交换机、VoIP、视频会议系统以及接入服务器。它是一个简洁的网络管理工具，充分利用设备自己的管理信息库完成设备配置、浏览设备配置信息、监视设备运行状态等网管功能，不但能够和华为的 N2000 结合完成从设备级到网络级的网络管理，而且能集成到 SNMPc、HP Openview NNM 、WhatsUp Gold、IBM Tivoli NetView 等一些通用的网管平台上，实现从设备级到网络级全方位的网络管理，帮助用户在降低产品成本的同时满足更丰富的功能需求。Quidview 对运行平台的硬件环境要求不高，不论是在工作站上还是在 PC 机上都能正常地安装运行，最大限度地节省、保护了用户的投资。Quidview 的特性如下。

(1) 运行环境与平台无关。

(2) 显示直观。

(3) 提供中、英文页面显示功能。

(4) 操作简单通用。

(5) 节省与保护投资。

6. 锐捷 StarView

StarView 网络管理系统是一套基于 Windows 平台的高度集成、功能完善、实用性强、方便易用的全中文用户界面的网络级网络系统。它是由锐捷网络自主开发的软件产品。

StarView 管理系统能提供整个网络的拓扑结构，能对以太网络中的任何通用 IP 设备、SNMP 管理型设备进行管理，结合管理设备所支持的 SNMP 管理、Telnet 管理、RMON 管理等构成一个功能齐全的网络管理解决方案，实现从网络级到设备级的全方位的网络管理。StarView 可以对整个网络上的网络设备进行集中式的配置、监视和控制，自动监测网络拓扑结构，监视和控制网段和端口，以及进行网络流量的统计和错误统计，网络设备事件的自动收集和管理等一系列综合而详尽的管理和监测。通过对网络的全面监控，网络管理员可以重构网络结构，使网络达到最佳效果。StarView 的特性如下。

(1)稳定的、可扩展的软件体系结构。

(2)强劲的网络拓扑发现能力。

(3)强大的设备管理能力。

(4)职能化的事件管理机制。

(5)高效的性能监视和预警功能。

(6)基于数据库灵活的网络应用。

(7)友好的用户界面。

5.3　实例训练——PRTG 监控网络

【背景】网络建设完成后，网管人员为了掌握网络中设备的运行情况，及时发现故障，快速处理，需要使用 PRTG 监控网络。

【要求】利用 PRTG 软件使用简单网络管理协议监控网络中的网络设备和服务器。

【解决方法】

1. 服务器的配置

这里以 Windows7 操作系统为例。

步骤 1：添加 SNMP 服务。执行“控制面板”→“程序”→“程序和功能”→“打开或关闭 Windows 功能”命令，弹出如图 5-6 所示对话框。选中“简单网络管理协议(SNMP)”前的复选框，单击“确定”按钮。

步骤 2：在系统服务里，启动 SNMP 服务。执行“计算机管理”→“服务和应用程序”→“服务”命令，双击“SNMP Service”项，弹出如图 5-7 所示对话框，单击“启动”按钮来启动 SNMP 服务。如果“启动类型”选择“自动”选项，每次机器重新启动后会自动启动 SNMP 服务。

图 5-6　添加 SNMP 服务

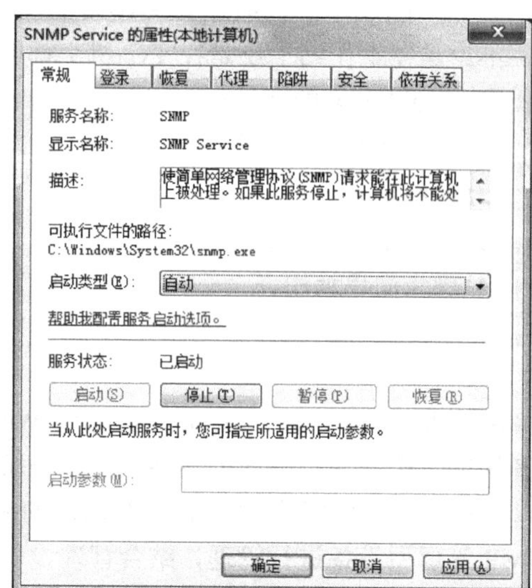

图 5-7　启动 SNMP 服务

步骤 3：选择“安全”标签，单击上面的“添加”按钮，设置团体字符串和相应的访问权限。为了后续 PRTG 的管理，这里的团体字符串统一设置为 test，如图 5-8 所示。

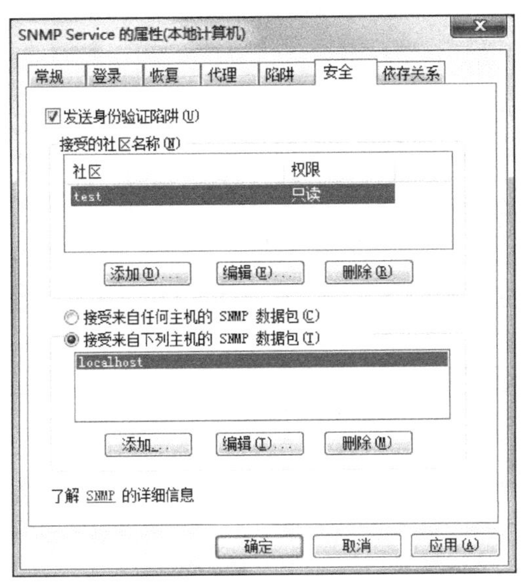

图 5-8　设置团体字符串和访问权限

2. 交换机的配置

这里以锐捷 8610 交换机为例。

步骤 1：设置团体字符串 test，访问权限只读 ro，并且绑定 IP 地址是 192.168.10.3 的网管工作站。这里也可根据需要将权限设置为读写 rw，或更改其他参数。缺省情况下，SNMP 代理是打开的，所以这里不需要设置。

```
snmp-server community test ro host 192.168.10.3
```

步骤 2：设置管理员标识、联系方法以及物理位置。

```
snmp-server contact 88401234
snmp-server location building3
```

步骤 3：允许交换机发送 Trap 信息。

```
snmp-server enable trap
```

步骤 4：允许向网管工作站 192.168.10.3 发送 Trap 报文，使用的团体名为 test。

```
snmp-server host 192.168.10.3 test
```

这是一个简单的实例，也可通过 view、group、user 对访问的范围进行控制。

3. PRTG 程序的配置

步骤 1：打开 PRTG 主界面，如图 5-9 所示，通过执行“Extras”→“Automatic Network Discovery”菜单命令，选自动搜索。

步骤 2：浏览向导说明，如图 5-10 所示，单击“Next”按钮。

步骤 3：设置要搜索的起止地址、SNMP 版本、SNMP 团体字符串(这里设为 test，要与被管理设备上的相同)，其他保持不变，单击“Next”按钮，寻找网络上需要管理的设备(SNMP 代理)，如图 5-11 所示。

步骤 4：搜索到需要管理的 SNMP 代理，如图 5-12 所示，单击“Next”按钮。

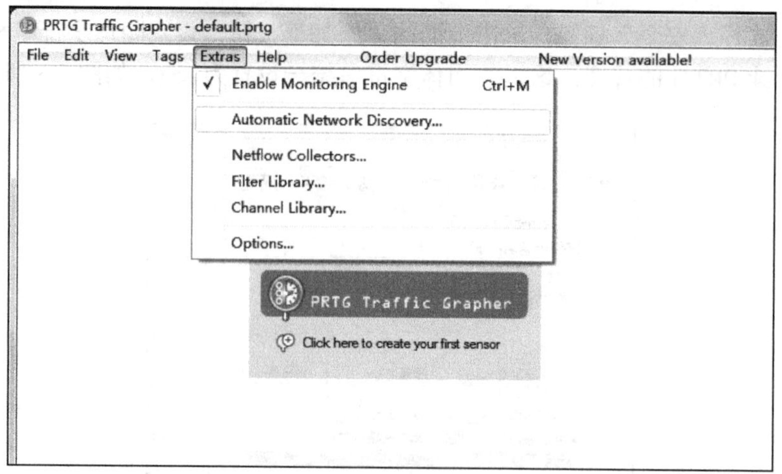

图 5-9　PRTG 主界面

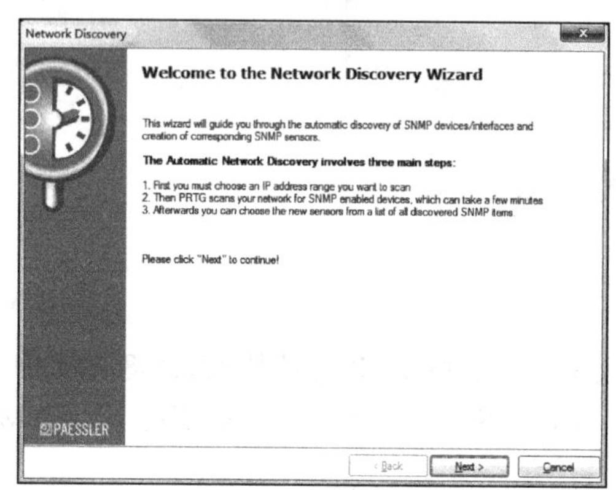

图 5-10　PRTG 向导说明

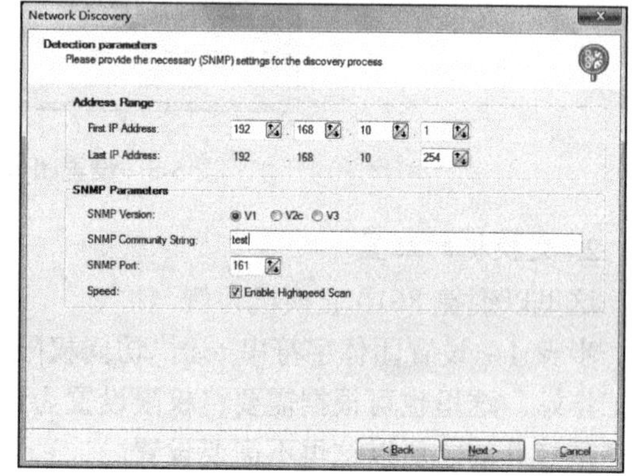

图 5-11　PRTG 设备扫描设置界面

步骤 5：选择需要监控的项目(传感器)，如图 5-13 所示，单击“Finish”按钮。

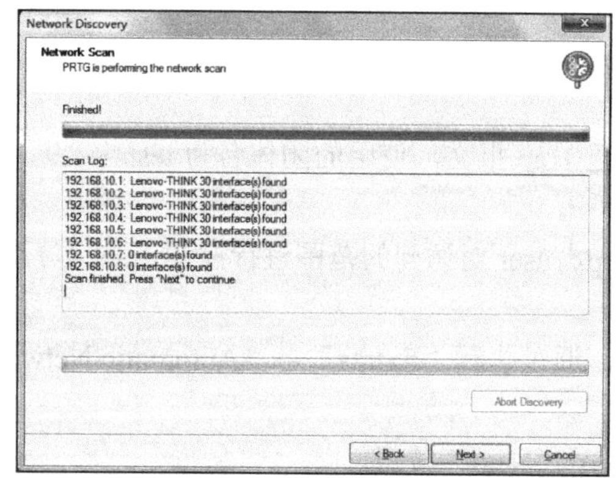

图 5-12　设备扫描结果

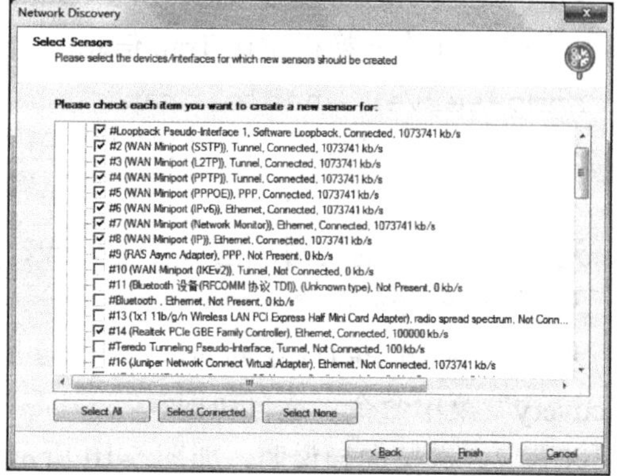

图 5-13　添加需要监控的设备

步骤 6：PRTG 主界面，可实时显示当前被监控设备的流量，如图 5-14 所示。

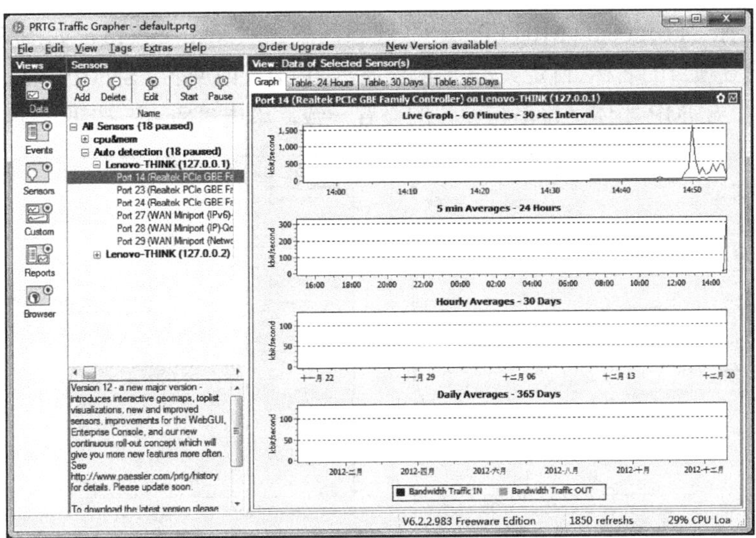

图 5-14　设备实时监控情况

4. PRTG 监控 CPU 和内存

步骤 1：打开 PRTG 主界面，添加监控项。

执行“Edit”→“Add Sensor”菜单命令，如图 5-15 所示，进入设置的向导界面。

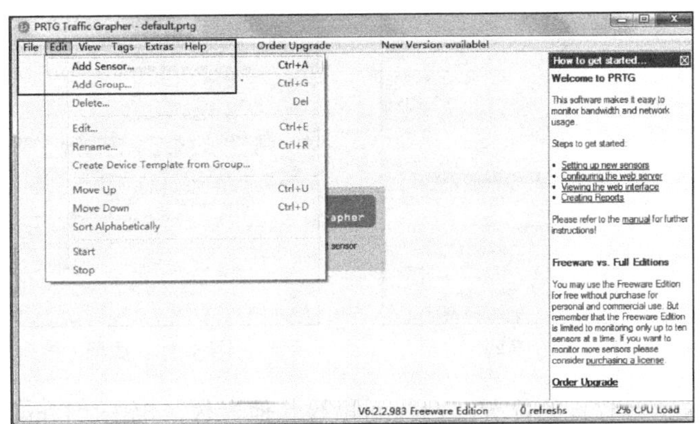

图 5-15　添加传感器

步骤 2：阅读向导说明，单击“Next”按钮，如图 5-16 所示。

步骤 3：选择“SNMP”选项，单击“Next”按钮，如图 5-17 所示。

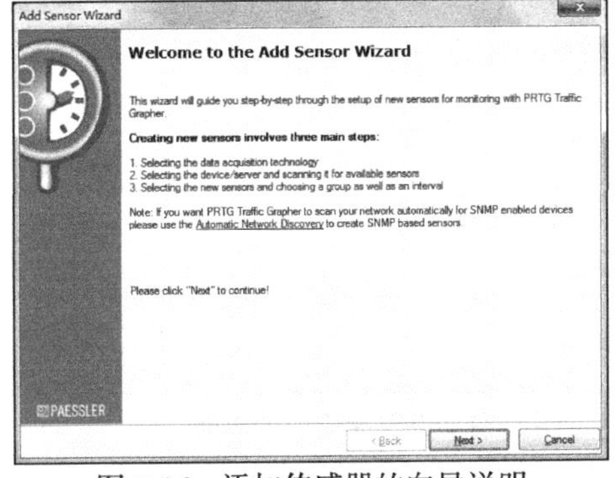

图 5-16　添加传感器的向导说明

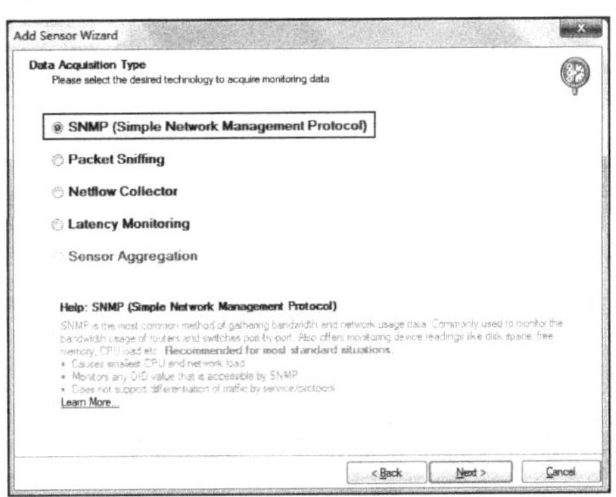

图 5-17　选择数据获取类型

步骤 4：选择“From OID/MIB Library”选项，单击“Next”按钮，如图 5-18 所示。

步骤 5：设置项目的名称(自定义)、监测设备的 IP 地址或域名，SNMPVersion 处选 v2c，默认端口选择 161，SNMP 团体字符串与设备的设置一致，单击“Next”按钮，如图 5-19 所示。

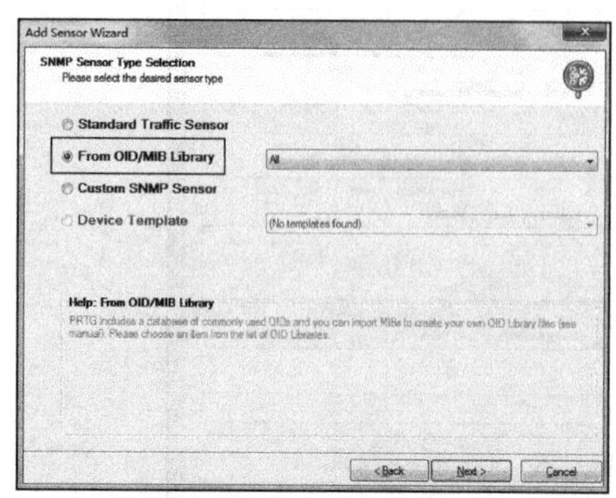

图 5-18　选择传感器类型

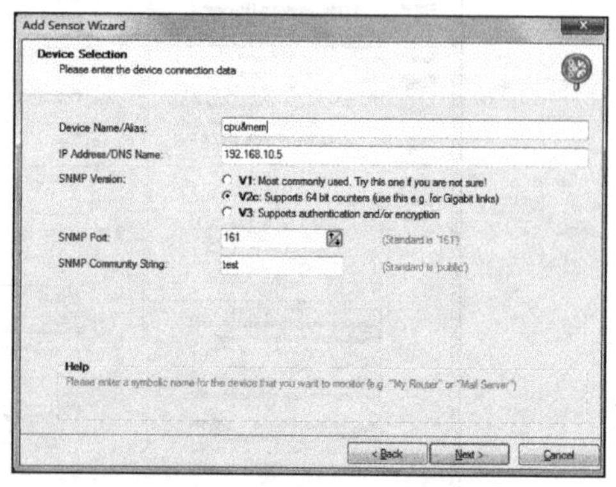

图 5-19　设置相关的监控参数

步骤 6：选择要监控的内存参数，一是总内存大小，二是实际使用的内存，如图 5-20 所示。

步骤 7：选择要监控的 CPU 负载，单击“Next”按钮，如图 5-21 所示。

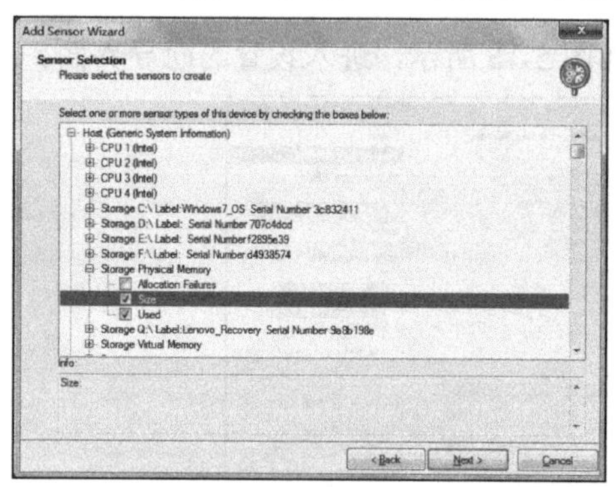

图 5-20　选择内存传感器

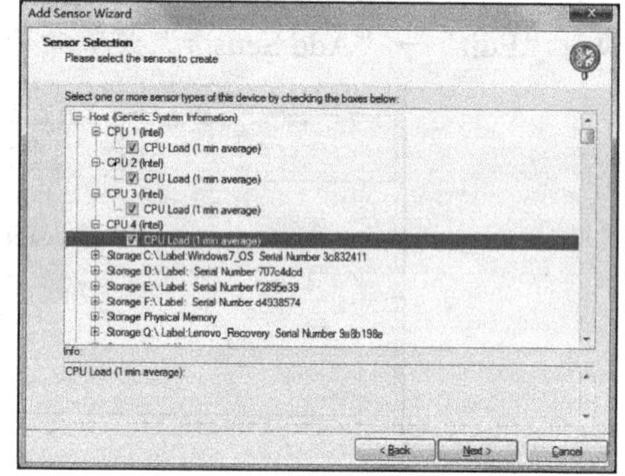

图 5-21　选择 CPU 传感器

步骤 8：设置传感器放置的位置，扫描间隔等其他参数，单击“Finish”按钮完成设置，如图 5-22 所示。

步骤 9：设置完成后的界面如图 5-23 所示。

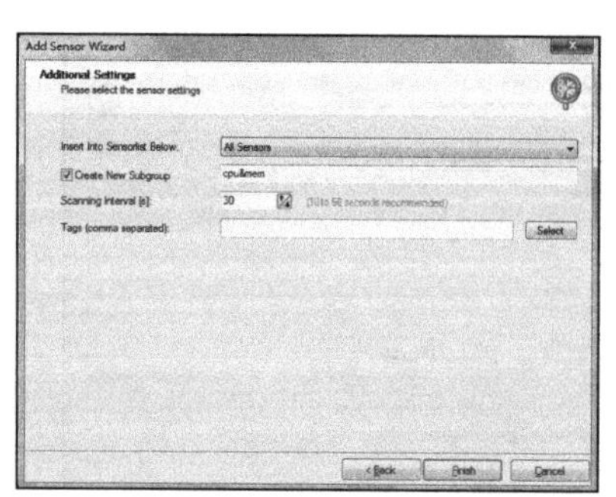

图 5-22　设置其他相关的参数

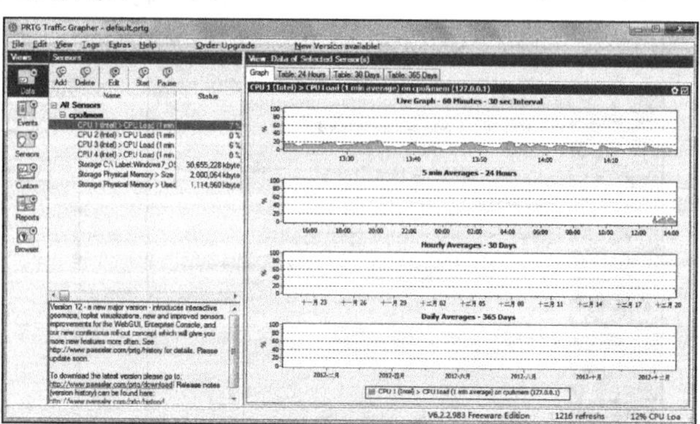

图 5-23　设置完成后的界面

第 6 章　网络安全技术

随着科技的发展和社会的进步，计算机网络已经渗透到日常的很多方面，给人们工作、学习和生活带来了巨大的影响，成为现代社会不可缺少的一部分。但网络固有的开放性，使它很容易受到攻击，不仅影响人们的日常生活，而且可能威胁国家的安全。因此，网络安全已经成为一个特殊的领域，越来越受到业界的关注和重视。

6.1　网络安全基础

网络安全是指保护网络系统的硬件、软件及其中的数据，使之不受偶然的或者恶意的原因影响而遭到破坏、更改、泄露，保证系统连续、可靠、正常地运行，保证网络服务不中断。从广义上来讲，凡是涉及网络信息的保密性、完整性、可用性、真实性和可控性的相关技术和理论，都是网络安全所要研究的领域。

6.1.1　常见网络攻击

为了达到各自的目标，黑客(hacker)采用各种各样的手段发起攻击，其中常见的网络攻击有以下几种。

1. *口令入侵*

口令入侵是指通过非法手段获得合法用户的账户和口令，然后登录主机实施攻击。用户账号可以通过一些习惯性规则或特定的手段和工具获得，而用户口令可以通过以下两种方式获得。

(1) 字典穷举法。攻击者使用专门的工具和特殊编制的密码字典，依次尝试字典中每个可能的密码条目，直到成功登录系统或字典用完。

(2) 中途截击法。攻击者在网络上截击传送的报文，如果协议没有采用加密措施或身份认证技术，用户账号和密码直接以明文传输，那么攻击者只要得到认证报文就可以容易地获得账号和密码信息。另外，攻击者在用户和服务器端建立连接之后，在通信过程中扮演“第三者”的角色，一方面假冒服务器欺骗用户，获得用户相关的信息，另一方面假冒用户向服务器发出恶意请求，其后果不堪设想。

2. *放置特洛伊木马程序*

木马是通过网络攻击或欺骗手段非法安装在目标机器上的一段具有特殊功能的代码，就像藏有希腊士兵的“特洛伊木马”一样。木马程序通常被伪装成工具程序或者游戏等，一旦用户点击或执行，目标机器就会被感染。通过网络，木马程序会联系攻击者，报告所在机器的 IP 地址以及预先设定的端口。攻击者在收到这些信息后，利用这个潜伏的木马程序，可任意进行自己想要的操作，修改、复制、窥视机器中的内容，甚至控制整个目标机器。

3. *DOS 攻击*

拒绝服务(DOS)是为了使计算机或网络无法提供正常的服务而进行的攻击。DOS 攻击的方法主要包括以下几种。

(1)制造大流量无用数据，造成通往被攻击主机的网络拥塞，使被攻击主机无法正常和外界通信。

(2)利用被攻击主机提供服务或传输协议上处理重复连接的缺陷，反复高频地发出攻击性的重复请求，使被攻击主机无法及时处理其他正常的请求。

(3)利用被攻击主机所提供服务程序或传输协议的本身实现缺陷，反复发送畸形的攻击数据引发系统错误地分配大量系统资源，使主机处于挂起状态甚至死机。

分布式拒绝服务(DDOS)攻击借助客户机/服务器技术，将许多计算机联合起来作为攻击平台，在主控程序的统一指挥下，对一个或多个目标同时发动DOS攻击，从而极大地提高拒绝服务攻击的威力。

4. 端口扫描

端口是一个通信通道，也是一个潜在的入侵通道。端口扫描就是向目标主机的TCP/ IP 服务端口发送探测数据包，并根据目标主机的响应，发现目标主机的扫描端口是否处于激活状态、提供了哪些服务、提供的服务中是否含有某些缺陷等。常用的扫描方式有 TCP connect 扫描、TCP SYN扫描、TCP FIN扫描、IP段扫描和FTP返回攻击等。端口扫描并不是一个直接攻击的手段，它仅能发现目标主机的某些内在的弱点，但不能提供进入一个主机的具体方法。

5. 网络嗅探

网络嗅探是利用网卡工作在混杂模式下时可获得所有正在网络上传送的数据的特性，拦截本网段在同一条物理通道上传输的所有信息，并通过相应的软件处理，实时分析这些数据的内容，进而得到所处的网络状态和整体布局。网络窃听是网管员了解网络状态、排除网络故障的有效工具，但也给攻击者非法获取账号等敏感信息、实施网络入侵提供了便利，给网络安全带来了极大的隐患。

6. 欺骗攻击

欺骗攻击是攻击者建立起一个错误但却令人信服的环境，诱使受攻击者进入并且作出缺乏安全考虑的决策，从而造成灾难性的后果。常见的欺骗攻击类型如下。

(1)ARP欺骗。源主机在发送IP数据包前，一般要通过查询自己的ARP缓存得到下一站IP地址对应的MAC地址。攻击者首先将目的主机从网络上暂时隔离出去，通过连续发送包含下一站IP地址和自己控制主机的MAC地址的ARP报文，将错误的MAC地址更新到源主机的ARP缓存，使源主机给目标主机的数据包都发送给攻击者，攻击者就可以通过分析，窃取用户信息。如果攻击者通过ARP欺骗冒充网关，就会导致局域网的主机不能上网。

(2)IP欺骗。攻击者找到一个与目标主机建立信任关系的主机，使得被信任的主机丧失工作能力，同时采样目标主机发出TCP序列号，猜测出它的数据序列号。然后，攻击者修改自己控制主机的IP地址，伪装成被信任的主机，与目标主机建立起通信关系，发起攻击或获取信息和特权。

(3)Web欺骗。攻击者阻断被攻击者主机与目标服务器之间的正常连接，然后通过自己的主机再把两者连接起来。攻击者能够监控到被攻击者的一切行为，也能冒充被攻击者向真正的Web服务器发送错误或者易于误解的数据，或者冒充Web服务器向被攻击者发送数据。

7. 电子邮件攻击

电子邮件攻击主要表现为向目标信箱发送大量无用的邮件垃圾。当庞大的邮件垃圾到达信箱的时候，就会把容量有限的信箱挤爆，甚至使邮件系统瘫痪。同时，大量的邮件也会占用大量的网络资源，导致网络拥塞。另外，攻击者常会冒充邮件系统管理员，给用户发送修改密码的邮件或发送带有病毒和木马的邮件，进行电子邮件欺骗。

6.1.2 常用安全技术

1. 加密

加密是把信息从一个可理解的明文形式变换成一个不可理解的密文形式的过程。加密不仅可以防止攻击者窃取网络机密信息，使敏感信息不被无关者识别，也可以检测出非法用户对数据的插入、删除、修改及滥用有效数据的行为，而且可以进行用户的身份验证和数据源及其内容的鉴别。加密算法可以分为对称加密算法和非对称加密算法。

1) 对称加密算法

加密密钥和解密密钥相同或相近，由其中一个很容易得出另一个，这样的系统称为对称密钥系统。对称加密算法实现信息交换的基本过程是：甲方使用非公开密钥对机密信息进行加密后发送给乙方；乙方用相同的密钥对加密后的信息进行解密。例如，DES、IDEA、AES 算法等都是对称加密算法。如图 6-1 所示。

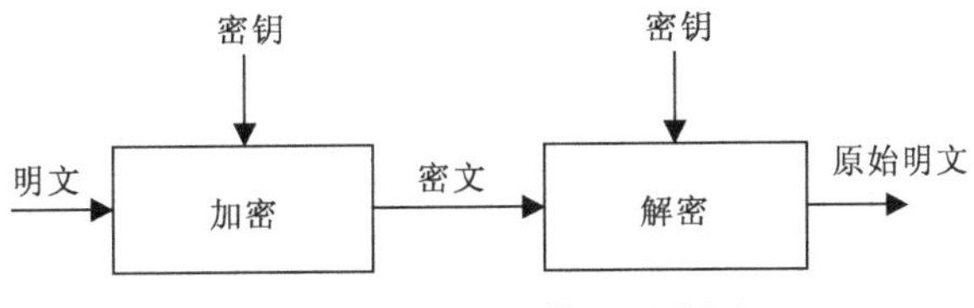

图 6-1 对称加密算法示意图

对称加密算法加密复杂度小，加密、解密速度快。但由于加密、解密方使用相同的密钥，安全性就得不到保证。

2) 非对称加密算法

非对称加密算法需要一对相互匹配的公开密钥和私有密钥。数据使用公开密钥加密后，只有对应的私有密钥才能解密；数据用私有密钥加密后，只有对应的公开密钥才能解密。因为加密和解密使用的是两个不同的密钥，所以这种算法称为非对称加密算法。非对称加密算法实现信息交换的基本过程是：甲方生成一对密钥并将其中的一个作为公开密钥向其他方公布；如果乙方需要与其通信，就使用公开密钥对信息进行加密，再发送给甲方；甲方收到后用自己保存的私有密钥对加密后的信息进行解密，得到原始的信息。例如，RSA、Rabin、DH 等都是非对称加密算法。如图 6-2 所示。

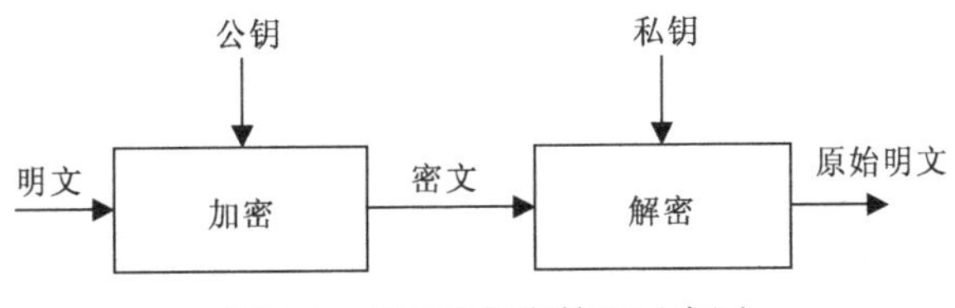

图 6-2 非对称加密算法示意图

非对称加密算法强度复杂，其加密、解密速度相对较慢。但由于非对称加密算法有两种密钥，其中一个是公开的，不需要像对称加密算法那样进行传输，另一个是私有的，只需要自己知道，其安全性大大增强。

2. 认证

认证是防止主动攻击的重要技术，是保证信息完整性、有效性的技术，既要搞清楚与之通信的对方身份是否真实，又要证实信息在传输过程中是否被篡改、伪装、窜扰、否认。认证主要分为两个方面：实体认证，即验证信息发送者是真实的，而不是冒充的，包括信源、信宿等的认证和识别；消息认证，验证信息的完整性，即验证数据在传输或存储过程中未被窜改、重放或延迟等。常用的实体认证方式包括口令认证、IC 卡认证、生物特征认证。常用的消息认证采用 MAC 消息认证和散列函数消息认证。

3. 数字签名

数字签名通过一个单向函数对要传送的报文进行处理从而得到用以认证报文来源并核实报文是否发生变化的一个字母数字串。它与数据加密技术一起构建了安全的商业加密体系。传统的数据加密是保护数据的最基本方法，它只能防止第三者获得真实的数据(即数据的机密性)，而数字签名则可以解决否认、伪造、篡改和冒充的问题(即数据的完整性和不可抵赖性)。

整个数字签名应用过程如下。

(1)信息发送者使用一个单向散列函数对信息生成信息摘要。

(2)信息发送者使用自己的私钥签名信息摘要。

(3)信息发送者把信息本身和已签名的信息摘要一起发送出去。

(4)信息接收者使用信息发送者所使用的同一个单向散列函数对接收的信息本身生成新的信息摘要，再使用信息发送者的公钥对信息摘要进行验证，以确认信息发送者的身份是否被修改过。

4. 报文摘要

报文摘要是指单向散列函数算法将任意长度的输入报文经计算得出固定位的输出。所谓单向是指该算法是不可逆的，找出具有同一报文摘要的两个不同报文是很困难的。常用的报文摘要包括 MD5 或 SHA 算法。消息摘要算法第五版(MD5)是使用最广泛的报文摘要算法，它用足够复杂的算法把报文比特充分“弄乱”，使得每一个输出比特都受到每一个输入比特的影响。安全哈希算法(SHA)是一种能计算出一个数字信息所对应的、长度固定的字符串的算法，对输入信息的任何变动，都有可能导致其产生的信息摘要迥异。

6.2 防火墙系统

防火墙是指隔离在本地网络与外界网络之间的一道防御系统，由软件或硬件组成，通过预先设定的规则控制进出的流量，最大限度地保护内部网络的安全。一般的防火墙都可以达到以下目的。

(1)检查进出的报文，对不安全服务和非法用户进行过滤。

(2)记录和监控内外网的活动。

(3)落实安全策略。

(4)方便用户监视 Internet 安全。

防火墙具有三种工作模式。

(1) 桥模式：在桥模式下，防火墙相当于一个网桥，网络的访问是透明的。这种模式不需要改变原有的网络拓扑结构和设置，只要防火墙部署在网络中即可。

(2) 路由模式：在路由模式下，防火墙的各个网络接口的 IP 地址位于不同的网段，进入的报文需要路由后才能从防火墙出去。这是防火墙的基本工作模式。

(3) 混杂模式：在混杂模式下，防火墙部分网络接口工作在桥模式下，部分网络接口工作在路由模式下。

6.2.1　防火墙的基本类型

根据防火墙的技术原理分类，有包过滤防火墙、代理服务防火墙、状态监视防火墙等。

1. 包过滤防火墙

包是网络上信息流动的单位。每个数据包的包头中含有如下信息。

(1) IP 协议类型。

(2) IP 源地址。

(3) IP 目标地址。

(4) TCP 或 UDP 源端口号。

(5) TCP 或 UDP 目标端口号。

(6) ICMP 消息类型。

包过滤防火墙就是按照系统管理员预先设定的过滤规则，检查通过的每个数据包的源地址、目标地址等包头信息，满足过滤条件的数据包才能通过，其余的数据包则丢弃。包过滤防火墙对于用户来说是透明的，不需要用户作任何设置，而且速度快、易于维护。但包过滤防火墙的配置比较复杂(尤其当规则复杂时)，通常没有用户的使用记录，不能从访问记录中发现黑客的攻击记录，而且不能处理应用层协议，不能分辨应用层的攻击。

2. 代理服务防火墙

代理服务是运行在防火墙主机上的专门应用程序或者服务器程序，在内、外部网络间起中转作用，内部网络要访问外部网络，需要先向代理服务发出请求，由代理服务将请求转发给目的服务器。目的服务器的响应先到达代理服务器，再由代理服务器转发给用户。代理服务防火墙是一个应用级防火墙，用来提供应用层服务的控制。它可以按照网管员设定的规则允许或拒绝特定的应用或服务，还可以实现数据流监控、记录和报告等功能。代理服务防火墙可以实现防火墙内外的有效隔离，安全性能好，还可以记录用户的使用情况。其缺点是要为每一种应用服务分别设计一个代理软件模块来进行安全控制，实现有一定的困难。

3. 状态监视防火墙

状态监视防火墙不仅使用类似包过滤防火墙的方法监控网络的数据流，而且监控数据包的内容和行为。状态监视防火墙增加了一个专门的检测模块。检测模块在不影响网络正常工作的前提下，采用抽取相关数据的方法对网络通信的各层实施监测，抽取部分数据，形成状态信息，并动态地保存起来作为以后制定安全决策的参考。检测模块支持多种协议和应用程序，并可以很容易地实现应用和服务的扩充。与其他防火墙不同，状态监视防火墙先要使用状态监视器对到达的数据包进行分析，然后结合网络配置和安全规则作出接受、拒绝、鉴定或给该通信加密等决定。状态监视防火墙一旦发现违反安全规则的情况，就会对其拒绝，并作记录，向系统管理器报告网络状态。状态监视防火墙可以主动检测通过的数据包，同时考虑网络的状态，其安全性更高，但它配置非常复杂，而且网络的速度有一定的影响。

6.2.2 防火墙的体系结构

1. 双重宿主主机体系结构

双重宿主主机体系结构是围绕具有双重宿主的主机计算机而构筑的，该计算机至少有两个网络接口。这样的主机可以充当与这些接口相连的网络之间的路由器；它能够从一个网络向另一个网络发送IP数据包。然而，实现双重宿主主机的防火墙体系结构禁止这种发送功能。因而，IP数据包从一个网络(如外部网)并不是直接发送到其他网络(如内部被保护的网络)。防火墙内部的系统能与双重宿主主机通信，同时防火墙外部的系统也能与双重宿主主机通信，它们之间的通信必须经过双重宿主主机的过滤和控制。双重宿主主机的系统软件可用于维护系统日志、硬件复制日志或远程日志。但是，一旦黑客侵入堡垒主机并使其只具有路由功能，任何网上用户均可以随便访问内部网。如图6-3所示。

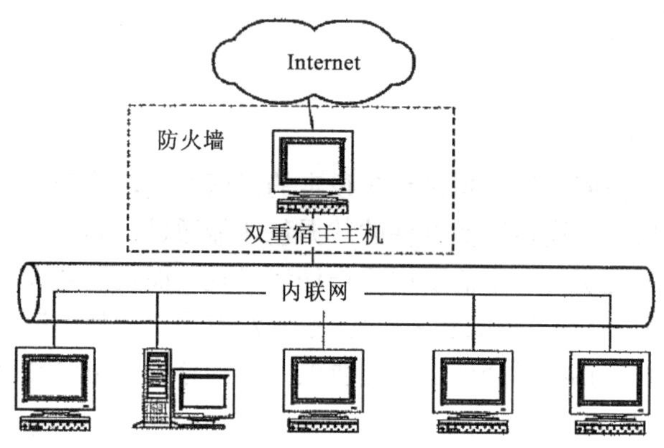

图6-3 双重宿主主机体系结构

2. 被屏蔽主机体系结构

双重宿主主机体系结构防火墙没有使用路由器，而被屏蔽主机体系结构防火墙则使用一个路由器把内联网和外部网络隔离开，如图6-4所示。在这种体系结构中，安全性主要通过数据包过滤保证(例如，数据包过滤用于防止人们绕过代理服务器直接相连)。

这种体系结构涉及堡垒主机。堡垒主机是因特网上的主机能连接到的唯一的内联网上的系统。任何外部的系统要访问内部的系统或服务都必须先连接到这台主机，因此堡垒主机要保持更高等级的主机安全。

数据包过滤容许堡垒主机开放可允许的连接到外部世界。

在屏蔽的路由器中数据包过滤配置可以按下列之一执行。

(1)允许其他的内部主机为了某些服务与Internet上的主机连接(即允许那些已经由数据包过滤的服务)。

(2)不允许来自内部主机的所有连接(强迫那些主机经由堡垒主机使用代理服务)。

用户可以针对不同的服务混合使用这些手段；某些服务可以被允许直接经由数据包过滤，而其他服务可以被允许仅仅间接地经过代理。这完全取决于用户实行的安全策略。如图 6-4 所示。

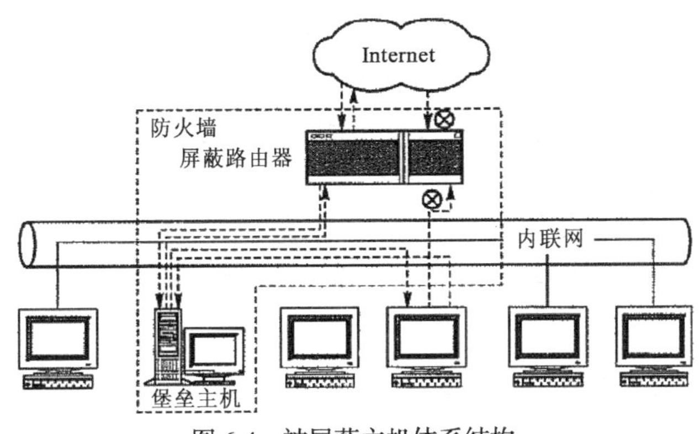

图 6-4　被屏蔽主机体系结构

3. 被屏蔽子网体系结构

被屏蔽子网体系结构添加额外的安全层到被屏蔽主机体系结构上，即通过添加周边网络更进一步地把内联网和外部网络(通常为 Internet)隔离开。

被屏蔽子网体系结构最简单的形式为两个屏蔽路由器，每一个都连接到周边网。一个位于周边网与内联网之间，另一个位于周边网与外部网络(通常为 Internet)之间，这样就在内联网与外部网络之间形成了一个“隔离带”。为了入侵用这种体系结构构筑的内联网，入侵者必须通过两个路由器。即使入侵者侵入堡垒主机，它仍必须通过内部路由器，如图 6-5 所示。

6.2.3　防火墙的策略

防火墙系统一般部署在网络出口处，所有进出的数据都必须接受防火墙的检查，只有符合策略的数据才能通过。

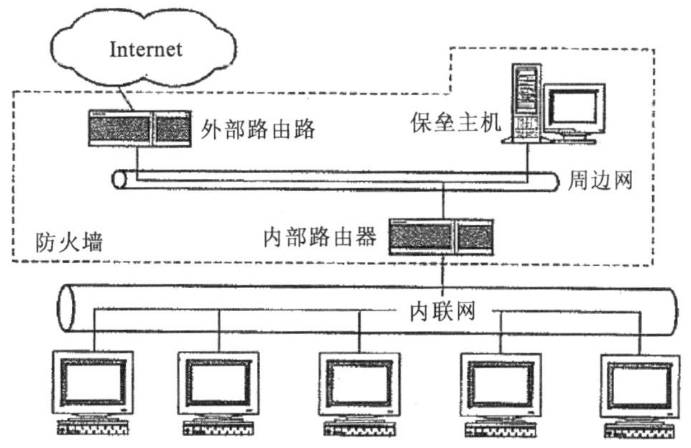

图 6-5　被屏蔽子网体系结构

防火墙的策略是根据所在单位的总体安全策略制定的，是全方位防御体系的一个部分。防火墙的策略一般有以下两种。一是除非明确不允许，否则允许某种服务；二是除非明确允许，否则禁止某项服务。执行第一种策略时，防火墙在默认情况下允许所有的服务，除非管理员明确禁止某种服务。执行第二种策略时，防火墙在默认情况下禁止所有的服务，除非管理员明确允许某种服务。前者是一种宽松的策略，后者是一种限制性策略，制定策略前先要明确采用哪一种方式。

为了设计一套符合安全要求的策略，网络管理员在设计时应该考虑以下问题。

(1)需要什么服务，如 Telnet、万维网或 NFS 等。

(2)在哪里使用这些服务，如本地、穿越因特网、从家里或远方的办公机构等。

(3)是否应当支持拨号入网和加密等服务。

(4)提供这些服务的风险是什么。

(5)若提供这种保护，可能会导致网络使用上不方便等负面影响，这些影响会有多大。

(6)与可用性相比，站点的安全性处于什么地位。

6.2.4 实例训练——防火墙策略的配置

【背景】防火墙最重要的一个功能是进行安全的防护，防护的安全程度主要取决于防火墙的策略设置。为了保护内网的安全，需要在防火墙上配置相应的安全策略。

【要求】以 juniper 的防火墙为例，掌握防火墙策略的新建、修改和删除操作，熟悉防火墙的配置。

【解决方法】

1. 登录管理界面

使用管理员账号，通过登录界面进入防火墙的策略管理界面，如图 6-6 所示。

2. 新建策略

步骤 1：选择需要创建策略的源地址(From)及目的地址(To)所在的 zone，单击右上角的“New”按钮新建一条策略。

步骤 2：正确填入 Source Address(源地址，可以手动输入，也可以使用预定义的地址。预定义的方法见后面“预定义地址”)、Destination Address(目的地址)、策略涉及的 Service(服务)、Action(动作，允许通过还是禁止通过，或者通过 tunnel 走 VPN)和其他一些设置信息，单击“OK”按钮完成，如图 6-7 所示。

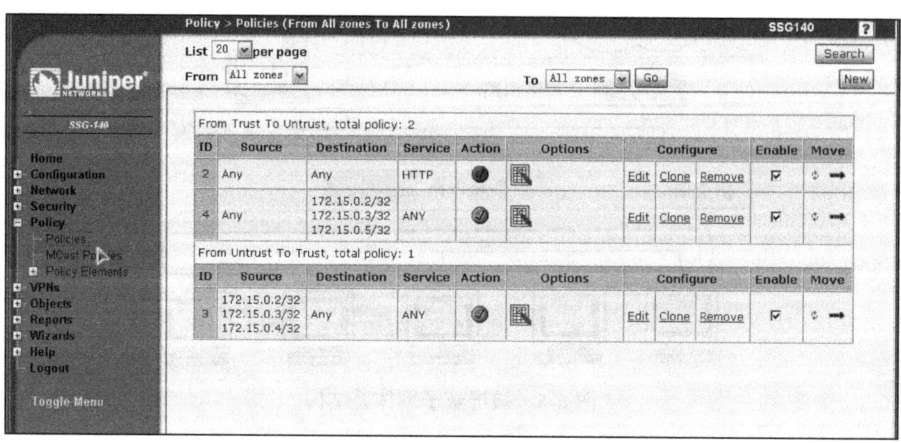

图 6-6 策略管理界面

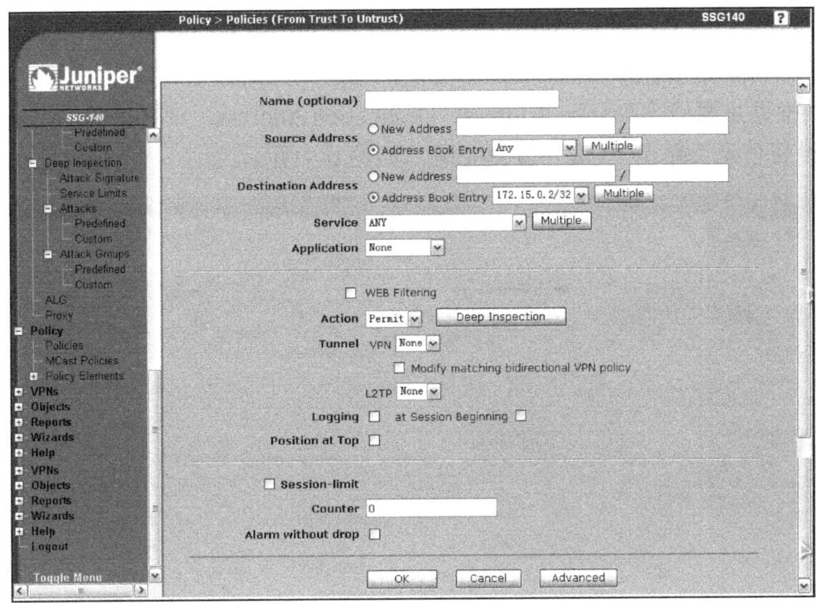

图 6-7　新建策略

步骤 3：如果需要，可以单击“Advanced”按钮，设置高级策略，如图 6-8 所示。

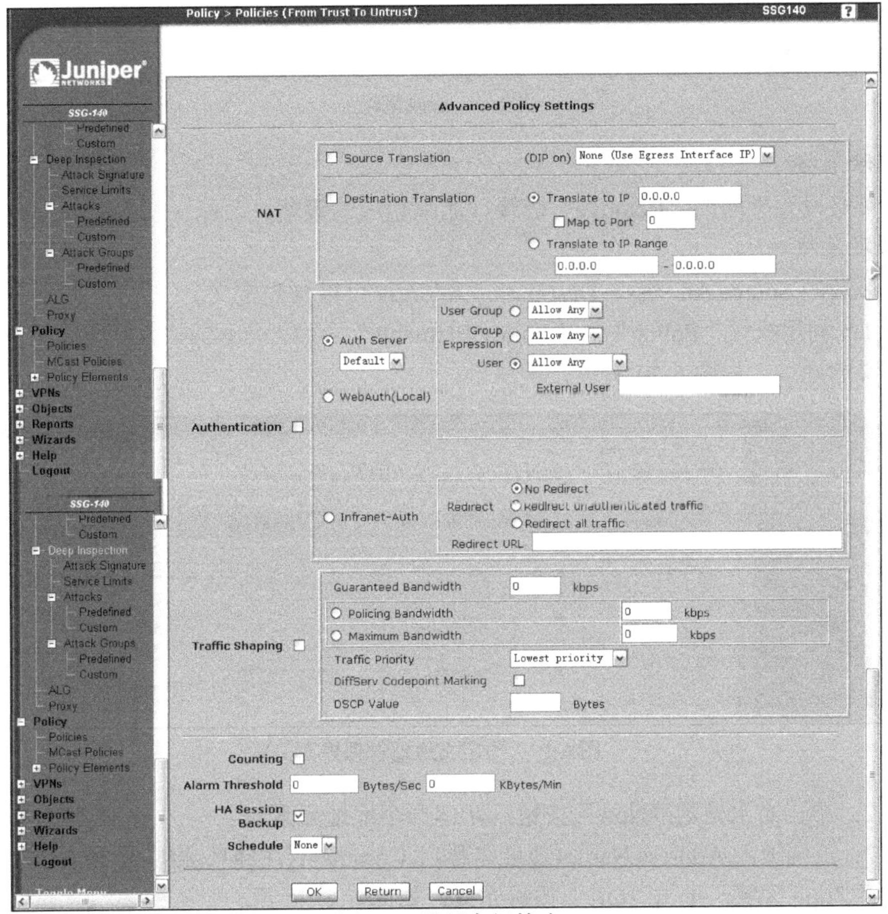

图 6-8　设置高级策略

3. 修改策略

步骤 1：单击策略设置界面的“Edit”链接，修改相应的策略。

步骤 2：根据需要修改 Source Address、Destination Address、策略相关的 Service、Action 和其他一些设置信息，单击“OK”按钮完成，如图 6-9 所示。

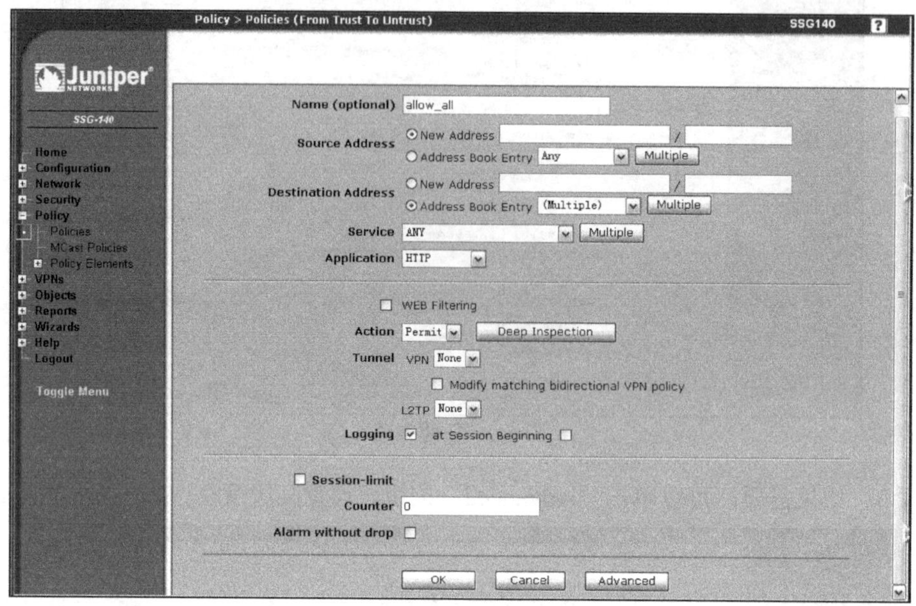

图 6-9　修改策略

4. 删除策略

单击策略设置界面的“Remove”链接，删除相应的策略。

5. 预定义地址

对于涉及的 Source Address、Destination Address 可以预先定义。

步骤 1：利用执行“Policy”→“Policy Elements”→“Addresses”→“List”菜单命令，查看已定义的地址，如图 6-10 所示。

Name	IP/Domain Name	Comment	Configure	
172.15.0.2/32	172.15.0.2 /32		Edit	Remove
172.15.0.3/32	172.15.0.3 /32		Edit	Remove
172.15.0.4/32	172.15.0.4 /32		Edit	Remove
172.15.0.5/32	172.15.0.5 /32		Edit	Remove
Any	0.0.0.0 /0	All Addr		In Use
Dial-Up VPN	255.255.255.255 /32	Dial-Up VPN Addr		

图 6-10　预定义地址管理界面

步骤 2：单击右上角的“New”按钮，新建一个地址元素。

步骤 3：正确填入 Address Name(地址名称)、Comment(注释)、相应的 IP 地址段/域名等信息，选择 Zone 区域，单击“OK”按钮完成，如图 6-11 所示。

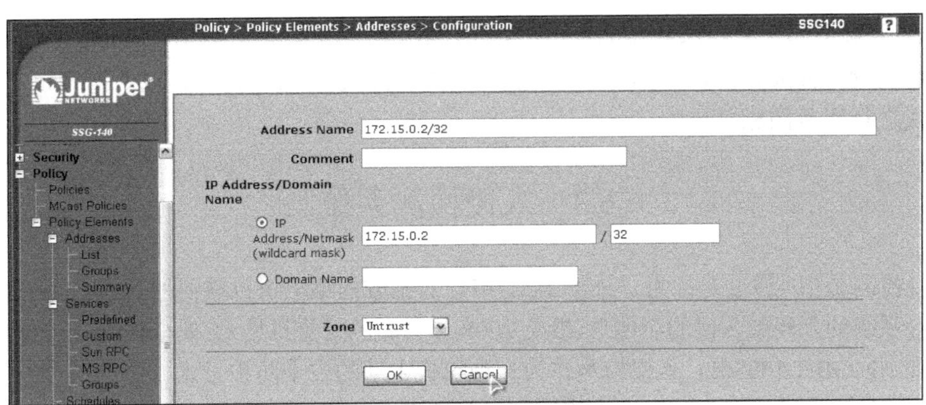

图 6-11　新建预定义地址

步骤 4：单击地址列表界面的“Edit”链接，修改相应的预定义地址，如图 6-12 所示。

步骤 5：单击地址列表界面的“Remove”链接，删除对应的预定义地址。

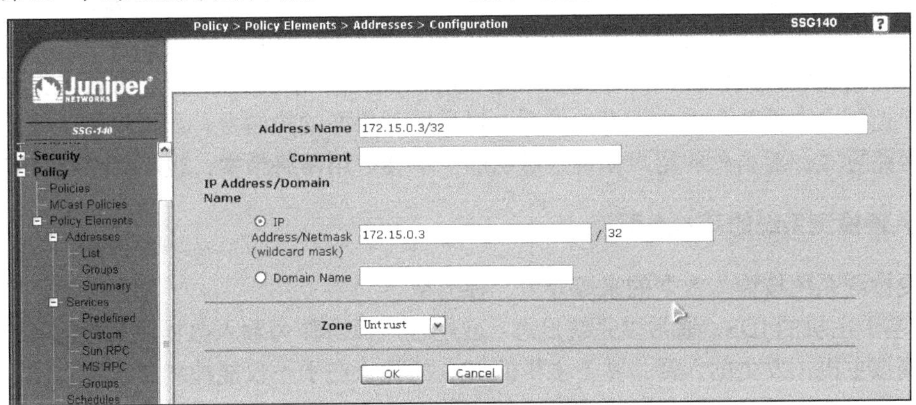

图 6-12　修改预定义地址

6. 已定义好的地址元素，也可以联合起来组成地址元素组

步骤 1：利用执行“Policy”→“Policy Elements”→“Addresses”→“Groups” 菜单命令，新建地址元素组。

步骤 2：正确填入 Group Name(组名)和 Comment 等信息，选择需要合并成组的预定义地址元素，单击“OK”按钮完成，如图 6-13 所示。

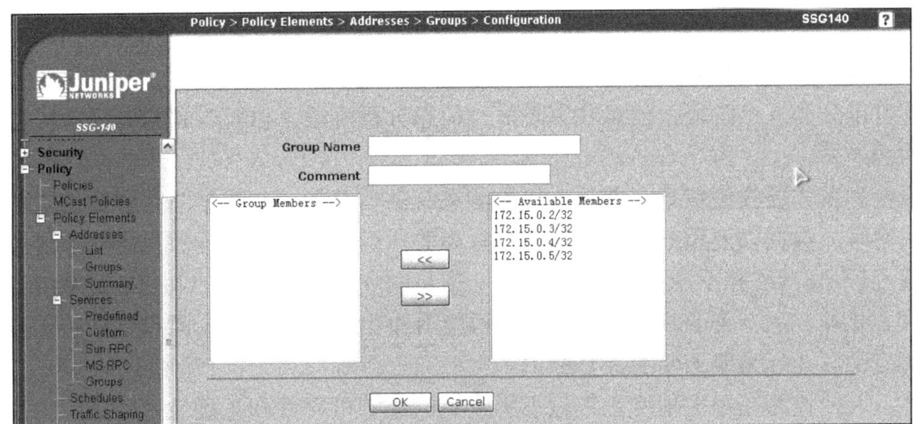

图 6-13　新建地址元素组

7. 对于策略配置中涉及的 Service 可以预先定义

利用执行“Policy”→“Policy Elements”→“Services”菜单命令，以前面预定义地址类似的方式进行服务的相关操作。

6.3 入侵检测系统

入侵检测是指“通过对行为、安全日志、审计数据或网络上可以获得的其他信息进行操作，检测到对系统的入侵或入侵的企图”(参见 2008 年公布的《信息技术 安全技术 信息技术安全性评估准则》GB/T 18336)。入侵检测作为一种积极主动的安全防护技术，提供了对内部攻击、外部攻击和误操作的实时保护，在网络系统受到危害之前拦截和响应入侵，是防火墙的补充。入侵检测通过执行以下任务来实现：监视、分析用户及系统活动；系统构造和弱点的审计；识别反映已知进攻的活动模式并向相关人士报警；异常行为模式的统计分析；评估重要系统和数据文件的完整性；操作系统的审计跟踪管理，并识别用户违反安全策略的行为。

进行入侵检测的软件与硬件的组合便是入侵检测系统(IDS)。入侵检测系统通常由两部分组成：探测器和控制台。探测器负责采集数据(网络包、系统日志等)、分析数据并生成安全事件；控制台主要起到中央管理的作用，提供图形界面的控制台。入侵检测系统的部署一般采用旁路方式，对内外的用户来说是透明的，不会占用网络带宽，也不会引起单点故障。

6.3.1 入侵检测系统的基本类型

入侵检测系统按输入数据的来源分为三种类型。

(1)基于主机的 IDS：通常以系统日志、应用程序日志作为输入数据源来检测入侵，一般只能检测该主机上发生的入侵。基于主机的 IDS 的优点在于不仅能检测出本地入侵，而且可检测出远程入侵，其缺点则是对操作系统的依赖性较大，检测的范围较小。

(2)基于网络的 IDS：通常将网卡设置成混杂模式，将在网络中监听到的数据包作为输入数据源来检测入侵。基于网络的 IDS 的优点则在于检测范围是整个网段，拥有独立于主机的操作系统。

(3)分布式 IDS：同时将来自本地主机的日志和网络上的数据流作为输入数据源来检测入侵。系统由多个部件组成，采用分布式结构。

6.3.2 入侵检测过程

入侵检测涉及很多技术的应用，目前这些技术尚处于不断发展之中。总的来说，入侵检测的过程可以分为 3 个阶段：信息收集阶段、信息分析阶段，以及告警与响应阶段。

1. 信息收集

入侵检测首先要收集信息，即从入侵检测系统的信息源中收集信息，收集信息的内容包括系统、网络、数据以及用户活动的状态和行为等。而且，需要在计算机网络系统中的若干不同关键点(不同网段和不同主机)收集信息。信息收集的范围越广，入侵检测系统的检测范围就越大。此外，从一个源收集到的信息中可能看不出疑点，但几个源收集到的信息的不一致性却可能是可疑行为或入侵的最好标识。

当然，入侵检测在很大程度上依赖于所收集信息的可靠性和正确性，因此，很有必要利用所知道的精确软件来报告这些信息。黑客经常替换软件以搞混和移走这些信息，例如，替换被程序调用的子程序、库和其他工具。黑客对系统的修改可能使系统功能失常并看起来跟正常时一样，而实际上却并非如此。例如，UNIX 系统的 PS 指令可以被替换为一个不显示入侵过程的指令，或者是编辑器被替换成一个读取不同于指定文件的程序，即黑客隐藏了初始文件并用另一版本代替，因此需要保证用来检测网络系统的软件的完整性，特别是入侵检测系统，软件本身的稳健性应该很好，防止被篡改而收集到错误的信息。

2. 信息分析

入侵检测系统从信息源中收集到的有关系统、网络、数据及用户活动的状态和行为等信息，其信息量是非常庞大的，在这些海量的信息中，绝大部分信息都是正常信息，而只有很少一部分信息才可能表征着入侵行为的发生，要从大量的信息中找到表征入侵行为的异常信息，就需要对这些信息进行分析。可见，信息分析是入侵检测过程中的核心环节，没有信息分析功能，入侵检测也就无从谈起。

入侵检测的信息分析方法有很多，如模式匹配、统计分析、完整性分析等。每种方法都有其各自的优缺点，也都有其各自的应用对象和范围。

3. 告警与响应

当一个攻击企图或事件被检测到以后，入侵检测系统就应该根据攻击、事件的类型或者性质作出相应的告警与响应，即通知管理员系统正在遭受不良行为的入侵，或者采取一定的措施阻止入侵行为的继续。常见的告警与响应方式如下。

(1) 自动终止攻击。

(2) 终止用户连接。

(3) 禁用用户账号。

(4) 重新配置防火墙阻塞攻击的源地址。

(5) 向管理控制台发出警告，指出事件的发生。

(6) 向网络管理平台发出 SNMP Trap。

(7) 记录事件的日志，包括日期、时间、源地址、目的地址、描述、事件相关的数据。

(8) 安全管理人员发出提示性的电子邮件。

(9) 执行一个用户自定义程序。

6.3.3　实践案例——Snort 软件的使用

【背景】网络是一个开放的系统，入侵行为时有发生。为了更好地管理网络，网络管理员需要检测和了解所管理网络的入侵情况。

【要求】利用免费的、开源的入侵检测系统工具 Snort，实时监测网络中的入侵。掌握 Snort 软件的安装和常用操作。

【解决方法】

1. 安装

步骤 1：如图 6-14 所示，运行安装程序，接受 Snort 许可协议，单击“I Agree”按钮。

步骤 2：在安装选项中，选择“Enable IPv6 support”，激活对 IPv6 的支持，如图 6-15 所示。

步骤 3：选择要安装的组件，Snort 本身、Dynamic Modules(动态模块)和 Documentation (文档)，可以按照默认，单击“Next”按钮，如图 6-16 所示。

步骤 4：选择安装路径，单击“Next”按钮，如图 6-17 所示。

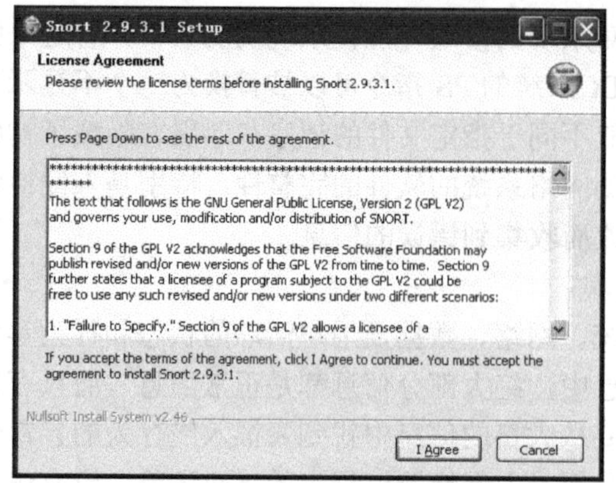

图 6-14 软件授权说明

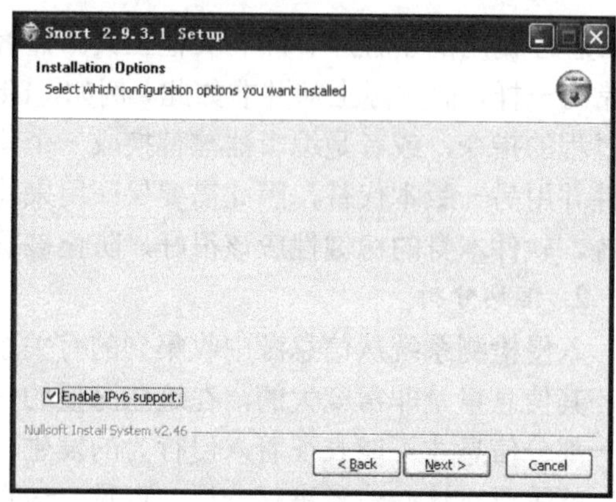

图 6-15 激活 IPv6 的支持

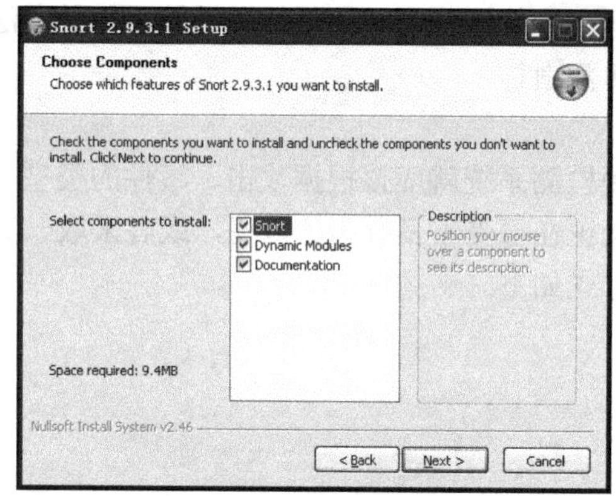

图 6-16 选择要安装的模块

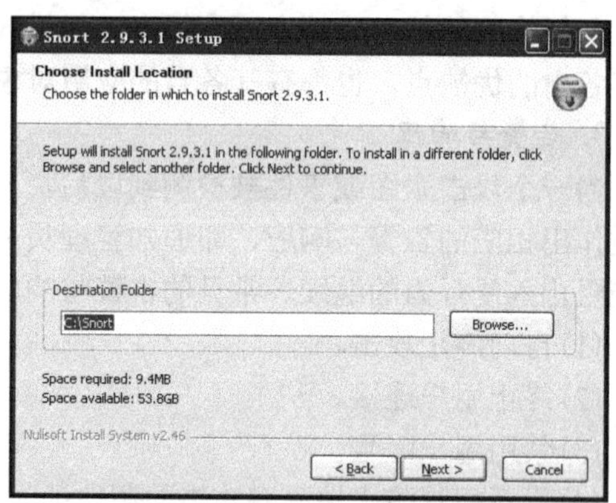

图 6-17 选择安装路径

步骤 5：安装完成，单击“Close”按钮，如图 6-18 所示。

步骤 6：单击“Close”按钮后，弹出一个窗口，如图 6-19 所示，表明 Snort 已经为运行做好了准备。

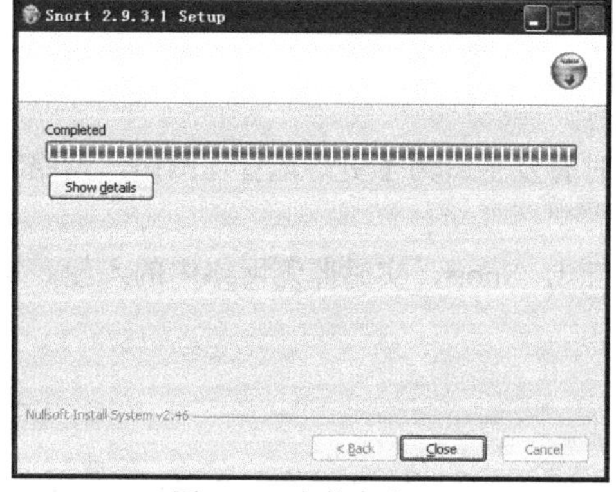

图 6-18 安装完成

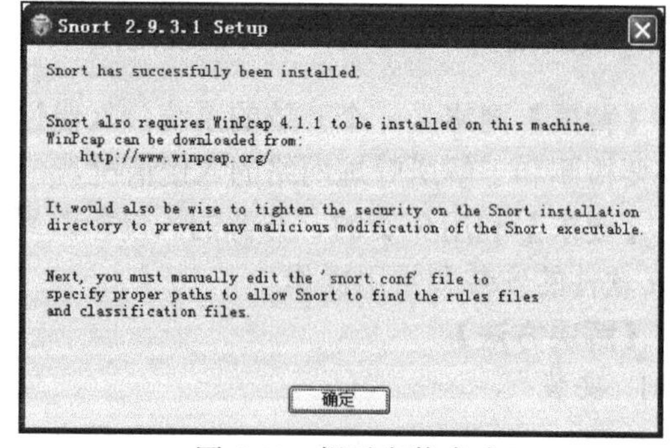

图 6-19 提示安装成功

步骤 7：安装 WinPcap。

Snort 提醒还要安装 WinPcap。WinPcap 是 Windows Packet Capture Library 的简写，Snort 的 IDS 和包嗅探功能都需要这个软件。WinPcap 的安装比较简单，双击 WinPcap 安装程序，然后一直选择“Next”，直到安装完成，如图 6-20 所示。

步骤 8：将 Snort.exe 所在的文件夹（默认是 C:\Snort\bin\）添加到系统路径 PATH 下。

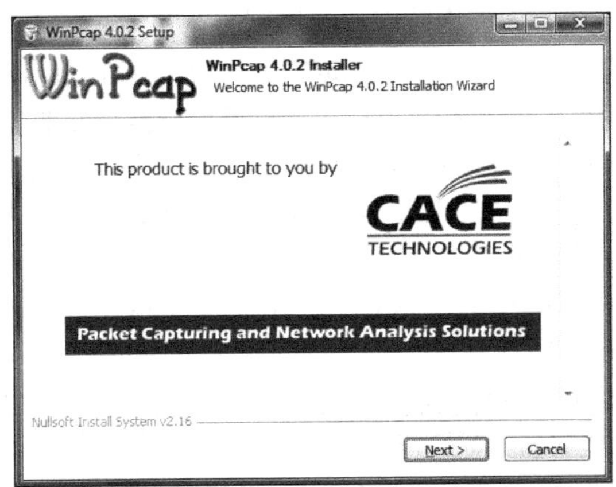

图 6-20　WinPcap 安装向导说明

2. Snort 的使用

Snort 有三种工作模式：嗅探器、数据包记录器、网络入侵检测系统。

1）嗅探器

在嗅探器模式下，Snort 只是简单地从网络中读取数据包并在终端上连续不断地显示出来。在这个模式下，常用的命令如下。

（1）snort –v：显示数据包的 IP 和 TCP/UDP/ICMP 的包头信息。

（2）snort –vd：显示数据包的包头信息和数据信息。

（3）snort –vde：显示数据包的包头信息、数据信息和数据链路层信息。

2）数据包记录器

在数据包记录器模式下，Snort 会把网络中读取到的数据包记录在硬盘上。为了把所有的数据包记录到硬盘上，需要给 Snort 指定一个目录。在这个模式下，常用的命令如下。

（1）snort -dev -l ./log：./log 指定了一个目录。Snort 会把所有检测到的数据包自动保存在这个目录下。这里要求./log 目录必须存在，否则 Snort 就会报错并退出。

（2）snort -dev -l ./log -h 192.168.10.0/24：将指定的本地网络 192.168.10.0/24 的所有包的数据链路层、TCP/IP 层和应用层的数据记录在./log 目录下。

（3）snort -l ./log –b：把所有的数据包以 tcpdump 二进制形式记录在一个单一文件中，这样可以使日志更加紧凑，以便以后分析。这种二进制格式的文件也可以用其他的嗅探器程序（如 Ethereal、tcpdump 等）进行处理。

（4）snort -dv -r packet.log：读取以二进制格式记录的日志，并显示在终端上。

（5）snort -dvr packet.log tcp：从日志文件中提取符合过滤条件的一部分数据包。斜线部分是一个符合 BPF（BSD Packet Filter）接口的过滤条件。这种命令只有在数据包记录器模式和网络入侵检测系统模式下才能使用。

3）网络入侵检测系统

在网络入侵检测系统模式下，Snort 会根据用户定义的一些规则来分析网络数据流，并根据分析结果采取一定的动作。这也是 Snort 最重要的用途。为了使 Snort 工作在这个模式下，需要在命令中使用定义了规则集的配置文件。常用的命令如下：

```
snort -d -l ./log -h 192.168.10.0/24 -c snort.conf
```

Snort 对指定的网段 192.168.10.0/24 的数据包按照 snort.conf 中预先定义好的规则集进行检测，并记录在./log 目录中。Snort 会将每个检测到的包和定义好的规则集进行匹配，如果匹配，就对这个包采取相应的行动。如果不指定输出目录，Snort 就自动保存到/var/log/snort 目录中。这是适合进行长期检测的基本命令形式，也可以根据需要增加相关的选项。

网络入侵检测模式下的 Snort 可配置多种输出格式。在默认情况下，Snort 以 ASCII 格式记录日志，使用 full 报警机制。在 full 报警机制下，Snort 会在包头之后打印报警消息。如果不需要日志包信息，可以使用-N 选项。

Snort 有 6 种报警机制：full、fast、socket、syslog、smb（winpopup）和 none。其中有 4 种可以在命令行状态下使用-A 选项设置。

-A fast：报警信息包括一个时间戳（timestamp）、报警消息、源/目的 IP 地址和端口。

-A full：默认的报警模式。

-A unsock：把报警发送到一个 UNIX 套接字，需要有一个程序进行监听，这样可以实现实时报警。

-A none：关闭报警机制。

如果使用-s 选项，Snort 会把报警消息发送到 syslog，默认的设备是 LOG_AUTHPRIV 和 LOG_ALERT，可以在 snort.conf 文件中修改。

Snort 还可以使用 SMB 报警机制，通过 SAMBA 把报警消息发送到 Windows 主机。为了使用这个报警机制，在运行./configure 脚本时，必须使用 enable-smbalerts 选项。

6.4　网络防病毒系统

计算机病毒是一种人为制造的、具有一定破坏性的计算机程序，它不仅能破坏本地计算机系统，而且能够传播、感染到其他系统。它通常隐藏在看起来无害的程序中，能生成自身的复制品并将其插入到其他的程序中，执行恶意的操作。计算机病毒具有破坏性、传染性、隐蔽性、潜伏性、不可预见性、衍生性、针对性等特征。

防病毒系统是安装在计算机中的一个软件，它能保护计算机不受大多数病毒、蠕虫、木马和其他有害程序的危害，使计算机保持健康的状态。

6.4.1　常见病毒介绍

根据中国国家计算机病毒应急处理中心发布的报告统计，病毒类型中近 45%的病毒是木马程序，蠕虫占病毒总数的 25%以上，脚本病毒占 15%以上，其余的病毒类型分别是文档型病毒和宏病毒等。

(1) 特洛伊木马。特洛伊木马（trojan horse）简称木马，是一种恶意程序，是一种基于远程控制的黑客工具，一旦侵入用户的计算机，就悄悄地在宿主计算机上运行，在用户毫无察觉的情况下，让攻击者获得远程访问和控制系统的权限，进而在用户的计算机中修改文件、修改注册表、控制鼠标、监视/控制键盘或窃取用户信息。

(2) 计算机蠕虫。计算机蠕虫与一般的计算机病毒不同，它不需要附在别的程序内，可能不用使用者介入操作也能自我复制或执行。计算机蠕虫不一定会直接破坏被感染的系统，但一般都会攻击网络。计算机蠕虫可能发动分布式拒绝服务攻击，令计算机的执行效率极大程度降低，从而影响计算机的正常使用；也可能会损毁或修改目标计算机的档案，阻塞网络，造成网络瘫痪。

(3) 僵尸网络。僵尸网络是由中毒(如蠕虫病毒)的电脑组成的网络，它们被黑客控制，成为“肉鸡”。黑客可以利用这些数以万计的被控电脑发送大量伪造数据包或垃圾数据包对预定目标进行拒绝服务攻击，造成被攻击目标瘫痪。僵尸网络由于其危害性而受到国家安全部门的重视。

(4) 间谍软件和流氓软件。间谍软件和流氓软件是部分不良网络公司出品的一种收集用户浏览网页习惯而制订自己广告投放策略的软件。这种软件本身对计算机的危害性不是很大，只是中毒者隐私遭到泄露被收集走，一旦安装上它就无法正常删除卸载。

(5) 宏病毒。宏病毒的感染对象为 Microsoft 开发的办公系列软件。Microsoft Word、Excel 这些办公软件本身支持运行可进行某些文档操作的命令，所以也被 Office 文档中含有恶意的宏病毒所利用。openoffice.org对 Microsoft 的 VBS 宏仅进行编辑支持而不运行，所以含有宏病毒的 Microsoft Office 文档在 openoffice.org 下打开后病毒无法运行。

(6) 档案型病毒。档案型病毒通常寄居于可执行档(副档名为.EXE 或.COM 的档案)，当被感染的档案被执行，病毒便开始破坏电脑。

6.4.2　常见病毒处理方式

系统感染病毒后可采取以下措施进行紧急处理。

(1) 隔离。当某计算机感染病毒后，可将其与其他计算机进行隔离，即避免相互复制和通信。某节点感染病毒后，网络管理员必须立即切断该节点与网络的连接。

(2) 报警。病毒感染点被隔离后，要立即向网络系统安全管理人员报警。

(3) 查毒源。接到报警后，系统安全管理人员可使用相应的防病毒系统鉴别被感染的机器和用户，检查那些经常引起病毒感染的节点和用户，并查找病毒的来源。

(4) 采取对策。网络系统安全管理人员要对病毒的破坏程度进行分析检查，并根据需要采取有效的病毒清除方法和对策。如果被感染的大部分文件是系统文件和应用程序文件，且感染程度较深，则可采取重装系统的方法来清除病毒；如果感染的是关键数据文件，或破坏较为严重时，可请防病毒专家进行清除病毒和恢复数据的工作。

(5) 修复前备份数据。在对被感染的病毒进行清除前，尽可能将重要的数据文件备份，以防在使用防病毒软件或其他清除工具查杀病毒时，将重要数据文件破坏。

(6) 清除病毒。将重要数据备份后，运行查杀病毒软件，并对相关系统进行扫描。一旦发现病毒，立即清除。如果可执行文件中的病毒不能清除，应将其删除，然后再安装相应的程序。

(7) 重启和恢复。病毒被清除后，重新启动计算机，再次用防病毒软件检测系统是否还有病毒，并恢复被破坏的数据。

6.4.3　实践案例——卡巴斯基反病毒软件的使用

【背景】为了保护内网中主机和服务器的安全，防止病毒的传播，需要部署防病毒系统。

【要求】在主机上部署卡巴斯基反病毒软件，掌握卡巴斯基反病毒软件的安装、配置和杀毒操作。

【解决方法】

1. 安装反病毒软件

步骤 1：双击安装程序，弹出欢迎界面，阅读用户授权许可协议，单击“安装”按钮，如图 6-21 所示。

步骤 2：安装过程中，反病毒软件会检测不兼容的其他软件，并提示删除这些软件。根据具体情况，单击“删除”按钮，然后单击“下一步”按钮或者直接选择“跳过”，如图 6-22 所示。

图 6-21　软件授权说明

图 6-22　检测不兼容的软件

步骤 3：如果选择了删除不兼容的软件，删除完成后会提示删除成功，并要求重启计算机，如图 6-23 所示。

步骤 4：正式进入程序的安装过程，如图 6-24 所示。

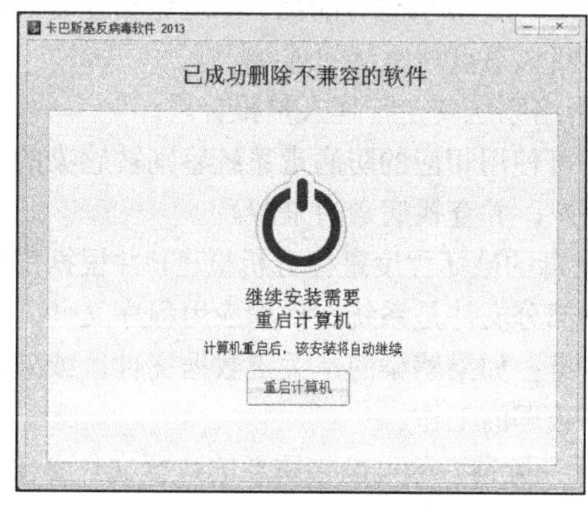

图 6-23　成功删除不兼容软件

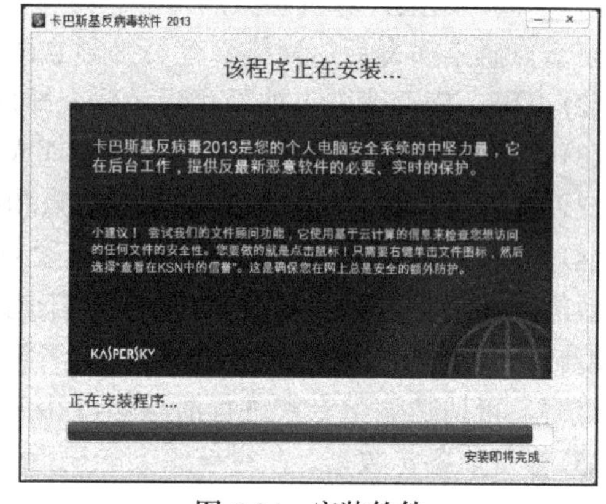

图 6-24　安装软件

步骤 5：安装完成后提示安装成功，单击“完成”按钮，如图 6-25 所示。

步骤 6：载入反病毒软件，如图 6-26 所示。

图 6-25　完成软件安装

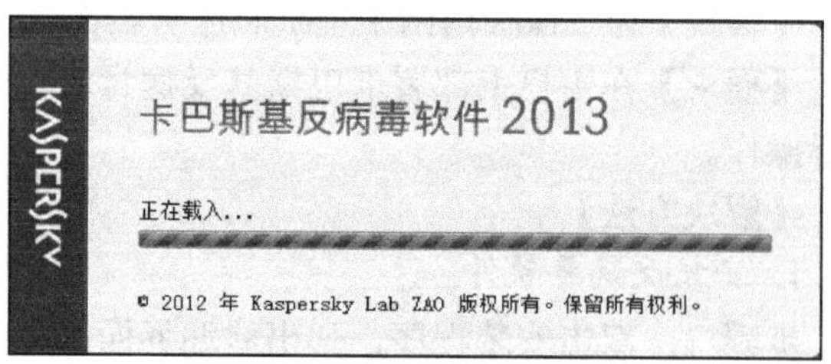

图 6-26　启动反病毒软件

步骤 7：输入购买的软件激活码，也可选择“激活试用版”，单击“下一步”按钮，如图 6-27 所示。

步骤 8：联网检查激活码，如图 6-28 所示。

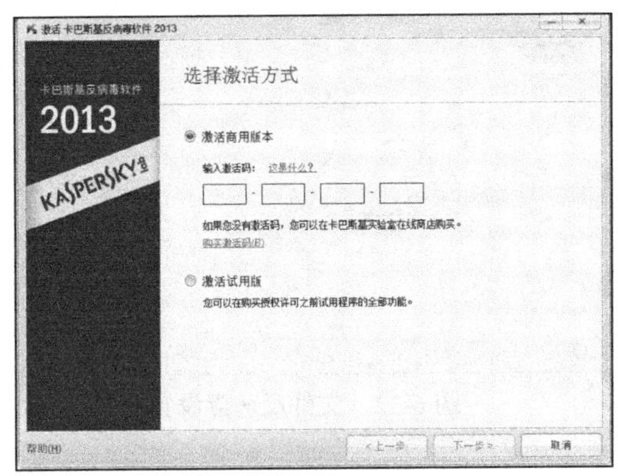

图 6-27　选择激活方式

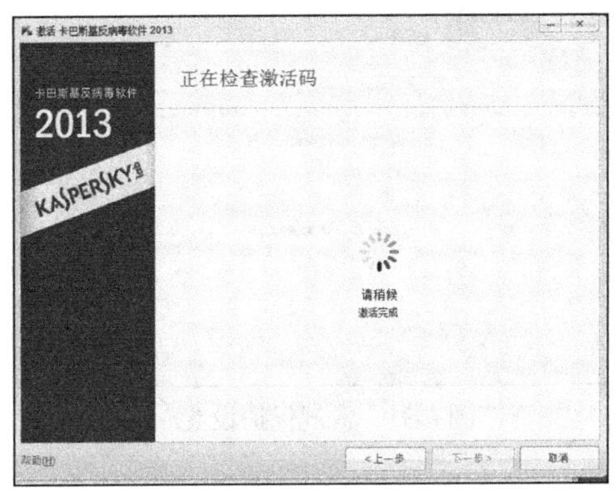

图 6-28　激活软件

步骤 9：激活成功，单击“完成”按钮，如图 6-29 所示。

步骤 10：显示主界面，如图 6-30 所示。

图 6-29　成功激活软件

图 6-30　反病毒软件主界面

2. 配置反病毒软件

步骤 1：选择左上角“设置”按钮，弹出“实时保护”设置页。

在默认的“常规保护设置”中，选择是否启用保护、交互式保护方式，设置软件的密码保护，确定是否开机自动运行，如图 6-31 所示。

步骤 2：选择“文件反病毒”，决定是否启用文件反病毒，设置安全级别和检测到威胁后的操作，如图 6-32 所示。“自动选择操作”表示由反病毒软件根据检测到的威胁的严重程度自动处理；“选择操作”表示反病毒软件统一按照用户选择的方式处理威胁。“邮件反病毒”、“网页反病毒”、“即时通信反病毒”的设置类似。

步骤 3：选择“系统监控”，决定是否对系统中的应用程序实施监控，是否启用漏洞入侵防护，选择防护方式。选择检测到恶意软件要采取的措施，及如何回滚恶意操作所作的修改，如图 6-33 所示。

步骤 4：选择“智能查杀”，选中“常规设置”，决定是否要进行后台扫描，选择接入可移动磁盘时的扫描方式，并可根据需要创建扫描的快捷方式，如图 6-34 所示。

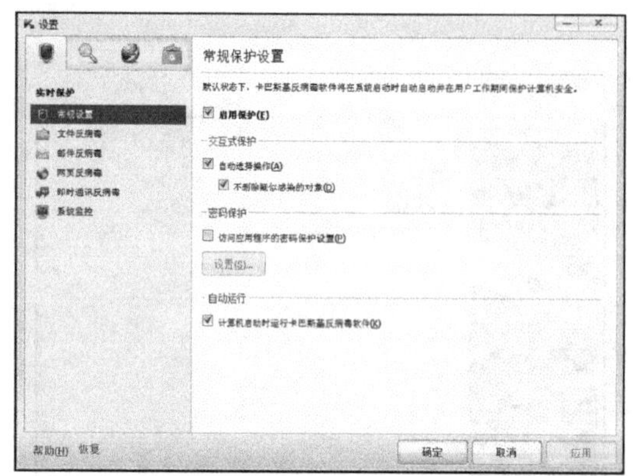

图 6-31　常规保护设置

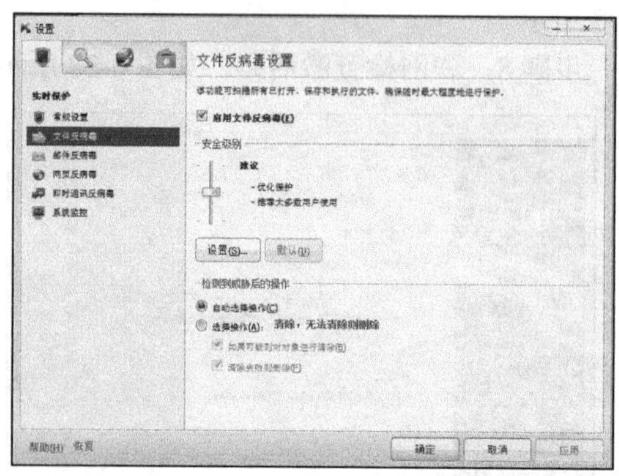

图 6-32　文件反病毒设置

图 6-33　系统监控设置

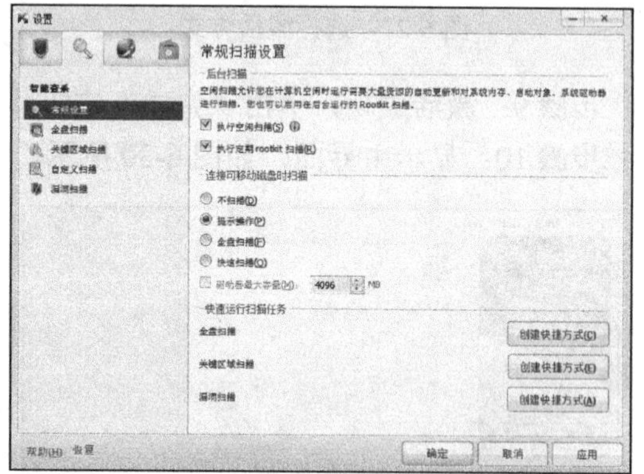

图 6-34　常规扫描设置

步骤 5：选择“全盘扫描”，决定扫描的安全等级、扫描时检测到威胁的处理方法、扫描的运行模式(手动扫描，还是根据预先设定的计划进行扫描等)和扫描的范围，如图 6-35 所示。“关键区扫描”、“自定义扫描”和“漏洞扫描”的设置类似。

步骤 6：选择“免疫更新”，设置反病毒软件程序更新的运行模式(自动更新、手动更新还是按计划周期性更新)和更新的源站点，选择有新的版本是否通知用户，如图 6-36 所示。

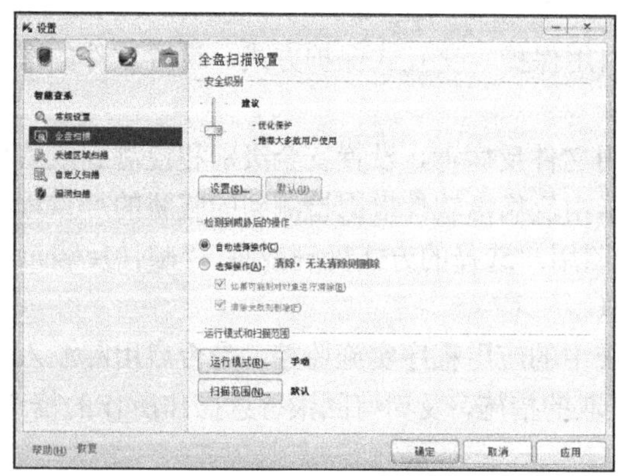

图 6-35　全盘扫描设置

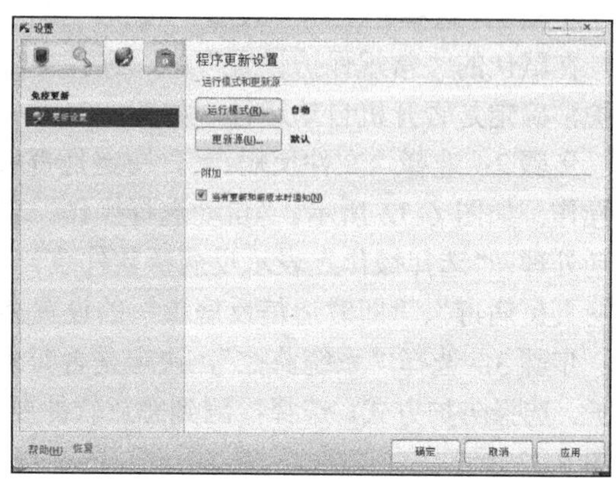

图 6-36　程序更新设置

步骤 7：选择“高级设置”，包含了一些其他相关设置，一般保持默认，如图 6-37 所示。

图 6-37　高级设置

3. 查杀毒

步骤 1：在主界面上选择“智能查杀”，弹出智能查杀界面，如图 6-38 所示。根据需要选择相应的查杀功能。全盘扫描是对系统内存、启动对象、磁盘引导区、系统备份存储区、所有的硬盘和可移动磁盘等进行全面的扫描，速度较慢，但比较彻底。关键区域扫描仅对系统内存、启动对象和磁盘引导区这些关键区域进行快速扫描。漏洞扫描是专门对已安装程序中的漏洞进行扫描。自定义扫描是对用户选择的特定对象进行专门的扫描，如下载的文件等。

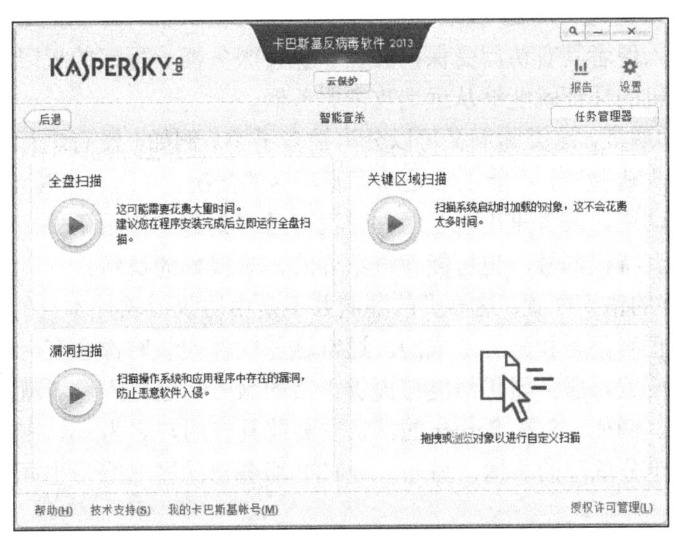

图 6-38　智能查杀界面

步骤 2：反病毒软件将按照在设置中设定的扫描范围和威胁处理策略对所在的主机进行查杀。扫描完成后显示结果信息，如图 6-39 所示。

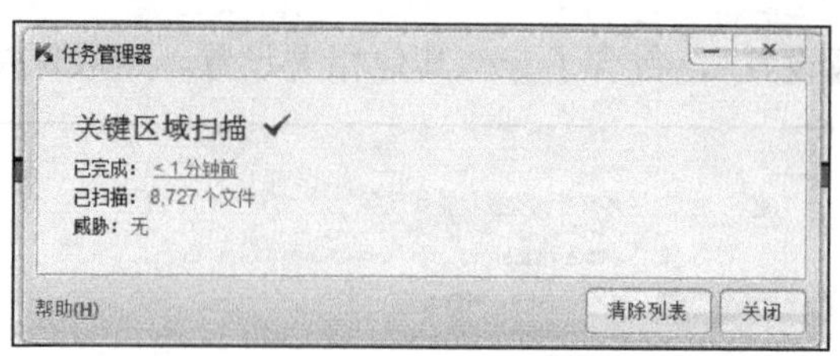

图 6-39　显示扫描结果

6.5　漏洞扫描系统

6.5.1　漏洞

漏洞是指硬件、软件或策略上存在安全缺陷，从而使攻击者能够在未授权的情况下访问、控制系统。漏洞对系统的威胁体现在恶意攻击行为对系统的威胁，因为只有利用硬件、软件和策略上最薄弱的环节，恶意攻击者才可以得手。

从技术角度而言，漏洞的来源主要有以下几个方面。

(1) 软件或协议设计时的瑕疵。协议定义了网络上计算机会话和通信的规则，如果在协议设计时存在瑕疵，那么无论实现该协议的方法多么完美，它都存在漏洞。ARP 病毒就是由 ARP 协议存在问题引起的。另外，在软件设计之初，通常不会存在不安全的因素，然而当各种组件不断添加进来时，软件可能就不会像当初期望的那样工作，从而可能引入不可知的漏洞。

(2) 软件或协议实现中的弱点。即使协议设计得很完美，实现协议的方式仍然可能引入漏洞。例如，和 E-mail 有关的某个协议的某种实现方式能够让攻击者通过与受害主机的邮件端口建立连接，达到欺骗受害主机执行意想不到的任务的目的。如果入侵者在“To:”字段填写的不是正确的 E-mail 地址，而是一段特殊的数据，受害主机就有可能把用户名和密码信息送给入侵者，或者使入侵者具有访问受保护文件和执行服务器上程序的权限。这样的漏洞使攻击者不需要访问主机的凭证就能够从远端攻击服务器。

(3) 软件本身的瑕疵。这类漏洞又可以分为很多子类。例如，没有进行数据内容和大小检查，没有进行成功/失败检查，不能正常处理资源耗尽的情况，对运行环境没有进行完整检查，不正确地使用系统调用，或者重用某个组件时没有考虑到它的应用条件。攻击者通过渗透这些漏洞，即使不具有特权账号，也可能获得额外的、未授权的访问。

(4) 系统和网络的错误配置。这一类的漏洞并不是由协议或软件本身的问题造成的，而是由服务和软件的不正确部署和配置造成的。通常这些软件安装时都会有一个默认配置，如果管理员不更改这些配置，服务器仍然能够提供正常的服务，但是入侵者就能够利用这些配置对服务器造成威胁。例如，SQL Server 的默认安装就具有用户名为 sa、密码为空的管理员账号，这确实是一件十分危险的事情。另外，对 FTP 服务器的匿名账号也同样应该注意权限的管理。

6.5.2　漏洞扫描

扫描是检测 Internet 上的计算机当前是否是活动的，提供了什么样的服务等相关信息，主要使用的技术有 Ping 扫描、端口扫描和操作系统识别。

扫描器的作用就是检测、扫描系统中存在的漏洞或缺陷。扫描器并不是一个直接的攻击网络漏洞的程序，它仅仅能帮助我们发现目标机的某些内在的弱点。一个好的扫描器能对它得到的数据进行分析，帮助我们查找目标主机的漏洞。但它不会提供进入一个系统的详细步骤。

扫描器应该有三项功能。

(1) 发现一个主机或网络。

(2) 一旦发现一台主机，就可以发现什么服务正运行在这台主机上。扫描器通过选用远程 TCP/IP 不同的端口的服务，并记录目标给予的回答，通过这种方法，可以搜集到很多关于目标主机的各种有用的信息。

(3) 通过测试这些服务，发现漏洞。扫描器能够发现目标主机某些内在的弱点，这些弱点可能是破坏目标主机安全性的关键性因素。但是，要做到这一点，必须了解如何识别漏洞。扫描器对于 Internet 安全性之所以重要，是因为它能发现网络的弱点。

漏洞扫描是一种检测远程或本地主机安全脆弱性的技术。通过与目标主机建立连接并请求某些服务，记录目标主机的应答，收集目标主机的相关信息，以此发现目标主机中存在的安全弱点。其工作原理是：在用户发出扫描命令后，控制台向相应的扫描模块发出扫描请求，扫描模块启动各自的子功能模块，对目标主机实施扫描。各个扫描模块分析目标主机返回的信息，生成各自的扫描结果。控制台收集所有的扫描结果显示在界面上，或生成扫描报告。

漏洞扫描的流程如下。

(1) 主机扫描。

(2) 端口扫描。

(3) 识别系统及服务程序的类型。

(4) 根据已知漏洞信息，分析系统脆弱点。

(5) 生成扫描结果报告。

6.5.3　实践案例——X-Scan 扫描软件的使用

【背景】漏洞是影响安全的一个重要因素，网络管理员需要扫描设备的漏洞，及时发现，及时修补。

【要求】利用国内著名的综合扫描器 X-Scan，扫描某一个地址段的主机，发现可能存在的安全漏洞。

【解决方法】

步骤 1：下载 X-Scan 压缩包，并解压，双击 scan_gui.exe 程序，进入主界面，如图 6-40 所示。

步骤 2：选择“设置”菜单，选中“扫描参数”项，弹出设置扫描参数的窗口，如图 6-41 所示。在“指定 IP 范围”的输入框中填入要扫描的机器的地址范围，也可以从地址簿中选择，或从文件中导入。地址簿中可以添加和删除 IP；从文件导入时，每个 IP 或域名写成一行，然后保存成 txt 文件。

步骤 3：在“全局设置”中，可以设置“扫描模块”、“并发扫描”、“扫描报告”和“其他设置”，如图 6-42 所示。

选择“扫描模块”，右边显示相应的参数。根据要扫描的内容选中相应的项，如果扫描少数主机，可以全选，否则可以有针对性地选择一些模块。

步骤 4：选择“并发扫描”，设置并发扫描的主机数和并发的线程数，也可以为每个插件设置各自的并发线程数，如图 6-43 所示。

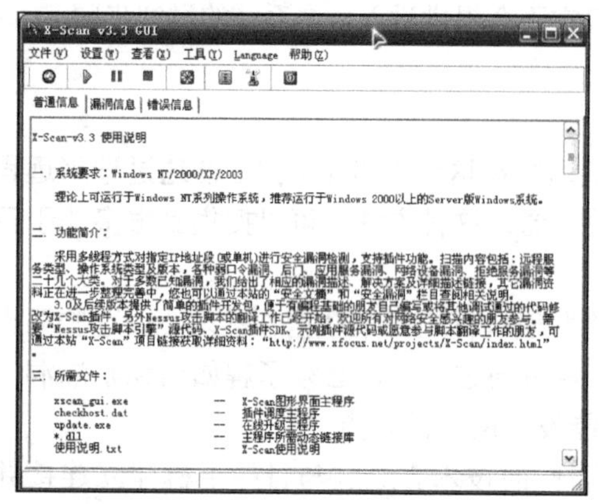

图 6-40　X-Scan 主界面

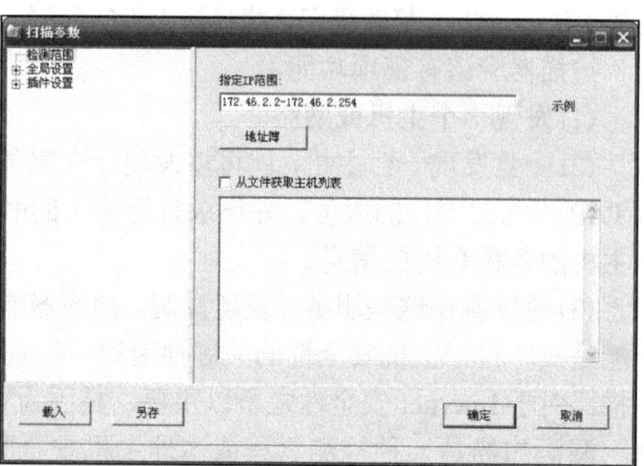

图 6-41　设置检测范围

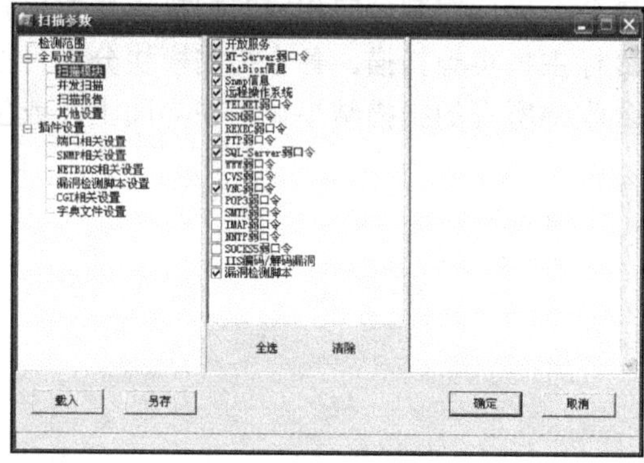

图 6-42　设置扫描模块

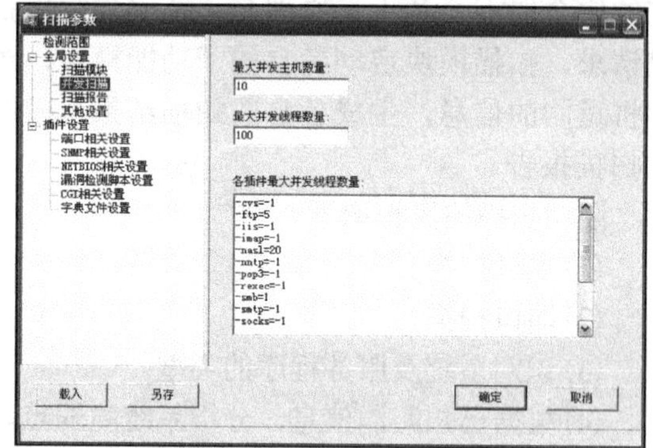

图 6-43　设置并发扫描参数

步骤 5：选择“扫描报告”，设置报告的文件名，选择报告的文件类型，决定是否保存在日志文件夹中、是否在扫描结束后自动生成报告，如图 6-44 所示。

步骤 6：选择“其他设置”，用户可以根据具体的情况，决定跳过没有响应的主机还是无条件地扫描所有的主机。如果选择“跳过没有响应的主机”，X-Scan 在事先的 ping 测试失败后，就跳过这台主机。如果选择“无条件扫描”，X-Scan 在 ping 不通的主机仍旧进行具体的扫描。其他的几项可按照默认设置，如图 6-45 所示。

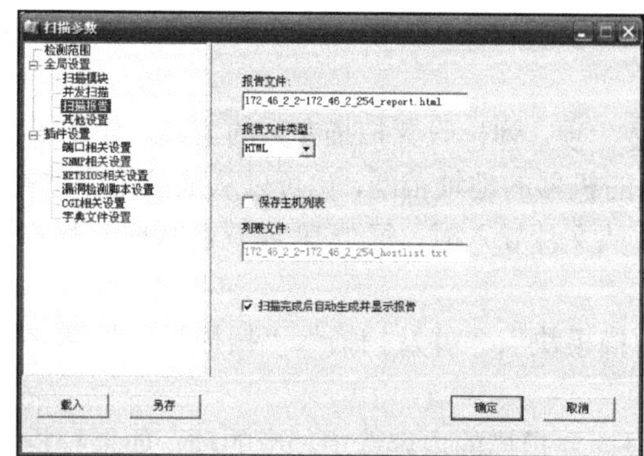

图 6-44　设置扫描报告相关参数

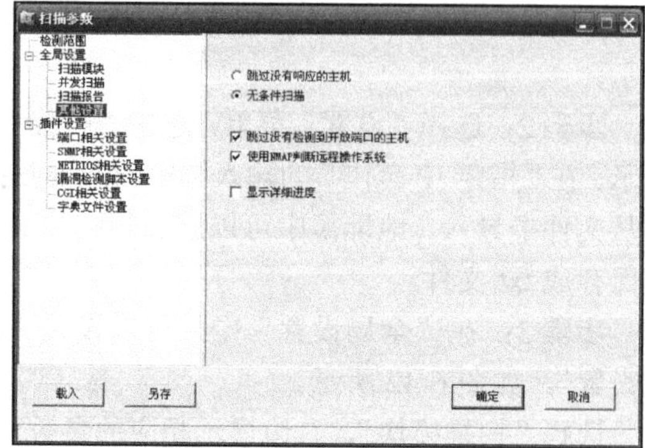

图 6-45　设置其他全局扫描参数

步骤 7：在“插件设置”中，可以设置“端口相关设置”、“SNMP 相关设置”、“NETBIOS 相关设置”、“漏洞检测脚本设置”、“CGI 相关设置”和“字典文件设置”，如图 6-46 所示。

选择“端口相关设置”，设定要检测的端口。检测方式有 TCP 和 SYN。TCP 检测的准确性高一些，SYN 容易产生误报。

步骤 8：选择“SNMP 相关设置”，确定扫描中要获取的 SNMP 信息，可根据需要选择，如图 6-47 所示。

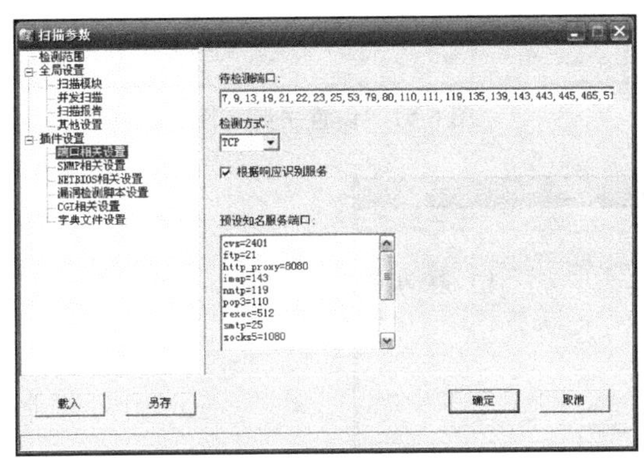

图 6-46　设置扫描端口

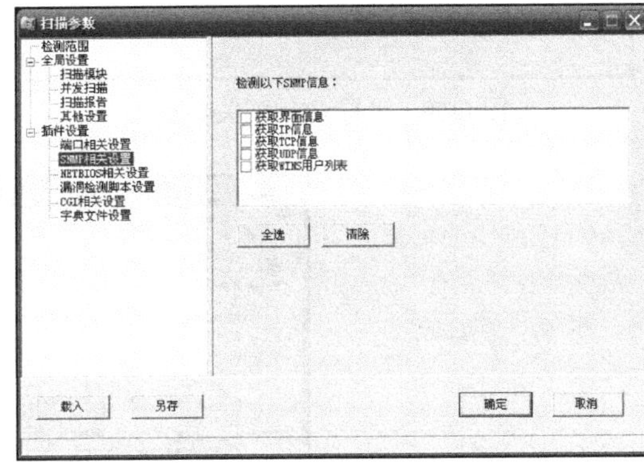

图 6-47　设置要检测的 SNMP 信息

步骤 9：选择“NETBIOS 相关设置”，确定扫描时要检测的 NETBIOS 信息，可根据需要选择，如图 6-48 所示。

步骤 10：选择“漏洞检测脚本设置”，根据情况选择漏洞脚本，如图 6-49 所示。

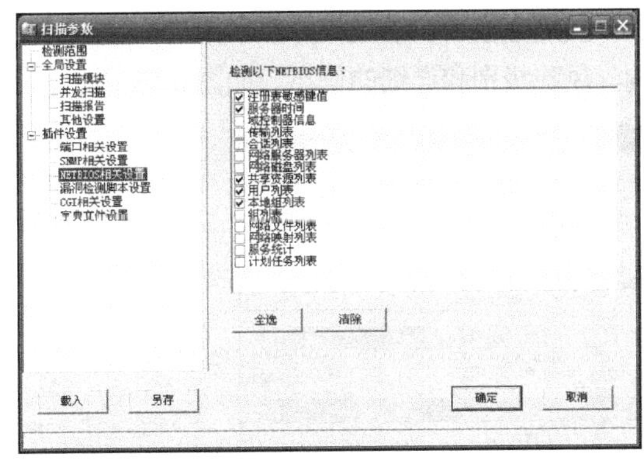

图 6-48　设置要检测的 NETBIOS 信息

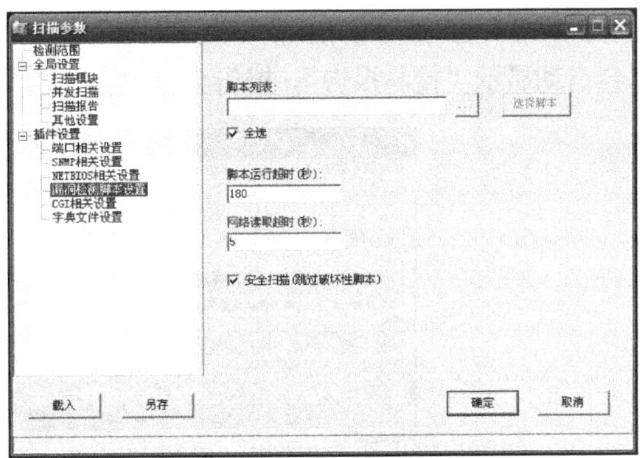

图 6-49　设置漏洞检测脚本

步骤 11：选择“CGI 相关设置”，一般按照默认设置，如图 6-50 所示。

步骤 12：选择“字典文件设置”，设置扫描时使用的各种用户名和密码的字典，也可更改相应的字典。一般按照默认设置，如图 6-51 所示。

步骤 13：选择“文件”菜单，选中“开始扫描”项，开始扫描。正式扫描之前，X-Scan 需要加载一些用到的脚本，然后根据前面的设置，依次扫描各个主机。扫描结果实时显示在界面上，如图 6-52 所示。

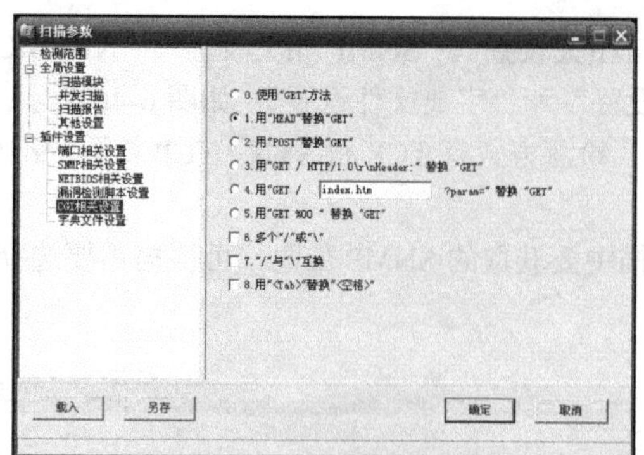

图 6-50　设置 CGI 相关参数

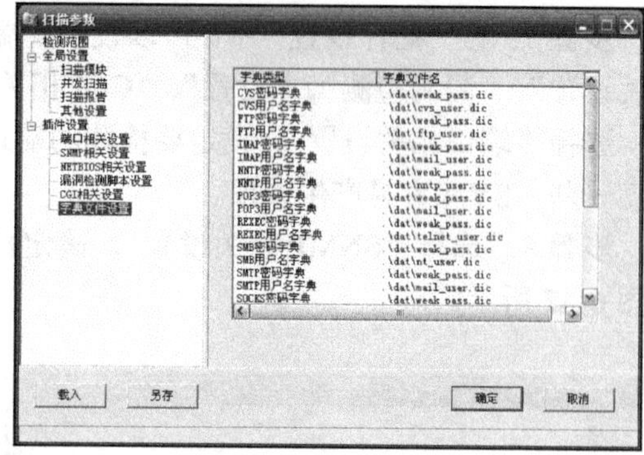

图 6-51　设置字典文件

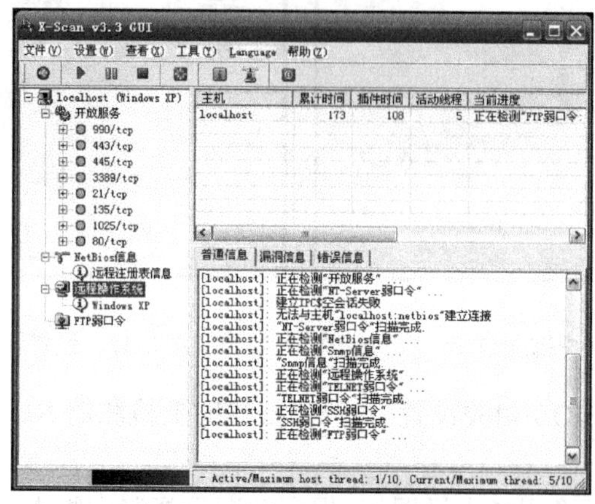

图 6-52　显示扫描结果

步骤 14：如果在前面的“扫描报告”中设置了“扫描完成后自动生成并显示报告”，扫描完成后会自动显示“检测报告”。报告会呈现存在的漏洞、风险级别和详细的信息，如图 6-53 所示。

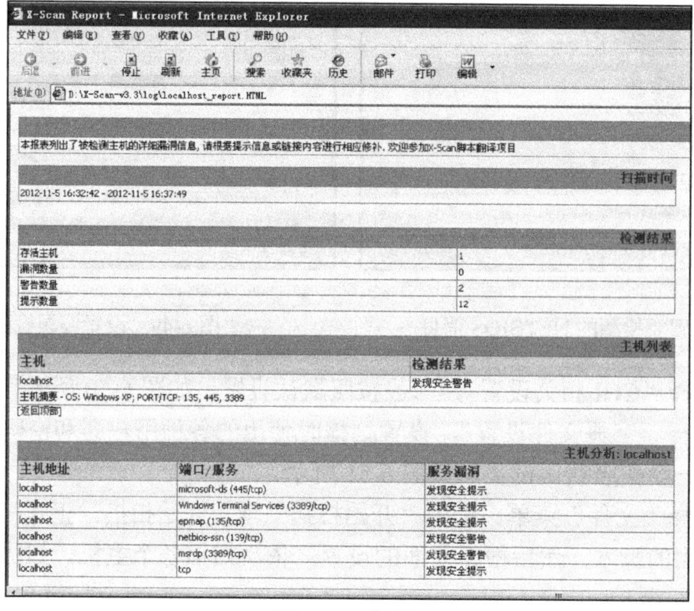

图 6-53　扫描

第三篇　网络应用篇

第 7 章　WWW 服务器

7.1　Web 服务概述

7.1.1　W W W 基本概念

World Wide Web（也称 Web、WWW 或万维网）是在因特网上运行的全球性分布式信息系统，它支持文本、图像、声音、影视等数据类型，使用超文本、超链接技术把全球范围内的信息链接在一起，因此也称为超媒体环球信息系统。整个系统由 Web 服务器、浏览器及通信协议等 3 部分组成。

WWW 采用的通信协议是超文本传输协议（HTTP），它可以传输任意类型的数据对象，是 Internet 发布多媒体信息的主要协议。

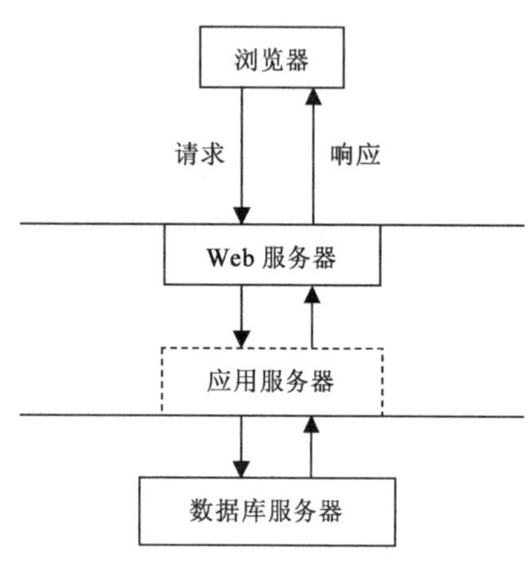

图 7-1　WWW 服务工作原理

7.1.2　工作原理

客户端通过浏览器来输入某个 URL 访问网站，服务器端由 Web 服务器通过 HTTP 协议接收客户端的请求，并根据请求的类型或者直接回复 HTML 页面给客户端，或者将请求提交应用服务器处理。应用服务器接受由 Web 服务器传来的处理请求，并根据需要查询或更新数据库与数据库服务器交互，进行应用逻辑的处理，然后将处理结果传回给 Web 服务器（图 7-1），最终再将数据反馈回客户端浏览器。浏览器（Browse）是用于浏览信息的应用程序，其作用是显示 Web 页面和解释脚本。浏览器取回所请求的页面后对它上面的文本和格式命令进行解释，并在屏幕上按正确的格式进行显示。

7.1.3　Web 服务器的选择

选择 Web 服务器时，不仅要考虑目前的需求，还要考虑将来可能需要的功能，因为更换 Web 服务器通常要比安装标准软件困难得多，会带来一系列的问题，如页面脚本是否需要更改、应用服务器是否需要更改等。大多数 Web 服务器主要是为一种操作系统进行优化的，有的只能运行在一种操作系统上，所以在选择 Web 服务器时，还需要和操作联系起来考虑。选择 Web 服务器时，通常要考虑以下几个方面。

（1）考虑网站规模和用途。

（2）选择商业软件还是免费软件。

（3）考虑操作系统平台。

（4）是否选用多功能的 Web 服务器。

(5) 考虑对 Web 应用程序的支持。

目前，流行的 Web 服务器技术有由微软公司提供的基于 Microsoft Windows 运行的互联网基本服务——互联网信息服务 (IIS)、可以运行在几乎所有广泛使用的计算机平台上的 Apache，有来自俄罗斯的流行的 Web 应用服务器 Nginx，有美国 BEA 公司出品的 Weblogic 及 Apache 软件基金会的 Tomcat 等。

对于 PC 服务器，常采用以下搭配的模式：Windows 平台上采用 IIS 或 Apache，Linux 平台上采用 Apache 或 Nginx。

7.2　IIS 服务器简介及安装

7.2.1　IIS 简介

用户可以通过多种方式在局域网中搭建 Web 服务器，其中使用 Windows Server 2003 系统自带的 IIS6.0 是最常用也是最简便的方式。IIS 是微软提供的 Internet 服务器软件，包括 Web、FTP、SMTP 等服务器组件。

IIS 集成在 Windows 2000 Server、Windows 2003 Server 版本中，在 Windows 2000 Server 中集成的是 IIS5.0，在 Windows Server 2003 中集成的是 IIS6.0。IIS6.0 不能用于 Windows 2000 中。Windows 9x/Me 里也有 IIS，但只是 PWS (个人 Web 服务器)，功能很有限，只支持 1 个连接。Windows XP 里也能安装 IIS5.0，但功能受到限制，只支持 10 个连接。通常在 Windows XP 操作系统中安装 IIS 的目的是为了调试 ASP 等程序。

7.2.2　IIS 安装

IIS 是 Windows Server 2003 自带的服务，默认情况下没有安装，需要用户手工添加，可以使用“添加/删除程序”来安装 IIS 服务，也可以通过“配置您的服务器向导”来安装。

1. 通过“配置您的服务器向导”安装

步骤 1：依次执行“开始”→“程序”→“管理工具”→“管理您的服务器”命令。在出现的窗口中单击“添加或删除角色”超级链接，如图 7-2 所示，将显示“配置您的服务器向导”对话框指导您配置服务器。

步骤 2：在出现“预备步骤”对话框中直接单击“下一步”按钮，出现“服务器角色”对话框，选中“服务器角色”列表框中的“应用程序服务器 (IIS，ASP.NET)”选项，然后单击“下一步”按钮。

步骤 3：“应用程序服务器选项”对话框中勾选“启用 ASP.NET”选项，单击“下一步”按钮。在出现的“选择总结”对话框中，单击“下一步”按钮，将显示“正在配置组件”对话框，并根据提示将 Windows Server 2003 安装光盘放入光驱。

步骤 4：放入安装光盘后单击“确定”按钮，系统开始从光盘中复制文件并安装 IIS 管理器服务，并以进度条显示当前的安装进度，安装完成后将显示安装完成对话框，表示已经成功地将此服务器设置为应用程序服务器。

步骤 5：单击“完成”按钮关闭该向导，返回到“管理您的服务器”窗口，将显示应用程序服务器已成功安装。

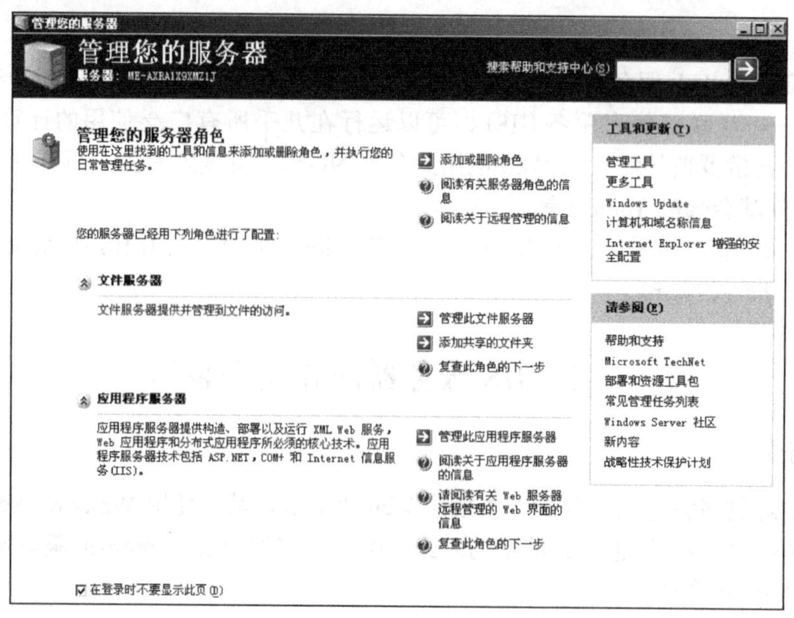

图 7-2　配置您的服务器向导

2. 使用“添加/删除程序”来安装

步骤 1：依次执行“开始”→“设置”→“控制面板”命令，双击“添加/删除程序”图标。在打开的“添加或删除程序”窗口中，单击“添加/删除 Windows 组件(A)”按钮，打开“Windows 组件安装向导”对话框，在“组件”列表框中选中“应用程序服务器”后，单击“详细信息”按钮。

步骤 2：打开“应用程序服务器”对话框。在“应用程序服务器的子组件”列表中勾选“ASP.NET”，然后双击“Internet 信息服务(IIS)”复选框，如图 7-3 所示。

步骤 3：打开“Internet 信息服务(IIS)”对话框，在“Internet 信息服务(IIS)的子组件”列表中双击“万维网服务”，在打开的“万维网服务”对话框中勾选“Active Server Pages”和“万维网服务”选项。依次单击“确定”→“确定”→“确定”按钮后，回到“Windws 组件”对话框界面单击“下一步”按钮。

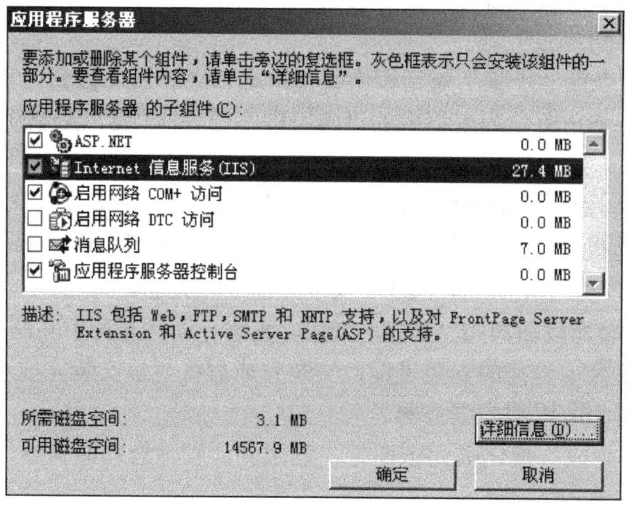

图 7-3　双击“Internet 信息服务(IIS)”复选框

步骤 4：系统开始安装 IIS6.0 和 Web 服务组件。在安装过程中需要提供 Windows Server 2003 系统安装光盘或指定安装文件路径，安装完成后单击“完成”按钮即可。

IIS 管理器安装完成后，依次执行“开始”→“程序”→“管理工具”→“Internet 信息服务(IIS)管理器”命令，显示 Internet 信息服务(IIS)管理器窗口，如图 7-4 所示，有关 IIS 的 Web 服务的所有管理工作均可在该窗口中完成。

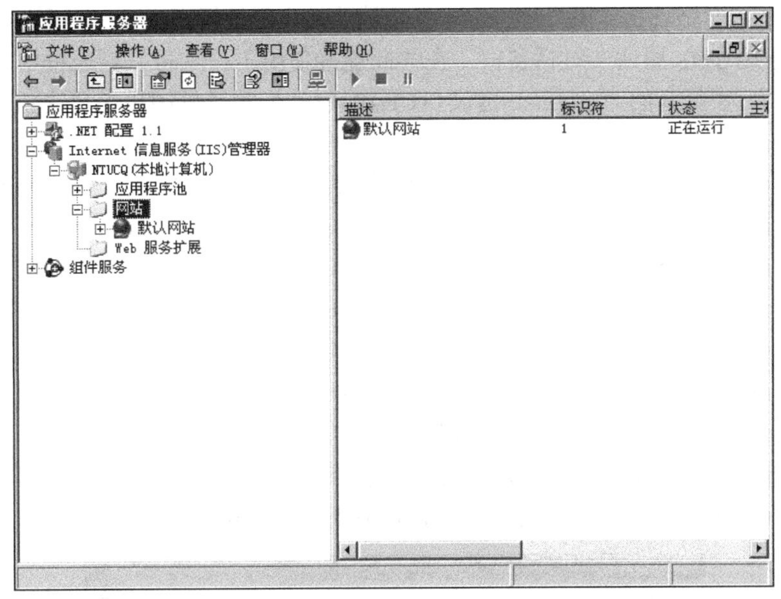

图 7-4　Internet 信息服务(IIS)管理器窗口

安装注意事项如下。

(1) 安装 IIS 服务的计算机的 IP 地址最好使用静态地址。

(2) 如果要用户使用域名来连接此网站，则需要在网络中配置一台 DNS 服务器，并将该网站的域名和 IP 地址注册到 DNS 服务器中。

(3) 网页最好存储在 NTFS 分区内，以便通过 NTFS 的权限管理来增加网站的安全性。

7.3　Web 站点的创建与管理

7.3.1　使用 IIS6.0 建立 Web 网站和虚拟主机

IIS 安装成功后，在 Internet 信息服务(IIS)管理器窗口中，会出现系统自动建立名为“默认站点”的网站。通过对“默认站点”的修改可以完成 Web 网站的快速创建，步骤如下。

步骤 1：将制作好的主页文件(.html 文件)复制到 C:\Inetpub\wwwroot 目录，该目录是安装程序为默认 Web 站点预设的发布目录。

步骤 2：将复制到 C:\Inetpub\wwwroot 目录下的要首页显示的文件的名称改为 Default.htm。IIS 默认要打开的主页文件是 Default.htm 或 Default.asp，而不是一般常用的 Index.htm。

步骤 3：完成这两个步骤后，打开本机或客户机浏览器，在地址栏中输入此计算机的 IP 地址或主机的域名(前提是 DNS 服务器中有该主机的 A 记录)来浏览站点。

IIS 只支持一个默认站点，对于多个站点的创建可以通过虚拟主机来实现。更改在 IIS 管理器的“网站”上，单击右键，选择“新建 Web 网站”，然后用“网站创建向导”可以创建新网站，每运行一次就能创建一个网站。可以通过 IP 地址、TCP 端口号、主机头三种方法来实现同一个 IIS 上建立多个网站。

1. 使用不同 IP 地址架设多个 Web 网站

具体操作步骤如下。

步骤 1：首先为服务器配置多个 IP 地址。依次执行“开始”→“设置”→“网络连接”命令，在打开的“网络连接”窗口中，选中“本地连接”后鼠标右击，在弹出菜单中选中“属性”，打开“本地连接 属性”对话窗口，在“此连接使用下列项目”列表框中双击“Internet 协议(TCP/IP)”，在打开的“Internet 协议(TCP/IP)属性”对话框中单击“高级”按钮，在打开的“高级 TCP/IP 设置”对话框的“IP 设置”选项卡中，单击“IP 地址”中的“添加”按钮，在打开的“TCP/IP 地址”对话框中输入用于架设多个 Web 网站的 IP 地址和子网掩码并单击“添加”按钮，连续三次单击“确认”按钮完成 IP 地址的添加。

步骤 2：在“Internet 信息服务(IIS)管理器”窗口中右击“网站”目录，依次执行“新建”→“网站”命令，在“网站创建向导”对话框上单击“下一步”按钮。

步骤 3：打开“网站创建向导”对话框，在欢迎对话框中单击“下一步”按钮。打开“网站描述”对话框，在“描述”编辑框中输入一段描述网站内容的文字信息，并单击“下一步”按钮。

步骤 4：在打开的“IP 地址和端口设置”对话框中设置新网站的 IP 地址和端口号。单击“网站 IP 地址”编辑框右侧的下拉三角按钮，在下拉菜单中选择一个未被其他 Web 站点占用的 IP 地址。“网站 TCP 端口”编辑框中保持默认值 80 不变，并单击“下一步”按钮，如图 7-5 所示。

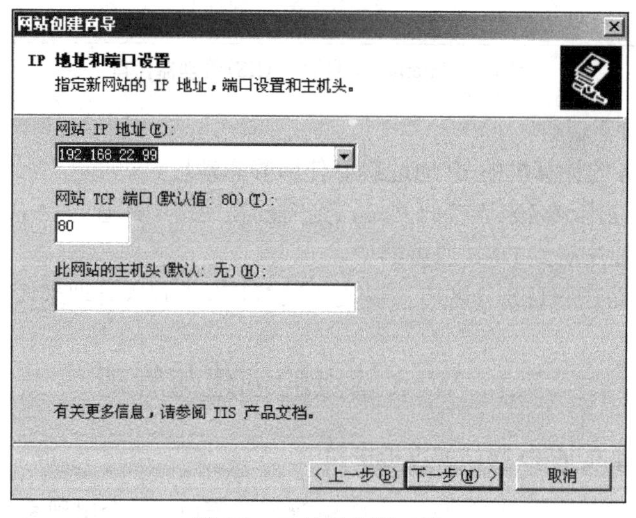

图 7-5　IP 地址和端口号

步骤 5：在打开的“网站主目录”对话框中，输入网站主目录路径，也可以通过“浏览”按钮选择目录。如果该 Web 站点是公开发布的网站，则可以保持“允许匿名访问网站”复选框的选中状态，这样可以使任何用户都能连接到该 Web 站点；如果希望该站点是一个需要验证用户访问权限的特殊网站，则需要取消该复选框禁止用户匿名访问。单击“下一步”按钮。

步骤 6：在打开的“网站访问权限”对话框中，如果需要支持 ASP 程序，则需勾选“运行脚本(如 ASP)”，依次单击“下一步”按钮和“完成”按钮，完成网站的创建。

2. 使用不同端口号架设多个 Web 网站

用 TCP 端口区分各网站：这时各网站可以使用相同的 IP 地址，但 TCP 端口设置不同(应该使用1024～65535的值)，这样也可以区分各网站。具体操作步骤如下。

步骤1：在“Internet信息服务(IIS)管理器”窗口中右击“网站”目录，依次执行“新建”→“网站”命令，在“网站创建向导”对话框上单击“下一步”按钮。

步骤2：打开“网站描述”对话框，在“描述”编辑框中输入一段描述网站内容的文字信息，并单击“下一步”按钮。

步骤3：在打开的“IP地址和端口设置”对话框中可以设置新网站的IP地址和端口号。“网站TCP端口”编辑框设置TCP端口，如8080，如图7-6所示，并单击“下一步”按钮。

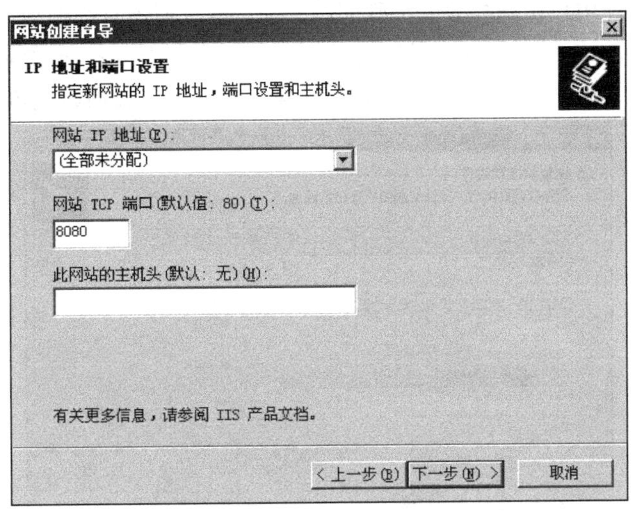

图7-6 设置网站TCP端口

步骤4：在打开的“网站主目录”对话框中，输入网站主目录路径，默认情况下勾选“允许匿名访问网站”，并单击“下一步”按钮。如果该Web站点是公开发布的网站，则可以保持“允许匿名访问网站”复选框的选中状态，这样可以使任何用户都能连接到该Web站点；如果希望该站点是一个需要验证用户访问权限的特殊网站，则需要取消该复选框禁止用户匿名访问。

步骤5：在打开的“网站访问权限”对话框中，如果需要支持ASP程序，则需勾选“运行脚本(如ASP)”；如果不需要就保持默认。单击“下一步”按钮，再单击“完成”按钮，完成网站的创建。

这种方法要求用户在访问网站时，必须在地址后面加入端口号，不太方便，一般不推荐使用。

3. 使用不同主机头架设多个Web网站

如果服务器只有一个IP地址，在架设多个Web网站时，除了使用不同的端口外，还可以使用不同的主机头来实现。这种方式实际上是通过使用具有单个静态IP地址的主机头建立多个网站来实现的。

首先要在DNS服务器上添加有关的DNS主机别名，将主机名(实际上是一个用DNS主机别名表示的域名)添加到DNS域名解析系统，然后再创建网站。一旦请求到达计算机，IIS将使用在HTTP头中传递的主机头名来确定客户请求的是哪个网站。

通过不同主机头架设多个Web网站的具体操作步骤如下。

步骤1：在“Internet信息服务(IIS)管理器”窗口中右击“网站”目录，依次执行“新建”→“网站”命令，在“网站创建向导”对话框上单击“下一步”按钮。

步骤2：打开“网站描述”对话框，在“描述”编辑框中输入一段描述网站内容的文字信息，并单击“下一步”按钮。

步骤 3：在打开的“IP 地址和端口设置”对话框中设置网站的主机头。在“此网站的主机头”编辑框输入主机头，如 ccxy.ntu.edu.cn，主机头是一个符合 DNS 命名规则的符号串，一般就用网站的域名作为主机头，单击“下一步”按钮，如图 7-7 所示。

步骤 4：在打开的“网站主目录路径”对话框中，输入网站主目录路径，默认情况下勾选“允许匿名访问网站”，并单击“下一步”按钮。如果该 Web 站点是公开发布的网站，则可以保持“允许匿名访问网站”复选框的选中状态，这样可以使任何用户都能连接到该 Web 站点。如果希望该站点是一个需要验证用户访问权限的特殊网站，则需要取消该复选框禁止用户匿名访问。

步骤 5：在打开的“网站访问权限”对话框中，如果需要支持 ASP 程序，则需勾选“运行脚本(如 ASP)”，单击“下一步”按钮和“完成”按钮，完成网站的创建。

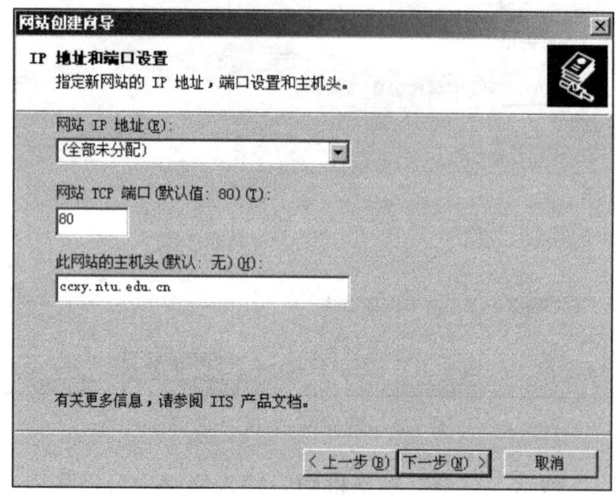

图 7-7　设置网站的主机头

7.3.2　IIS6.0 的网站管理和配置

在 IIS 管理控制台中右击对应的 Web 站点，选择弹出菜单中的“属性”项，通过对各标签选项的操作可以完成该网站的管理和配置。常用的几个配置标签如下。

1. “网站”标签

在“网站”标签(图 7-8)中，网站标识框修改此网站的默认 HTTP 标识，也可以单击高级按钮添加其他的 HTTP 标识和 SSL 标识；在连接框中，可以配置 Web 站点在客户端空闲多久时断开与客户端的连接，而保持 HTTP 连接选项有助于 HTTP 连接性能的提高，应该总是启用；在下部可以配置是否启用日志记录以及日志记录文件的存储路径和记录的字段。

网站 IP 地址：如果选择“全部未分配”，则服务器会将本机所有 IP 地址绑定在该网站上，这个选项适合于服务器中只有这一个网站的情况。也可以从下拉列表框中选择一个 IP 地址(下拉列表框中列出的是本机已配置的 IP 地址，如果没有，应该先为本机配置 IP 地址)。单击“高级”按钮进行设置，利用这个“高级”设置，还可以为一个网站配置多个 IP 地址，或使用不同的 TCP 端口。

TCP 端口：一般使用默认的端口号 80，如果改为其他值，则用户在访问该站点时必须在地址中加入端口号。如 http://www.tdwy.edu.cn，指定端口号 8080，则访问地址为 http://www.tdwy.edu.cn:8080。

主机头：如果该站点已经有域名，可以在主机头中输入域名。

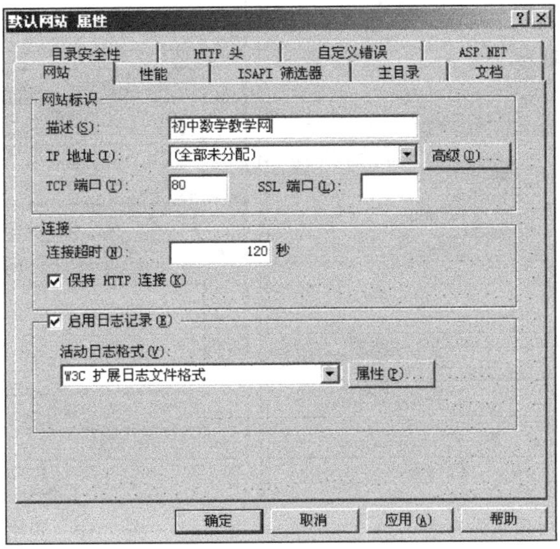

图 7-8　网站属性标签

2. “主目录”标签

在“主目录”标签(图 7-9)中，主要可以进行修改网站的主目录和修改网站访问权限的配置。修改网站的主目录可以为网站配置本地目录、共享目录或者重定向到其他 URL 地址；修改网站访问权限可以设置网站访问权限，并控制用户对网站的访问，IIS6.0 中具有以下六种网站访问权限。

(1) 读取：用户可以读取文件内容和属性，默认启用。

(2) 写入：用户可以修改目录或文件的内容；假如需要启用此权限，请在设置之前慎重考虑。

(3) 脚本资源访问：答应用户访问脚本文件的源代码，必须和读取或写入权限同时启用方可生效；假如需要启用此权限，请在设置之前慎重考虑。

(4) 目录浏览：用户可以浏览目录，从而可以看到目录中的所有文件；假如需要启用此权限，请在设置之前慎重考虑。

(5) 记录访问：当用户浏览此网站时进行日志记录，默认启用。

(6) 索引资源：答应索引服务对此资源进行索引，默认启用。

执行权限：执行权限用于控制此网站的程序执行级别，IIS6.0 中具有以下三种执行权限。

(1) 无：不能执行任何代码，只能访问静态内容。

(2) 纯脚本：只能运行脚本代码如 ASP 等，不答应执行可执行程序。

(3) 脚本和可执行文件：答应执行所有脚本和可执行程序，假如需要启用此权限，请在设置之前慎重考虑。

此外，单击配置按钮可以进入应用程序配置对话框，如图 7-10 所示。

“映射”标签中，可以配置应用程序映射，即配置由哪个 Web 服务扩展来处理具有对应扩展名的文件，IIS 默认安装的 Web 服务扩展(如 ASP 等)已经自动添加了应用程序映射，因此需要在 Web 服务扩展中启用；默认情况下勾选了缓存 ISAPI 扩展，这样以 ISAPI 方式运行的 Web 服务扩展可以在被用户请求激活后常驻内存，从而减少加载 DLL 的时间，否则 DLL 将在运行之后被卸载。

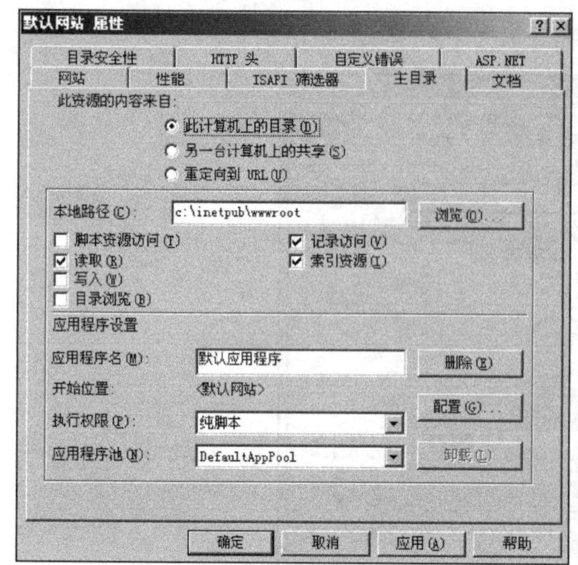

图 7-9　主目录属性标签

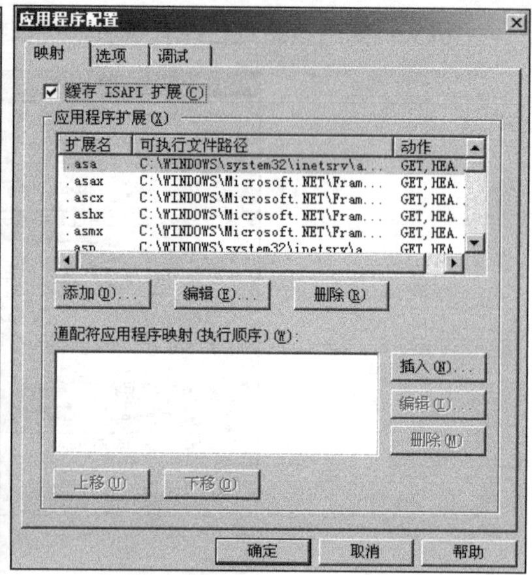

图 7-10　应用程序配置对话框

“选项”标签，有个比较重要的选项：启用父路径。父路径指使用“..”相对表示当前路径的父路径的方式，由于具有安全隐患，在 IIS6.0 中默认是禁用的，假如发布的程序需要使用，则勾选此选项。

“调试”标签，有个比较重要的选项：脚本错误的错误消息。默认情况下当脚本执行错误时，Web 站点会向客户发送具体的 ASP 错误信息，这点有助于 Web 应用程序的开发；但是在正常的网站运行中，此 选项也便于入侵者获得信息，因此在正常的网站运行中，设置为向客户端发送下列文本错误消息，然后输入自定义的错误消息。

3. “文档”标签

“文档”标签(图 7-11)，可以配置此网站使用的默认内容文档。默认内容文档指假如客户请求时并未指定请求的具体文件名，那么按照在此配置的优先级(从上到下)在对应目录下进行搜索直到找到匹配的文件为止，然后将找到的默认内容文档返回给客户。由于搜索需要耗费系统性能和降低响应时间，因此最好确认指定的第一个默认内容文档即存在于网站主目录中。也可以添加和删除默认内容文档，或者选择对应名字后单击上移、下移按钮调整优先级。

默认文档是指访问一个网站时想要打开的默认网页，这个网页通常是该网站的主页。如果没有启用默认文档或网站的主页文件名不在默认文档列表中，则访问这个网站时需要在地址中指明文件名。

默认文档列表中最初只有 4 个文件名：Default.htm、Default.asp、index.htm 和 Default.aspx。

例如，客户访问 http://education.tdwy.edu.cn/，第一个页面的文件名为 index.asp，则通过单击“添加”按钮加入 index.asp，并单击“上移”按钮把它移到顶部。

启用文档页脚功能可以让 Web 站点自动附件一个 HTML 格式的页脚返回给客户的任何一个文档中，不过选择的页脚文件不应是完整的 HTML 文件，而应仅仅是部分 HTML 代码。

4. 目录安全性

“目录安全性”标签(图 7-12)，可以配置身份验证和访问控制、IP 地址和域名限制、安全通信等。

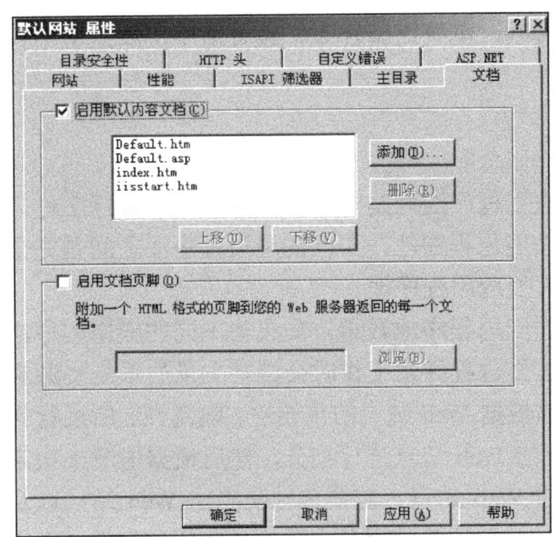

图 7-11 文档标签

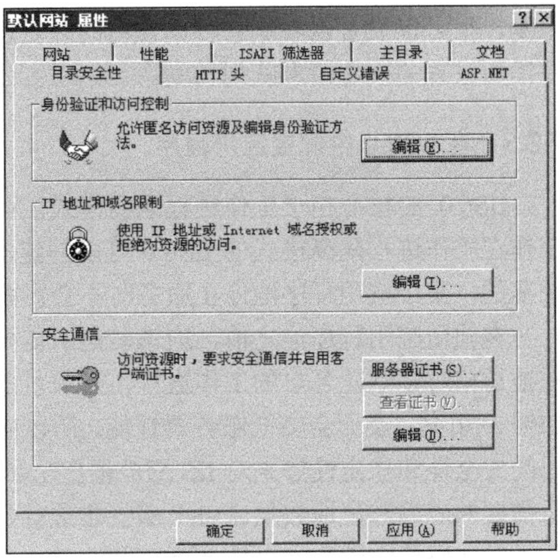

图 7-12 目录安全性标签

1) 身份验证和访问控制

单击“编辑”按钮弹出“身份验证方法”对话框，IIS6.0 支持五种身份验证方式，以下为经常使用的三种。

(1) 匿名访问。此匿名访问和 Windows 中的匿名访问概念不同。在启用匿名访问时，当客户访问此 Web 站点时，Web 站点会使用预配置的用户账户代替客户进行身份验证，而不需要客户输入身份验证信息。在安装 IIS 时，会创建一个名为 IUSR_服务器名的用户账户，它属于 Guests 用户组，具有很少的访问权限。默认情况下在启用匿名访问时，IIS 使用此用户账户来代替客户进行身份验证；不过为了实现更高的安全性和隔离性，可以配置为使用自定义的用户账户。但是即使配置为使用任何账户，也必须保证此账户具有对该网站主目录的相应 NTFS 权限，否则客户的访问将会被拒绝。

(2) 基本身份验证。基本身份验证是广泛使用的工业标准身份验证方式，它访问时要求用户显示输入身份验证信息，然后通过 BASE64 编码传送至 Web 服务器。由于没有进行加密，假如数据包被其他人捕捉则会造成身份验证信息的泄漏，因此建议在 SSL 上使用基本身份验证。

(3) 集成 Windows 身份验证。集成 Windows 身份验证在通过网络发送用户名和密码之前，先将它们进行散列计算，因此更为安全，它在 Windows 系统中广泛使用。但是非 Windows 系统可能不支持集成身份验证，并且不能通过代理使用集成身份验证。

2) IP 地址和域名限制

单击“编辑”按钮弹出“IP 地址和域名限制”对话框，在此可以限制允许访问此 Web 站点的 IP 地址范围，可以仅答应所添加的 IP 地址范围的访问，也可以答应除所添加的 IP 地址范围外的其他 IP 地址范围的访问。

3) 安全通信

在安全通信中可以配置 Web 站点和客户端之间是否启用安全通信。

5. “性能”标签

在“性能”标签中可以限制网站使用的网络带宽和并发连接数，假如启用限制网络带宽，则勾选限制网站可以使用的网络带宽，然后输入此网站可以使用的最大带宽即可，不过 IIS 需要在网络适配器上安装 QoS 数据包计划程序。默认情况下此 Web 站点的并发连接数不受限制，但可以设置以限制它可以使用的并发连接数，配置时请注重，设置值不应超过应用程序池所设置的核心请求队列长度。

7.3.3 在 IIS6.0 中配置应用程序

IIS6.0 的核心在于工作进程隔离模式，而应用程序池则是定义工作进程如何进行工作，工作在工作进程隔离模式的 IIS6.0 可以创建多个应用程序池，不同的应用程序池之间是完全隔离的，某个应用程序池停止服务时不会影响其他应用程序池。

在使用应用程序池之前，应该确定所需要的应用程序池数量，如果为不同的应用程序池在被访问时都创建各自的工作进程，当大量的工作进程并发工作时会消耗大量的系统资源和 CPU 利用率，反而会降低服务器性能。所以应该根据 Web 站点的重要性、隔离性、所运行代码的安全性和稳定性等来对 IIS 服务器上所具有的 Web 站点进行划分，然后根据情况来决定所需要的应用程序池数量。对于那些非常重要的 Web 站点、需要单独隔离的 Web 站点以及所运行代码稳定性和安全性并不可靠的 Web 站点，配置为使用各自独立的应用程序池，而将其他普通的 Web 站点配置为使用一个公共的应用程序池。

默认情况下，在安装 IIS 时会创建一个默认网站并创建一个名为“DefaultAppPool”的应用程序池为其使用；默认配置下的应用程序池已经可以很好地进行工作，建议只在特别需要时才对应用程序池进行配置。

在 IIS 管理控制台中展开应用程序池文件夹，然后右击对应的应用程序池，单击属性项，完成应用程序池的属性配置。

1. “回收”标签

在“回收”标签(图 7-13)中可以设置工作进程的回收方式。

(1)“回收工作进程(分钟)”。在工作进程运行多少分钟后回收工作进程，默认启用，并且设置为 1740 分钟(29 小时)。

(2)“回收工作进程(请求数目)”。在工作进程处理多少个 HTTP 请求后终止此工作进程，默认禁用，如果启用则默认值为 35000。

(3)“在下列时间回收工作进程”。在指定的时间回收工作进程，默认禁用；如需启用，勾选后单击“添加”按钮添加回收的时间即可，使用 24 小时制定要回收的时间。

(4)“消耗太多内存时回收工作进程”。最大虚拟内存(兆)：当工作进程使用的虚拟内存达到设置的值时回收工作进程，默认禁用，如果启用则默认值为 500M；建议设置为不超过虚拟内存总数的 70%。最大使用的内存(兆)：当工作进程使用的物理内存达到设置的值时回收工作进程，默认禁用，如果启用则默认值为 192M；建议设置为不超过物理内存总数的 60%。

2. “性能”标签

在“性能”标签(图 7-14)中可以设置工作进程的运行方式。

(1)“在空闲此段时间后关闭工作进程(分钟)”。当工作进程空闲多少分钟后关闭此工作进程，这降低了空闲工作进程对系统资源和 CPU 性能的消耗，默认启用并且设置为 20 分钟。

(2)“核心请求队列限制为(请求次数)”。当 HTTP.sys 接收到某个客户端发送的 HTTP 请求时，如果处理此请求的对应应用程序池的工作进程还处于忙碌状态，则 HTTP.sys 将接收到的请求保存在对应应用程序池的请求队列中，直到工作进程空闲为止。此选项即用于设置此应用程序池的请求队列所能容纳的请求数量，默认情况下每个应用程序池的请求队列限制为保留 1000 个请求，如果超出则向客户端返回 503 错误，可以根据需要适当进行修改，最大可以设置为 65535。但是如果设置太大则会消耗大量的系统资源，而设置太小会导致客户端访问时频繁出现 503 错误。

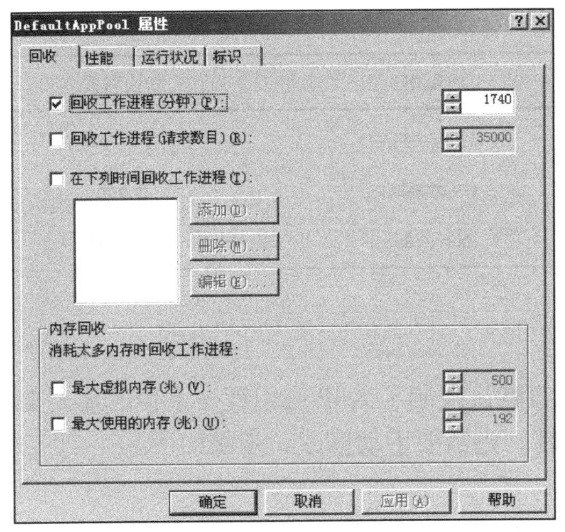

图 7-13　应用程序池“回收”标签

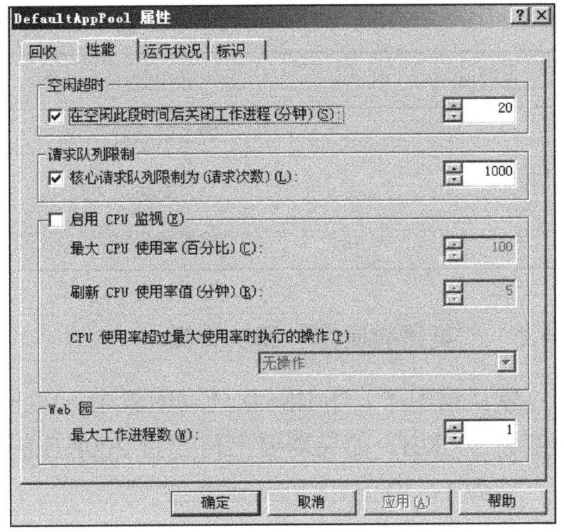

图 7-14　应用程序池“性能”标签

(3)“启用 CPU 监视”。用于监视此应用程序池的 CPU 使用率，默认未启用；如果某个应用程序池占用的 CPU 利用率过多，那么可以通过配置此选项来限制此应用程序池。最大 CPU 使用率(百分比)：所设置的应用程序池所允许使用的最大 CPU 使用率，默认值为 100。刷新 CPU 使用率值(分钟)：刷新 CPU 使用率的间隔时间，默认值为 5。CPU 使用率超过最大使用率时执行的操作：当此应用程序池的 CPU 使用率超过所设置的最大 CPU 使用率时所进行的操作，启用 CPU 监视时默认为无操作，此时 IIS 只是在事件日志中进行记录而不进行其他操作；如果选择为关闭，那么 IIS 将关闭此应用程序池中的所有工作进程。

(4)“Web 园”。可以配置此应用程序池所使用的最大工作进程数，默认为 1，最大可以设置为 4000000。配置使用多个工作进程可以提高该应用程序池处理请求的性能，但是在设置为使用多个工作进程之前，需要考虑以下两点：第一，每一个工作进程都会消耗系统资源和 CPU 占用率，太多的工作进程会导致系统资源和 CPU 利用率的急剧消耗；第二，每一个工作进程都具有自己的状态数据，如果 Web 应用程序依赖于工作进程保存状态数据，那么可能不支持使用多个工作进程。

3.“运行状况”标签

该标签可以配置应用程序池，监视工作进程的运行状况。

4.“标识”标签

该标签可以配置工作进程所运行的用户账户。

在 IIS5.0 或者当 IIS6.0 运行在 IIS5.0 隔离模式时，工作进程运行在本地系统账户，而运行在工作进程隔离模式下的 IIS6.0 的工作进程运行在网络服务账户下，这降低了系统被攻击的可能性。

7.4　实例训练

【背景】因为教学的需要，学校的语文教研室、数学教研室、英语教研室各打算建立一个专业学习网站。

【要求】 三个教研室独立域名、独立空间。其中，英语教研室网站经常要上传一些音频文件，附件大小限定在 2M 以下。域名与默认网页名称分别如表 7-1 所示。

表 7-1　实例训练具体要求

编号	教研室	域名	默认网页
1	英语教研室	yy.px.edu.cn	index.htm
2	语文教研室	yw.px.edu.cn	zy.htm
3	数学教研室	sx.px.edu.cn	index.asp

7.4.1　"英语教研室"解决方案

默认情况下，在 IIS6.0 全局配置中，Web 站点默认限制了 ASP 应用程序上传的最大文件长度为 200KB。如果需要上传超过 200KB 的文件，则需要手动修改。步骤如下。

步骤 1：停止 IISAdmin 服务。

步骤 2：打开 C:\windows\system32\inetsrv 目录，文本编辑器中打开 Metabase.xml 文件，修改对应 Web 站点的 AspMaxRequestEntityAllowed 属性值 2048000 字节（图 7-15）。

借助 IIS6.0 配置支持英语教研室的 Web 网站的步骤如下。

步骤 1：启动 IIS 服务。

步骤 2：在"Internet 信息服务（IIS）管理器"窗口中右击"网站"目录，依次执行"新建"→"网站"命令，在"网站创建向导"对话框中单击"下一步"按钮。

步骤 3：打开"网站描述"对话框，在"描述"编辑框中输入"英语教研室"，并单击"下一步"按钮。

步骤 4：在打开的"IP 地址和端口设置"对话框中，"此网站的主机头"编辑框输入主机头 yy.px.edu.cn，单击"下一步"按钮。

图 7-15　修改默认文档

步骤 5：在打开的“网站主目录路径”对话框中，输入网站主目录路径 D:\web\英语教研室，并单击“下一步”按钮。

步骤 6：在打开的“网站访问权限”对话框中，勾选“运行脚本(如 ASP)”，然后依次单击“下一步”→“网站”按钮，完成英语教研室的 Web 服务器的配置。

7.4.2　“语文教研室”解决方案

Windows Server 2003 系统中，借助 IIS6.0 配置支持语文教研室的 Web 网站的步骤如下。

步骤 1：在 Windows Server 2003 系统中安装 IIS6.0(详细步骤见 7.2.2)。

步骤 2：在“Internet 信息服务(IIS)管理器”窗口中右击“网站”目录，依次执行“新建”→“网站”命令，在“网站创建向导”对话框中单击“下一步”按钮。

步骤 3：打开“网站描述”对话框，在“描述”编辑框中输入 “语文教研室”，并单击“下一步”按钮。

步骤 4：在打开的“IP 地址和端口设置”对话框中，“此网站的主机头”编辑框输入主机头 yw.px.edu.cn，单击“下一步”按钮。

步骤 5：在打开的“网站主目录路径”对话框中，输入网站主目录路径 D:\web\语文教研室，并单击“下一步”按钮。

步骤 6：在打开的“网站访问权限”对话框中，勾选“运行脚本(如 ASP)”，单击“下一步”按钮。

步骤 7：在 IIS 管理器窗口的“网站”目录下，选择“语文教研室”，右击选中“属性”，在打开的“语文教研室”属性对话框中，选择“文档”标签，单击“添加”按钮，在打开的“默认内容页”编辑区内输入 zy.htm，并单击“确认”按钮。回到“文档”标签后，将添加的“zy.htm”顺序向上移动到首位，并单击“确定”按钮。

7.4.3　“数学教研室”解决方案

Windows Server 2003 系统中，借助 IIS6.0 配置支持数学教研室的 Web 网站的步骤如下。

步骤 1：在 Windows Server 2003 系统中安装 IIS6.0(详细步骤见 7.2.2)。

步骤 2：在“Internet 信息服务(IIS)管理器”窗口中右击“网站”目录，依次执行“新建”→“网站”命令，在“网站创建向导”对话框中单击“下一步”按钮。

步骤 3：打开“网站描述”对话框，在“描述”编辑框中输入“数学教研室”，并单击“下一步”按钮。

步骤 4：在打开的“IP 地址和端口设置”对话框中，“此网站的主机头”编辑框输入主机头 sx.px.edu.cn，单击“下一步”按钮。

步骤 5：在打开的“网站主目录路径”对话框中，输入网站主目录路径 D:\web\数学教研室，并单击“下一步”按钮。

步骤 6：在打开的“网站访问权限”对话框中，勾选“运行脚本(如 ASP)”，单击“下一步”按钮。

步骤 7：在 IIS 管理器窗口的“网站”目录下，选择“数学教研室”，右击选中“属性”，在打开的“数学教研室”属性对话框中，选择“文档”标签，单击“添加”按钮，在打开的

“默认内容页”编辑区内输入 index.asp，并单击“确认”按钮。回到“文档”标签后，将添加的“index.asp”顺序向上移动到首位，并单击“确定”按钮。

在 IIS 管理窗口中单击“Web 服务扩展”项，选中右边的“Active Server Pages”后，鼠标右击，选中“允许”，用以支持修改网站支持 ASP 程序，如图 7-16 所示。

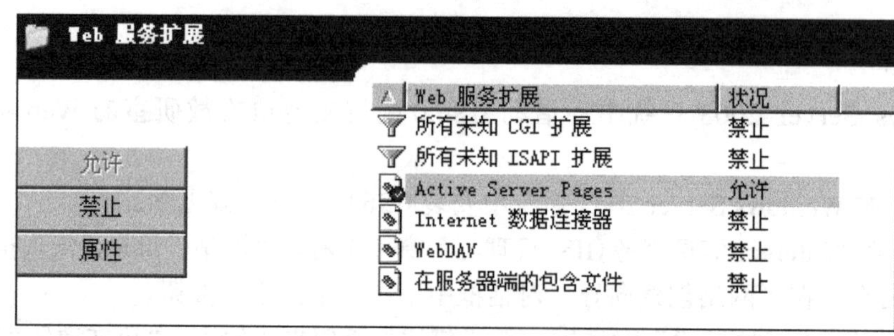

图 7-16　启用 Active Server Pages 服务扩展

第 8 章　FTP 服务器

8.1　FTP 服务概述

文件传输协议(FTP)是重要的网络应用协议，用于实现文件的上传和下载服务。由于采用 TCP/IP 协议作为 Internet 的基本协议，所以无论两台 Internet 上的计算机在地理位置上相距多远，只要它们都支持 FTP 协议，就可以相互传送文件。同时，采用 FTP 传输文件时，不需要对文件进行复杂的转换，因此具有较高的效率。

FTP 的主要功能包括两个方面：文件的下载和文件的上传。文件的下载就是将远程服务器上提供的文件下载到本地计算机上，使用 FTP 实现的文件下载与 HTTP 相比较，具有使用简便、支持断点续传和传输速度快的优点；文件的上传是指客户机可以将任意类型的文件上传到指定的 FTP 服务器上，FTP 服务支持文件上传和下载，而 HTTP 仅支持文件的下载功能。

8.1.1　FTP 工作方式

FTP 支持两种方式，一种称为 Standard(也就是 PORT 方式，主动方式)，一种称为 Passive(也就是 PASV 方式，被动方式)。Standard 方式 FTP 的客户端发送 PORT 命令到 FTP 服务器；Passive 方式 FTP 的客户端发送 PASV 命令到 FTP 服务器。

1. *主动方式*

主动方式下 FTP 客户端首先和 FTP 服务器的 TCP 21 端口建立连接，通过这个通道发送命令，客户端需要接收数据的时候在这个通道上发送 PORT 命令。PORT 命令包含了客户端用什么端口接收数据。在传送数据的时候，服务器端通过自己的 TCP 20 端口连接至客户端的指定端口发送数据。FTP 服务器必须和客户端建立一个新的连接用来传送数据。

主动方式 FTP 的主要问题实际上在于客户端。FTP 的客户端并没有实际建立一个到服务器数据端口的连接，它只是简单地告诉服务器自己监听的端口号，服务器再回来连接客户端这个指定的端口。对于客户端的防火墙来说，这是建立从外部系统到内部客户端的连接，通常会被阻塞的。

2. *被动方式*

被动方式在建立控制通道的时候和主动方式类似。当开启一个 FTP 连接时，客户端打开两个任意的非特权本地端口 N(N >1024)和 N+1。第一个端口 N 连接服务器的 21 端口，但与主动方式的 FTP 不同，客户端不会提交 PORT 命令并允许服务器来回连接它的数据端口，而是提交 PASV 命令。这样做的结果是服务器会开启一个任意的非特权端口 P(P >1024)，并发送 PORT P 命令给客户端。然后客户端发起从本地端口 N+1 到服务器的端口 P 的连接用来传送数据。

在被动方式 FTP 中，命令连接和数据连接都由客户端发起，这样就可以解决从服务器到客户端的数据端口的入方向连接被防火墙过滤掉的问题。

被动方式的 FTP 解决了客户端的许多问题，但同时给服务器端带来了更多的问题。最大的问题是需要允许从任意远程终端到服务器高位端口的连接。第二个问题是客户端有的支持被动方式，有的不支持被动方式，必须考虑如何能支持这些客户端，以及为他们提供解决办法。

8.1.2　FTP 传输模式

FTP 协议的任务是从一台计算机将文件传送到另一台计算机，它与这两台计算机所处的位置、连接的方式、甚至是否使用相同的操作系统无关。FTP 的传输方式分为 ASCII 传输模式和二进制数据传输模式两种。

文本传输器使用 ASCII 字符，并由回车键和换行符分开；二进制不用转换或格式化就可以传字符，二进制模式比文本模式更快，并且可以传输所有 ASCII 值，所以系统管理员一般将 FTP 设置成二进制模式。

如果使用错误的模式传输图片，将会造成无法看到图片，看到的会是乱码；如果采用错误模式上传 CGI 脚本，那么就无法运行上传的脚本，会看到类似 Server 500 Error 的出错信息。所以必须使用正确的模式，图片和执行文件必须用 BINARY 模式，CGI 脚本和普通 HTML 文件用 ASCII 模式上传，默认情况下很多 FTP 的传输工具都对此可以设置(图 8-1)。

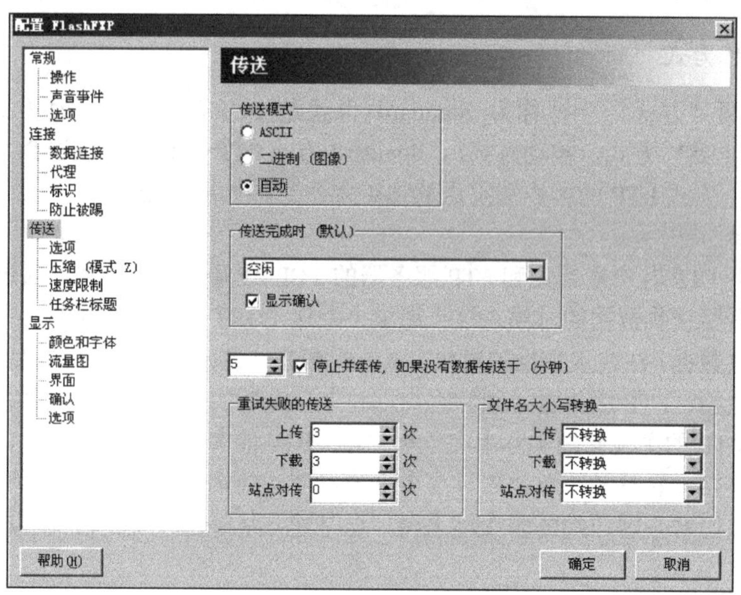

图 8-1　FlashFXP 设置传输模式

8.1.3　FTP 用户授权

FTP 服务分为普通 FTP 服务与匿名 FTP 服务两种类型。

普通 FTP 服务要求用户在登录时提供正确的用户名和用户密码。

匿名 FTP 服务的实质是提供服务的机构在它的 FTP 服务器上建立一个公开账号(通常为 anonymous)，并赋予该账号访问公共目录的权限。如果用户要访问这些提供匿名服务的 FTP 服务器，可以用“anonymous”作为用户名，用“guest”作为用户密码。有些 FTP 服务器可能会要求用户用自己的电子邮件地址作为用户密码。

FTP 的访问格式：ftp://用户名：密码@FTP 服务器域名：FTP 命令端口/路径/文件名。

8.2　使用 IIS6.0 建立 FTP 服务

8.2.1　FTP 服务的安装

在 Windows Server 2003 提供的 IIS6.0 服务器中内嵌了 FTP 服务器软件。在 Windows Server 2003 的默认安装过程中是没有安装的，手动安装 FTP 服务器的步骤如下。

步骤 1：执行“开始”→“设置”→“控制面板”→“添加/删除程序”→“添加/删除 Windows 组件”命令。

步骤 2：在 Windows 组件向导界面，在“组件”列表框中选中“应用程序服务器”选项，单击“详细信息”按钮。

步骤 3：在“应用程序服务器组件”列表框中选中“Internet 信息服务(IIS)”，单击“详细信息”按钮。

步骤 4：在“Internet 信息服务(IIS)的子组件”列表框中，勾选“文件传输协议(FTP)服务”，单击“确定”按钮，如图 8-2 所示。

步骤 5：按提示插入 Windows 2003 的安装光盘，单击“确定”按钮直至完成。

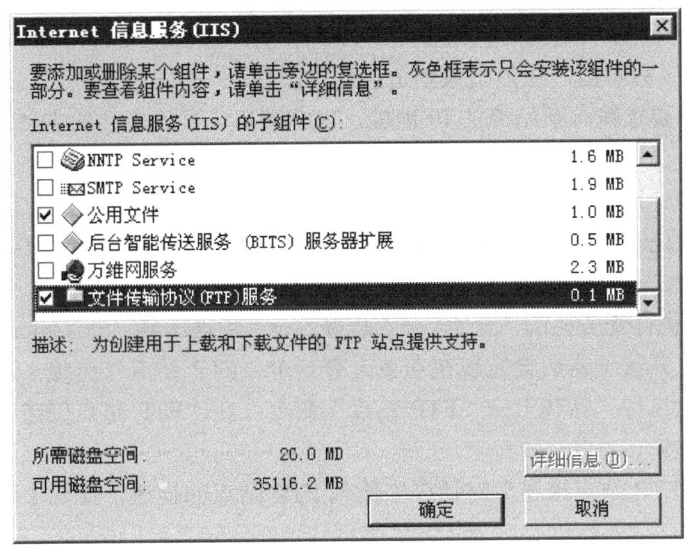

图 8-2　FTP 服务的安装

8.2.2　FTP 服务器的管理

1. 默认 FTP 站点的创建

建立 FTP 站点最快的方法就是直接利用 IIS 默认建立的 FTP 站点，将供下载的文件分门别类地放在该站点默认 FTP 根目录 C:\Inetpub\ftproot 下，客户机即可用浏览器在地址栏中输入 FTP 服务器的 IP 地址或主机的 FQDN，或是通过客户端软件即可以匿名的方式登录到 FTP 服务器，根据预设的权限进行文件的上传或下载。

也可以通过默认 FTP 站点属性，修改其 FTP 站点目录的“本地路径”，将其定位到打算存放文件的目录上，如图 8-3 所示。

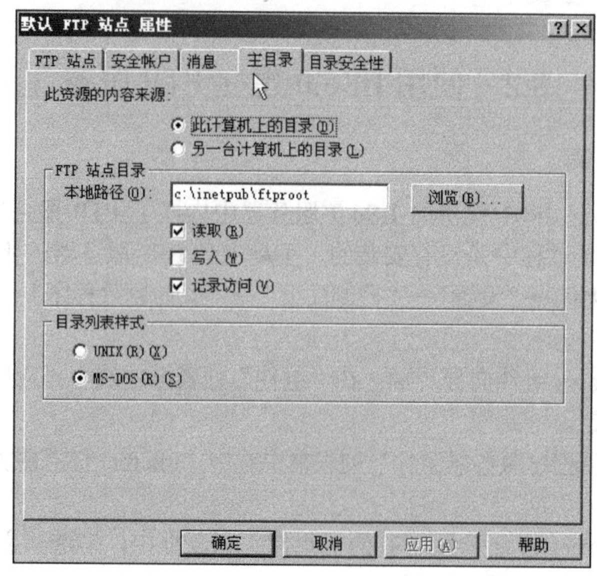

图 8-3　修改 FTP 的主目录

2. FTP 站点的添加和删除

IIS 允许在同一计算机上同时构架多个 FTP 站点，添加站点时，在 IIS 管理服务目录中选取“FTP 站点”，鼠标右击，在弹出菜单上执行“新建”→“FTP 站点”命令，运行 FTP 安装向导。安装向导要求输入新站点的 IP 地址、TCP 端口、存放文件的主目录路径，并设置访问权限。

删除 FTP 站点：选取要删除的站点，鼠标右击后，在弹出菜单上选中“删除”即可。一个站点若被删除，只是该站点的设置被删除，而站点对应目录下的文件仍然存在，不会被删除。

具体添加 FTP 站点的步骤如下。

步骤 1：通过执行任务栏的“开始”→“程序”→“管理工具”→“Internet 信息服务(IIS)管理器”命令，打开管理器后会发现在左下方有一个“FTP 站点”选项，选中后鼠标右击，在弹出菜单上依次执行“新建”→“FTP 站点”命令，在“FTP 站点创建向导”对话框中单击“下一步”按钮。

步骤 2：在“FTP 站点描述”对话框中输入 FTP 站点的描述，如初中学习网，单击“下一步”按钮。

步骤 3：“在 IP 地址和端口设置”对话框中指定一个可用的 IP 地址，可以通过选择下拉列表选择实际的地址，如果不确定的情况下可以选择“全部未分配”选项，这样系统会使用所有有效的 IP 地址作为 FTP 服务器的地址。FTP 服务器对外开放服务的端口默认情况下为 21，也可以进行修改为未被占用的端口，如图 8-4 所示，单击“下一步”按钮。

步骤 4：在打开的“FTP 用户隔离”对话框中设置 FTP 用户隔离，勾选“不隔离用户”，单击“下一步”按钮，如图 8-5 所示。

步骤 5：在“FTP”站点主目录下设置 FTP 服务的文件目录，如 D:\FTP\初中学习网，单击“下一步”按钮。

步骤 6：在“FTP 站点访问权限”对话框中设置供用户访问的读取权限，如果只是浏览，默认情况下即可；如果还提供上传文件权限，需勾选“写入”，然后依次单击“下一步”→“完成”按钮。

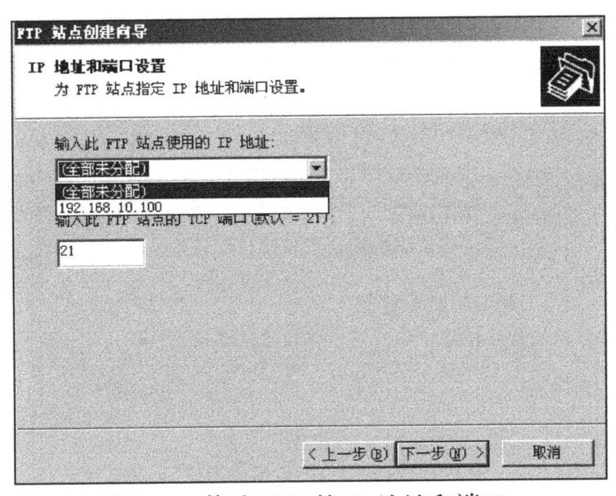

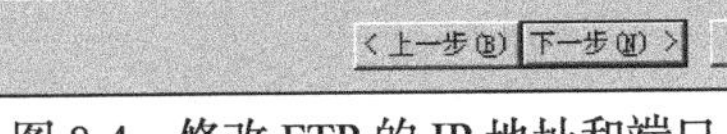

图 8-4　修改 FTP 的 IP 地址和端口

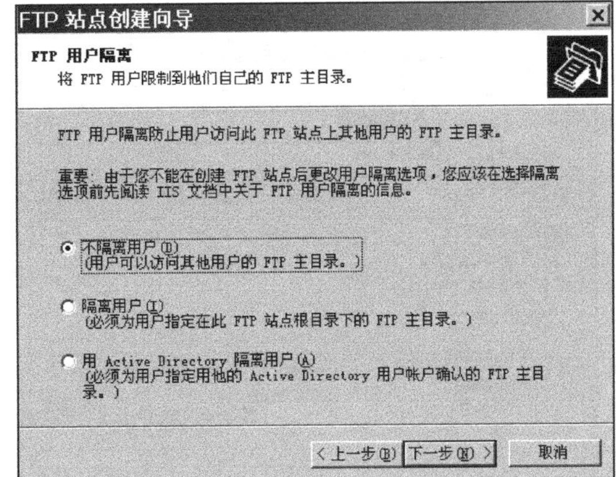

图 8-5　设置 FTP 用户隔离

3. 配置“FTP 站点”选项卡

Internet 信息服务(IIS)管理器安装完成后，依次执行“开始”→“程序”→“管理工具”→“Internet 信息服务(IIS)管理器”命令，选中要修改的 FTP 站点后，鼠标右击选择“属性”项，出现对应 FTP 站点的属性信息。

1)“FTP 站点”选项卡

使用该选项卡可以为站点设置名称，配置对站点的访问，修改站点的连接限制，以及启用日志记录并配置站点的日志记录格式，如图 8-6 所示。

“描述”：为网站键入一个友好名称。友好名称将出现在 IIS 管理器的控制台树中，站点的描述不是必需的。

“IP 地址”：从列表框中指定一个 IP 地址或键入用于访问该站点的新 IP 地址。如果没有分配特定的 IP 地址，那么此站点将响应分配给该计算机但没有分配给其他站点的所有 IP 地址，这使它成为默认站点。要使 IP 地址出现在列表中，则必须已在控制面板中定义了此 IP 地址在该计算机上可以使用。

“TCP 端口”：FTP 服务运行的 TCP 端口，默认端口是 21。可以将端口更改为任何唯一的 TCP 端口号，但是客户端必须事先知道才能请求该端口号，否则其请求不能连接到服务器，端口号不能为空。

“FTP 站点连接”：这些设置决定了能同时连接到服务器客户端的数量。“不受限制”表示可以将该 FTP 站点配置成处理不限制数量的并发连接，服务器接受连接直到内存不足；“连接限制为”表示可以强制限制同时连接到服务器的客户端连接数。可以通过设置限制以保持服务器的良好性能，当达到限制时，服务器会向客户端返回一个表示服务器忙的错误消息。“连接超时”表示设置服务器在断开与非活动用户的连接之前等待的时间，这将确保在 FTP 协议无法关闭某个连接时，在指定时间段内关闭所有的连接，以秒为单位。

“启用日志记录”：记录关于用户活动的细节并按所选格式创建日志。信息存储在 ASCII 文件或与 ODBC 兼容的数据库中。

2)“安全账户”选项卡

使用该选项卡可以控制能够管理该 FTP 站点的账户，指定用于匿名客户端请求登录到计算机的账户，并且可以控制具有站点操作员权限的那些用户，如图 8-7 所示。FTP 站点一般都设置为允许用户匿名登录，匿名登录用户名为 anonymous，密码为符合电子邮件地址的任意字符。

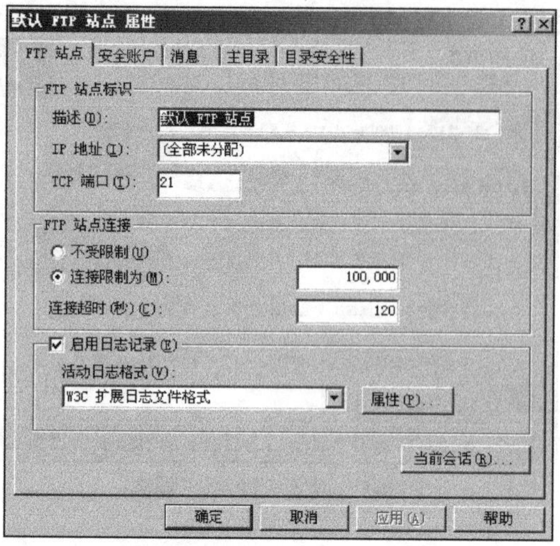

图 8-6　FTP 站点选项卡

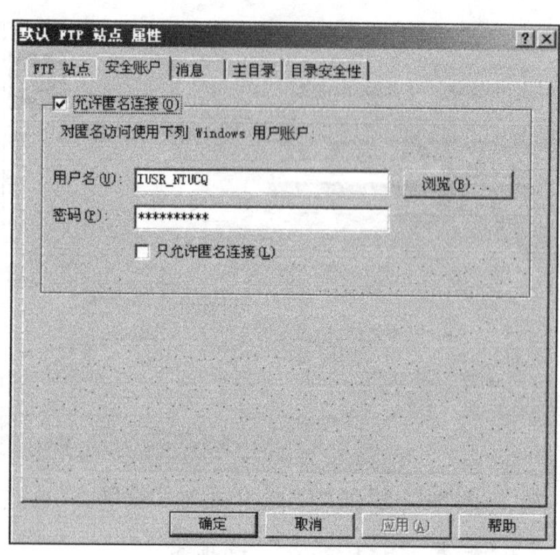

图 8-7　安全账户选项卡

3)“消息”选项卡

该选项卡是创建用户连接到 FTP 站点时显示的标题、欢迎、退出和最大连接数等消息。“标题”：在客户端连接到 FTP 服务器之前，该服务器将显示的消息。“欢迎”：在客户端连接到 FTP 服务器时，该服务器显示的欢迎消息。“退出”：在客户端注销 FTP 服务时，该服务器显示的退出消息。“最大连接数”：在客户端试图连接到已达到允许的最大客户端连接数的 FTP 服务器时显示的消息，如图 8-8 所示。

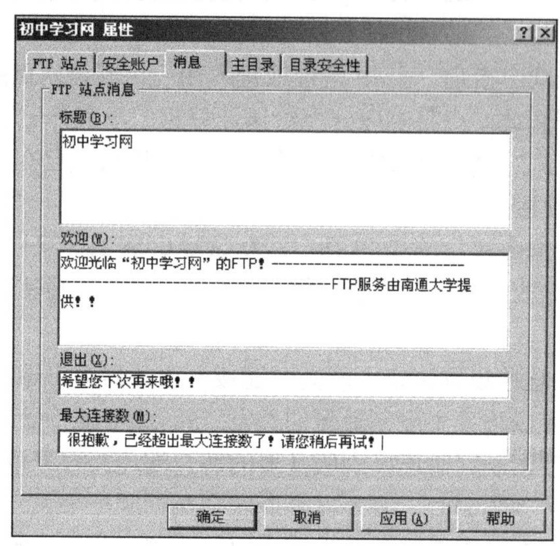

图 8-8　消息选项卡

4)“主目录”选项卡

该选项卡用于更改 FTP 站点的主目录或修改其属性，主目录是 FTP 站点中用于存放已发布文件的文件目录。

“此计算机上的目录”：可以允许用户访问此计算机上的指定目录，以便查看或更新 FTP 内容，也可以执行任何 Windows 安全方法来控制对内容的访问。在“本地路径”框中，键入目录或目标 URL 的路径。其中对于网络共享，需使用通用命名约定(UNC)服务器和共享名，例如，\\Webserver\htmlfiles。

“另一台计算机上的目录”：允许用户查看或更新与该计算机有活动连接的其他计算机上的 FTP 内容。如果服务器具有远程计算机上的管理凭据，那么可以通过执行任何 Windows 安全方法来控制对其内容的访问，可以在“网络共享”框中键入服务器名和目录名。单击“连接为”按钮可以键入或更改网络用户名和密码信息。

5）“目录安全性”选项卡

使用该选项卡可允许或阻止单个计算机或计算机组访问 FTP 站点。

“授权访问”：要添加拒绝访问的计算机、计算机组或域，单击“添加”按钮，然后在“拒绝访问”对话框中键入所需的信息。

“拒绝访问”：此选项可以拒绝所有计算机的访问权限。单击“添加”按钮，然后在“授权访问”对话框中键入所需的信息。授权访问的计算机出现在“下面列出的除外”列表框中。

8.3　使用 Serv-U 建立 FTP 服务

8.3.1　Serv-U 的基本设置

1. 设置 Serv-U 的域名与 IP 地址

安装完 Serv-U 以后，需要对此进行设置，才能正式投入使用，首先对域名与 IP 地址进行设置，操作步骤如下。

步骤 1：在“Setup Wizard”对话框中，单击“Next”按钮，运行设置域名与 IP 向导。

步骤 2：在“Show menu images”对话框中，勾选“Yes”选项，运行后图标最小化显示，如图 8-9 所示。

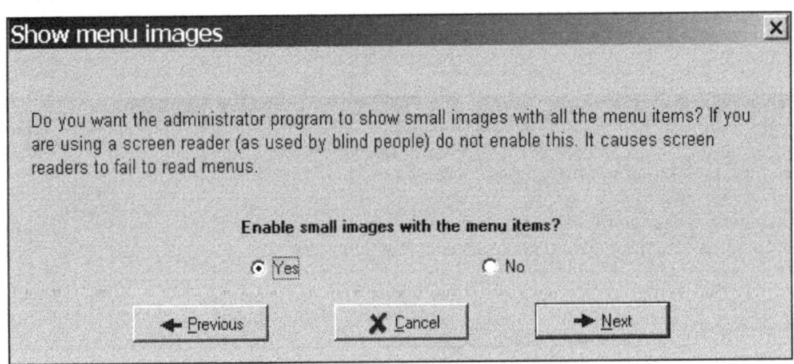

图 8-9　运行后最小化

步骤 3：在“Start local server”对话框中，单击“Next”按钮，连接到本地 FTP 服务器中，如图 8-10 所示。

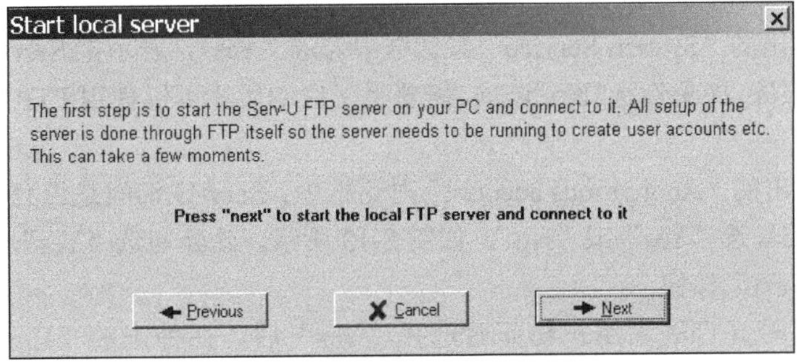

图 8-10　连接到本地 FTP 服务器中

步骤4：在打开的“Your IP address”对话框中(图8-11)设置IP地址，在“IP address”文本输入框中输入本机的IP地址，也可以留空使用系统的IP地址，单击“Next”按钮。该界面也可以通过执行“开始”→“程序”→“Serv-U FTP Server”→“Serv-U Administrator”命令，启动Serv-U的管理程序，第一次启动该程序时，也会自动运行Serv-U设置向导，进入到IP地址设置的对话框界面。

“注意”：IP地址可为空，表示是本机所包含的所有IP地址，这在使用两块甚至三块网卡时很有用，用户可以通过任一块网卡的IP地址访问到Serv-U服务器，如果指定了IP地址，则只能通过指定IP地址访问Serv-U服务器，同时如果充当FTP服务的IP地址是动态分配的，建议此项保持为空。

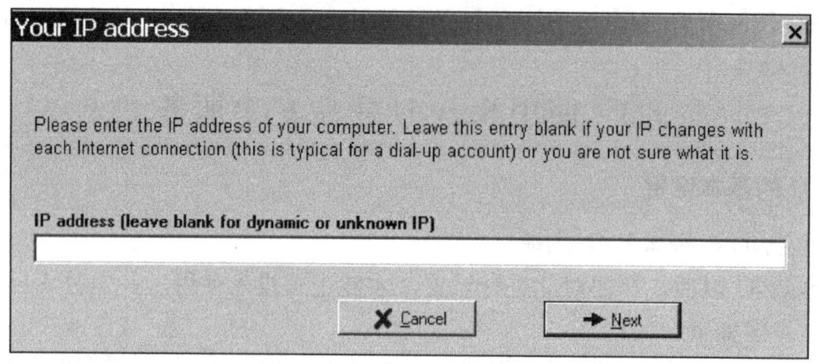

图8-11 输入FTP服务器的IP地址

步骤5：在弹出的“Domain name”对话框中设置域名，在“Domain name”文本输入框中输入ftp.ccxx.cn(没有的话可以随便取一个名字)，如图8-12所示，单击“Next”按钮。

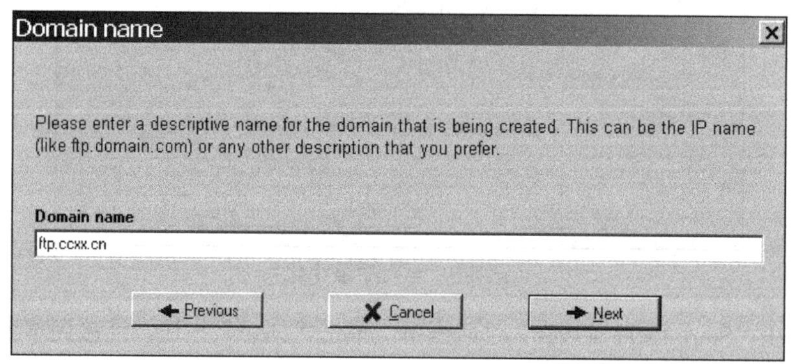

图8-12 输入FTP服务器的域名

步骤6：在弹出的“System Service”对话框中勾选“Yes”，表示把Serv-U的FTP服务设为自启动的系统服务；如果勾选“No”选项，需要手工启动后才可以使用FTP服务，单击“Next”按钮。

步骤7：在弹出的“Anonymous account”对话框中，Serv-U询问是否允许匿名用户访问，可根据自己的需要勾选“Yes”或“No”，如图8-13所示，此处勾选“Yes”，表示允许匿名用户访问，单击“Next”按钮。

步骤8：在是否允许匿名用户访问时选择“Yes”后，在弹出的“Home directory”对话框中，需为Anonymous账户指定FTP上载或下载的主目录，如D:\ftp，单击“Next”

按钮继续，如图 8-14 所示；Serv-U 继续询问是否将匿名用户锁定在主目录中“Lock anonymous users into their home directory”，为了安全考虑，一般情况下勾选“Yes”，单击“Next”按钮。

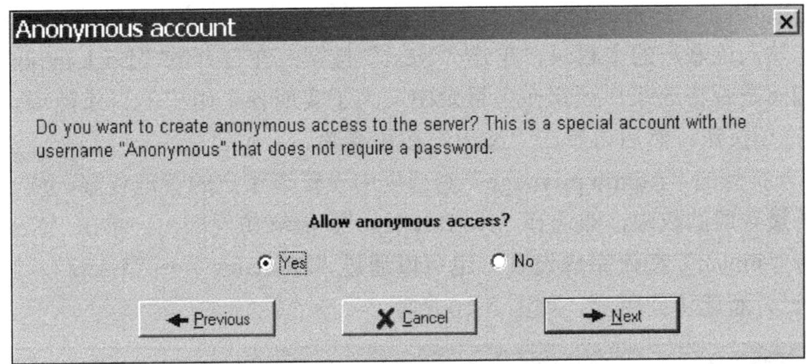

图 8-13 允许匿名用户访问

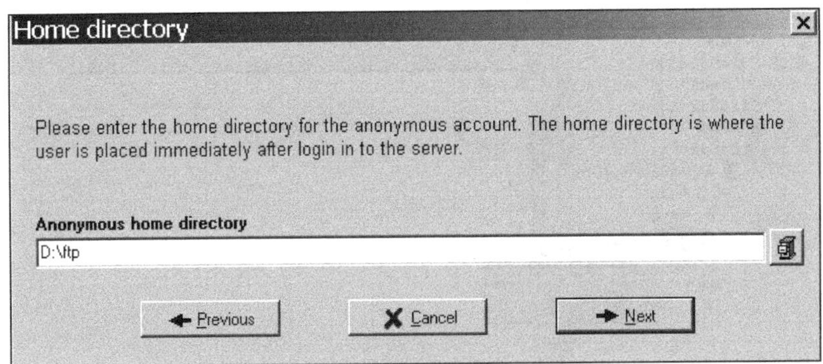

图 8-14 指定匿名用户的主目录

此时已经设置好 Serv-U 的域名与 IP 地址，同时已经允许匿名用户登录访问 D:\ftp。

2. 创建新账户

新账号的创建可以通过向导的方法创建，也可以直接添加。通过向导的方式新建账户步骤如下。

步骤 1：创建了匿名访问用户后，也可以建立一套自己的完整用户管理制度。继匿名用户的锁定目录对话框后，在弹出的“Named account”对话框中，询问是否创建账号，勾选“Yes”后，单击“Next”按钮，如图 8-15 所示。

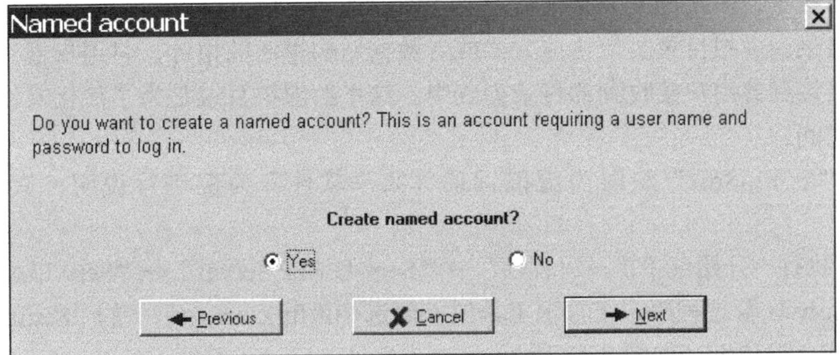

图 8-15 询问是否创建账号

步骤 2：在打开的“Named account”对话框中输入新创建的账号名单击“Next”按钮；在打开的“Account password”对话框中输入新创建的账号的口令，此时密码为明文显示，且只需要输入一次，单击“Next”按钮。

步骤 3：在打开的“Home directory”对话框中设置该账户的主目录，在“Home directory”文本输入框中输入该账户的主目录，单击“Next”按钮；在打开的“Lock in home directory”对话框中，询问是否将该账户锁定在主目录中，为了实现各个用户的目录隔离，默认情况下勾选“Yes”选项按钮，然后再单击“Next”按钮继续。

步骤 4：在打开的“Admin privilege”对话框中设置该账户的管理权限，从安全角度考虑只给账户赋予最普通的权限，即选择“No Privilege”，能够访问即可，单击“Next”按钮确认操作，并单击“Finish”按钮完成设置。也可以通过“Domains”→“Users”，鼠标右击，选中“New User”，新建访问用户，如图 8-16 所示。

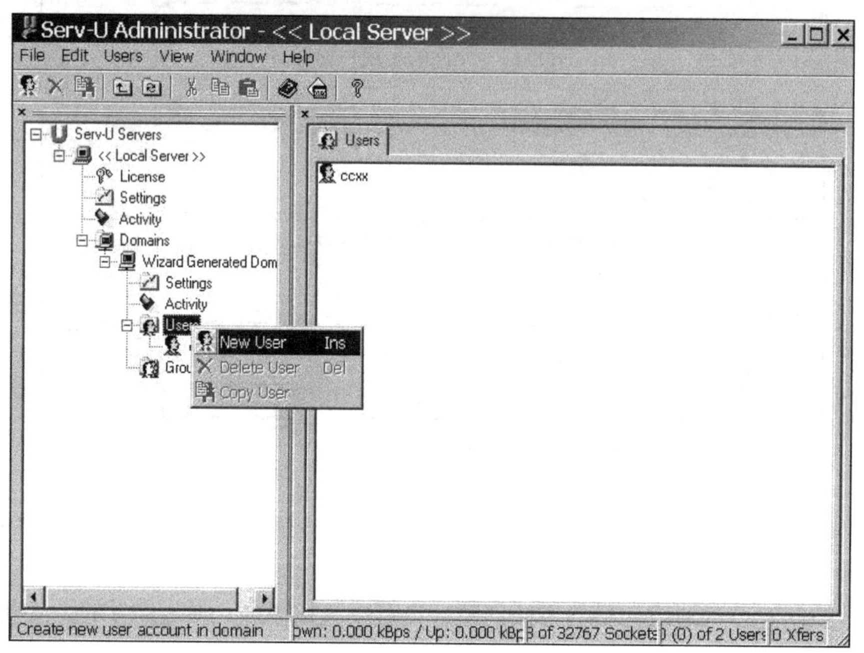

图 8-16　创建账号

3. 设置虚拟目录

如果所需的东西没有存放在主目录下，而是在另外分区的目录或者分区里面，可以将数据复制到主目录下。但是如果分区硬盘空间不够，或者不同的目录设置不同的访问权限，推荐采用虚拟目录。虚拟目录类似快捷方式或者数据结构里面的指针，将用户根目录结构以外的物理路径链接到该用户接收到的目录列表中。这里的虚拟目录是为了简化操作，同时获得更大的磁盘空间。

下面以“e:\FtpSoft”映射为虚拟目录“共享软件”为例进行说明，具体操作步骤如下。

步骤 1：执行“开始菜单”→“程序”→“Serv-U FTP Server”→“Serv-U Administrator”命令，启动 Serv-U 管理程序，在管理工具的左侧选中“ftp.ccxx.cn”下的“Settings”，选中右边的“General“选项卡，如图 8-17 所示。

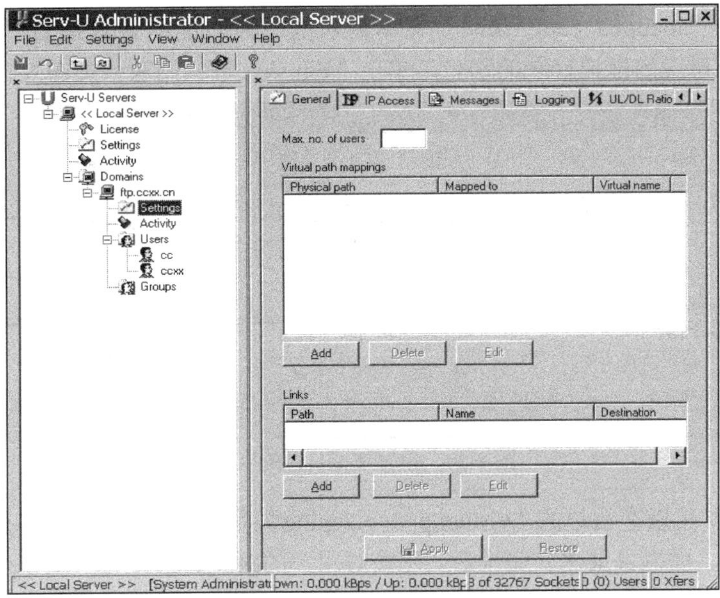

图 8-17 设置虚拟目录界面

步骤 2：单击“Virtual path mapping”下的“Add”按钮，弹出添加虚拟目录向导，在“Physical path”的文本输入框中输入实际路径 E:\FtpSoft:，单击“Next”按钮，如图 8-18 所示；在“Map physical path to”文本输入框中输入 D:/ftp，实现映射到主目录，单击“Next”按钮，如图 8-19 所示。

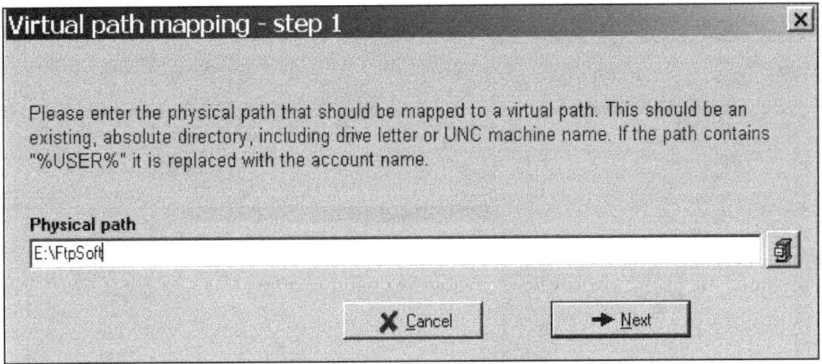

图 8-18 设置输入物理路径

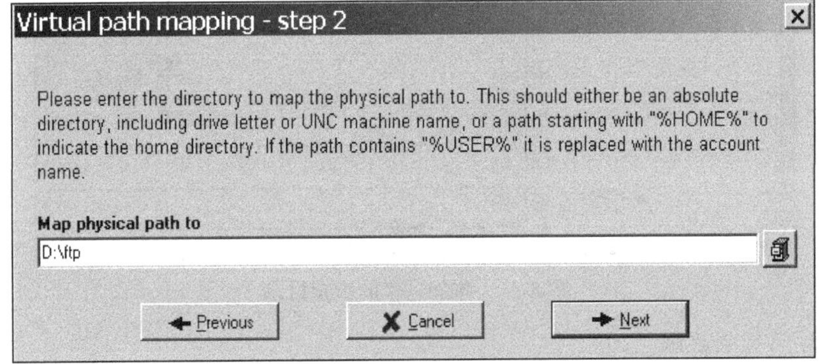

图 8-19 设置映射到主目录

步骤 3：在“mapped path name”文本输入框中输入虚拟目录别名“共享软件”，即“E:\FtpSoft”所对应的虚拟目录的别名，单击“Finish”按钮结束，如图 8-20 所示。

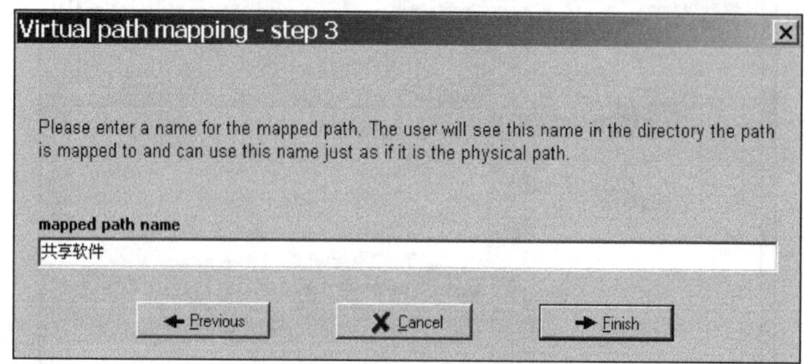

图 8-20　设置虚拟目录的别名

设置完成后，可以在右边的“Virtual path mapping”列表框中看到实际路径、映射到哪里、虚拟别名等内容，虚拟目录建立完毕后，还需对用户的路径进行设置，以 ccxx 账户为例，使该账户能访问到 E:\FtpSoft，操作步骤如下。

步骤 1：启动 Serv-U 管理程序，在管理工具的左侧找到“ftp.ccxx.cn”下的“Users”项，单击“ccxx”账户，选中右边的“Dir Access”选项卡。

步骤 2：单击该选项卡中的“Add”按钮，在弹出的对话窗口中，输入添加的路径，在“File or Path”文本输入框中输入“E:\FtpSoft”，单击“Finish”按钮，可以看到，该账户目录访问除了 D:\ftp 主目录外，还有 E:\Ftpsoft，如图 8-21 所示。

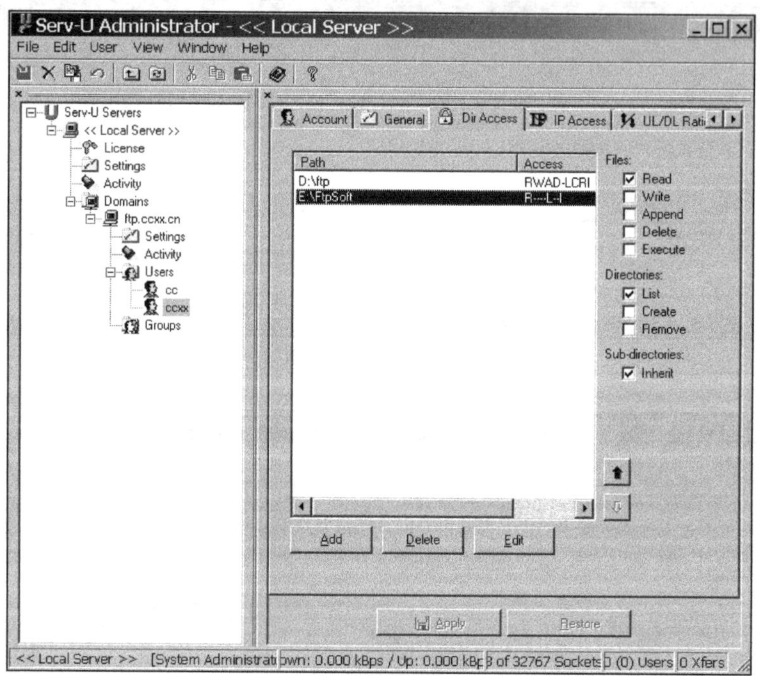

图 8-21　添加进来的虚拟目录

4. 设置访问目录权限

访问目录权限即是对用户或用户组所访问目录的权限设置，新建账户一般默认为读取、查看、继承权限，并没有上载、删除等权限，即使是同一个账户，也会对不同目录有不同权限的要求。

(1)“继承权限”对当前目录中的子目录具有与当前目录相同的权限，也就是说将当前目录的访问权限全部传递到子目录中，如未选择该项，则该目录下的子目录访问权限需要单独设置。访问目录权限即是对用户或用户组所访问目录的权限设置，权限分三大块：文件、目录和子目录，如图 8-21 所示。

(2)“File”是对文件权限进行设置，各子选项的含义如下。“Read”：对文件拥有“读”操作的权限，可下载文件，不能列出目录。“Write”：对文件拥有“写”操作的权限，可上载权限，但不能断点继续。“Append”：对文件拥有“附加”操作的权限，即断点续传。“Delete”：对文件进行“改名”、“删除”、“移动”操作的权限，但不能对目录进行操作。“Execute”：可直接运行可执行文件的权限，此项权限较危险。

(3)“Directories”是对目录进行设置，各子选项的含义如下。“List”：拥有目录的查看权限。“Create”：可以建立目录。“Remove”：拥有对目录进行移动、删除的权限。

(4)“Sub-directories”是对当前目录的子目录进行设置，它只有一个“Inherit”，一般情况下勾选该项，如未选择该项，则该目录下的子目录访问权限需要单独设置。

8.3.2　FTP 站点的管理

1. 设置 FTP 服务器提示信息

用户通过 FTP 客户端软件连接到 FTP 服务器，FTP 服务器会通过客户端软件返回一些信息，通过这些信息可以让用户更多地了解 FTP 服务器，同时也可以通过这些信息告诉用户一些注意事项，例如，欢迎消息是用户成功登录后，通常发送给 FTP 客户端的消息，也可包含有关服务器的常规信息、给用户的特殊消息、免责声明或其他法律声明。配置欢迎消息的方式有两种：一种方式是在消息文件路径字段中指定文件路径，该文件中包含了需要的欢迎消息，采用浏览按钮选择系统中已有的文件；另一种方式是在提供的文本框中输入欢迎消息，Serv-U 将使用其中的内容。客户端使用浏览器直接输入地址登录是无法看到这些提示信息的。

通过消息文件的具体操作步骤如下。

步骤 1：利用记事本或其他文本编辑工具编辑四个文件，保存在 D:\myfile 目录下，四个文件分别如下。

readme1.txt：记录用户登录时的欢迎信息，如欢迎用户来访 FTP 服务器、怎样访问 http 主站、管理员的联系方法、只允许用户用一个 IP 地址连接和其他 FTP 的注意事项。

readme2.txt：记录用户断开连接的提示信息，如欢迎用户下次访问等。

readme3.txt：记录用户切换访问目录的信息。

readme4.txt：记录在 FTP 服务器中未找到文件的信息。

步骤 2：在 Serv-U 的主界面左边列表上，依次执行“Local Server”→“Domains”→“ftp.ccxx.cn”→“setting”命令，选择右边的“Messages”选项卡，分别在“Signon message file”、“signoff message file”、“Primary dir change message file”、“Secondary dir change message file”文本框中依次输入 D:\readme1.txt、D:\readme2.txt、D:\readme3.txt、D:\readme4.txt，单击“Apply”按钮完成消息设置，如图 8-22 所示。

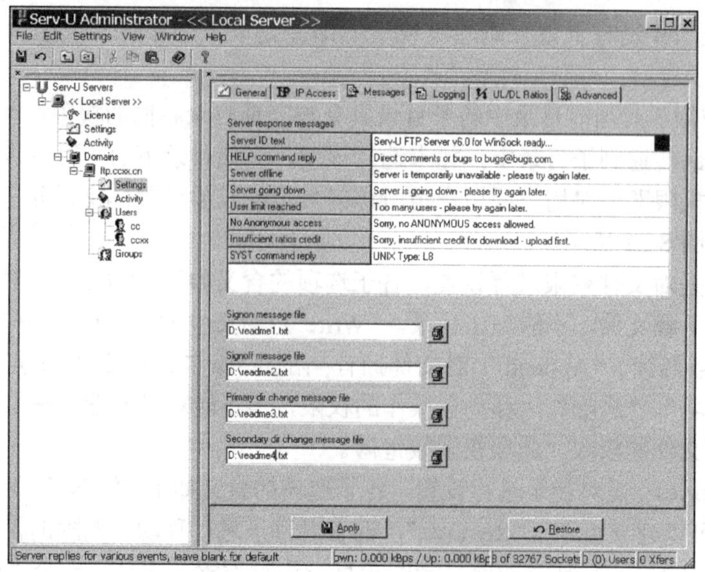

图 8-22　设置 FTP 提示信息的设置

2. 禁止或只允许某 IP 使用这个账号

Serv-U FTP 服务器提供账号后，并不关心是谁使用该账号，只要用户能提供正确的账号与密码，服务就会认为它是合法用户，在任何联网的机器上均可访问 FTP 服务器，但有些用户有不良企图，可以跟踪这些用户的 IP 地址，并设置不允许这些 IP 地址访问 FTP 服务器。

禁止 IP 地址访问账号具体操作方法如下：在 Serv-U 的主界面左边列表上，依次执行“Local Server”→“Domains”→“ftp.ccxx.cn”→“Users”→“ccxx”命令，选择右边窗口中的“IP Access”选项卡，选中“Deny access”选项按钮，在 Rule 中输入需要禁止的 IP 地址，单击“Add”按钮，在“IP access rules”中会出现输入的 IP 地址。如果以后不再禁止该 IP 地址访问，则只需在“IP access rules”列表中选择 IP 地址，然后单击“Remove”按钮，将该地址删除，如图 8-23 所示。

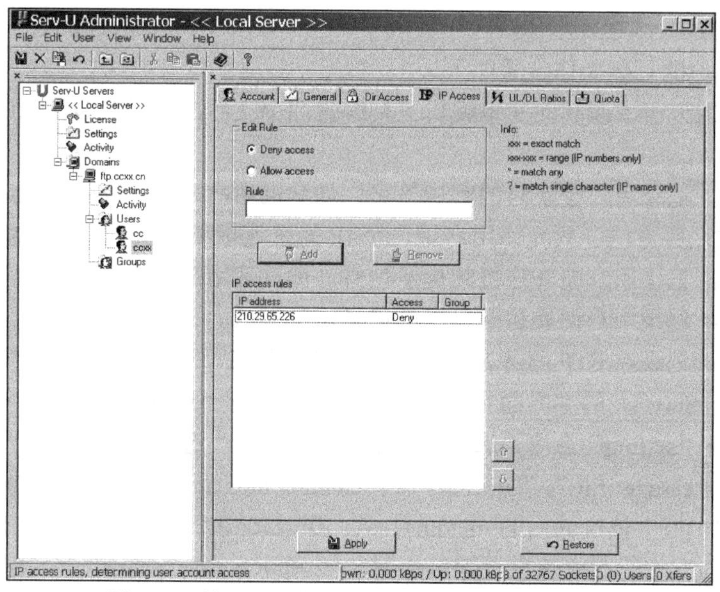

图 8-23　设置 FTP 禁止或只允许某些 IP 地址访问

有时则恰恰相反，只允许某个 IP 地址访问 FTP 服务器，如对拥有管理身份的账户，当需要对 FTP 服务器进行远程管理时，可以完全控制 FTP，此时也可利用只允许某些 IP 地址用该账户登录，这样大大提高了 FTP 服务器的安全性。允许 IP 地址访问账号具体操作方法如下：在 Serv-U 的主界面左边列表上，依次执行“Local Server”→“Domains”→“ftp.ccxx.cn”→“Users”→“ccxx”命令，选择右边窗口中的“IP Access”选项卡，选中“Allow access”选项按钮，在 Rule 中输入允许访问的 IP 地址，单击“Add”按钮，其他操作与禁止 IP 地址访问一样。

3. 查看用户访问的记录

用户访问 FTP 服务器，Serv-U 都有比较详细的记录，这些记录包括用户的 IP 地址、连接时间、断开时间、上传下载文件等。管理员可通过访问记录了解用户在 FTP 服务器做了些什么，并从中检查谁是恶意用户，加以防范。

操作方法：在 Serv-U 管理工具窗口的左边执行“Domains”→“ftp.ccxx.cn”→“Activity”命令，选中右边窗口中的“Domain Log”选项卡，从中可以看到比较详细的访问记录，如图 8-24 所示。

4. 配置账号的磁盘配额

FTP 服务器的初衷是让自己的有限空间能为用户提供无限的服务，但前提是不能影响服务器的正常运转。如一块硬盘有 5G 空间，需要留 1G，其他用于 FTP 服务器用，但 Serv-U 在默认状态下，用户不断地上载，会将 5G 所有的空间耗尽，如何让 FTP 服务器只使用 4G 空间？此时便利用了 Serv-U 的磁盘配额功能，配额是一种限制用户账户数据传输量的方法，如果为用户指定最大配额值，则该用户无法使用大于该值的磁盘空间。

操作方法：在 Serv-U 的主界面左边列表上，依次执行“Local Server”→“Domains”→“ftp.ccxx.cn”→“Users”→“ccxx”命令，选择右边窗口中的“Quota”选项卡，勾选“Enable disk quota”，启用磁盘配额，单击“Calculate current”按钮获取已经使用的磁盘空间，然后在“Maximum”右边的文本输入框中输入 4000，这里以 MB 为单位，在“Current”文本输入框中显示的是已经使用的磁盘空间，如图 8-25 所示。

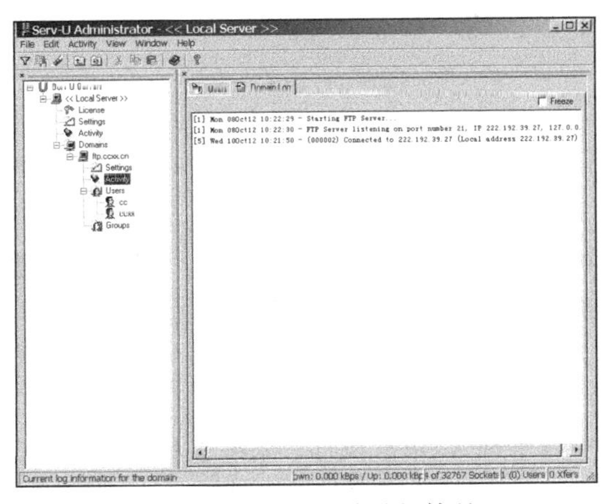

图 8-24　查看用户访问情况

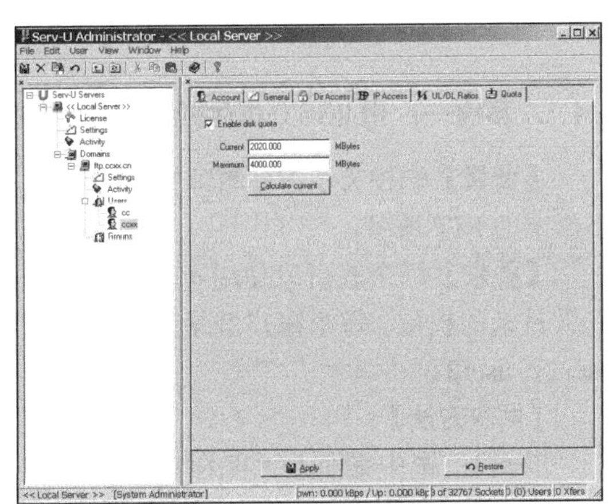

图 8-25　设置账号的磁盘配额

5. 更改 FTP 服务器的端口

FTP 服务器默认端口是 21，有时出于安全策略或其他原因不能使用 21 端口，修改端口的方法：在 Serv-U 管理工具左侧选择“Domains”下的“ftp.ccxx.cn”，然后在右侧窗口的“FTP port number”文本输入框中输入所需的端口，如 8080，这个端口尽量不要选择其他软件默认的端口，单击“Apply”按钮完成端口的更改，如图 8-26 所示。

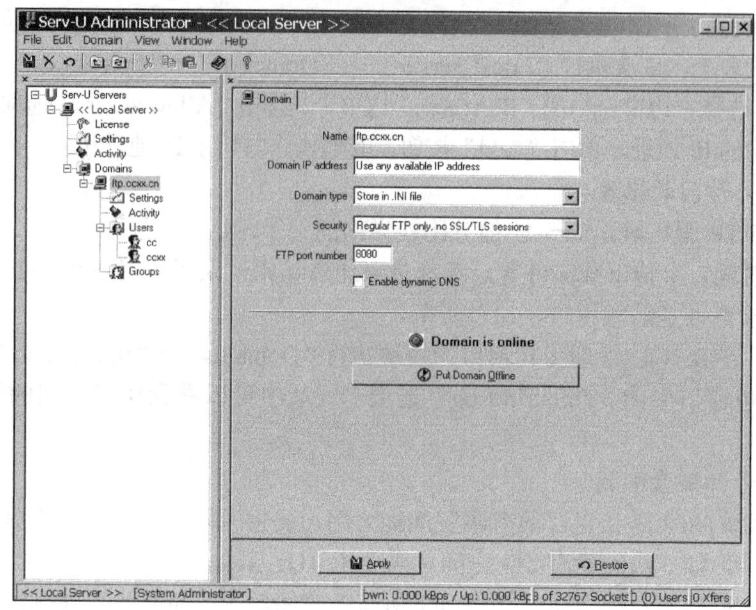

图 8-26　设置 FTP 端口

服务器的默认端口号为 21，但是用户可以根据自己的情况进行自由更改，只要能够保证所采用的端口号与其他网络应用不冲突即可。这里需要说明一点，使用用户自己选择的服务器端口可以起到很好的安全防范作用，这时，只有用户自己和其他知道该端口号的用户才能够成功地实现与服务器的连接。因此，建议用户在设置 FTP 服务器的时候使用自己选定的端口，而不要只是简单地使用默认值。

8.4　实 例 训 练

8.4.1　案例一：用 IIS6.0 提供的 FTP 服务完成

【背景】学校为了方便教师交流、学习，为语文、数学、英语 3 个教研室分别提供相互不影响的 FTP 服务。

【要求】每个教研室使用不同的账户，每个账户对自己的 FTP 有读、写、删除、新建下级目录的权限，每个账户登录后只能访问各自教研室的目录。教师登录的用户名：user0，user1，user2。

【解决方法】

步骤 1：选中桌面上“我的电脑”右击，选中“管理”，依次执行“系统工具”→“本地用户和组”→“用户”命令，在计算机管理中分别建立 FTP 站点用户，如图 8-27 所示。依次建立 user0、user1、user2 用户，完成效果如图 8-28 所示。

步骤 2：在硬盘上建立一个 FTP 站点根目录，在该目录下分别建立 localuser 和 pubilc 两个文件夹。在 localuser 文件夹下分别建立属于 user0、user1 和 user2 的 3 个文件夹，如图 8-29 所示。注意：建立的文件夹的名字需要与创建的登录账户名一致。

步骤 3：选中 user0，鼠标右击“属性”，在打开的“user0 属性”对话框中选中“安全”选项卡，单击“添加”按钮，在打开的“选中用户或组”对话框中输入“user0”，单击“确认”按钮后，给选定的 user0 用户完全控制权限，如图 8-30 所示。并依次给 user1 和 user2 这两个文件夹，赋予相对应的用户给予完全控制权限。

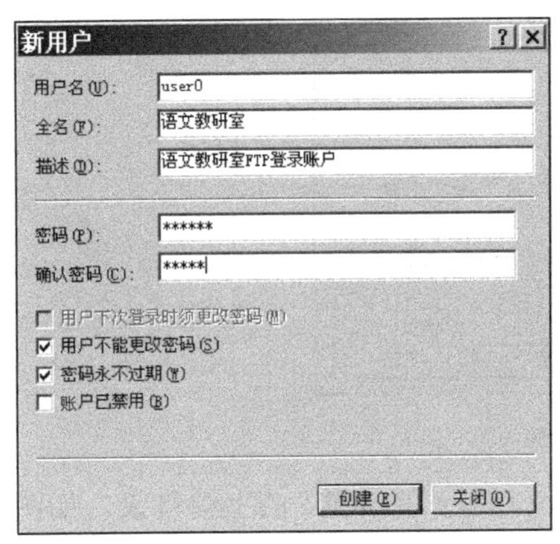

图 8-27　建立 FTP 站点的用户

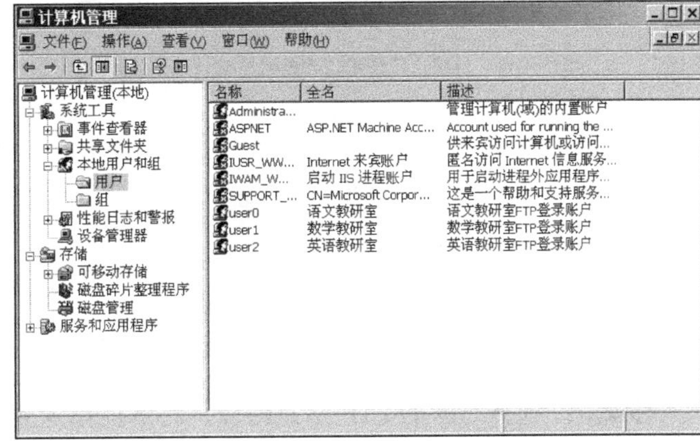

图 8-28　FTP 站点登录账户

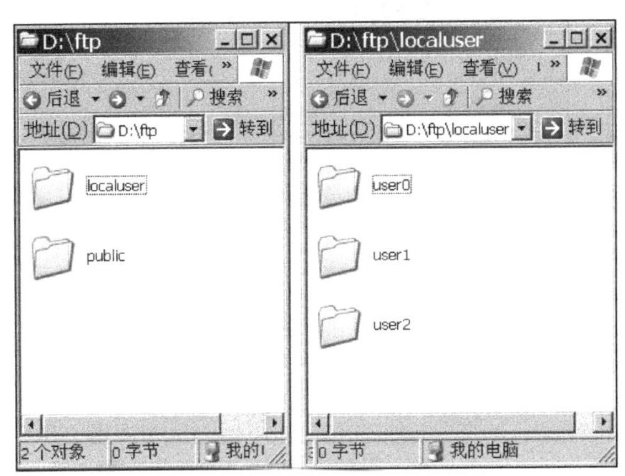

图 8-29　建立 FTP 文件目录

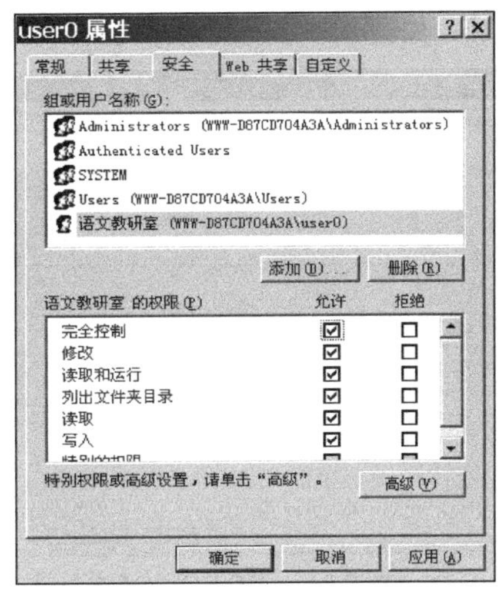

图 8-30　FTP 文件目录权限设置

步骤 4：执行任务栏的“开始”→“所有程序”→“管理工具”→“Internet 信息服务(IIS)管理器”→“FTP 站点”命令，默认情况下 FTP 站点有一个默认 FTP 站点，在“默认 FTP 站点”上右击“停止”按钮，然后在左边列表的“FTP 站点”上右击执行“新建→FTP 站点”命令，在打开的向导对话框中单击“下一步”按钮。

步骤 5：在“FTP 站点创建向导”窗口的 FTP 站点描述中输入“教研室 FTP”，单击“下一步”按钮；在“IP 地址与端口设置”窗口里面不作任何改动，单击“下一步”按钮。

步骤 6：在“FTP 用户隔离”窗口中，勾选“隔离用户”(图 8-31)，以实现将 user0、user1 和 user2 这三个用户的访问限制在它们各自对应的 user0、user1 和 user2 三个 FTP 主目录上，单击“下一步”按钮。

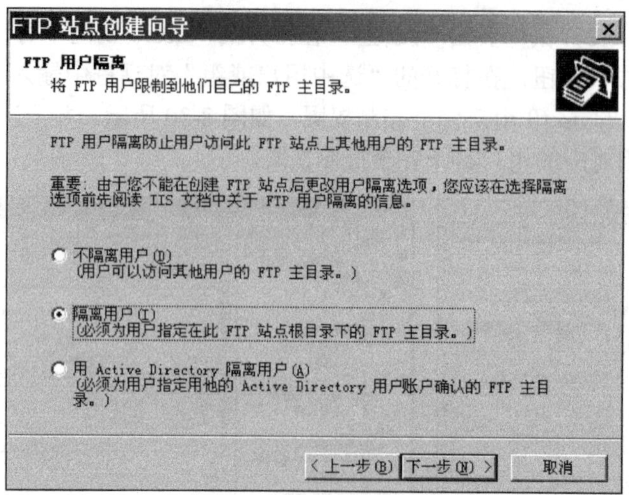

图 8-31　FTP 用户隔离设置

步骤 7：选择对应的 FTP 站点路径，将路径指定到 localuser 和 public 的上级目录，如图 8-32 所示。单击“下一步”按钮。

步骤 8：在“FTP 站点访问权限”窗口中设置目录访问选项，勾选“读取”和“写入”选项，如图 8-33 所示。依次单击“下一步”→“完成”按钮。

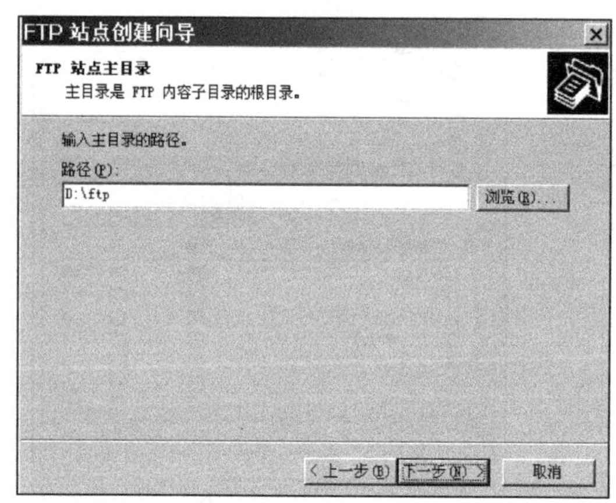

图 8-32　设置 FTP 站点主目录

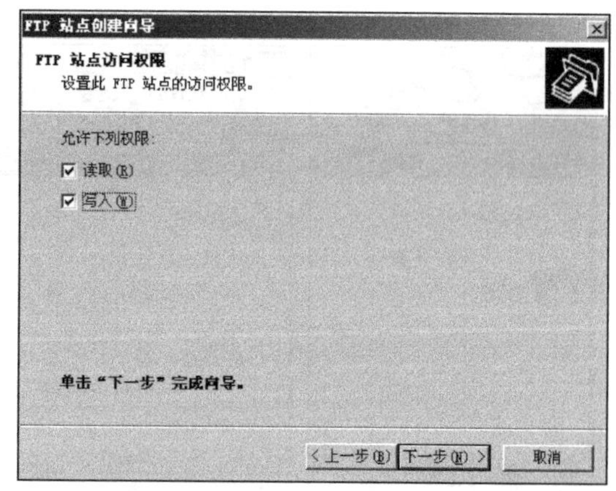

图 8-33　设置 FTP 站点的访问权限

8.4.2　案例二：用 Serv-U 提供的 FTP 服务完成

【背景】学校为了方便师生学习，需要架构一台 FTP 服务器，方便教师发布学习资料提供给学生下载，同时教师间也可共享一些资源。

【要求】教师之间共享的资源，教师可以访问，并具有修改的权限，但是学生不可以访问；教师提供给学生访问的资源，教师可以增加、修改，学生可以访问但是不可以修改。教师登录的用户名为 teacher，学生登录的用户名为 student。

【解决方法】

步骤 1：新建两个目录，“学生下载目录”和“教师资源”目录。

步骤 2：执行“Domains”→“Users”命令，鼠标右击，选中“New User”，新建访问用户。在“Add new user”对话框的“user name”文本框中输入 student，单击“Next”按钮；在“Password”

文本框中输入以“student”用户名登录时的密码，单击“Next”按钮；“Home directory”文本框中通过浏览指定“student”用户登录 FTP 目录的 home 目录 D:\ftp\学生下载目录，单击“Next”按钮；在“Lock user in home directory”中勾选“Yes”后，单击“Finish”按钮。

步骤 3：执行“Domains”→“Users”命令，鼠标右击，选中“New User”，新建访问用户。在“Add new user”对话框的“user name”文本框中输入 teacher，单击“Next”按钮；在“Password”文本框中输入以“teacher”用户名登录时的密码，单击“Next”按钮；“Home directory”文本框中通过浏览指定“teacher”用户登录 FTP 目录的 home 目录 D:\ftp\教师资源，单击“Next”按钮；在“Lock user in home directory”中勾选“Yes”后，单击“Finish”按钮。

步骤 4：选中左边列表里的“Users”→“teacher”，选择“Dir Access”选项卡，勾选“Read”、“Write”、“Append”、“Delete”、“List”、“Create”、“Remove”、“Inherit”，单击“Apply”按钮，如图 8-34 所示。

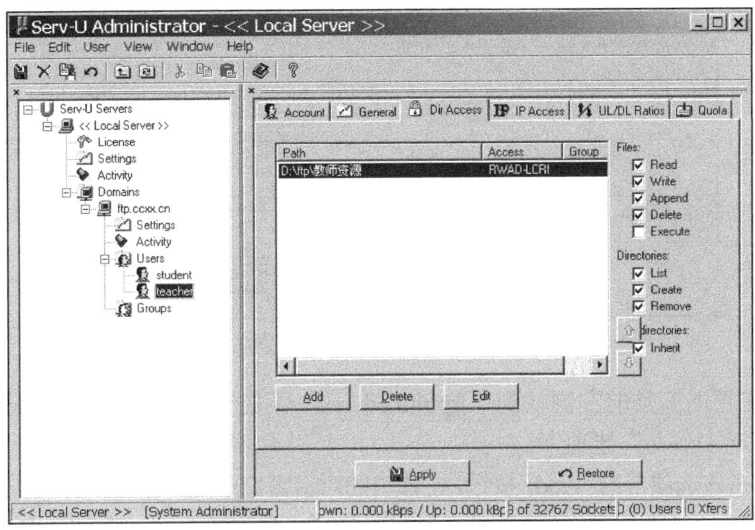

图 8-34　设置教师访问教师资源目录权限

步骤 5：在管理工具的左侧执行“Domain”→“ftp.ccxx.cn”→“Settings”命令，选中右边的“General“选项卡。

步骤 6：单击“Virtual path mapping”下的“Add”按钮，弹出添加虚拟目录向导，在“Physical path”的文本输入框中输入实际路径“D:\ftp\学生下载目录”，单击“Next”按钮，如图 8-35 所示；在“Map physical path to”文本输入框中输入 D:\ftp\教师资源，实现映射到主目录中，单击“Next”按钮，如图 8-36 所示。

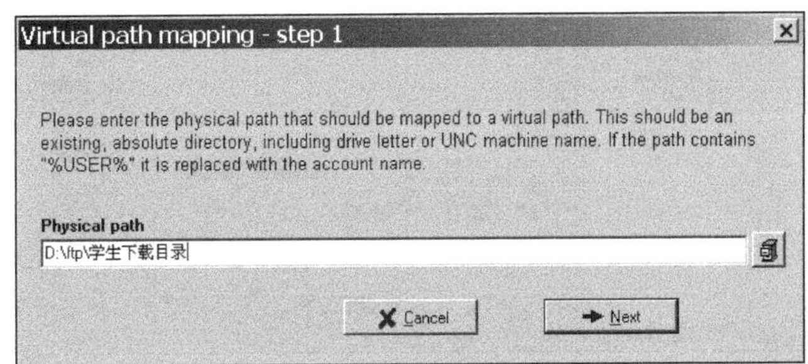

图 8-35　设置输入物理路径

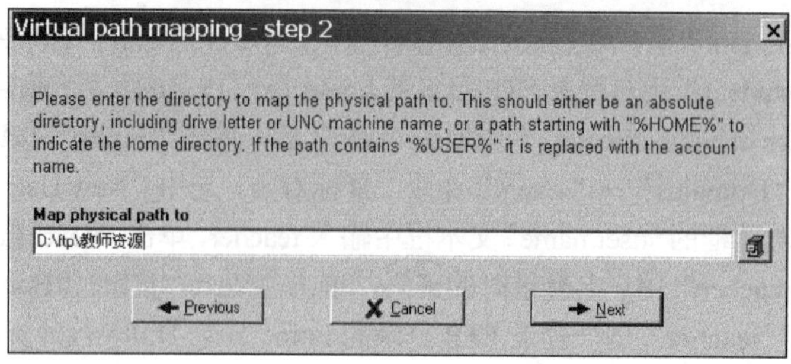

图 8-36 设置映射到主目录

步骤 7：输入虚拟目录别名，在“mapped path name”文本输入框中输入“供学生下载资源”，即“D:\ftp\学生下载目录”所对应的虚拟目录的别名，单击“Finish”按钮结束，如图 8-37 所示。

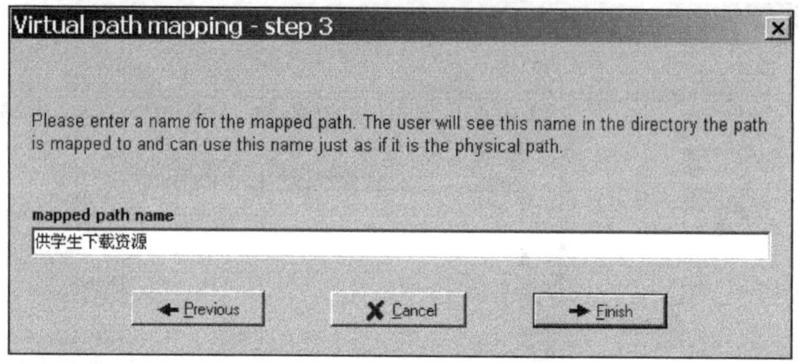

图 8-37 设置虚拟目录的别名

步骤 8：在管理工具的左侧找到“ftp.ntu.edu.cn”下的“Users”，单击“teacher”账户，选中右边的“Dir Access”选项卡。

步骤 9：单击该选项卡的“Add”按钮，在弹出的对话窗口中输入添加的路径，在“File or Path”文本输入框中输入“D:\ftp\学生下载目录”，单击“Finish”按钮，可以看到，该账户目录访问除了“D:\ftp\教师资源”外，还有“D:\ftp\学生下载目录”。同时勾选“Read”、“Write”、“Append”、“Delete”、“List”、“Create”、“Remove”、“Inherit”，如图 8-38 所示，单击“Apply”按钮。

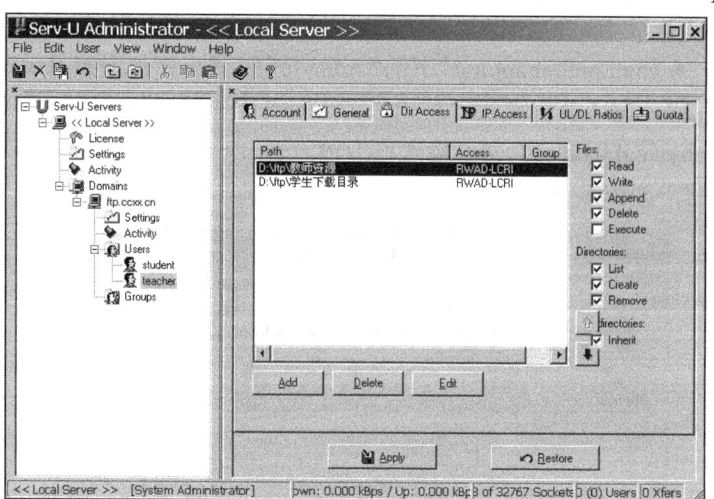

图 8-38 添加进来的虚拟目录

第 9 章　DHCP 服务器和 DNS 服务器

9.1　DHCP 服务及工作原理

9.1.1　DHCP 服务概述

在 TCP/IP 协议的网络上，每一台计算机都拥有唯一的计算机名和 IP 地址，当用户将计算机从一个子网移动到另一个子网时，需要改变该计算机的 IP 地址。采用静态 IP 地址的分配方法手动设置每一台计算机的 IP 地址成为管理员最不愿意做的一件事，于是出现了自动配置 IP 地址的方法，这就是动态主机配置协议(DHCP)。

DHCP 协议可以自动为局域网中的每一台计算机自动分配 IP 地址，并完成每台计算机的 TCP/IP 协议配置，包括 IP 地址、子网掩码、网关以及 DNS 服务器等。DHCP 服务器能够从预先设置的 IP 地址池中自动给主机分配 IP 地址，它不仅能够解决 IP 地址冲突的问题，也能及时回收 IP 地址以提高 IP 地址的利用率并减轻网络管理员的负担。

DHCP 适用于网络中需要分配 IP 地址的主机很多，或是网络中主机很多而 IP 地址不够，或是移动用户在不同的子网中移动，并在他们连接到网络时自动获得该网络的 IP 地址的场合。

9.1.2　DHCP 服务工作原理

DHCP 客户机第一次以 DHCP 客户机的身份启动，或是 DHCP 客户机的 IP 地址因某种原因(如租约期到，或断开连接)已经被服务器收回，并提供给其他 DHCP 客户机使用；或是 DHCP 客户机自行释放已经租用的 IP 地址，要求使用一个新的 IP 地址，都要与 DHCP 服务器通信，以获取 IP 地址及有关的 TCP/IP 配置。DHCP 客户机申请新的 IP 地址(图 9-1)过程如下。

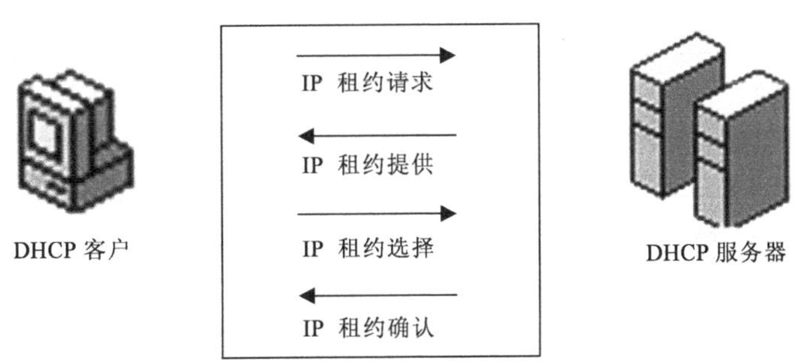

图 9-1　DHCP 客户机申请新的 IP 地址

步骤 1：DHCP 客户机发出一个源 IP 地址为 0.0.0.0、广播地址为 255.255.255.255 的 DHCP 租用请求信息，寻找 DHCP 服务器为它分配一个 IP 地址，信息包含自身的 MAC 地址。

步骤 2：子网络上的所有 DHCP 服务器收到这个请求消息后，各 DHCP 服务器确定自己是否有权为该客户机分配一个 IP 地址，如果确定有权为对应客户机提供 DHCP 服务，DHCP 服务器开始响应，并向网络广播一个 DHCP 提供消息，包含了拟租借的 IP 地址、子网掩码、租期、DHCP 服务器的 IP 地址等相关的配置参数。

步骤 3：DHCP 客户机会评价收到的 DHCP 服务器提供的消息并进行两种选择。一种是认为该服务器提供的 IP 地址的租约可以接受，发送一个请求消息，该消息中指定了自己选定的 IP 地址并请求服务器提供该租约；还有一种选择是拒绝服务器的条件，发送一个拒绝消息，然后继续从步骤 1 开始执行。

步骤 4：DHCP 服务器在收到确认消息后，根据当前 IP 地址的使用情况以及相关配置选项，对允许提供 DHCP 服务的客户机发送一个确认消息，其中包含了所分配的 IP 地址及相关 DHCP 配置选项。

步骤 5：客户机在收到 DHCP 服务器的消息后，绑定该 IP 地址，进入“绑定状态”，客户机就有了自己的 IP 地址，实现网络上的通信。

9.2　DHCP 服务器的配置和管理

9.2.1　DHCP 服务的安装

DHCP 服务是 Windows 2003 自带的服务，默认情况下没有安装。通过“添加/删除应用程序”的安装方法如下。

步骤 1：依次执行“开始”→“设置”→“控制面板”命令，在打开的“控制面板”窗口中双击“添加/删除程序”项，在弹出的“添加或删除程序”对话框中，单击 “添加/删除 Windows 组件”项，将出现“Windows 组件向导”对话框，在“组件”列表框中勾选“网络服务”，单击“详细信息”按钮。

步骤 2：出现“网络服务”对话框，在“网络服务的子组件”列表框中，勾选“动态主机配置协议(DHCP)”(图 9-2)，单击“确定”按钮。

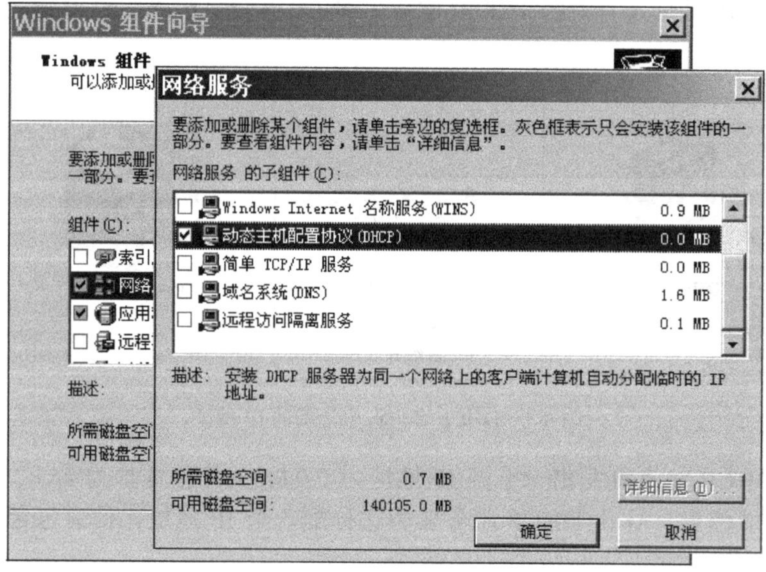

图 9-2　勾选“动态主机配置协议(DHCP)”

步骤 3：系统自动退回到“Windows 组件向导”对话框，单击“下一步”按钮稍等片刻，Windows Server 2003 在安装了需要的文件之后，将出现“完成 Windows 组建安装向导”的对话框，单击“完成”按钮。

步骤 4：DHCP 服务安装完毕后在管理工具中多了一个“DHCP”管理器。

9.2.2　创建和管理作用域

作用域是网络上可能的 IP 地址的完整连续范围。作用域通常定义为接受 DHCP 服务的网络上的单个物理子网。作用域还为网络上的客户端提供服务器对 IP 地址及任何相关配置参数的分发和指派进行管理的主要方法。

DHCP 服务器 IP 作用域(IP Scope)是指一个合法的 IP 地址范围用于向特定子网上的客户端出租、分配的 IP 地址。在 DHCP 服务器上配置一个 IP 作用域就是用于确定 IP 地址池可以将哪些 IP 地址指定给 DHCP 客户端。

1. 新建作用域

安装 DHCP 服务后，在服务器中添加作用域，设置相应 IP 地址范围及选项类型，以便 DHCP 客户机在登录到网络时，能够获得 IP 地址租约和相关选项的设置参数，新建“DHCP 作用域”步骤如下。

步骤 1：依次执行“开始”→“管理工具”→“DHCP”命令，启动“DHCP”管理控制台，如图 9-3 所示。

步骤 2：在 DHCP 控制台中单击要添加作用域的服务器项，右击，在弹出的菜单中单击“新建作用域”项，如图 9-4 所示。出现“创建作用域向导”对话框，单击“下一步”按钮。

步骤 3：在“名称”文本框中输入作用域的名称如“88dhcp”，在“描述”中添加辅助说明文字，如图 9-5 所示，单击“下一步”按钮。在出现的“IP 地址范围”对话框中输入作用域的“起始 IP 地址”和“结束 IP 地址”分别为“192.168.88.10”和“192.168.88.100”在“子网掩码”中输入“255.255.255.0”也可以直接输入子网掩码长度为“24”，如图 9-6 所示，单击“下一步”按钮。

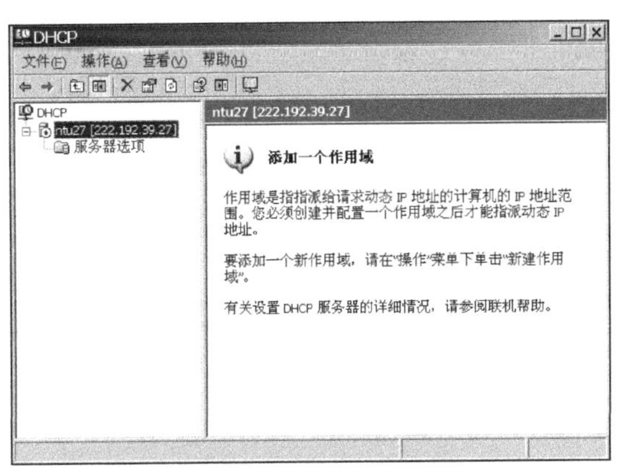

图 9-3　DHCP 管理器

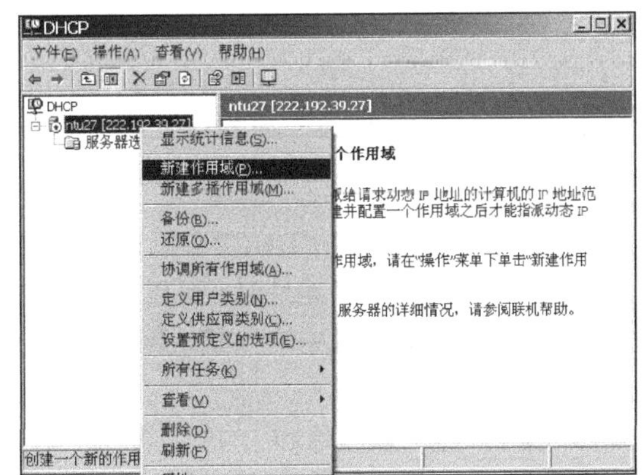

图 9-4　新建作用域

步骤 4：如果在 IP 地址作用域中的某些地址不想分配给客户端使用，则可以在“添加排除”对话框中的“起始 IP 地址”与“结束 IP 地址”文本框中分别输入这段地址的起止范围，单击“添加”按钮，将其添加到“排除的地址范围”列表，如图 9-7 所示，将“192.168.88.88”这个 IP 地址排除在作用域之外。重复操作可添加若干要排除的 IP 地址，单击“下一步”按钮。

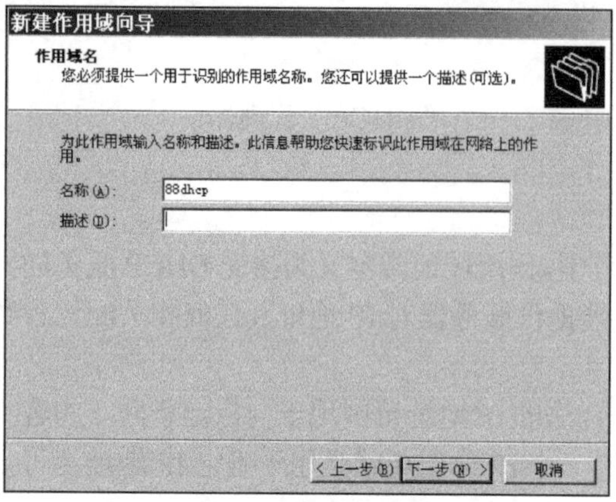

图 9-5 输入作用域名

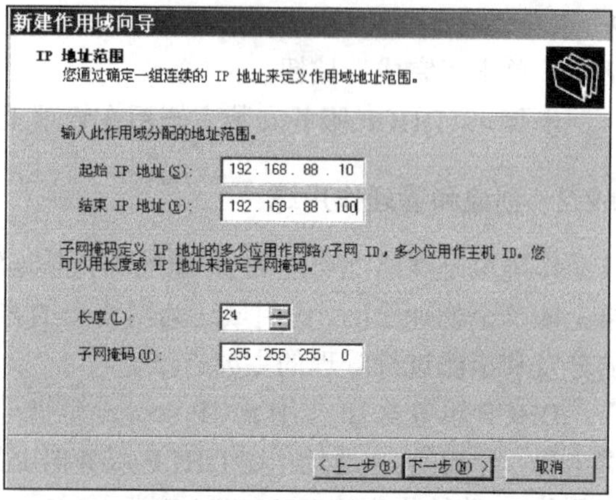

图 9-6 输入该作用域分配的 IP 地址范围

步骤 5：出现“租约期限”对话框，对于台式机较多的网络，设置长一些的租约有利于提高网络传输效率；对于移动计算机较多的网络，设置相对短一些的租约有利于计算机及时获取新的 IP 地址。由于 DHCP 在分配 IP 地址时会产生大量的广播数据包，如果租约太短，广播会变得频繁从而降低网络的效率，所以一般应选择租约相对稍长的设置。租约期限默认为 8 天，如图 9-8 所示，单击“下一步”按钮。

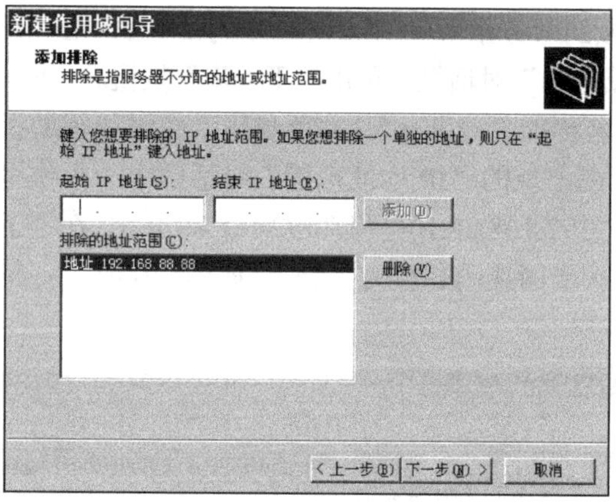

图 9-7 输入该作用域要保留的 IP 地址范围

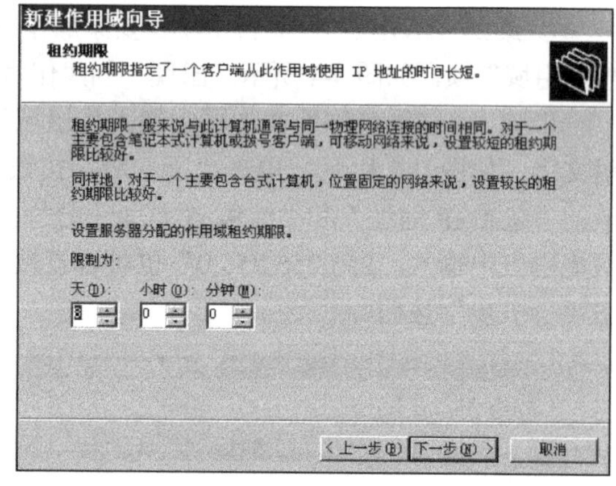

图 9-8 设定租约期限

步骤 6：在出现的“DHCP”配置选项对话框中，勾选“是，我想现在配置这些选项”，表示当客户端获得一个地址时，可以自动为它指定如默认网关、DNS 等信息，单击“下一步”按钮。在弹出的对话框中输入默认网关 IP 地址，如 192.168.88.1，如图 9-9 所示，单击“下一步”按钮。

步骤 7：在“域名称和 DNS 服务器”对话中，在“IP 地址”文本框中输入 DNS 服务器的 IP 地址，如“192.168.88.1”，单击“添加”按钮。也可以在 IP 地址栏输入多个 DNS 服务器的 IP 地址，这样当第一个 DNS 服务器发生故障后仍然能实现 DNS 解析，如图 9-10 所示。

步骤 8：单击“下一步”按钮，打开“WINS”服务器对话框。如果在网络中安装有 WINS 服务器，就在“IP 地址”对话框中输入 WINS 服务器的 IP 地址，如“192.168.0.1”，单击“添加”按钮，否则保持文本框为空，也可以直接单击“下一步”按钮。

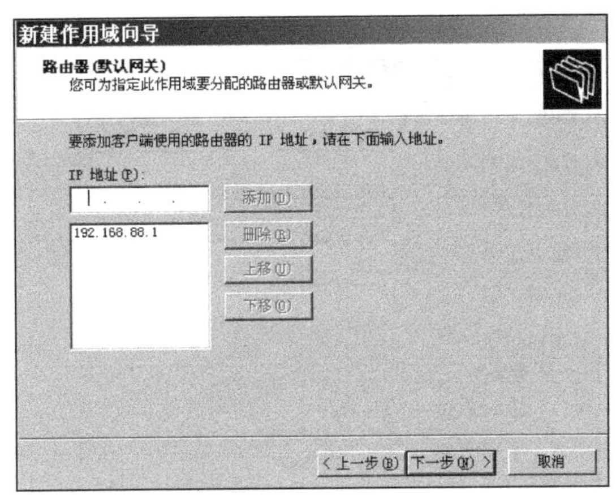

图 9-9 设定默认网关地址

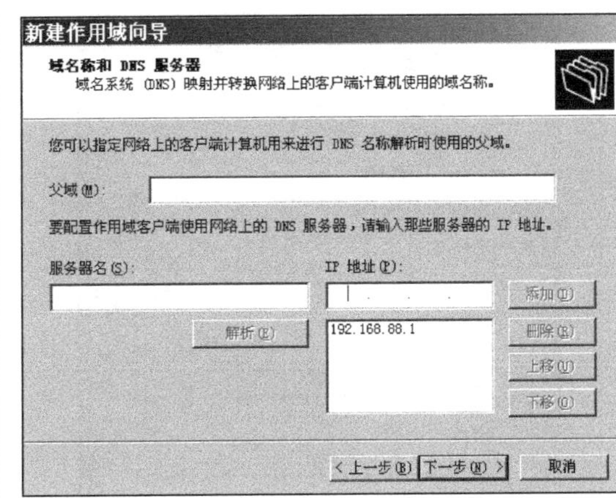

图 9-10 设定 DNS 服务器地址

步骤 9：在“激活作用域”对话框中，勾选“是，我想现在激活此作用域”，表示启用该作用域，单击“下一步”按钮，然后单击“完成”按钮，结束在 DHCP 服务器中添加作用域的操作。

步骤 10：在 DHCP 控制台中出现新添加的作用域，如图 9-11 所示，在 DHCP 控制台右侧窗体中的状态条中显示“运行`中”表示作用域已启用。

2. 配置作用域

建立完作用域后，在 DHCP 管理控制台中出现新添加的 IP 作用域，如图 9-12 所示。同时在作用域下多了 4 项信息。

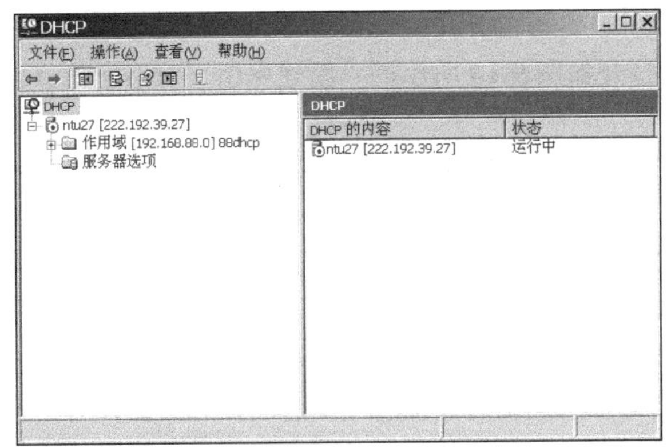

图 9-11 运行中的 DHCP 作用域

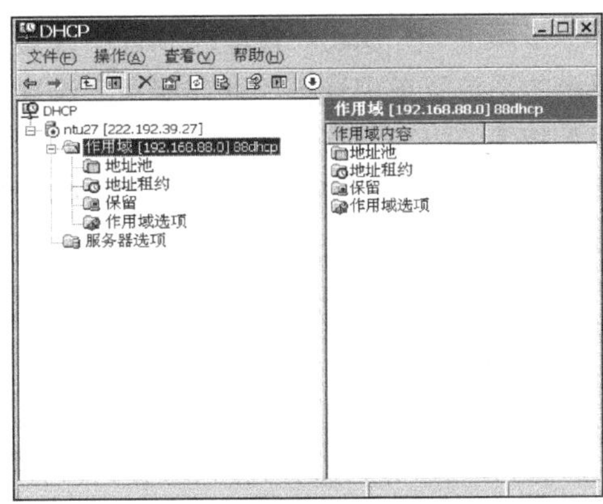

图 9-12 新添加的 IP 作用域

(1) 地址池：用于查看、管理作用域的有效地址范围和排除地址。

(2) 地址租约：用于查看、管理当前的地址租用情况。如果已有客户租用了地址，那么在地址租约中可以看到。

(3) 保留：用于添加、删除特定保留的 IP 地址。

(4) 作用域选项：用于查看、管理当前作用域提供的选项类型及其设置值。

作用域创建后，可以更改作用域的相关选项。如要更改作用域的地址范围及租用期，可以右击要修改的作用域，选择“属性”菜单，在常规选项卡中可以更改作用域名、作用域的起始 IP 地址和结束 IP 地址，同时还可以更改 DHCP 客户端的租约期限。如图 9-13 所示，“作用域属性”对话框中有“DNS”选项卡。DHCP 与 DNS 服务器可以集成在一起工作，当 DHCP 服务器分配某个 IP 给客户端后，也会一起向 DNS 注册该 IP 地址和客户端的计算机名称。

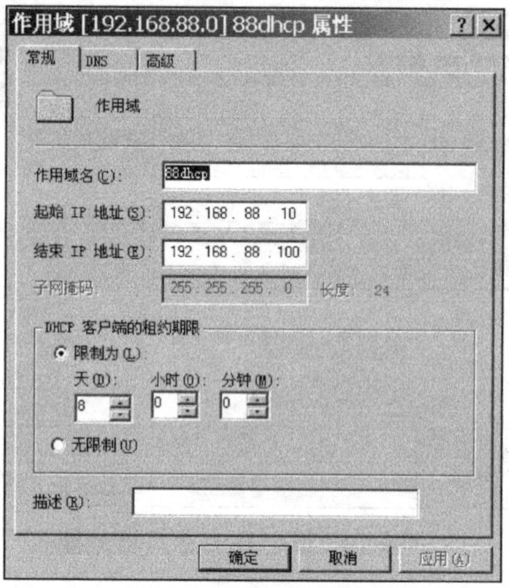

图 9-13 “作用域属性”对话框

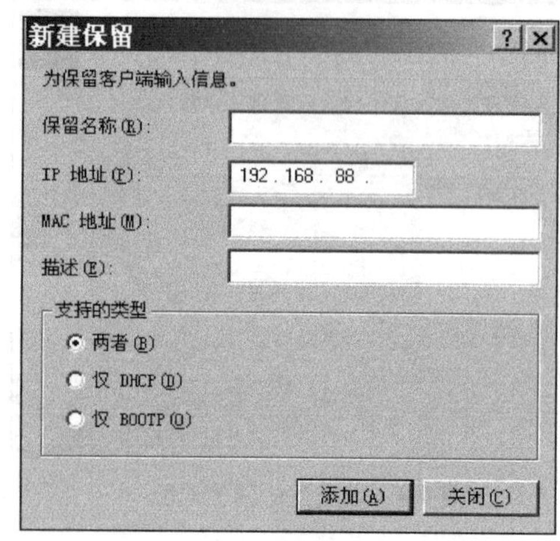

图 9-14 “新建保留”对话框

3. DHCP 客户端保留功能的配置

有时候需要给某些 DHCP 客户端以固定的 IP 地址，例如，DNS 服务器需要固定的 IP 地址为它们的客户端服务，这可以通过 DHCP 服务器提供的“保留”功能来实现。DHCP 服务器的保留功能，可以将特定的 IP 地址给特定的 DHCP 客户端使用。即当这个 DHCP 客户端每次向 DHCP 服务器请求获得 IP 地址或更新 IP 地址的租用时，DHCP 服务器就会给该 DHCP 客户端分配一个相同的 IP 地址。配置保留 IP 地址的操作步骤如下。

步骤 1：在 DHCP 管理控制台中设置保留 IP 地址的作用域，鼠标右击“保留”选项，在弹出的快捷菜单中选择“新建保留”选项，打开如图 9-14 所示的“新建保留”对话框，分别输入相关的内容。

“保留名称”：用于标识 DHCP 客户端的名称，该项既可以是 DHCP 客户端的真实名称，也可以是自定义名称。

“IP 地址”：用于输入要保留给该 DHCP 客户端的 IP 地址。

“MAC 地址”：用于输入 DHCP 客户端网卡的 MAC 地址。在客户端用“ipconfig /all”命令确定网卡的 MAC 地址，在“描述”文本框中输入一些辅助说明文字。

“支持的类型”：用于设置该客户端是否必须支持 DHCP 服务。其中 BOOTP 是针对早期的无盘工作站设计的，因为无盘工作站没有本地的磁盘，无法在本地存放用于系统启动的信息。因此，它必须利用 BOOTP 功能使这些客户端远程登录服务器，并从服务器上获得启动信息，完成系统的启动过程。如果该客户端是以无盘工作站方式工作，则选择“仅 BOOTP”选项，否则选择“仅 DHCP”选项。当然也可以选择支持两者的“两者”选项。

步骤 2：单击“添加”按钮，返回 DHCP 管理控制台，重复上述操作，可为多台计算机保留 IP 地址。配置结束后，单击“关闭”按钮，返回 DHCP 窗口即可显示设置结果。

4. 删除作用域

对于不需要使用或者打算重新新建的作用域，可以对它进行删除，删除作用域的步骤如下。

步骤 1：依次执行“开始”→“程序”→“管理工具”→“DHCP”命令，启动“DHCP”管理控制台。

步骤 2：单击控制台树中要删除的作用域，在“操作”菜单上，单击“删除”项，在出现提示时，单击“是”按钮，实现删除作用域。

其中，删除作用域之前，请务必将作用域停用足够长的时间以便使客户端能转移到其他作用域。要转移客户端，请等到已配置的作用域租约时间过去50%，或者在另一个活动作用域中手动续订客户端。一旦所有客户端均已移动或已被迫在另一个作用域中搜索租约，就可以安全地删除非活动的作用域。

5. 激活和停用作用域

新作用域建立完成需要启动租约分发时，需要进行激活操作后才可以提供DHCP服务供DHCP客户端使用，激活作用域的步骤如下。

步骤1：依次执行“开始”→“程序”→“管理工具”→“DHCP”命令，启动“DHCP”管理控制台。

步骤2：单击控制台树中要激活的作用域，在“操作”菜单上，单击“激活”项，即可完成作用域的激活。

如果所选的作用域当前处于激活状态，那么在步骤2中，“操作”菜单命令会变为“停用”。要想停用作用域，只需在步骤2的位置，单击“停用”即可。注意，除非需要永久性撤销网络上的作用域，否则请不要将其停用。

9.2.3 创建超级作用域

超级作用域(Super Scope)是作用域的管理集合。它可用于支持同一物理子网上的多个逻辑IP子网。如果一个实体网络内的计算机数量较多，以至于一个Network ID所提供的IP地址不够用时，可以采用以下两种方法来解决。

方法一：利用路由器将这个网络切割成多个实体子网，为每一个子网分配一个Network ID。

方法二：直接提供多个Network ID给这个实体网络，让不同的计算机有不同的Network ID，也就是实体子网上这些计算机还是在同一个网段内，但是逻辑上它们却是隶属于不同的网络。

创建超级作用域的操作步骤如下。

步骤1：依次执行“开始”→“程序”→“管理工具”→“DHCP”命令，启动“DHCP”管理控制台。

步骤2：鼠标右键选中控制台树中适用的DHCP服务器，在弹出的菜单中选择“新建超级作用域”，单击“下一步”按钮。

步骤3：在“新建超级作用域向导”的名称栏中输入超级作用域的名称。

步骤4：单击“下一步”按钮，在“可用作用域”列表中选择一个或多个作用域添加到超级作用域中。

步骤5：单击“下一步”按钮，确定无误后单击“完成”按钮，至此超级作用域创建完成。

9.2.4 DHCP服务器的维护

应用数据库的备份、整理等操作是系统管理员极为重要的日常工作，能够确保系统的实时运行。DHCP服务器的维护的主要工作即为DHCP数据文件的备份、还原等操作。

DHCP服务器中的数据全部存放在目录%systemroot%\system32\dhcp，数据库名为dhcp.mdb的文件中，还有其他一些辅助性的文件。这些文件对DHCP服务器的正常运行起着关键作用，需要对相关数据进行安全备份以便系统出现故障时进行还原恢复，同时应特别注意不要对数据库文件进行随意删除或修改。

1. DHCP 数据库的备份

出于安全考虑，建议用户将%systemroot%\system32\dhcp\backup 文件夹内的所有内容进行备份，以备系统出现故障时还原。需要注意的是，在对数据备份之前，必须先停止 DHCP 服务，以保证数据的完整性。DHCP 服务器的停止可以在 DHCP 管理控制台中进行操作，也可以在命令提示符下使用“net stop dhcpserver”命令完成 DHCP 数据库的备份，如图 9-15 所示。

其中，DHCP 服务器每隔 60 分钟就会将%systemroot%\system32\dhcp\backup 文件夹内的数据更新一次，完成一次备份操作。

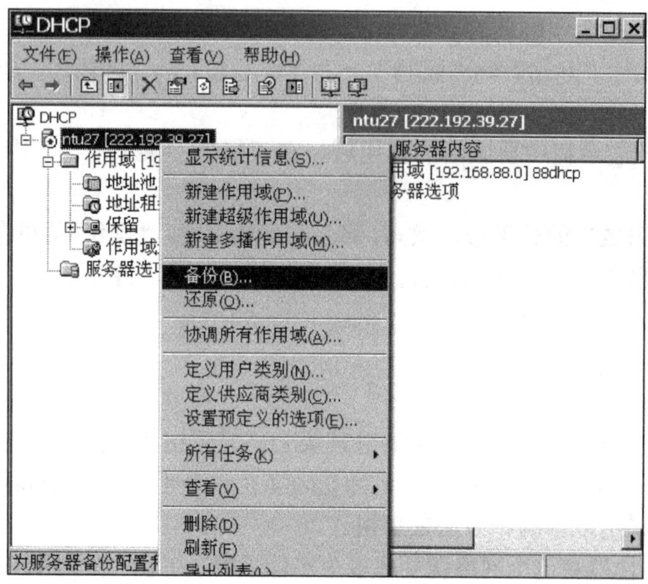

图 9-15 DHCP 数据库备份

2. DHCP 数据库的还原

DHCP 服务器启动时会自动检查 DHCP 数据库是否损坏，一旦检测到错误，可以自动用备份的数据库来修复错误。除此之外，如果事件日志包含 Jet 数据库消息(这种消息表示 DHCP 数据库中有错误)，发现损坏将自动用%systemroot%\system32\dhcp\backup 文件夹内的数据进行还原。但当 backup 文件夹内的数据损坏时，系统将无法自动完成还原工作，也不能提供相关的服务，此时只有用手动的方法将上面所备份的数据还原到 dhcp 文件夹中，然后重新启动 DHCP 服务。

3. 数据库的重整

当 DHCP 服务器使用一段时间后，可能会造成其数据库内部信息的凌乱分布，降低了 DHCP 服务器的应用数据库的访问效率。为此有必要定期重整数据库。

Windows Server 2003 的 DHCP 服务器在运行时，能够自动定期执行重整数据库的工作，这就是所谓的“在线重整(online compact)”。另外，还可以利用“jetpack.exe”程序来手工整理数据库，它重整的效率比自动重整要高，当然在执行手工重整操作之前，必须将 DHCP 服务停止运行，这也称为“脱机重整(offline compact)”。

9.3 客户机的设置

客户端计算机通过 DHCP 服务器动态获取 IP 地址、网关、DNS 服务器地址，只需对 TCP/IP 进行简单的配置即可。配置客户端的操作步骤如下。

步骤 1：依次执行“开始”→“设置”→“网络连接”命令。

步骤 2：在打开的“网络连接”窗口中，选中“本地连接”右击，选中“属性”，在打开的“本地连接属性”对话框中，选择“Internet 协议(TCP/IP)”，单击“属性”按钮。

步骤 3：在打开的“Internet 协议(TCP/IP)属性”对话框，勾选“自动获得 IP 地址”选项，如图 9-16 所示。如果要从 DHCP 服务器获得 DNS 服务器地址，则需选中“自动获得 DNS 服务器地址”选项，单击“确定”按钮。再次单击“确定”按钮，关闭“本地连接属性”对话框。

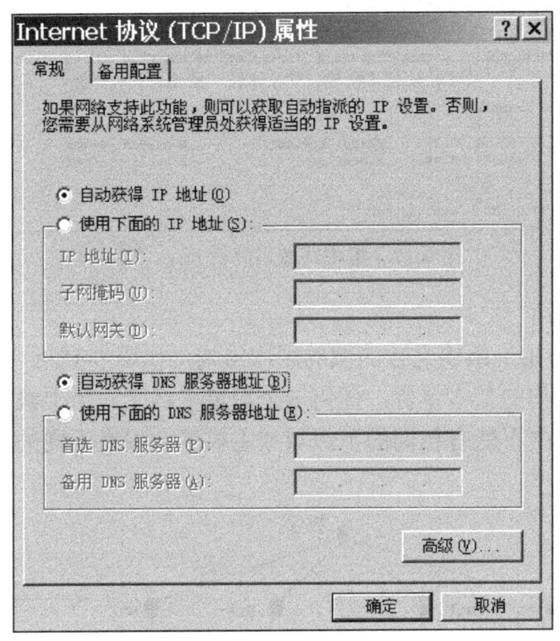

图 9-16 客户端的“Internet 协议(TCP/IP)属性”对话框设置

设置完成后，可以在“命令提示符”窗口中执行“ipconfig/all”命令查看 DHCP 客户端所获得的 IP 设置。

9.4 DNS 服务概述

9.4.1 DNS 基本概念

域名系统(DNS)是一个分布式数据库系统，其作用是将域名解析成 IP 地址。域名系统允许用户使用友好的名字而不是难以记忆的数字——IP 地址来访问 Internet 上的主机。域名解析方式可以分为集中式域名解析和分布式域名解析。

集中式域名解析是利用一个存放在%systemroot%\system32\drivers\etc 目录下、文件名为 hosts 的文本文件来记录主机名与 IP 地址的对照关系，hosts 文件中的名字不区分大小写，它存放于每台客户机中，用户可以使用记事本浏览、编辑和添加记录，如图 9-17 所示，该文件并不是 DNS 数据库文件的一部分。这是最初的一种查询方式，它是由人工进行输入、删除、修改所有 DNS 名称与 IP 地址对应数据，适合一些测试或是小规模的场合，显然网络较大时是不适用的。

DNS 是一种采用客户/服务器机制，实现名称与 IP 地址转换的系统，使客户端只需设置好 DNS，在访问互联网资源时就可以通过全称域名，而不必输入复杂的 IP 地址。DNS 通过建立 DNS 数据库，记录主机名称与 IP 地址的对应关系，驻留在服务器端，为客户机端的主机提供 IP

地址解析服务。包含了DNS域名称空间、资源记录、DNS服务器和DNS客户机四个组成部分。

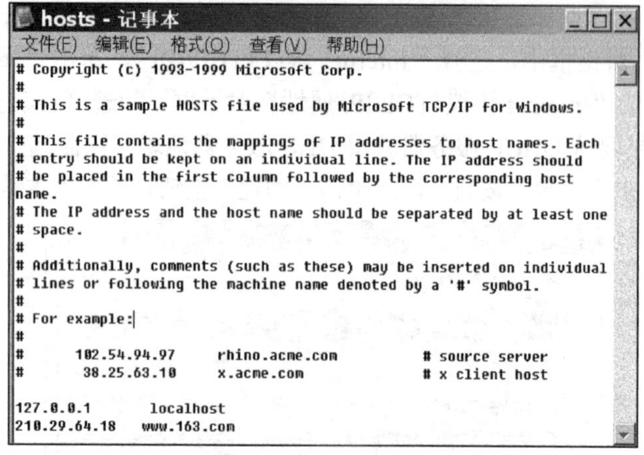
hosts - 记事本
文件(F) 编辑(E) 格式(O) 查看(V) 帮助(H)

```
# Copyright (c) 1993-1999 Microsoft Corp.
#
# This is a sample HOSTS file used by Microsoft TCP/IP for Windows.
#
# This file contains the mappings of IP addresses to host names. Each
# entry should be kept on an individual line. The IP address should
# be placed in the first column followed by the corresponding host
name.
# The IP address and the host name should be separated by at least one
# space.
#
# Additionally, comments (such as these) may be inserted on individual
# lines or following the machine name denoted by a '#' symbol.
#
# For example:
#
#      102.54.94.97     rhino.acme.com          # source server
#       38.25.63.10     x.acme.com              # x client host

127.0.0.1       localhost
210.29.64.18    www.163.com
```

图9-17 集中式域名解析hosts文件

1. DNS域名称空间

DNS域名称空间指用于组织名称的域的层次结构，如图9-18所示。DNS名称体系是有层次的，域是其层次结构的基本单位，任何一个域最多属于一个上级域，但可以有多个或没有下级域。在同一个域中不能有相同的下级域或主机名，但在不同的域中则可以有相同的下级域名或主机名。

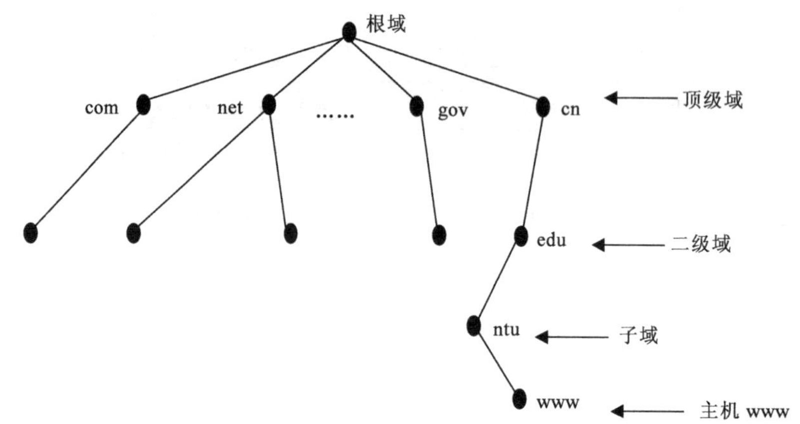

图9-18 域层次结构

(1) 根域。根域只有一个，是默认的，我们一般看到的都是顶级域。DNS命名空间都是由位于美国的INTERNIC负责管理域进行授权管理的。在根域服务器中并没有保存全世界所有的DNS名称，其中只保存着顶级域的DNS服务器名称与IP地址的对应关系。每一层的DNS服务器只负责管理其下一层域的DNS服务器名称与IP地址的对应关系。

(2) 顶级域。在根域之下的第一级域便是顶级域。顶级域位于最右边。顶级域可按机构域和地理域进行划分，如.com是机构域，.cn是地理域。

(3) 二级域名。二级域名是以顶级域名为基础的地理域名，如中国的有：.com.cn，.net.cn，.org.cn，.gd.cn等。

(4) 子域名。子域名是其父域名的子域名，如父域名是abc.com，其子域名就是www.abc.com或者*.abc.com。

(5)主机名。主机名是 DNS 树的叶节点，用来标识特定主机或资源的名称，在 DNS 服务器中它用于定位主机的 IP 地址，位于全程域名最左边的即为域的主机名，例如，blog.sina.com.cn，其主机名为：blog。

2. 资源记录

资源记录将 DNS 域名映射到特定类型的资源信息，以供在名称空间中注册或解析名称时使用。

3. DNS 服务器

DNS 服务器用于存储和应答资源记录的名称查询。

4. DNS 客户机

DNS 客户机也称解析程序，用来查询服务器，将名称解析为查询中指定的资源记录类型。

9.4.2　DNS 工作原理

在 DNS 服务器上的 DNS 数据库中，保存着主机名称与 IP 地址的对应关系，可以使用以下 3 种方式进行 DNS 查询：①客户端使用历史查询获得的缓存信息，在客户端中进行自应答查询；②利用 DNS 服务器上存储的资源记录缓存信息来应答查询；③由 DNS 服务器代表请求客户端查询或联系其他 DNS 服务器，以便完全解析该名称，并将应答返回至客户端，在这一过程中，包含递归查询和转寄查询(迭代查询)。

(1)递归查询。当收到 DNS 客户机的查询请求后，DNS 服务器在自己的缓存或区域数据库中查找，如果找到则返回结果，如果找不到则返回错误结果。即 DNS 服务器只会向 DNS 客户机返回两种信息：一是在该 DNS 服务器上查到的结果；二是查询失败。该 DNS 服务器不会主动地告诉 DNS 客户机另外的 DNS 服务器的地址，而需要 DNS 客户机自行向该 DNS 服务器询问。“递归”的意思就是有来有往，并且来往的次数是一致的。一般由 DNS 客户机提出的查询请求便属于递归查询。

(2)转寄查询。当收到 DNS 客户机的查询请求后，如果在 DNS 服务器中没有查到所需数据，该 DNS 服务器便会告诉 DNS 客户机另外一台 DNS 服务器的 IP 地址，然后，再由 DNS 客户机自行向此 DNS 服务器查询，依次类推一直查到所需数据为止。如果到最后一台 DNS 服务器都没有查到所需数据，则通知 DNS 客户机查询失败。“转寄”的意思就是若在某地查不到，该地址就会告诉其他地方的地址，可以转到其他地方去查。一般在 DNS 服务器之间的查询请求便属于转寄查询(DNS 服务器也可以充当 DNS 工作站的角色)。

DNS 的搜索方式包含正向查询和反向查询两种，其中正向查询实现由域名到 IP 地址的解析，反向查询则实现由 IP 地址到域名的解析。

9.4.3　DNS 服务器的安装

在 Windows Server 2003 的默认安装过程中 DNS 是没有安装的，手动安装 DNS 服务器可以使用“配置服务器向导”安装 DNS，也可以使用 “添加/删除 Windows 组件”的方式安装 DNS。其中，使用向导的方式在安装 DNS 的过程中，向导会提示用户配置搜索区域、转发器等，后一种方法安装完成后，必须到“DNS 管理控制台”中配置搜索区域、转发器等。

利用“添加/删除 Windwos 组件”的具体安装步骤如下。

步骤 1：依次执行“开始”→“设置”→“控制面板”命令，在“控制面板”窗口中双击打开“添加或删除程序”窗口，单击“添加/删除 Windows 组件”按钮，打开“Windows 组件安装向导”对话框。

步骤 2：在“Windows 组件”对话框中双击“网络服务”选项，打开“网络服务”对话框。在“网络服务的子组件”列表中，选中“域名系统(DNS)”复选框，并单击“确定”按钮。按照系统提示安装 DNS 组件。在安装过程中需要提供 Windows Server 2003 系统安装光盘或指定安装文件路径，如图 9-19 所示。

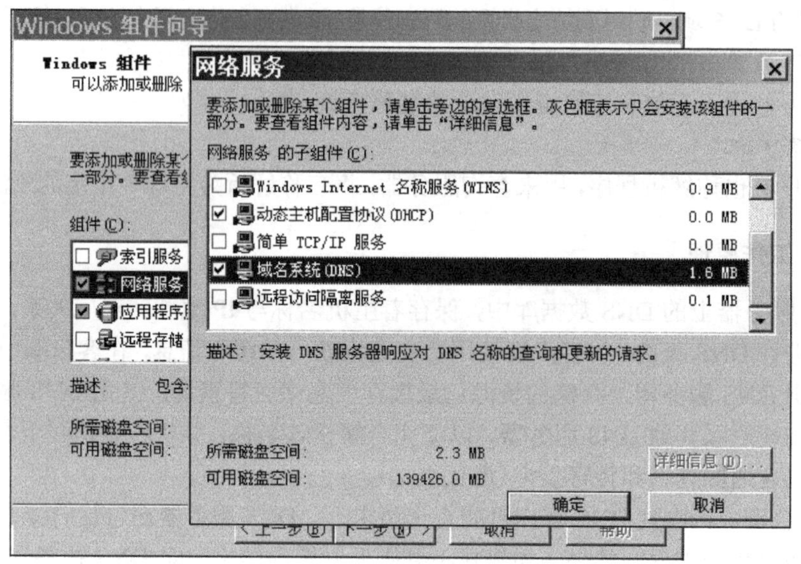

图 9-19　勾选“域名系统(DNS)”复选框

完成安装后，在“开始”→“程序”→“管理工具”应用程序组中会多一个“DNS”选项，使用它进行 DNS 服务器管理与设置。同时会自动创建一个%systemroot%\system32\dns 文件夹，存储与 DNS 运行有关的文件，例如，缓存文件、区域文件、启动文件等。

9.5　DNS 服务器的创建与管理

DNS 数据库由区域文件、缓存文件和反向查询文件等组成。区域文件内存放着所有主机的数据，这些数据有着各种不同的数据类型，成为资源记录。创建区域时，自动创建区域文件区域名.dns，存储在%systemroot%\system32\dns 文件夹内。

DNS 区域是用于存储 DNS 域的名称空间。可以将 DNS 名称空间分为几个区域，每个区域可以包含一个或多个连续的区域。配置 DNS 服务器就是对 DNS 服务器进行创建正向查找区域、创建反向查找区域、创建计算机名及创建别名等操作。

9.5.1　创建正向查找区域

正向查找是 DNS 服务器利用主机域名查找与其对应的 IP 地址的解析过程。在创建新的区域之前，首先检查一下 DNS 服务器的设置，确认已将“IP 地址”、“主机名”、“域”分配给了 DNS 服务器。检查完 DNS 的设置，按如下步骤创建新的区域。

步骤 1：依次执行“开始”→“程序”→“管理工具”→“DNS”命令，打开 DNS 服务器控制台。

步骤 2：在 DNS 服务器控制台右边的树形菜单上右击“正向查找区域”选项，在弹出菜单上单击“新建区域”命令，弹出“欢迎使用新建区域向导”对话框。

步骤 3：单击“下一步”按钮，弹出“区域类型”对话框，勾选“主要区域”单选按钮，如图 9-20 所示，注意只有 DNS 服务器是域控制器时才可以选择“在 Active Directory 中存储区域”。

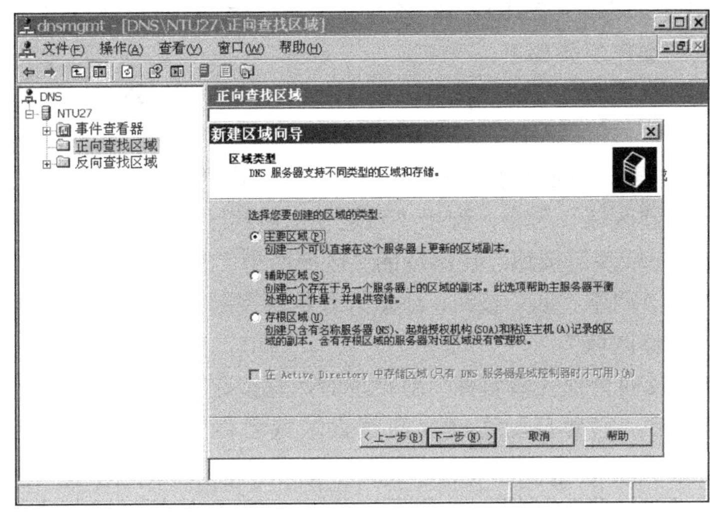

图 9-20　设置 DNS 的区域类型

步骤 4：单击“下一步”按钮，弹出“区域名称”对话框，在“区域名称”文本框中输入由 DNS 服务器管理的域名的区域名称，如 ntdx.edu.cn，然后单击“下一步”按钮，如图 9-21 所示。

步骤 5：弹出“区域文件”对话框，在“创建新文件，文件名为”的文本框中自动出现区域文件名称，保持不变。

步骤 6：单击“下一步”按钮，弹出“动态更新”对话框，选中“不允许动态更新”单选按钮。

步骤 7：单击“下一步”按钮，弹出“正在完成新建区域向导”对话框。单击“完成”按钮，即可完成一个正向查找区域的创建。

新创建的主区域显示在所属 DNS 服务器的列表中，且在完成创建后，“DNS 管理器”将为该区域创建一个“起始授权机构记录”，同时也为所属的 DNS 服务器创建一个“名称服务器记录”，并使用所创建的区域文件保存这些资源记录，如图 9-22 所示。

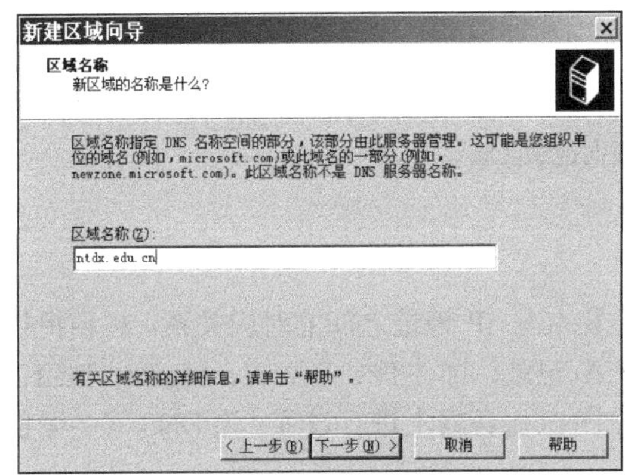

图 9-21　设置 DNS 的区域名称

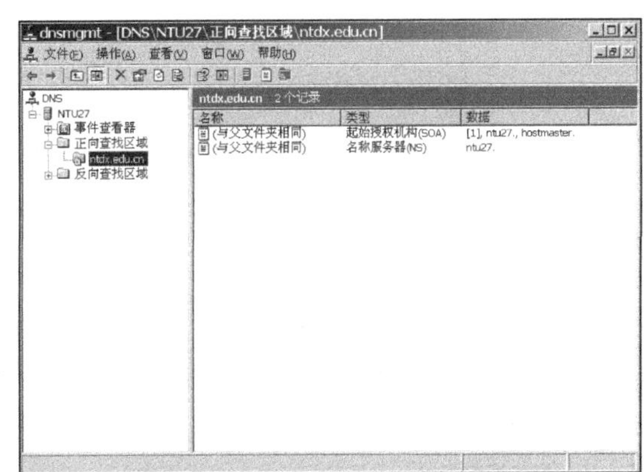

图 9-22　DNS 自动添加的资源记录

9.5.2 创建反向查找区域

反向区域不一定要创建，它可以让 DNS 客户端利用 IP 地址反向查询其主机名称，例如，客户端可以查询 IP 地址为“192.18.88.18”的主机名称，系统会自动解析为 www.ntdx.edu.cn，创建反向查找区域的操作步骤如下。

步骤 1：依次执行“开始”→“程序”→“管理工具”→“DNS”命令，打开 DNS 服务器控制台。

步骤 2：在 DNS 服务器控制台左侧的树形列表中右击“反向查找区域”选项，在弹出的快捷菜单中选择“新建区域”命令，弹出“欢迎使用新建区域向导”对话框。

步骤 3：单击“下一步”按钮，在出现的“区域类型”对话框中选择要建立的区域类型，选择“主要区域”，单击“下一步”按钮，注意只有是域控制器的 DNS 服务器才可以选择“在 Active Directory 中存储区域”。

步骤 4：出现“反向查找区域名称”对话框时，直接在“网络 ID”处输入此区域支持的网络 ID 为 192.168.88，它会自动在“反向搜索区域名称”处设置区域名“88.168.192.in-addr.arpa”。

步骤 5：单击“下一步”按钮，文本框中会自动显示默认的区域文件名。如果不接受默认的名字，也可以键入不同的名称，单击“下一步”按钮完成。查看如图 9-23 所示窗口，其中的“192.168.88.x Subnet”就是刚才所创建的反向区域。

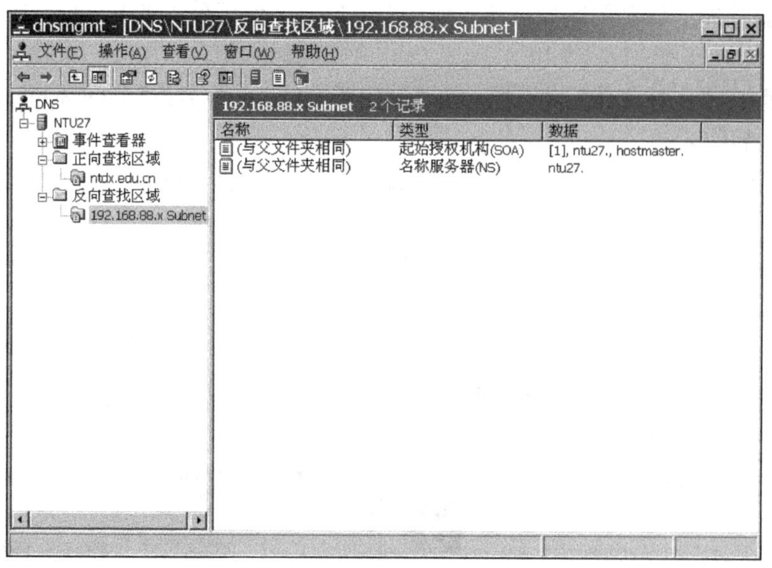

图 9-23 新建的反向搜索区域

9.5.3 创建主机

主机记录也称为 A 记录，用于静态地建立主机名与 IP 地址之间的对应关系，以便提供正向查询服务。因此必须为每种服务均创建一个 A 记录，如 FTP、WWW、Media、Mail、News、BBS 等。主机记录和 MX 记录都只需在主 DNS 服务器上进行设置。为 DNS 服务器创建主机的方法如下。

步骤 1：依次执行“开始”→“程序”→“管理工具”→“DNS”命令，打开 DNS 服务器控制台。

步骤 2：在 DNS 服务器控制台左侧的树形列表中右击新建的正向查找区域 ntdx.edu.cn，在弹出菜单中单击“新建主机”，出现如图 9-24 所示的对话框，在“主机”文本框中输入主机名 www，自动生成域名，在“IP 地址”文本框中输入主机的 IP 地址为 192.168.88.18。如果要将新添加的主机 IP 地址与反向查询区域相关联，勾选“更新相关的指针(PRT)记录”复选框，将自动生成相关反向查询记录，即由地址解析名称。

步骤 3：单击“添加主机”按钮，弹出成功创建主机记录提示框。

步骤 4：可重复上述操作重复添加多个主机，添加完毕后，单击“确定”按钮关闭对话框，会在“DNS 管理器”中增添相应的记录。

添加完成后如图 9-25 所示，表示 www(计算机名)是 IP 地址为 192.168.88.18 的主机名。由于计算机名为 www 的这台主机添加在 ntdx.edu.cn 区域下，网络用户可以直接使用 www.ntdx.edu.cn 访问 192.168.88.18 这台主机。

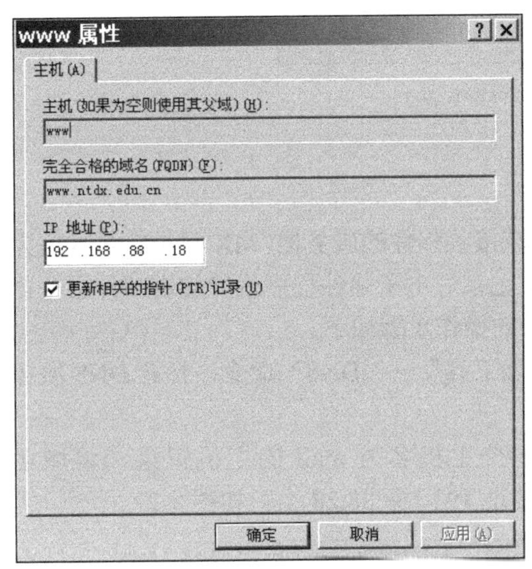

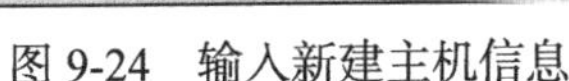
图 9-24　输入新建主机信息

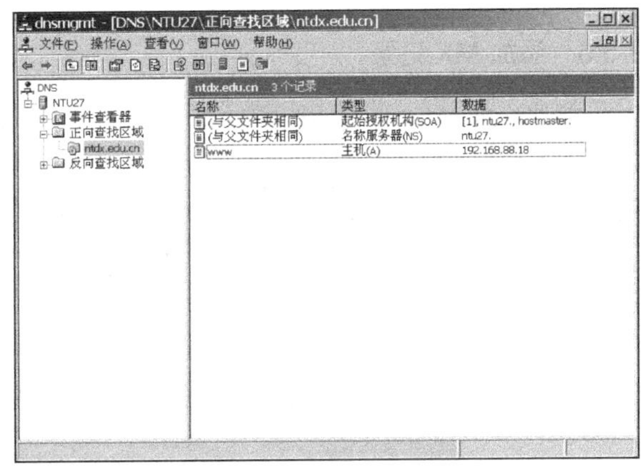

图 9-25　增加后的资源列表

9.5.4　创建别名

在 DNS 服务器控制台中为主机创建别名的操作步骤如下。

步骤 1：依次执行“开始”→“程序”→“管理工具”→“DNS”命令，打开 DNS 服务器控制台。

步骤 2：在 DNS 服务器控制台窗口左侧的树形列表中右击新建的正向查找区域，如 ntdx.edu.cn，在弹出的快捷菜单中选择“新建别名”命令，弹出“新建资源记录”对话框，在“别名”文本框中输入区域的别名。

步骤 3：在“浏览”对话框的“记录”列表框中双击展开计算机名，然后双击打开的正向查找区域，显示正在运行的区域列表，选中“ntdx.edu.cn”项。在主机列表中选中“www”项，单击“确定”按钮，返回“新建资源记录”对话框，如图 9-26 所示，单击“确定”按钮完成主机别名的创建。

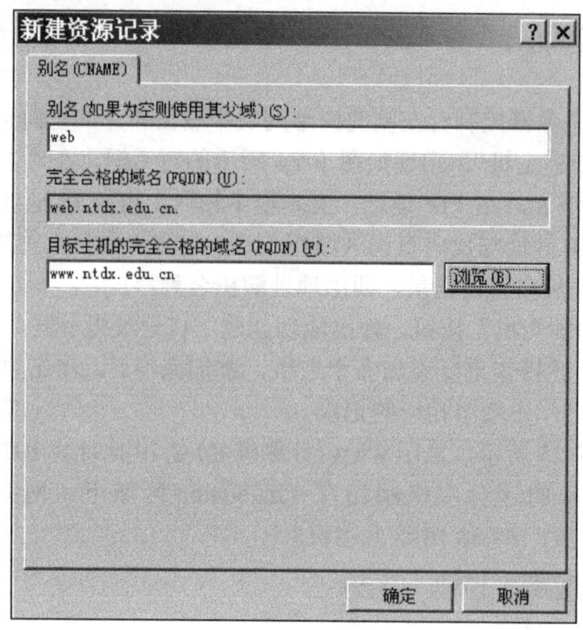

图 9-26　新建的别名资源记录

9.5.5　添加 MX 记录

邮件交换(MX)记录用以向用户指明可以为该域接收邮件的服务器。MX 记录就是专门为电子邮件程序指路的，在 DNS 服务器中添加 MX 记录后电子邮件程序就能知道邮件服务器的具体 IP 地址。在主 DNS 服务器中添加 MX 记录的操作步骤如下。

步骤 1：依次执行“开始”→“程序”→“管理工具”→“DNS”命令，打开 DNS 服务器控制台。

步骤 2：在 DNS 控制台窗口中首先添加一个主机名为 mail 的主机记录，将域名 mail.ntdx.edu.cn 映射到提供邮件服务的计算机 IP 地址 192.168.88.28 上，如图 9-27 所示。

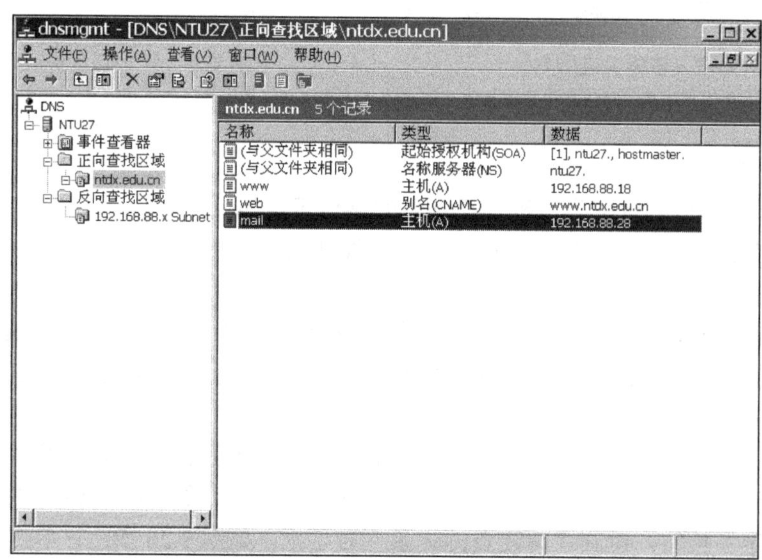

图 9-27　添加了 mail 记录的控制台

步骤 3：在“正向查找区域”目录中右击准备添加 MX 邮件交换记录的域名，在弹出菜单中选择“新建邮件交换器(MX)”命令。

步骤 4：打开“新建资源记录”对话框，在“邮件服务器的完全合格的域名(FQDN)”编辑框中输入事先添加的邮件服务器的主机域名 mail.ntdx.edu.cn，或单击“浏览”按钮，在打开的“浏览”对话框中找到并选择作为邮件服务器的主机名称 mail，如图 9-28 所示。

步骤 5：单击“确定”按钮返回“新建资源记录”对话框，当该区域中有多个 MX 记录(即有多个邮件服务器)时，则需要在“邮件服务器优先级”编辑框中输入数值来确定其优先级。通过设置优先级数字来指明首选服务器，数字越小表示优先级越高。最后单击“确定”按钮使设置生效，如图 9-29 所示。

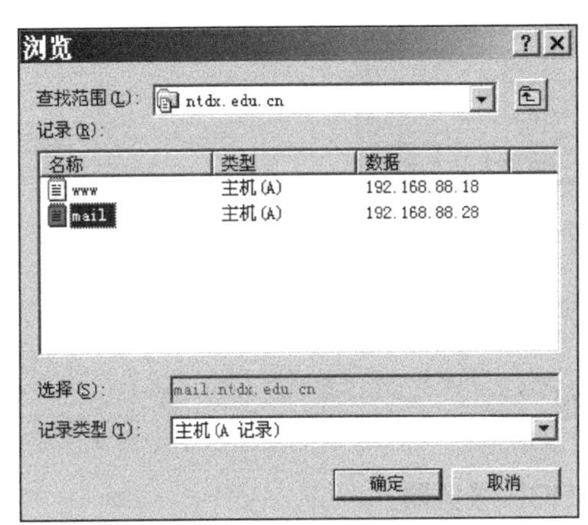

图 9-28　选择邮件服务器主机

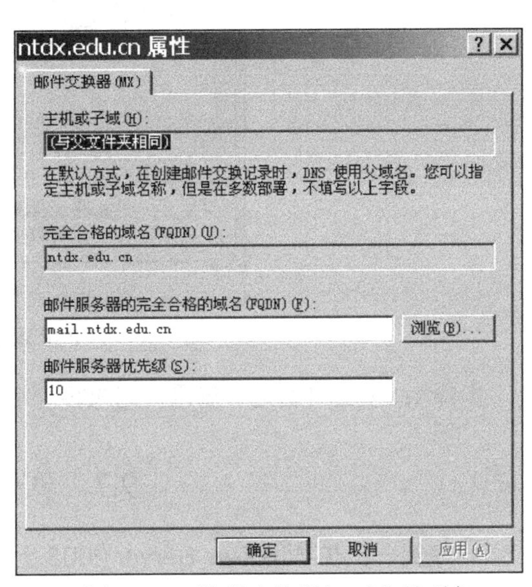

图 9-29　“邮件交换器(MX)”选项卡

一般情况下“主机或子域”编辑框中应该保持为空，这样才能得到如 user@ntdx.edu.cn 的信箱地址。如果在“主机或子域”编辑框中输入内容(如 mail)，则信箱名将会成为 user@mail.ntdx.edu.cn。

步骤 6：重复上述步骤可以添加多个 MX 记录，同时在“邮件服务器优先级”编辑框中分别设置其优先级。

9.6　DNS 客户端的设置

设置客户端 DNS 的操作步骤如下。

步骤 1：在桌面上右击“网上邻居”图标，选择“属性”命令，打开“网络连接”窗口。

步骤 2：在“网络连接”窗口中右击“本地连接”图标，选择“属性”命令，弹出“本地连接属性”对话框。

步骤 3：选中“Internet 协议(TCP/IP)”选项，单击“属性”按钮，弹出 Internet 协议属性设置对话框，选中“使用下面的 IP 地址”单选按钮，设置 IP 地址、子网掩码、默认网关地址和首选 DNS 服务器。如果有多台 DNS 服务器，单击“高级”按钮，在 DNS 标签下逐一添加多个 DNS 服务器的 IP 地址，DNS 客户端会依序向这些 DNS 服务器查询，如图 9-30 所示。

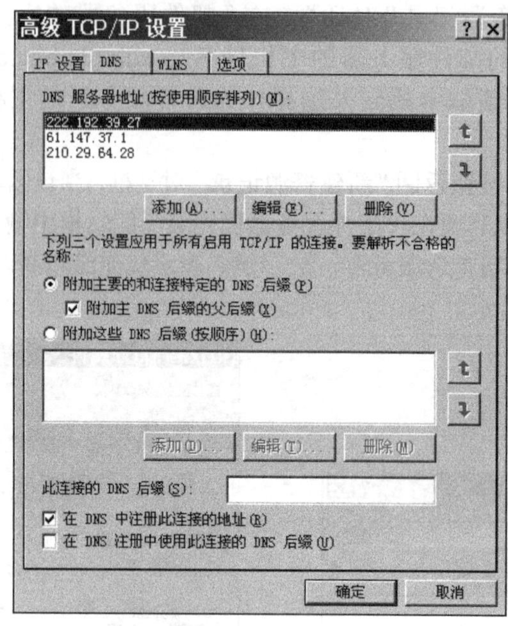

图 9-30　TCP/IP 设置的 DNS 选项卡设置

步骤 4：单击“确定”按钮，完成客户端 DNS 配置。

9.7　实 例 训 练

9.7.1　案例一：在 Windows Server 2003 上架构 DHCP 服务器

【背景】教研室楼由于教师经常会带移动设备来学校办公，需要在教师楼配置一台 DHCP 服务器。

【要求】服务器可分配的 IP 地址作用域范围为 192.168.88.10～192.168.88. 100，默认网关为 192.168.88.1；为 Web 服务器、DHCP 中继代理计算机、FTP 服务器分别保留 3 个 IP 地址，分别为 192.168.88.18、192.168.88.58、192.168.88.88；设置作用域选项“006 DNS 服务器”的地址为 192.168.64.26，“044 WINS/NBNS 服务器”的地址为 192.168.0.60。同时完成 Windows XP 客户端的设置，能够使其自动获取 IP 地址信息及其相关信息。

【解决方法】

1. DHCP 服务器的设置

步骤 1：启动 DHCP 管理控制台，依次执行“开始”→“程序”→“管理工具”→“DHCP”命令，启动“DHCP”管理控制台。

步骤 2：在 DHCP 控制台中右击要添加作用域的服务器，在弹出的菜单中选中“新建作用域”，在出现“欢迎使用新建作用域向导”对话框中单击“下一步”按钮。

步骤 3：在打开的“作用域名”对话窗的“名称”文本框中输入作用域的名称如“JXDHCP”，在“描述”中添加辅助说明文字“教学楼 dhcp”，单击“下一步”按钮。在出现的“IP 地址范围”对话框中输入作用域的“起始 IP 地址”和“结束 IP 地址”分别为“192.168.88.10”和

“192.168.88.100”，在“子网掩码”中输入“255.255.255.0”，单击“下一步”按钮。

步骤 4：在打开的“添加排除”对话框中，在“起始 IP 地址”中输入 192.168.88.18，单击“添加”按钮，重复上述步骤依次将“192.168.88.58”和“192.168.88.88”两个 IP 地址依次加入到排除之外，单击“下一步”按钮。

步骤 5：在打开的“租约期限”对话框中，采用租约期限默认为 8 天，单击“下一步”按钮。

步骤 6：在打开的“配置 DHCP 选项”对话框中，勾选“是，我想现在配置这些选项”，表示当客户端获得一个地址时，可以自动为它指定如默认网关、DNS 等的信息。单击“下一步”按钮。

步骤 7：在打开的“路由器(默认网关)”对话框中，在“IP 地址”中输入 192.168.88.1，单击“添加”按钮，再单击“下一步”按钮。

步骤 8：在打开的“域名称和 DNS 服务器”对话框中，在“IP 地址”文本框中输入 DNS 服务器的 IP 地址为 192.168.64.26，单击“添加”按钮。

步骤 9：单击“下一步”按钮，打开“WINS”服务器对话框，在“IP 地址”对话框中输入 WINS 服务器的 IP 地址为 192.168.0.60，单击“添加”按钮，单击“下一步”按钮。

步骤 10：在“激活作用域”对话框中，勾选“是，我想现在激活此作用域”，表示启用该作用域，单击“下一步”按钮，然后单击“完成”按钮。

2. 客户端配置

步骤 1：在“开始”菜单中执行“设置”→“网络连接”命令。

步骤 2：在打开的“网络连接”窗口中，选中“本地连接”鼠标右击，在弹出菜单中选中“属性”，在打开的“本地连接属性”对话框中，选择“Internet 协议(TCP/IP)”，单击“属性”按钮。

步骤 3：在打开的“Internet 协议(TCP/IP)属性”对话框中，勾选“自动获得 IP 地址”选项，勾选“自动获得 DNS 服务器地址”选项，单击“确定”按钮，再次单击“确定”按钮关闭“本地连接属性”对话框。

9.7.2　案例二：在 Windows Server 2003 上架构 DNS 服务器

【背景】各教研室提供的资源服务比较多，通过 IP 地址难以记忆，为了方便各位教师访问不同的服务，在 Window Server 2003 的操作系统上架设一台 DNS 服务器。

【要求】安装 DNS 服务器的物理机的 IP 地址为 192.168.88.27，要求配置 DNS 服务器，实现 www.test123.com 与 192.168.65.16 的解析，别名为 ftp，指向 www；IP 创建 test123.com 反向查找区域，并完成客户机使用该 DNS 服务器的配置。

【解决方法】

步骤 1：依次执行“开始”→“程序”→“管理工具”→“DNS”命令，打开 DNS 服务器控制台。

步骤 2：右击“正向查找区域”选项，在弹出菜单上选择“新建区域”命令，弹出“欢迎使用新建区域向导”对话框。

步骤 3：单击“下一步”按钮，弹出“区域类型”对话框，选中“主要区域”单选按钮。

步骤 4：单击“下一步”按钮，弹出“区域名称”对话框，在“区域名称”文本框中输入由 DNS 服务器管理的域名的区域名称 test123.com，然后单击“下一步”按钮。

步骤 5：弹出“区域文件”对话框，选中“创建新文件，文件名为”单选按钮，并在文本框中输入区域文件名称，默认情况下会根据步骤 4 中的区域名称自动生成。

步骤 6：单击“下一步”按钮，弹出“动态更新”对话框，选中“不允许动态更新”单选按钮。

步骤 7：单击“下一步”按钮，弹出“正在完成新建区域向导”对话框，单击“完成”按钮，完成正向查找区域的创建，如图 9-31 所示。

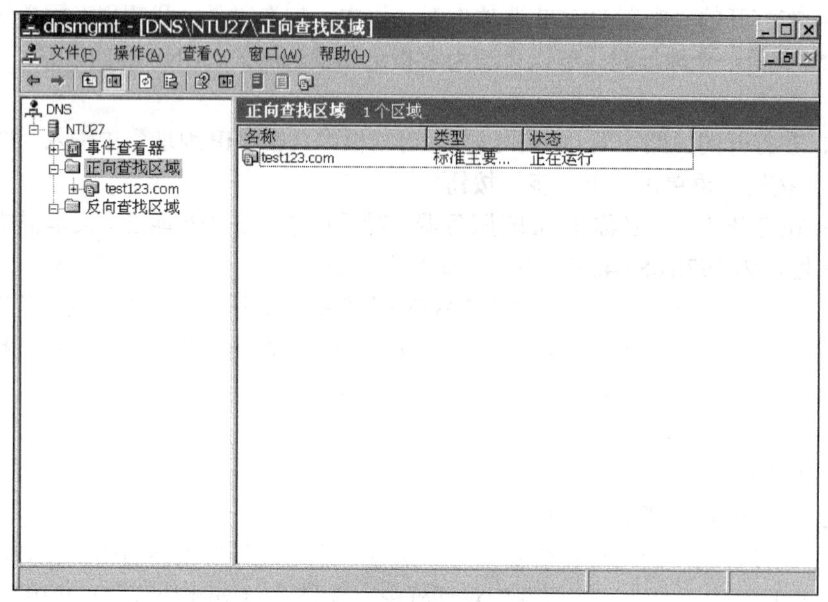

图 9-31 创建成功的正向查找区域

步骤 8：在 DNS 服务器控制台左侧的树形列表中右击“反向查找区域”选项，在弹出的快捷菜单中选择“新建区域”命令，弹出“欢迎使用新建区域向导”对话框。

步骤 9：单击“下一步”按钮，在出现的对话框中选择要建立的区域类型，选择“主要区域”，单击“下一步”按钮。

步骤 10：在出现的“反向查找区域名称”对话框中，直接在“网络 ID”处输入此区域支持的网络 ID 为 192.168.65，“反向搜索区域名称”处的文本框内容即自动变为“65.168.192.in-addr.arpa”。

步骤 11：单击“下一步”按钮，文本框中会自动显示默认的区域文件名，单击“下一步”按钮，勾选“不允许动态更新”，单击“下一步”按钮，完成反向查找区域的创建。

步骤 12：在 DNS 服务器控制台左侧的树形列表中，右击新建的正向查找区域 test123.com，在弹出菜单中选择“新建主机”命令，在“新建主机”对话框的“名称”文本框中输入主机名为 www，自动生成域名；在“IP 地址”文本框中输入主机的 IP 地址为 192.168.65.16，勾选“创建相关的指针(PRT)记录”复选框。

步骤 13：单击“添加主机”按钮，弹出成功创建主机记录提示框。单击“完成”按钮，关闭对话框，会在“DNS 管理器”中增添相应的记录。

步骤 14：在 DNS 服务器控制台窗口左侧的树形列表中右击“test123.com”的正向查找区域，在弹出的快捷菜单中选择“新建别名”命令，弹出“新建资源记录”对话框，在“别名”文本框中输入区域的别名为 ftp。

步骤 15：单击“浏览”按钮，在“浏览”对话框的“记录”列表框中双击展开计算机名，然后双击打开“正向查找区域”，显示正在运行的区域列表，选中“test123.com”项。再选中“www”项，单击“确定”按钮，返回“新建资源记录”对话框，单击“确定”按钮完成主机别名的创建，如图 9-32 所示。

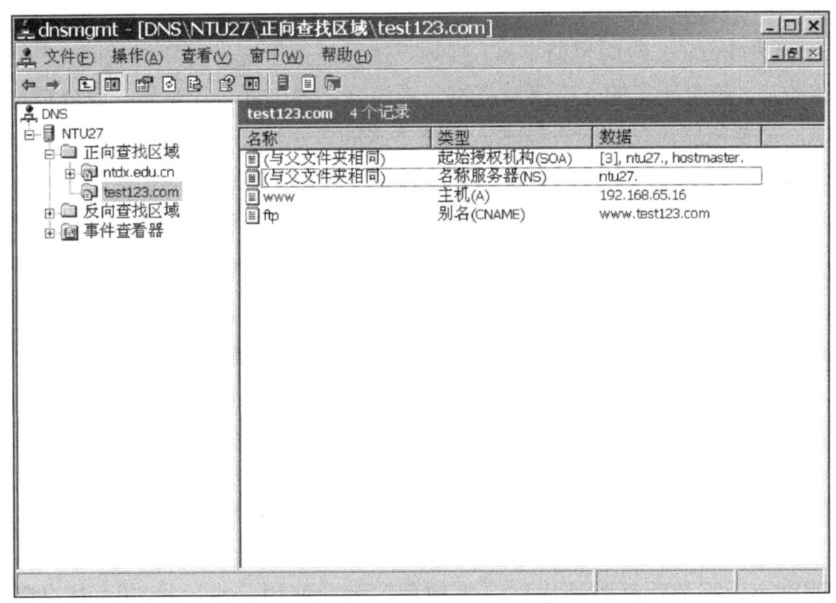

图 9-32　服务器端配置完成的 DNS 服务

步骤 16：在客户端机器上，右击“网上邻居”图标，在弹出菜单上选择“属性”命令，打开“网络连接”窗口。在“网络连接”窗口中右击“本地连接”图标，在弹出菜单上选择“属性”命令，弹出“本地连接属性”对话框。

步骤 17：选中“Internet 协议(TCP/IP)”选项，单击“属性”按钮，弹出 Internet 协议属性设置对话框，选中“使用下面的 IP 地址”单选按钮，设置 DNS 服务器地址为 192.168.88.27。

第 10 章　流媒体视频服务器

随着 Internet 和 Intranet 应用日益丰富，视频点播也盛行于宽带网和局域网。人们已不再满足于浏览文字和图片，越来越多的人更喜欢在网上看电影、看电视、听音乐。而视频点播和音频点播功能的实现，需要依靠流媒体服务技术。普通格式的多媒体文件必须完全下载到本地硬盘后，才能够正常播放。由于多媒体文件通常都比较大，所以完全下载到本地往往需要较长的时间。而流媒体格式文件只需先下载一部分到本地，然后可以一边下载一边播放，能够大大缩短等待时间。本章主要介绍流媒体技术的基础知识、流媒体服务器的安装、运行、配置和使用等内容。

10.1　流媒体技术及相关概念

流媒体技术也称流式媒体技术，是指在网络上按时间先后次序传输和播放的连续音频、视频数据流，把连续的影像和声音信息经过压缩处理后放到网站服务器上，让用户一边下载一边观看、收听，而不需要等整个压缩文件下载到自己的计算机上才能观看的网络传输技术。该技术先在客户端的计算机上创建一个缓冲区，在播放前预先下载一段数据作为缓冲，在网络实际连线速度小于播放所耗的速度时，播放程序就会取用一小段缓冲区内的数据，这样可以避免播放的中断，也使得播放品质得以保证。随着网络速度的提高，以流媒体技术为核心的视频点播、在线电视、远程培训等业务开展得越来越广泛。

流媒体是指利用流式传输技术传送的音频、视频等连续媒体数据。流媒体技术的核心是串流(streaming)技术和数据压缩技术，具有连续性、实时性和时序性 3 个特点，可以使用顺序流式传输和实时流式传输两种传输方式。

10.1.1　流媒体传输的基本原理

实现流式传输需要使用缓存机制。因为音频或视频数据在网络中以包的形式传输，而网络是动态变化的，各个数据包选择的路由可能不尽相同，所以到达客户端所需的时间也就不一样，有可能会出现先发的数据包却后到。因此，客户端如果按照包到达的次序播放数据，必然会得到不正确的结果。使用缓存机制就可以解决这个问题，客户端收到数据包后先缓存起来，播放器再从缓存中按次序读取数据。

使用缓存机制还可以解决停顿问题。网络由于某种原因经常会有一些突发流量，此时会造成暂时的拥塞，使流数据不能实时到达客户端，客户端的播放就会出现停顿。如果采用了缓存机制，暂时的网络阻塞并不会影响播放效果，因为播放器可以读取以前缓存的数据。等网络正常后，新的流数据将会继续添加到缓存中。

虽然音频或视频等流数据容量非常大，但播放流数据时所需的缓存容量并不需要很大，因为缓存可以使用环形链表结构来存储数据，已经播放的内容可以马上丢弃，缓存可以腾出空间用于存放后续尚未播放的内容。

当传输流数据时，需要使用合适的传输协议。TCP 虽然是一种可靠的传输协议，但由于需要的开销较多，并不适合传输实时性要求很高的流数据。因此，在实际的流式传输方案中，

TCP 协议一般用来传输控制信息，而实时的音频、视频数据则是用效率更高的 RTP/UDP 等协议来传输。

流媒体传输的基本原理如图 10-1 所示，Web 服务器只是为用户提供了使用流媒体的操作界面。客户机上的用户在浏览器中选中播放某一流媒体资源后，Web 服务器把有关这一资源的流媒体服务器地址、资源路径及编码类型等信息提供给客户端，于是客户端就启动了流媒体播放器，与流媒体服务器进行连接。

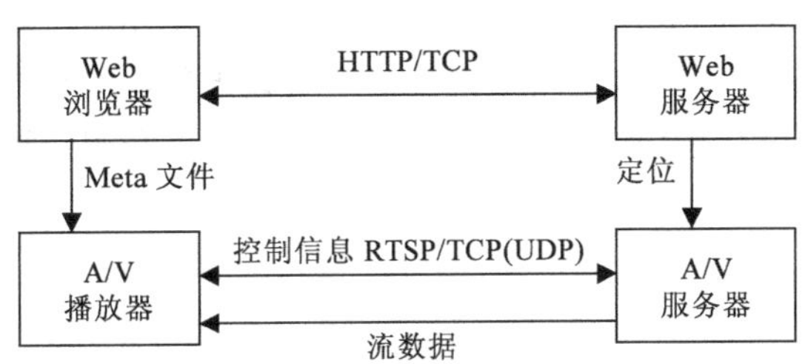

图 10-1 流媒体传输的基本原理

客户端的流媒体播放器与流媒体服务器之间交换控制信息时使用的是 RTSP 协议，它是基于 TCP 协议的一种应用层协议，默认使用 554 端口。RTSP 协议提供了有关流媒体播放、快进、快倒、暂停及录制等操作的命令和方法。通过 RTSP 协议，客户端向服务器提出播放某一流媒体资源的请求，服务器响应这个请求后，就可以把流媒体数据传输给客户端。

需要注意的是，RTSP 协议并不具备传输流媒体数据的功能，承担流媒体数据传输任务的是另一种基于 UDP 的 RTP 协议，但在 RTP 协议传输流媒体数据的过程中，RTSP 连接是一直存在的，并且控制着流媒体数据的传输。一旦流媒体数据到达了客户端，流媒体播放器就可以播放输出。流媒体的数据和控制信息使用不同的协议和连接时，还可以带来一个好处，就是播放流媒体的客户机和控制流媒体播放的客户机可以是不同的计算机。

10.1.2 流媒体播放方式

流媒体服务器能提供多种播放方式，它可以根据用户的要求，为每个用户独立地传送流数据，实现 VOD(video on demand)的功能；也可以为多个用户同时传送流数据，实现在线电视或现场直播的功能。下面介绍这些播放方式的特点。

(1)单播方式。当采用单播方式时，每个客户端都与流媒体服务器建立了一个单独的数据通道，从服务器发送的每个数据包都只能传给一台客户机。对用户来说，单播方式可以满足自己的个性化要求，可以根据需要随时使用停止、暂停、快进等控制功能。但对服务器来说，单播方式无疑会带来沉重的负担，因为它必须为每个用户提供单独的查询，向每个用户发送所申请的数据包复制。当用户数很多时，对网络速度、服务器性能的要求都很高。如果这些性能不能满足要求，就会造成播放停顿，甚至停止播放。

(2)广播方式。承载流数据的网络报文还可以使用广播方式发送给子网上所有的用户，此时，所有的用户同时接受一样的流数据，因此，服务器只需要发送一份数据复制就可以为子网上所有的用户服务，大大减轻了服务器的负担。但此时，客户机只能被动地接受流数据，而不能控制流。也就是说，用户不能暂停、快进或后退所播放的内容，而且用户也不能对节目进行选择。

(3)组播方式。单播方式虽然为用户提供了最大的灵活性，但网络和服务器的负担很重。广播方式虽然可以减轻服务器的负担，但用户不能选择播放内容，只能被动地接受流数据。组播方式吸取了上述两种传输方式的长处，可以将数据包复制发送给需要的多个客户，而不是像单播方式那样复制数据包的多个文件到网络上，也不是像广播方式那样将数据包发送给那些不需要的客户，保证数据包占用最小的网络带宽。当然，组播方式需要在具有组播能力的网络上使用。

10.1.3　流媒体文件的压缩格式

数据压缩技术也是流媒体技术的一项重要内容，由于视频数据的容量往往都非常大，如果不经过压缩或压缩得不够，则不仅会增加服务器的负担，还会占用大量的网络带宽，影响播放效果。因此如何在保证不影响观看效果或对观看效果影响很小的前提下，最大限度地对流数据进行压缩，是流媒体技术研究的一项重要内容。下面介绍几种主流的音视频数据压缩格式。

1. AVI 格式

音频视频交错(AVI)是符合 RIFF 文件规范的数字音频与视频文件格式，由 Microsoft 公司开发，目前得到了广泛的应用。AVI 格式支持 256 色和 RLE 压缩，并允许视频和音频交错在一起同步播放。但 AVI 文件并未限定压缩算法，只是提供了作为控制界面的标准，用不同压缩算法生成的 AVI 文件，必须要使用相同的解压缩算法才能解压播放。AVI 文件主要应用在多媒体光盘上，用来保存电影、电视等各种影像信息。

2. MPEG 格式

动态图像专家组(MPEG)是运动图像压缩算法的国际标准，已被几乎所有的计算机平台支持，它采用有损压缩算法减少运动图像中的冗余信息，同时保证每秒 30 帧的图像刷新率。MPEG 标准包括视频压缩、音频压缩和音视频同步 3 个部分，MPEG 音频最典型的应用就是 MP3 音频文件，广泛使用的消费类视频产品如 VCD、DVD，其压缩算法采用的也是 MPEG 标准。

MPEG 压缩算法主要针对运动图像设计，其基本设计思路是把视频图像按时间分段，然后采集并保存每一段的第一帧数据，其余各帧只存储相对第一帧发生变化的部分，从而达到数据压缩的目的。MPEG 采用了两个基本的压缩技术：运动补偿技术和变换域技术。其中运动补偿技术(预测编码和插补码)实现了时间上的压缩，变换域(离散余弦变换 DCT)技术实现了空间上的压缩。MPEG 在保证图像和声音质量的前提下，压缩效率非常高，平均压缩比为 50∶1，最高可达 200∶1。

3. Real Video 格式

Real Video 格式是由 Real Networks 公司开发的一种流式视频文件格式，包含在 Real Media 音频视频压缩规范中，其设计目标是在低速率的广域网上实时传输视频影像。Real Video 可以根据网络的传输速度来决定视频数据的压缩比率，从而提高适应能力，充分利用带宽。本章后面介绍的 Helix Server 软件就是由 Real Networks 公司开发的，使用的就是 Real Video 格式的视频文件。

Real Video 格式文件的扩展名有 3 种，RA 是音频文件、RM 和 RMVB 是视频文件。RMVB 格式文件具有可变比特率的特性，它在处理较复杂的动态影像时使用较高的采样率，而在处理一般静止画面时则灵活地转换至较低的采样率，从而在不增加文件大小的前提下提高图像质量。

4. QuickTime 格式

QuickTime 是由 Apple 公司开发的一种音频、视频数据压缩格式，得到了 Mac OS、

Microsoft Windows 等主流操作系统平台的支持。QuickTime 文件格式提供了 150 多种视频效果，支持 25 位彩色，支持 RLE、JPEG 等领先的集成压缩技术。此外，QuickTime 还强化了对 Internet 应用的支持，并采用一种虚拟现实技术，使用户可以通过鼠标或键盘的交互式控制，观察某一地点周围 360 度的景象，或者从空间的任何角度观察某一物体。QuickTime 以其领先的多媒体技术和跨平台特性、较小的存储空间要求、技术细节的独立性以及系统的高度开放性，得到了业界的广泛认可。QuickTime 格式文件的扩展是 MOV 或 QT。

5. ASF 和 WMV 格式

高级流格式(ASF)和 WMV 是由 Microsoft 公司推出的一种在 Internet 上实时传播多媒体数据的技术标准，提供了本地或网络回放、可扩充的媒体类型、部件下载以及可扩展性等功能。ASF 的应用平台是 Net Show 服务器和 Net Show 播放器。

WMV 也是 Microsoft 公司推出的一种流媒体格式，它是以 ASF 为基础，升级扩展后得到的。在同等视频质量下，WMV 格式的体积非常小，因此很适合在网上播放和传输。WMV 文件一般同时包含视频和音频部分，视频部分使用 Windows Media Video 编码，而音频部分使用 Windows Media Audio 编码。音频文件可以独立存在，其扩展名是 WMA。

10.1.4　流媒体技术在教育领域的应用

20 世纪 90 年代以来，Internet 网络通信技术的飞速发展，已对人类日常生活和工作方式产生了深刻的影响，同时也对传统的教育教学模式产生了极大的挑战。网上教学、网络课程的开发已成为教育技术界讨论的中心论题和 21 世纪教育改革发展的新趋势。而当今世界，科学技术的迅猛发展，使得知识经济已见端倪，知识经济呼吁创新教育，要求变革传统的教育教学模式，发展学生的创新意识和提高创造性思维能力，培养创新性人才。

目前，流媒体技术应用在网络教育上，表现为视频点播和视频直播两种主要方式。这两种方式使得传统意义上的课本式的教学方式转变为生动形象的影音模式，广播教学、语音教学、教学示范、消息发送、网络影院、远程管理、教学点播等模式通过互联网传播开来。

目前，流行的流媒体服务器技术有 Windows Media 服务、Helix Server 服务、Flv 流媒体服务等。常见的流媒体视频文件格式有.wmv、.asf、.wma、.swf、.flv、.mov 等。本章将分别介绍 Windows Media 服务和 Helix Server 服务环境下视频点播等功能的实现，而视频文件的格式转换是实现流媒体视频点播必不可少的准备环节，10.2 节介绍怎样将各种格式的视频文件转换为流媒体文件形式。

10.2　转换文件格式

视频点播服务一般需要发布流媒体格式的视频文件，因此要实现视频点播服务，首先要安装视频文件格式转换工具，将文件扩展名为.wma、.wmv、.asf、.avi、.wav、.mpg、.mp3 等普通视频文件转换成为流媒体服务使用的流文件。转换文件格式的标准描述应当是“对存储信息源编码”，也就是将保存在硬盘或光盘上的多媒体文件转换为 Windows Media 服务可用的流媒体文件格式，这种文件格式转换的过程称为编码。

本书推荐格式工厂来进行视频文件格式转换功能，下面将以格式工厂 2.96 官方免费绿色免安装版为例演示文件格式的转换过程。案例 1 是将电脑上一个 AVI 格式文件，转换成 Windows Media 服务器支持的 WMV 格式流媒体文件的操作步骤。

【案例 1】将 AVI 格式的视频文件转换成 WMV 格式的流媒体文件

步骤 1：下载格式工厂 2.96 官方免费绿色免安装版并解压缩。

步骤 2：双击 FormatFactory.exe 项启动格式工厂，显示如图 10-2 所示的格式工厂启动界面。

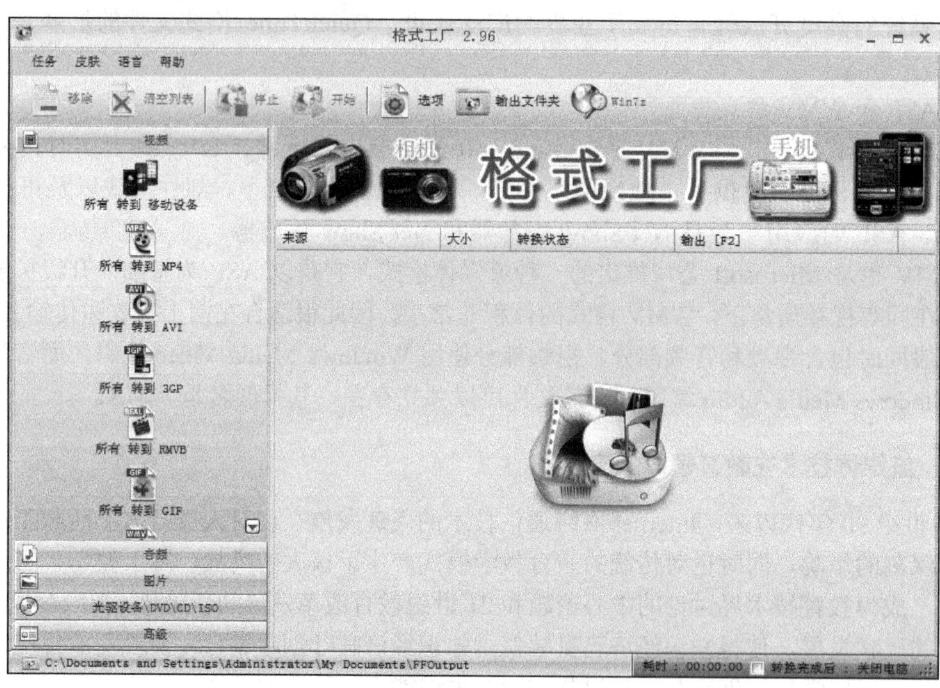

图 10-2　格式工厂启动界面

步骤 3：单击左侧视频选项卡右下方的小三角按钮，向下滑动找到 WMV 格式选项，选中，弹出如图 10-3 所示的转换格式设置界面。

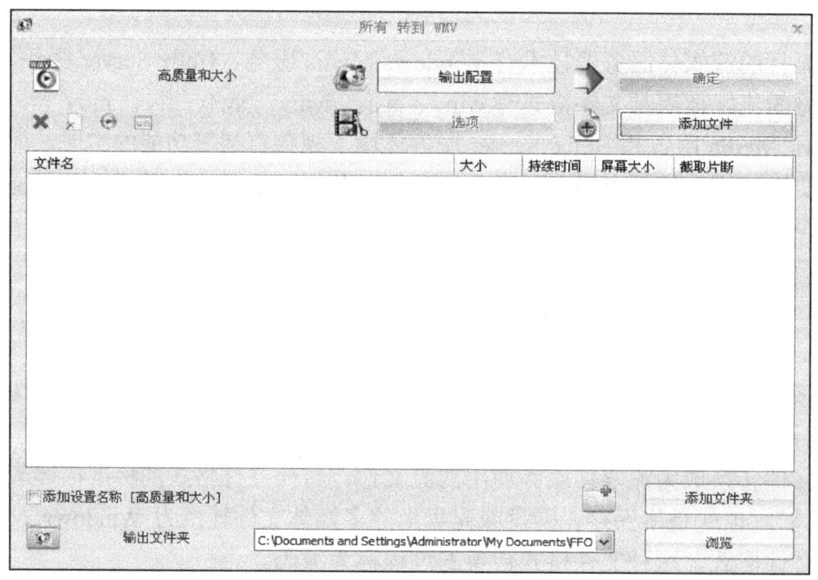

图 10-3　转换格式设置界面

步骤 4：单击“添加文件”按钮，在弹出的对话框中选择需要转换格式的文件，如图 10-4 所示添加文件窗口所示。

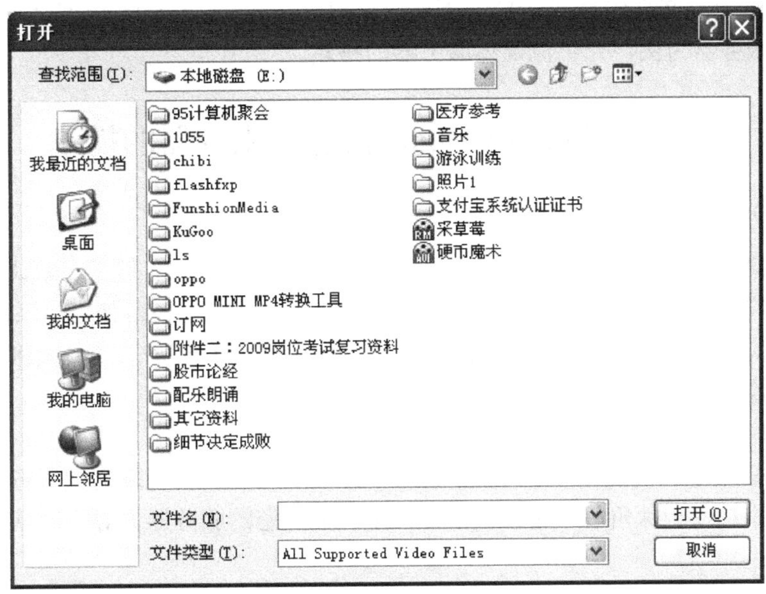

图 10-4　添加文件窗口

步骤 5：单击“输出设置”按钮，出现如图 10-5 所示的输出设置窗口，设置文件质量与大小，然后单击“确定”按钮。

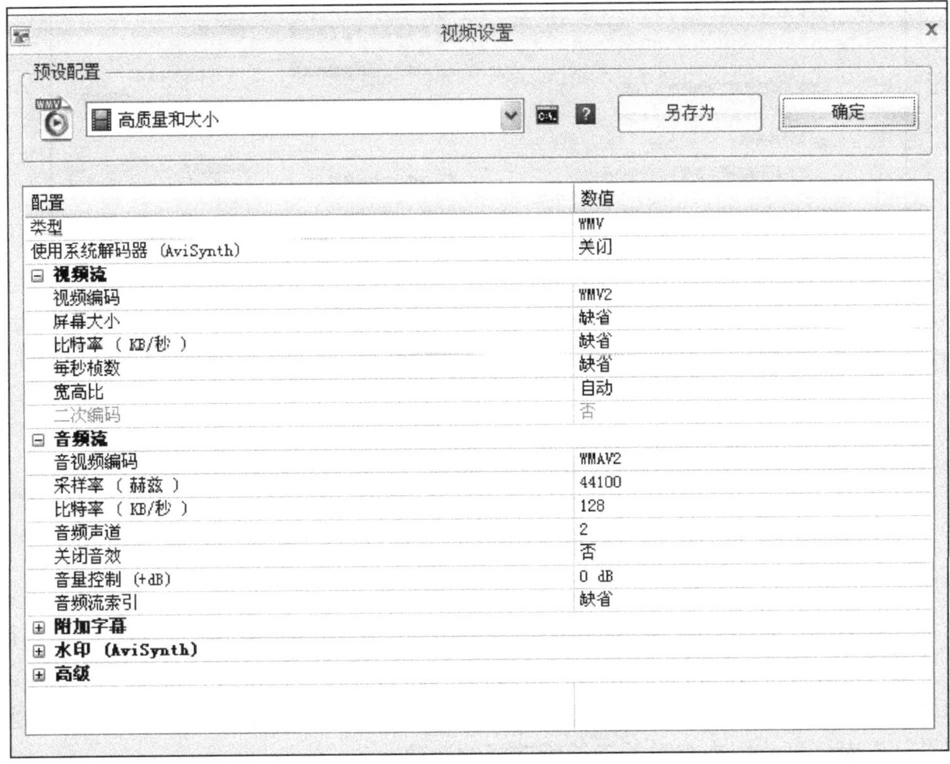

图 10-5　输出设置窗口

步骤 6：单击“确定”按钮，返回主界面，单击“开始”按钮开始视频格式转换，当进度为 100%完成时，视频文件转换结束。

本节介绍了视频文件的格式转换，下面分别以 Windows Media 流媒体服务器和 Helix Server 流媒体服务器为例，介绍流媒体服务器的搭建。

10.3 Windows Media 流媒体服务器的搭建

10.3.1 Windows Media 服务的安装

Windows Media 服务虽然是 Windows Server 2003 的组件之一，但是在默认情况下并没有安装，需要用户手工添加。在 Windows Server 2003 操作系统中，可使用“添加/删除程序”来安装 Windows Media 服务，也可以通过“配置您的服务器向导”来安装。案例 2 是 Windows Media 服务的详细安装步骤。

【案例 2】安装 Windows Media 服务

步骤 1：依次执行“开始”→“程序”→“管理工具”→“管理您的服务器”命令。单击窗口中的“添加或删除角色”超级链接，显示“配置您的服务器向导”对话框，如图 10-6 所示。

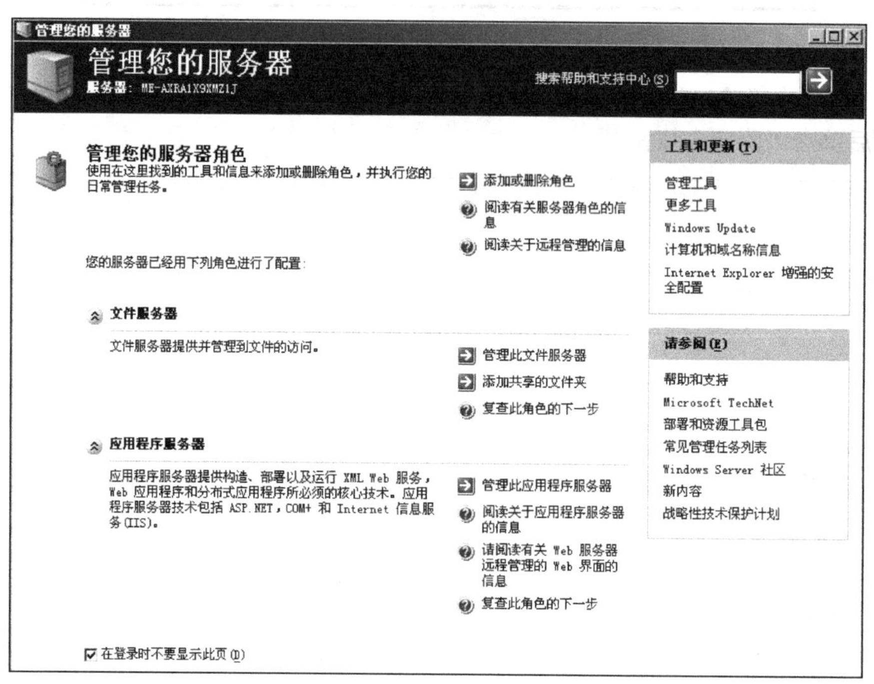

图 10-6 配置您的服务器向导

步骤 2：出现“预备步骤”对话框，无须做任何改动直接点“下一步”按钮，出现“服务器角色”对话框，如图 10-7 服务器角色对话框所示，在“服务器角色”列表框中列出了所有可以安装的服务器。系统中大部分服务的安装和卸载都可以在该对话框中进行选择。

步骤 3：选择列表框中的“流式媒体服务器”选项，然后单击“下一步”按钮，将显示“选择总结”对话框，用来查看并确认所选择的选项。

步骤 4：单击“下一步”按钮，显示“正在配置组件”对话框，并根据提示将 Windows Server

2003 安装光盘放入光驱。

步骤 5：放入安装光盘后单击“确定”按钮，系统开始从光盘中复制文件并安装 Windows Media 服务，并以进度条显示当前的安装进度。

步骤 6：安装完成后将显示安装完成对话框，表示已经成功地将此服务器设置为流式媒体服务器。

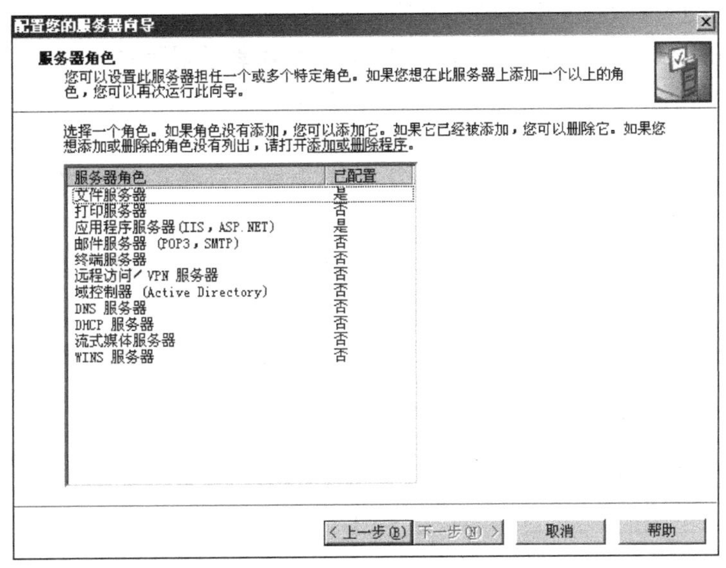

图 10-7　服务器角色对话框

步骤 7：单击“完成”按钮关闭该向导，返回到“管理您的服务器”窗口，显示流式媒体服务器已成功安装。

Windows Media 服务安装完成后，依次执行“开始”→“程序”→“管理工具”→“Windows Media Services”命令，显示 Windows Media Services 窗口，如图 10-8 所示。有关 Windows Media 服务的所有管理工作均可在该窗口中完成。

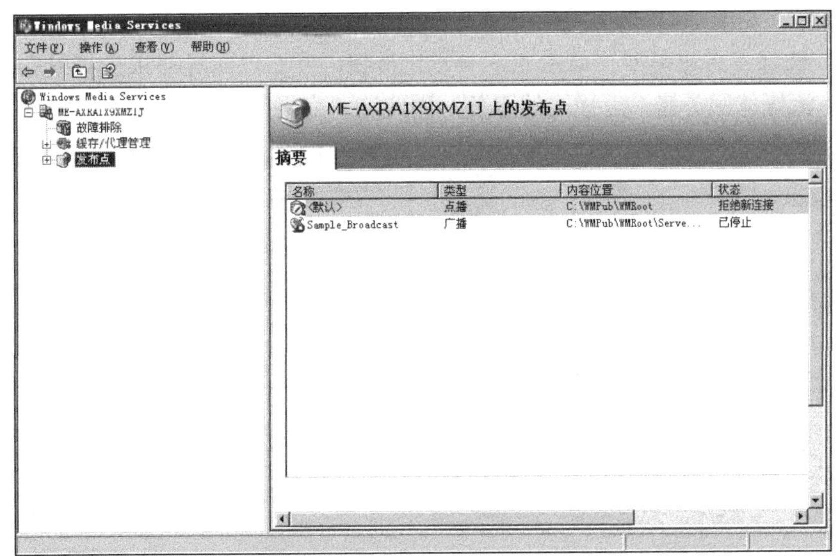

图 10-8　Windows Media Services 窗口

10.3.2　基于 Windows Media 服务的流媒体网络教学

海量的各类视频公开课资源怎样共享给学生，实现网络教学，但又不给校园网增添过多的负担？使用流媒体视频服务是个不错的选择。首先，将已有的视频资源上传到视频服务器，然后对外提供流媒体视频服务，这样可以最大限度地利用校园网，达到较好的网络教学效果。案例 3 是基于 Windows Media 服务的流媒体网络教学配置方法。

【案例 3】基于 Windows Media 服务的流媒体网络教学配置方法

步骤 1：依次执行“开始”→“程序”→“管理工具”→“Windows Media Services”命令，显示 Windows Media Services 窗口，如图 10-8 所示。

步骤 2：右击“发布点”，选择“添加发布点(向导)”，打开“添加发布点(向导)”对话框，如图 10-9 添加发布点向导所示。

步骤 3：配置发布点名称。单击“下一步”按钮，发布点向导要求填入发布点名称，这里填入 elearning，如图 10-10 发布点名称设置所示。

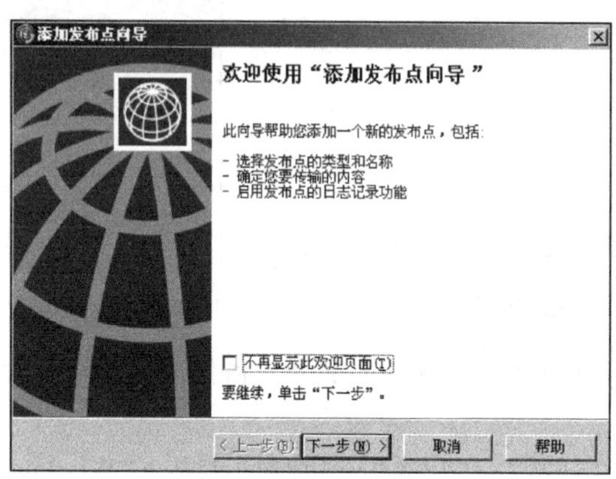

图 10-9　添加发布点向导

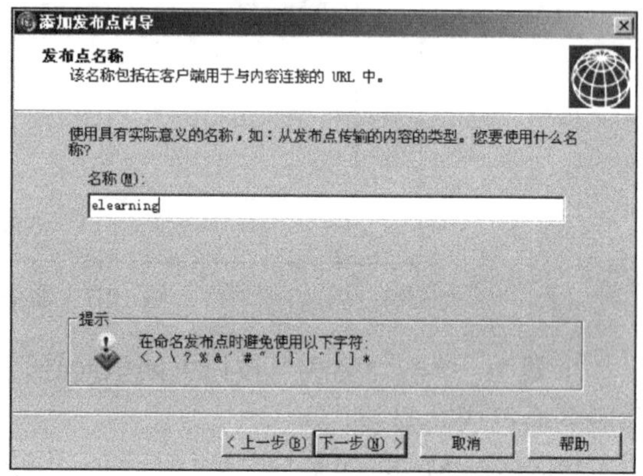

图 10-10　发布点名称设置

步骤 4：选择内容类型。单击“下一步”按钮，发布点向导要求选择内容类型，这里选择“一个文件”，如图 10-11 发布点内容类型选择所示。

步骤 5：选择发布点类型。单击“下一步”按钮，发布点向导要求选择发布点类型如图 10-12 所示，流媒体服务属于点播式的服务，因此选“点播发布点”。

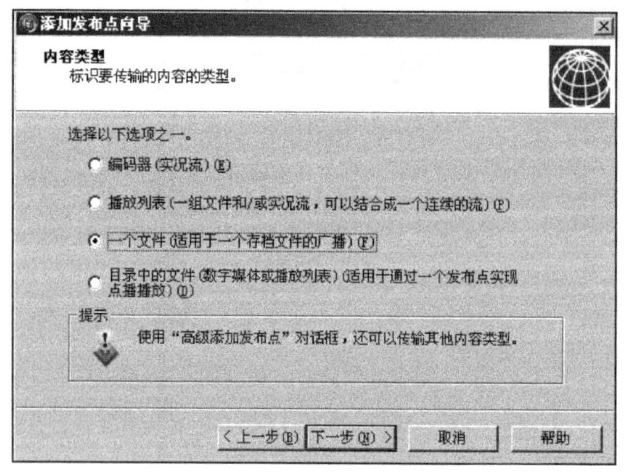

图 10-11　发布点内容类型选择

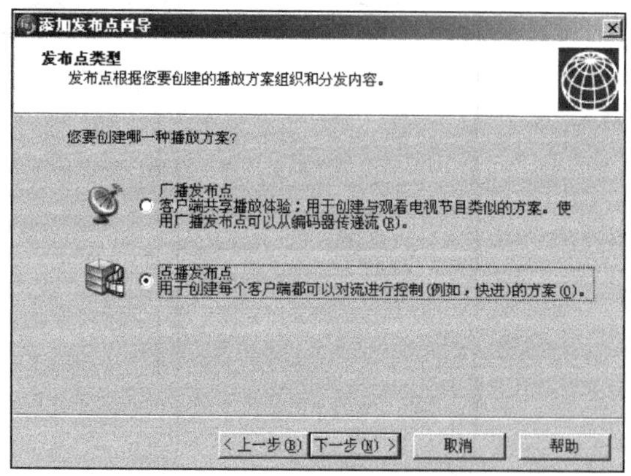

图 10-12　发布点类型选择

步骤 6：设置是否需要新建发布点。单击“下一步”按钮，出现“是否新建发布点”的对话框，选择“添加一个新的发布点”选项，如图 10-13 所示，单击“下一步”按钮。

步骤 7：设置发布点文件保存位置。选择需要发布的文件所在的位置，如图 10-14 所示，单击“下一步”按钮。

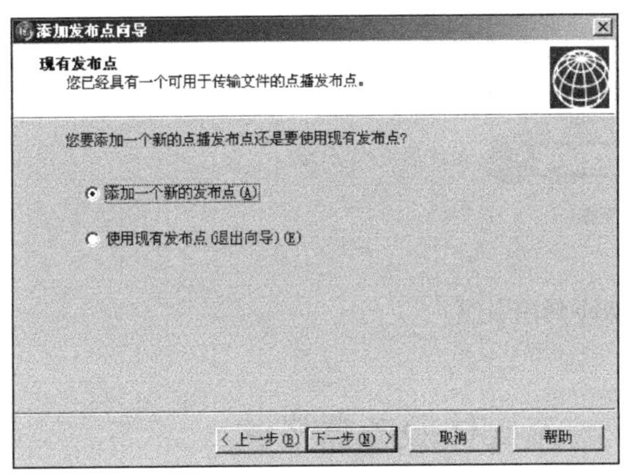

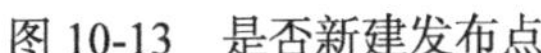
图 10-13　是否新建发布点

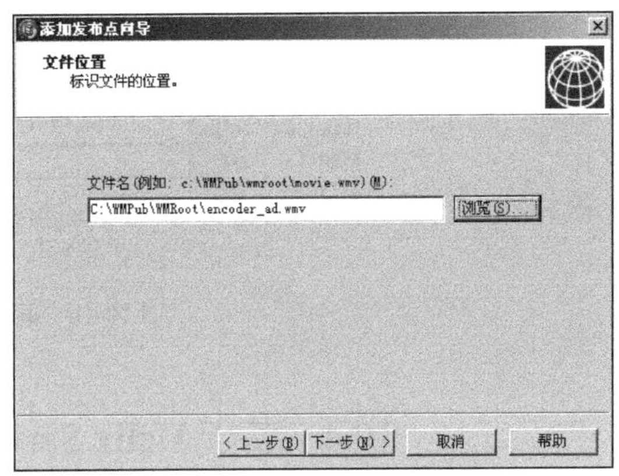

图 10-14　是否新建发布点

步骤 8：设置是否记录单播日志。根据需要设置是否启用该发布点的日志记录，单击“下一步”按钮。

步骤 9：查看发布点摘要，确认没有问题之后，单击“完成”按钮，完成发布点的创建。

步骤 10：测试视频文件的发布链接是否能正常播放。

在发布点中发布的视频文件，还需要通过网页形式推送给学生，才能实现网络教学。发布点的视频文件调用方式有以下三种。

(1) 直接 Web 调用——直接在浏览器输入视频文件访问 URL 即可访问，如图 10-15 所示。

图 10-15　直接调用访问视频文件

(2) 间接 Web 调用——通过视频点播系统或者自建网页将发布点的视频文件发布出去。其原理如图 10-16 所示，最终用户首先通过访问 Web 服务器获取 Windows Media 服务器的地址，然后向 Windows Media 服务器发送请求，最后享受到视频服务。

(3) Windows Media Player 直接打开——可以在客户端的 Windows Media Player 播放器中直接输入需要访问的视频文件链接。

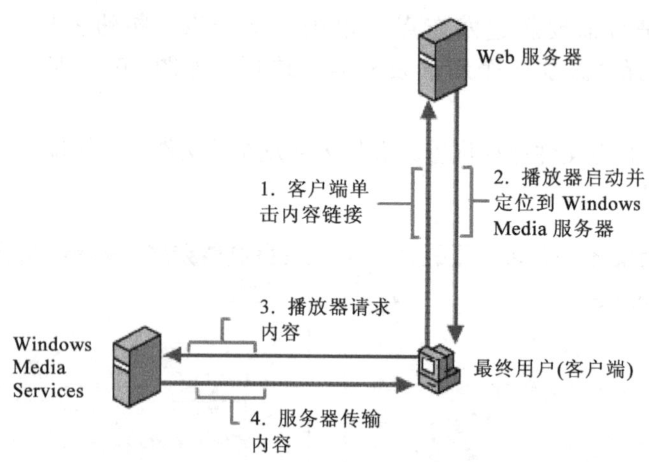

图 10-16　间接 Web 调用原理

10.4　基于 Helix Server 的流媒体服务器搭建

RM 格式的多媒体文件有压缩率高及体积小等特点，特别适合在网络传播，因而很多娱乐网站都提供 Real 格式的媒体资源让用户访问，如在线电影、视频点播等。Real 服务是 Real 公司的流媒体服务器软件，其最新版本为 Helix Server。它提供了对 RM、RMVB、FLASH、MPEG-1、MPEG-4、QuickTime、ASF/WMA 等几乎所有流行的流媒体格式文件的支持。下面介绍如何在 Windows 2003 中搭建、配置与管理 Helix Server 视频点播服务器。

10.4.1　Helix Server 的获取

Helix Server 既可从官方网站下载，也可从国内各大知名软件网站获得。需要注意的是在安装 Helix Server 之前，应当确认自己已经获得了服务授权文件。RealNetworks 公司提供了 Helix Server 软件的试用评估版，官方网址为 http://www.realnetworks.com/，具体步骤如下。

步骤 1：在 RealNetworks 公司的主页上找到 Helix Server 的下载并试用的链接，如图 10-17 所示。

图 10-17　Helix Server 下载链接

步骤 2：单击“Download free trial”链接，会出现一个用户资料表单，按要求填写相应的内容，如图 10-18 所示，即可获得 Helix Server 试用版的安装包。

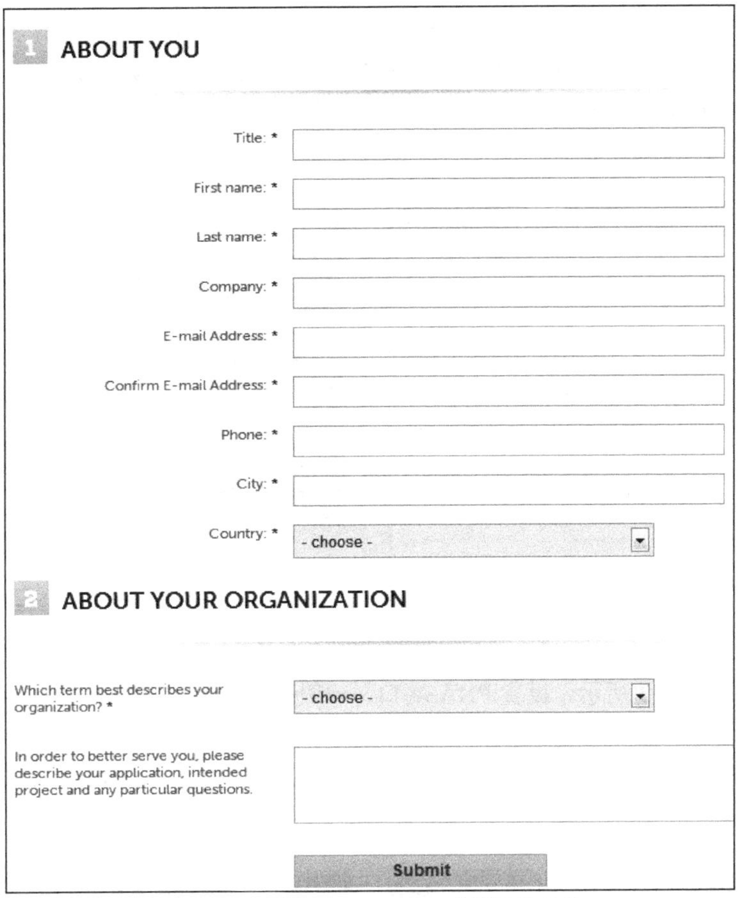

1 ABOUT YOU

Title: *

First name: *

Last name: *

Company: *

E-mail Address: *

Confirm E-mail Address: *

Phone: *

City: *

Country: *　- choose -

2 ABOUT YOUR ORGANIZATION

Which term best describes your organization? *　- choose -

In order to better serve you, please describe your application, intended project and any particular questions.

Submit

图 10-18　下载 Helix Server 时填写的表单

10.4.2　Helix Server 的安装

案例 4 是 Helix Server 的安装步骤。

【案例 4】Helix Server 的安装

步骤 1：双击 rs901-win32.exe 项，出现欢迎画面，如图 10-19 所示。

步骤 2：单击“下一步”按钮继续，出现请求提供许可证的画面，这里以破解版为例，可直接忽略这一步，如图 10-20 所示。

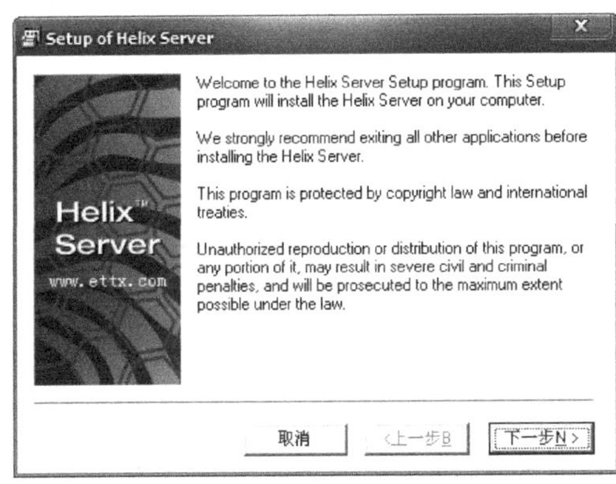

图 10-19　安装 Helix Server 的欢迎界面

图 10-20　提供许可证

步骤 3：选择“接受协议”并单击“下一步”按钮，出现安装路径的选择界面，如图 10-21 所示，根据需要选择程序文件的安装路径，完成以后单击“下一步”按钮。

步骤 4：如图 10-22 所示，根据需要设置管理员账号与密码，设置完毕以后单击“下一步”按钮，设置 PNA 端口。

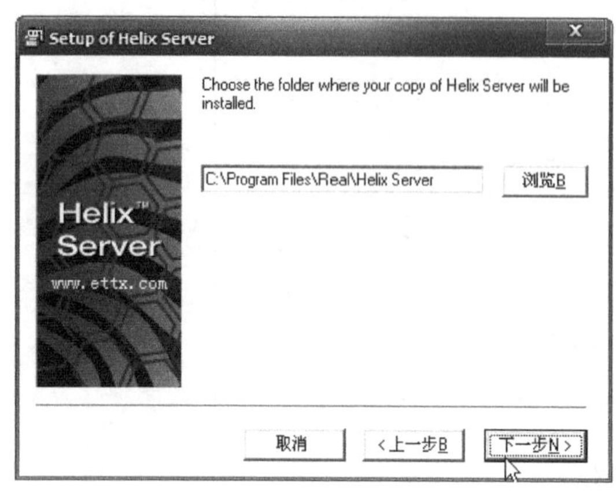

图 10-21　选择安装路径

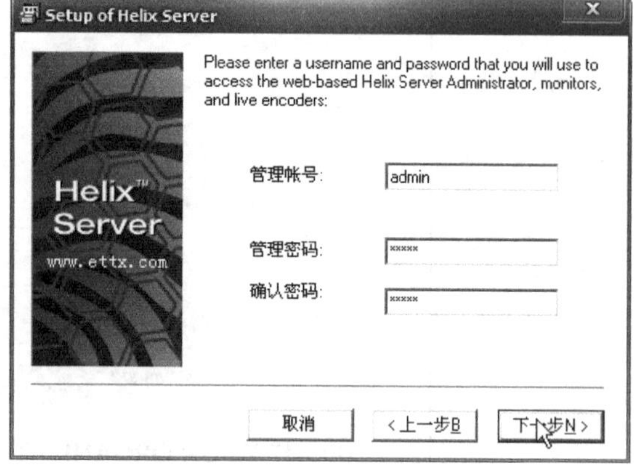

图 10-22　设置管理员账号和密码

步骤 5：如图 10-23 所示，设置 PNA 端口，一般采取预置的 7070 端口，完成后单击“下一步”按钮。

步骤 6：如图 10-24 所示，设置 RTSP 端口，一般采取预置的 554 端口，完成后单击“下一步”按钮。

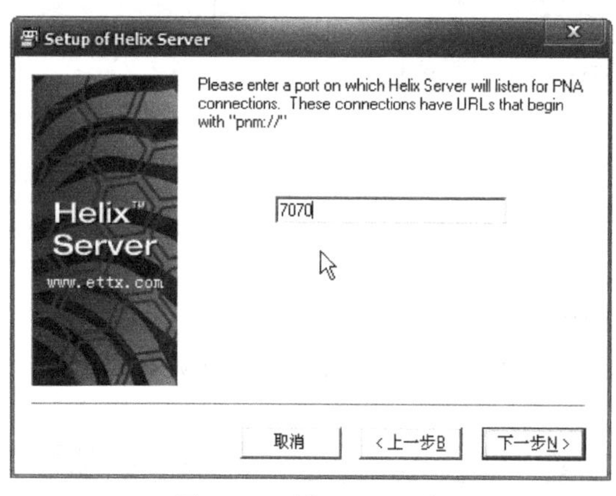

图 10-23　设置 PNA 端口

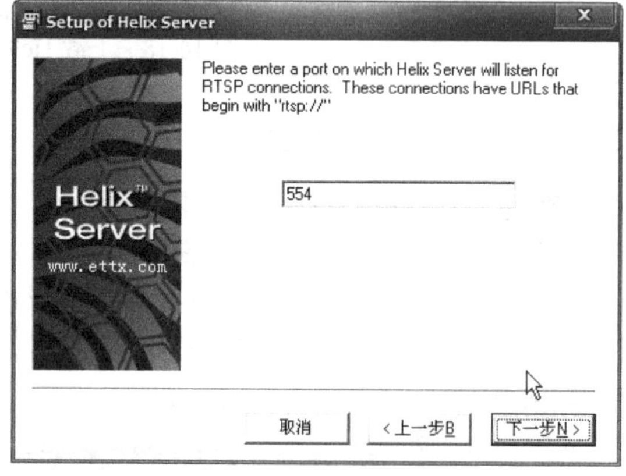

图 10-24　设置 RTSP 端口

步骤 7：如图 10-25 所示，设置 HTTP 端口，默认为 8081，可根据需要重新设置，完成后单击“下一步”按钮。

步骤 8：如图 10-26 所示，设置 MMS 端口，一般采取预置的 1755 端口，完成后单击“下一步”按钮。

步骤 9：如图 10-27 所示，设置管理员端口，一般采取预置的 25390 端口，完成后单击“下一步”按钮。

步骤 10：如图 10-28 所示，建议将 Helix Server 设置为系统服务，完成后单击“下一步”按钮。

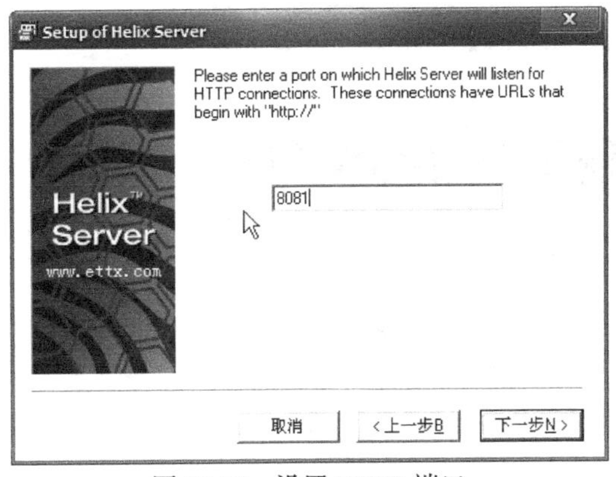

图 10-25　设置 HTTP 端口

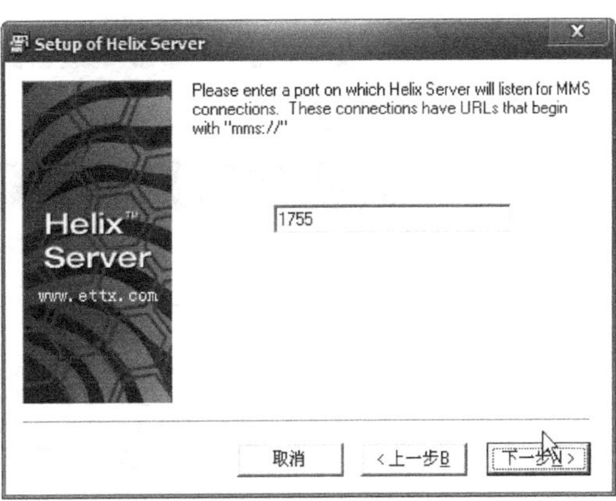

图 10-26　设置 MMS 端口

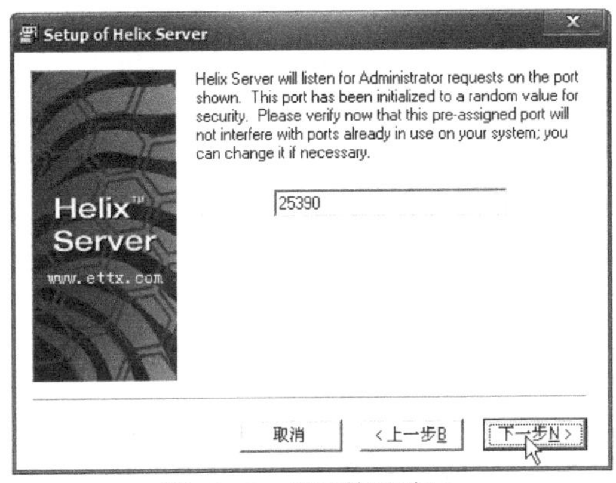

图 10-27　设置管理端口

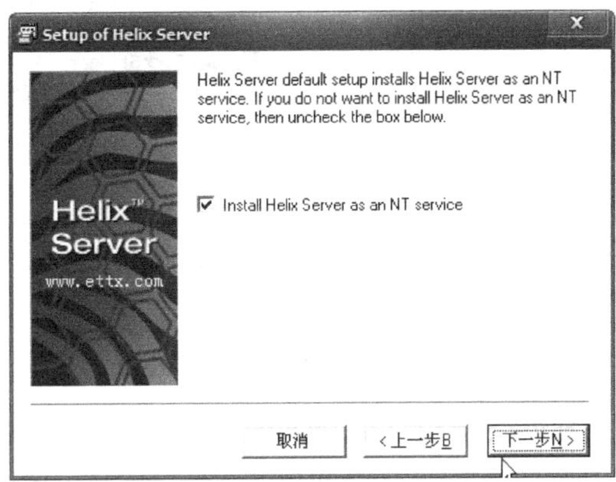

图 10-28　是否将 Helix Server 设置为系统服务

步骤 11：如图 10-29 所示，查看前面所作的全部设置，如无异常单击“完成”按钮开始安装。

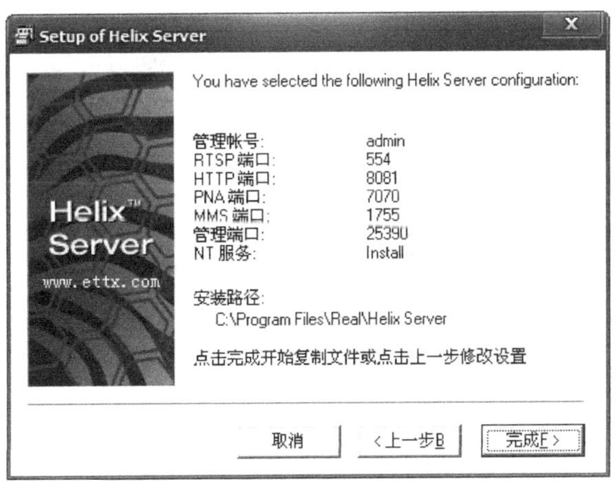

图 10-29　开始安装

10.4.3　Helix Server 的启动与停止

Helix Server 安装完成以后，可在系统服务中启动与停止 Helix Server，如图 10-30 所示。

名称 /	描述	状态	启动类型	登录为
Event Log	启用…	已启动	自动	本地系统
Extensible Authenti…	向 W…		手动	本地系统
Fast User Switching…	为在…		手动	本地系统
Google 更新服务 (…	请确…		手动	本地系统
Google 更新服务 (…	请确…		手动	本地系统
Health Key and Cer…	管理…		手动	本地系统
Helix Server		已启动	自动	本地系统
HTTP SSL	此服…		手动	本地系统
Human Interface D…	启用…		已禁用	本地系统
IIS Admin	允许…	已启动	自动	本地系统
IMAPI CD-Burning …	用 I…		手动	本地系统
IPSEC Services	管理…		手动	本地系统
Java Quick Starter	Pref…		手动	本地系统
Logical Disk Manager	监测…		手动	本地系统
Logical Disk Manag…	配置…		手动	本地系统
Messenger	传输…		已禁用	本地系统

图 10-30 Helix Server 的启动与停止

10.4.4 测试 Helix Server

Helix Server 正常启动后，可以在客户端进行测试是否正常安装，默认情况下，Helix Server 在安装目录下的 Content 子目录中提供了几个测试视频文件，在播放器中打开以下网址：rtsp://127.0.0.1：554/real9video.rm。如图 10-31 所示，如能正常播放，说明服务器已正常安装好，可以开始对外服务。

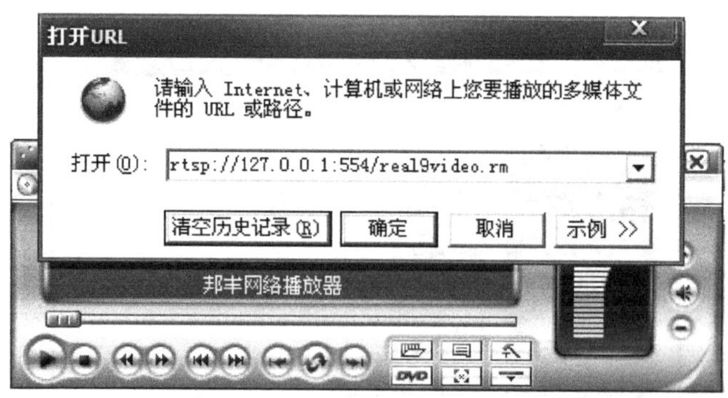

图 10-31 测试 Helix Server

10.5 基于 Helix Server 的流媒体服务器配置

Helix Server 既可以通过直接修改配置文件来进行配置和管理，也可以通过 Web 管理界面对 Helix Server 进行远程的图形化配置与管理。本节主要介绍如何通过 Web 图形界面对 Helix Server 进行配置，包含如何进入 Web 管理界面、端口设置、加载点与 http 分发等内容。

10.5.1　Helix Server 的 Web 管理界面

Helix Server 可以通过 Web 形式来方便地进行图形化管理。在前面的 Helix Server 服务器安装过程中，指定了管理端口号为 25390，可以在客户端通过浏览器访问以下 URL：http://127.0.0.1:25390/admin/index.html。出现如图 10-32 所示登录界面，正确输入管理员用户名和密码后，可见如图 10-33 所示的管理界面。将 127.0.0.1 替换成服务器 IP 地址，可实现 Helix Server 的远程图形化管理。

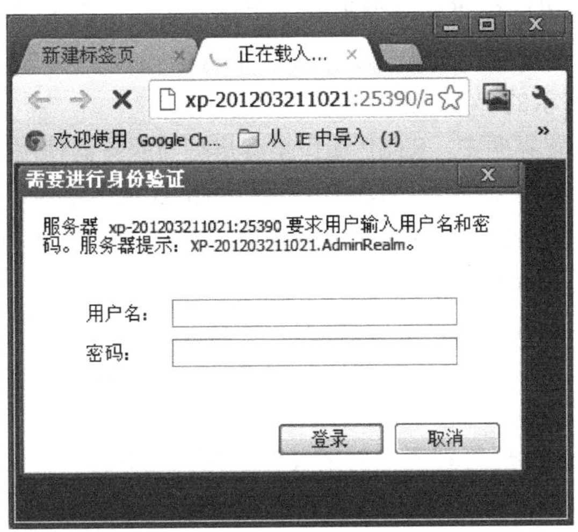

图 10-32　Helix 管理模块的登录界面

图 10-33　Helix 管理模块主界面

在图 10-33 中，左侧为菜单栏，包含 7 个主菜单，每个主菜单下还有若干子菜单。当选中某个子菜单后，右侧将出现有关这个菜单的具体设置内容，设置完成后，需要单击“应用”按钮保存设置，或者单击“重置”按钮取消设置。

需要注意的是，设置保存后，还不能马上生效，需要重启 Helix 服务器才能生效，一种简单的重启方法是单击右上角的“重启服务器”按钮。

10.5.2　端口设置与 IP 地址绑定

在 Helix 服务器管理界面的“服务器设置”主菜单中，包含了最基本的服务器设置项目。下面介绍有关端口和 IP 地址绑定的设置。选择“服务器设置”→“端口”项，浏览器窗口的右侧将出现如图 10-34 所示的界面。

在图 10-34 的端口设置界面中，RTSP 端口是客户端与服务器使用 RTSP 协议时使用的端口号，RealPlayer、QuickTime 等播放器要使用该协议与 Helix 服务器进行交互，554 是其默认值。

HTTP 端口是 Helix 服务器内置的 Web 服务所使用的端口，不能与主机上的其他 Web 服务冲突。

MMS 端口由微软的 Media Player 播放器使用。

监控端口用于监控，Helix 提供了一个 Applet 程序，通过它可以实时查看服务器当前有哪些连接、每个连接正在播放哪个视频文件等内容，这些监控数据是通过图 10-34 所设的监控端口读取的。

管理端口是访问 Web 图形管理界面时所使用的端口。如需重新设置，重启后需要重新连接。HTTP 端口用于接受客户端以 HTTP 协议形式提交的通道请求，实现使用一个 RTSP 会话控制多个流数据的功能。

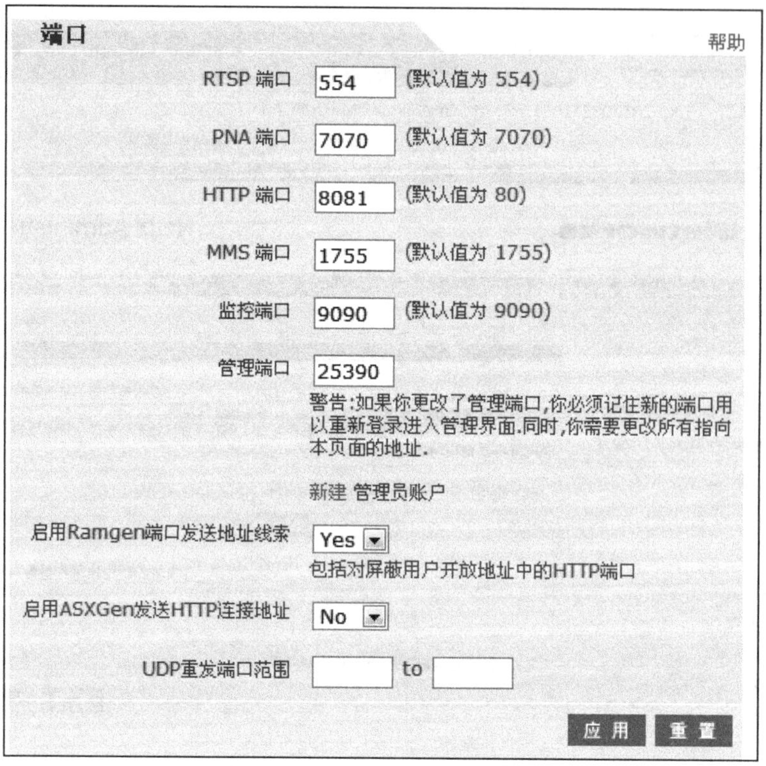

图 10-34　端口设置界面

当“启用 Ramgen 端口发送地址线索”设为 Yes 时，如果访问 RM 文件的 Web 链接包含了/ramgen，则 Helix 服务器在启动 RealOne Player 播放器时，将访问更多的端口。

当“启用 ASXGen 发送 HTTP 连接地址”设为 Yes 时，如果 Web 链接包含/asxgen，但 Helix 客户端启动 Windows Media Player 播放器时 MMS 连接被阻挡，将通过 HTTP 协议访问流媒体文件。

“UDP 重发端口范围”选项用于设定一个 UDP 端口范围，让客户端接收到流数据后的回复报文限定在这个 UDP 端口范围内。此时，Helix 服务器所在主机的防火墙可以只开放这个范围的端口，而不是开放所有的 UDP 端口。

以上是有关端口的设置，下面介绍 IP 地址绑定相关的内容。如果 Helix 服务器主机上有多个网络接口，可以通过 IP 地址绑定功能将 Helix 服务器绑定在某个或某几个网络接口上，只有被绑定的网络接口才能为网络中的客户机提供服务。如果不进行设置，默认绑定所有的网络接口。如果想设置只有某些 IP 才能访问 Helix 服务器，需要在访问控制菜单中进行设置。

选择“服务器设置”主菜单中的“IP 地址绑定”子菜单，出现如图 10-33 所示的界面。此时，单击列表框右上角的■图标，在列表框内添加一个 IP 地址绑定项目，IP 地址可以在右侧的文本框内进行修改，单击“应用”按钮保存，如图 10-35 所示。

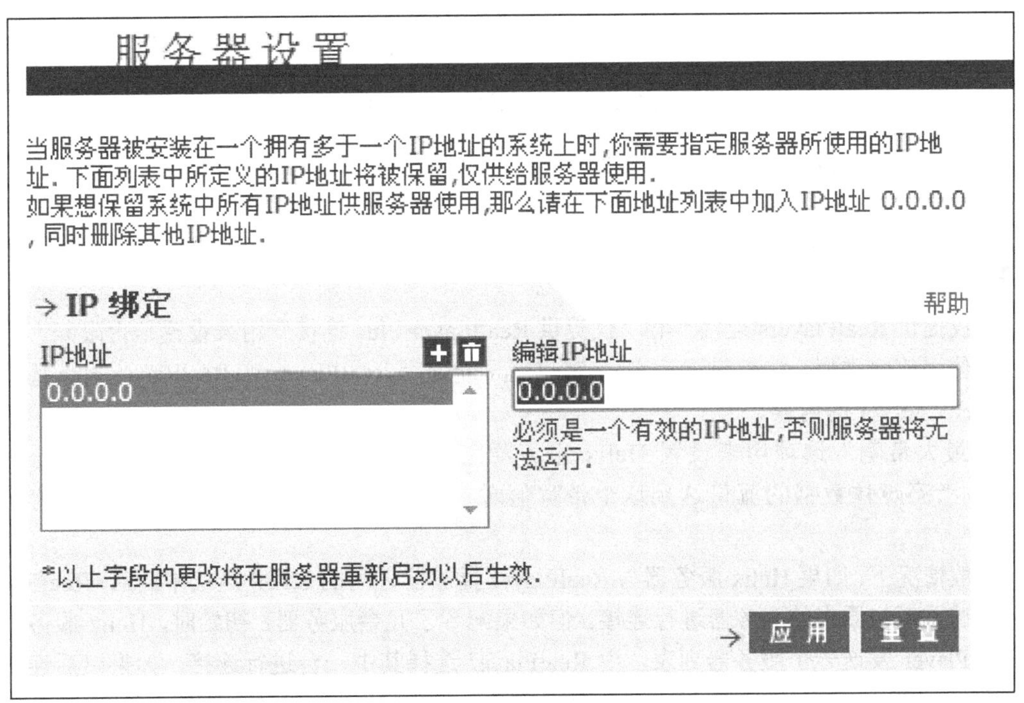

图 10-35　IP 地址绑定界面

10.5.3　连接控制与冗余服务器

连接控制功能可以限定客户端的数量、客户端播放器的类型等。在“服务器设置”主菜单中选择“连接控制”子菜单，出现如图 10-36 所示的连接控制设置界面。

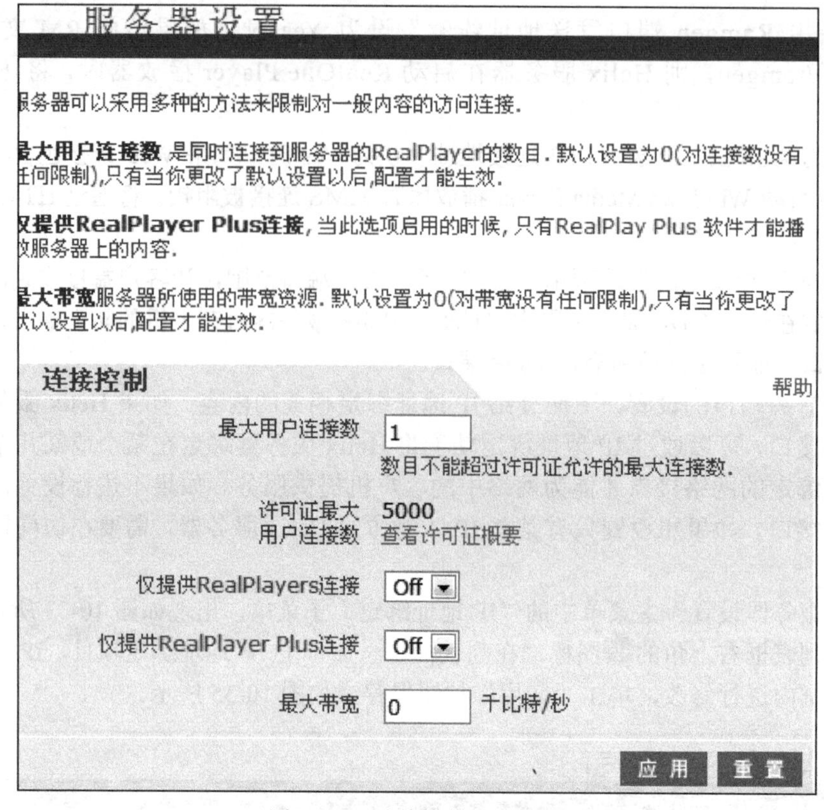

图 10-36　连接控制设置界面

“最大用户连接数”选项表示设置最大允许的客户端连接数，0 表示没有限制。客户端连接数还受到许可文件的限制，从图 10-36 中的“许可证最大用户连接数”项目可以看出许可证授权的最大连接数，试用版的最大连接数是 100，因此，即使不限制连接数，最大也只能达到 100 个客户连接。

“仅提供 RealPlayers 连接”和“仅提供 RealPlayer Plus 连接”用来设置是否限制客户端的流媒体播放器类型。如果设置为 On，客户端只能使用 RealPlayer 或 RealPlayer Plus 播放器访问 Helix Server 的内容。

“最大带宽”选项用来设置 Helix 服务器允许占用的最大的网络带宽，单位为千比特/秒。当流媒体数据的流量达到这个带宽值时，Helix 服务器将不再接受任何新的连接请求。

一般情况下，如果 Helix 服务器与 RealPlayer 播放器之间的 RTSP 连接中断后，RealPlayer 将会尝试重新与原来的服务器进行连接。但如果配置了冗余服务器，初始时，Helix 服务器将给 RealPlayer 发送一个服务器列表，由 RealPlayer 选择其中一台进行连接。如果以后连接中断，则 RealPlayer 可以在服务器列表中选择其他具有同样内容的服务器进行连接，从而可以继续播放流数据。

冗余服务器功能大大提高了 Helix Server 的可靠性。选择“服务器设置”主菜单中的“冗余服务器”子菜单，出现如图 10-37 所示的“冗余服务器”配置界面，单击冗余服务器列表框上面的图标，可以添加冗余服务器，右侧的文本框用来输入冗余服务器的描述字符、IP 地址和 RTSP 端口号。

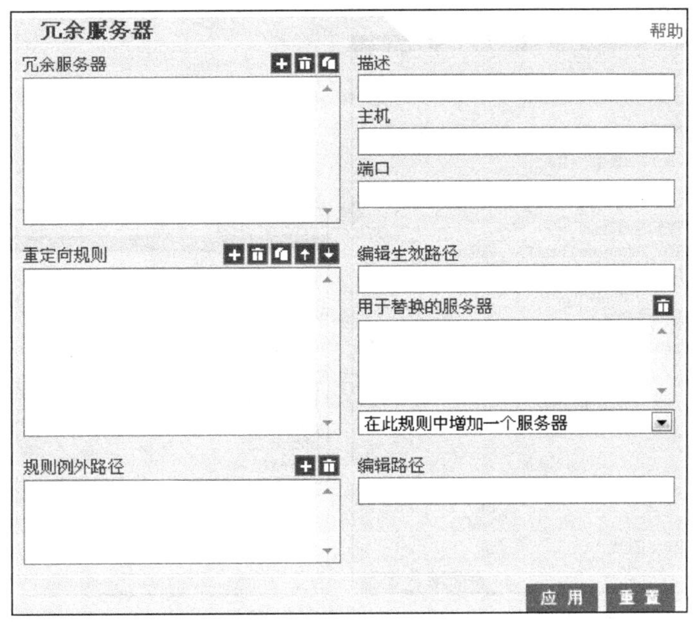

图 10-37　冗余服务器设置界面

“重定向规则”列表框用于设置 URL 中的各种路径重定向到哪台冗余服务器，如果设置“/”重定向到某一台冗余服务器，则所有的 URL 连接失败时，RealPlayer 将会重定向到这台冗余服务器。单击图标添加重定向规则后，可以在右侧的文本框中输入路径，再在下面的下拉式列表框中选择冗余服务器。如果 Helix 服务器的某些路径禁止使用冗余服务器，可以把这些路径添加到“规则例外路径”列表框中。

10.5.4　加载点与 HTTP 分发

加载点的作用类似于虚拟路径，当客户端的 URL 中包含了虚拟路径时，服务器将会到与虚拟路径对应的实际目录中搜索要访问的文件。例如，设置了/tv 这样的虚拟路径与实际路径/user/content/tv 相对应，当客户端以 rtsp://10.10.1.29/tv/one.rm 这样的 URL 访问 Helix 服务器时，Helix 将到主机文件系统中的/user/content/tv 目录中去寻找 one.rm 文件。

选择“服务器设置”菜单中“加载点”选项，将出现如图 10-38 所示的加载点设置界面。通过单击列表框上面的图标来添加加载点，右侧的文本框中可以设置描述文本、加载点、搜索次序、实际路径，选择实际路径是本地的还是网络的，以及是否允许缓存等内容。搜索次序用来设置如果存在同样的加载点时，优先使用哪个加载点。系统默认预置了几个加载点，如图 10-38 所示。

HTTP 分发目录能让用户通过 Web 端口访问媒体文件，从而避开由于防火墙对其他端口进行限制而不能访问的问题。Helix 服务器主要提供的是流媒体播放服务，虽然也提供 Web 服务器的功能，但并不是开放所有的目录给客户端。如果想让客户机通过 HTTP 协议访问主机上的某一目录，则需要把该目录开放给客户端，其形式与设置加载点有点类似。选择服务器设置菜单中的 HTTP 分发子菜单，出现如图 10-39 所示的界面，左侧的列表框内是系统所设的 HTTP 分发目录，单击某一分发目录后，可以在右侧的文本框内进行修改。

用户可以单击分发目录列表框上面的图标添加自己的 HTTP 分发目录，当加载点也设为 HTTP 分发目录时，用户可以通过 HTTP 协议下载流媒体文件。

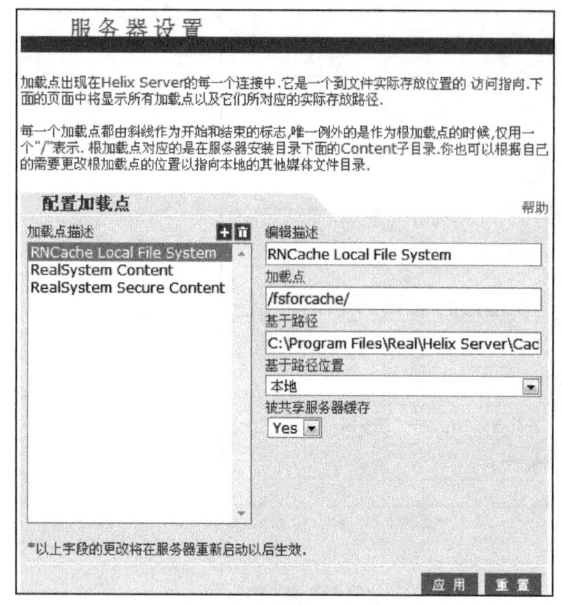

图 10-38　加载点设置界面

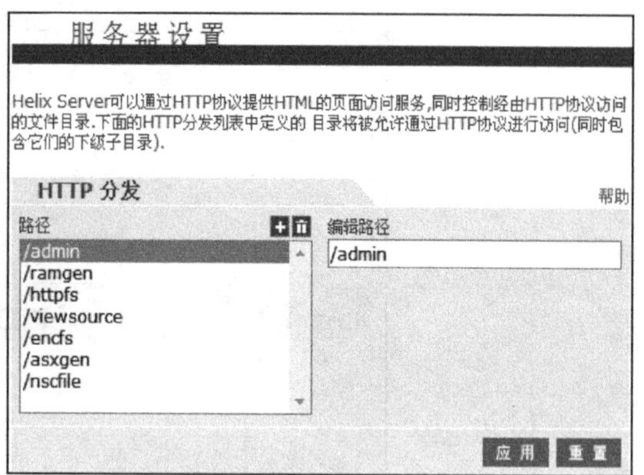

图 10-39　HTTP 分发设置界面

10.6　Helix Server 的安全设置

安全性能对服务器至关重要，Helix 服务器提供了完整的安全设置功能，可大大减轻用户的服务器配置工作量。Helix 安全设置包括访问控制、用户账号数据库、用户认证等内容，本节将主要对这些安全功能进行介绍。

10.6.1　访问控制

访问控制用于建立基于 IP 地址和客户端链接的访问限制。通过建立访问限制规则，可以拒绝或允许某一组 IP 地址或某一台客户机访问服务器端口。如果某一台客户机的流媒体播放器不被允许访问服务器，则它会收到 URL 无效或连接超时的提示。Helix 的访问规则设置包含以下项目。

(1) 规则次序：Helix 可以有很多的访问规则，规则的次序对于最终结果是很重要的，Helix 从第一条规则开始与客户机的 IP 地址进行匹配，一旦客户机的 IP 落在了某一条规则指定的地址范围，则按照这条规则指定的动作，允许或禁止访问。因此，如果一台客户机 IP 可以同时与多条规则匹配，则执行其中第一条规则指定的动作。

(2) 访问动作：表示允许还是禁止访问。

(3) 客户机 IP 地址：可以是单个地址，也可以是 IP 地址范围，或掩码表示的子网地址。

(4) 服务器 IP 地址：如果 Helix 服务器有多个网络接口，还可以指定该规则是针对哪一个接口。

(5) 端口：指定该规则是针对哪一个服务器端口。

选择“安全设置”菜单中的“访问控制”选项，出现如图 10-40 所示访问控制设置界面，左侧的列表框中列出规则的名称，右侧列出了所选规则的具体内容，any 表示所有。可以看到，默认情况下，已经存在一条 Allow all other connections 规则，它的各项内容设置成允许所有的客户机和服务器的任何网络接口和任何端口进行连接。

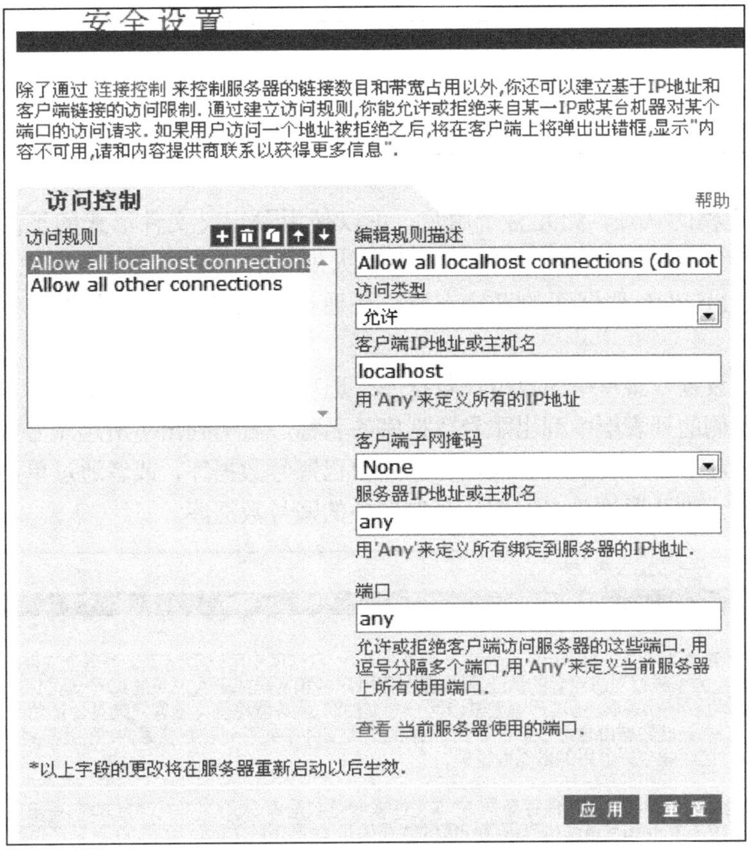

图 10-40　访问控制设置界面

用户可以通过单击列表框上的图标添加自己访问控制规则，或者通过单击图标删除选中的规则，以及通过单击图标复制选中的规则。访问控制规则的次序可以通过单击和图标分别将选中的规则进行上移或下移。

10.6.2　用户账号数据库

Helix 服务器提供了用户认证功能，以确保用户的合法性。系统默认预置了一些用户账号数据库，包含了用户名、密码、访问许可等内容。认证有很多类型，有些认证是对用户的访问权限进行规定，有些是对广播实时数据流的编码器进行鉴别，对于不同的认证类型，需要使用不同的用户账号数据库。表 10-1 列出了 Helix 预定义的用户账号数据库。

表 10-1　Helix 预定义的用户账号数据库

名称	用途	目录名
Admin_Basic	用于认证 Helix 管理员	adm_b_db
CDist_Basic	向其他 Helix 服务器发布内容时，对读取内容的服务器进行认证	cdi_b_db
Content_RN5	对访问 Helix 服务器流数据的用户进行认证	con_r_db
Encoder_Basic	以 Basic 认证方式对使用 Helix 服务器发送现场流的用户进行认证	enc_b_db

续表

名称	用途	目录名
Encoder_Digest	以 Digest 认证方式对使用 Helix 服务器发送现场流的用户进行认证	enc_w_db
Encoder_RN5	以 RN5 认证方式对使用 Helix 服务器发送现场流的用户进行认证	enc_r_db
PlayerContent	通过校验播放器的 GUID（全球唯一标识符）决定是否允许访问	con_p_db

对于有限规模的认证，如几百个用户，可以使用预定义文件形式的平面数据库，这样可以省去有关专业数据库连接的配置。但对于大规模的认证，还是应该使用专业数据库。Helix 提供了对 MySQL 数据库的直接支持，还通过 ODBC 等方式提供了对其他类型数据库的支持。

选择“安全设置”菜单中的“用户数据库”选项后出现如图 10-41 所示的管理用户账号数据库界面。左侧的列表框中列出账号数据库的名称，右侧列出了所选账号数据库的具体设置。用户可以通过单击列表框上的图标添加自己账号数据库，或者通过单击图标删除选中的账号数据库，以及通过单击图标复制选中的账号数据库。

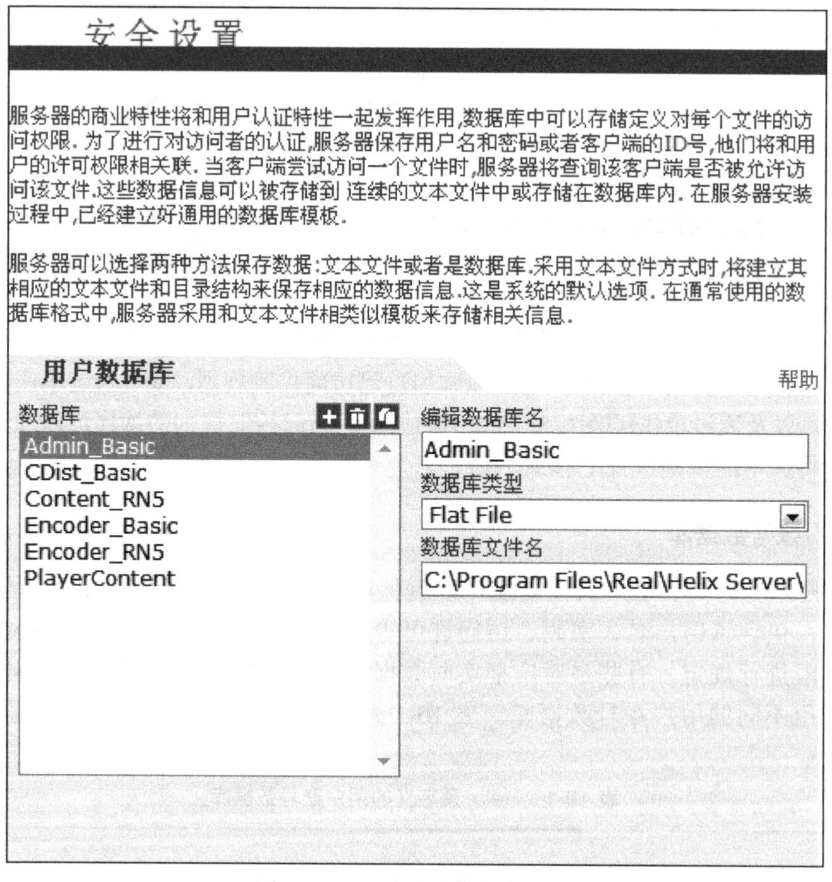

图 10-41　用户账号数据库设置

单击图标后，将在列表框中出现名为 Database1 数据库，如图 10-42 所示，此时需要在右侧进行数据库类型和位置的设置。数据库类型可以是 Flat File、ODBC、MySQL 或 RN5 DB Wrapper，如果选择 Flat File，则只需在安装目录下指定一个目录名即可，如图 10-41 所示。

如果选择了其他 3 种类型，则需要设置相应的数据库连接参数，这些参数包括数据库名称、表名称、可选的用户名和密码等，图 10-42 给出了有关 ODBC 的连接配置，此时要求主机已经做好了有关 ODBC 的设置。

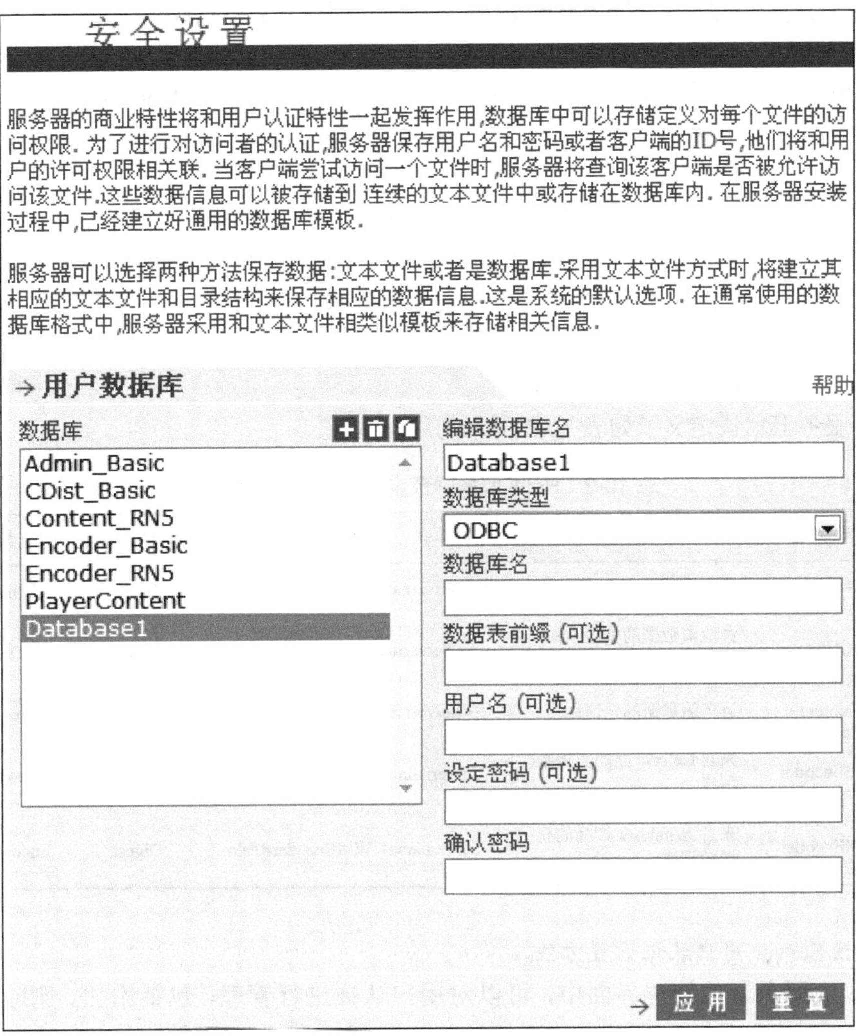

图 10-42　添加一个用户账号数据库

10.6.3　用户认证

用户认证包含存放用户名和密码的数据库以及用于验证用户身份的认证协议。认证协议与 RTSP 等流媒体协议并不相关，它定义了用户密码的存放方式等内容，例如，可以使用基本的加密协议，也可以使用只用于 RealPlayer 的更加安全的协议。

1. Helix Server 支持的认证方式

(1) Basic 方式。在 Basic 方式中，客户端采用 Basic 64 算法对用户名和密码进行编码，并在 Internet 等公网上传送。Helix 服务器收到认证数据后，对用户名和密码进行解码，再和文件或关系数据库中以明文方式存储的用户名和密码进行比较。除了 RealPlayer 外，Basic 认证方式还可以在 QuickTime Player 中使用。

(2) Digest 方式。在 Digest 方式中，客户端和 Helix 服务器之间按事先规定的某种加密算法对密码进行加密和解密，使密码的明文不在网上传输。因此，即使通过 Internet 等公网进行传输，它也是安全的。另外，密码在数据库中存放时，也是加密后的密文。Windows 的媒体播放器就采用这种认证方式向 Helix 服务器发送认证信息。

(3) RN5 方式。RN5 的全称是 Real System 5.0，是在 RealPlayer 5.0 或更高版本播放器中使用的认证方式。RN5 比 Basic 方式更加安全，与 RealNetworks 公司的产品结合更加紧密，如果用户的播放器只能使用 RealPlayer 5.0 及以上的版本，使用这种方式最为合适。

(4) NTLM 方式。NTLM 方式的全称是 Windows NT Lan Manager 方式，一般用在基于 Windows 的内部网，可以让 Helix 服务器使用现有的 Windows NT 用户数据库，并且使用 NTFS 文件的访问许可。使用这种方式的前提是 Helix 服务器必须在运行 Windows NT 操作系统的主机上安装。

2. Helix Server 预置的用户认证信息

Helix 服务器默认定义了如表 10-2 所示的用户认证。

表 10-2　Helix 服务器预定义的用户认证信息

名称	认证对象	ID	协议	数据库
SecureAdmin	Helix 管理员	<servername>. AdminRealm	Basic	Admin_Basic
SecureCDist	读取流数据的其他 Helix 服务器	<Servername>.CDistRealm	Basic	CDist_Basic
SecureContent	读取流数据的普通用户	<Servername>.ContentRealm	RN5	Content_RN5
SecureRBSEncoder	来自 Helix 产品的直播数据流	<Servername>.RBSEncoderRealm	Basic	Encoder_Basic
SecureWMEncoder	来自 Windows 产品的直播数据流	<Servername>.WMEncoderRealm	Digest	Encoder_Digest

3. Helix Server 用户认证设置方法

在 Helix 服务器的管理界面中，可以对用户认证进行管理，包括添加、删除用户认证等操作，也可以改变每一个用户认证的设置，包括改变认证方式和用户账号数据库等内容。另外，管理员还可以列出、添加、删除域中的用户以及改变用户的密码。下面逐一进行介绍。

(1) 管理认证域。通过选择“安全设置”菜单中的“用户认证”选项可以对认证域进行管理，如图 10-43 所示，左侧的列表框中列出了预先创建的用户认证域名，右侧列出了所选用户认证域的各项具体设置，各预置用户认证信息及其设置可参见表 10-2。用户可以通过单击列表框上的图标添加自己的账号数据库，或者通过单击图标删除选中的账号数据库，以及通过单击图标复制选中的账号数据库。

(2) 新增认证域。通过单击图标，可以新增用户认证域，如图 10-44 所示，在列表框中出现名为 Realm1 的用户认证域，此时需要在右侧设置用户认证域的 ID、认证方式、用户账号数据库等内容。图 10-44 还列出了可用的用户账号数据库，用户账号数据库可以在 10.6.2 节的用户数据库菜单中创建。

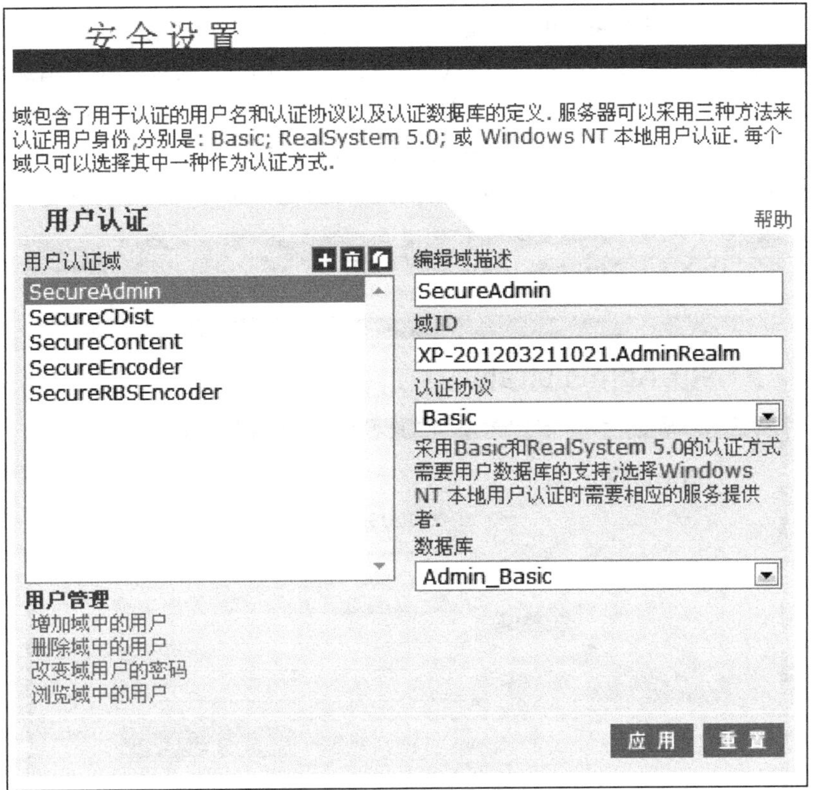

图 10-43　用户认证设置

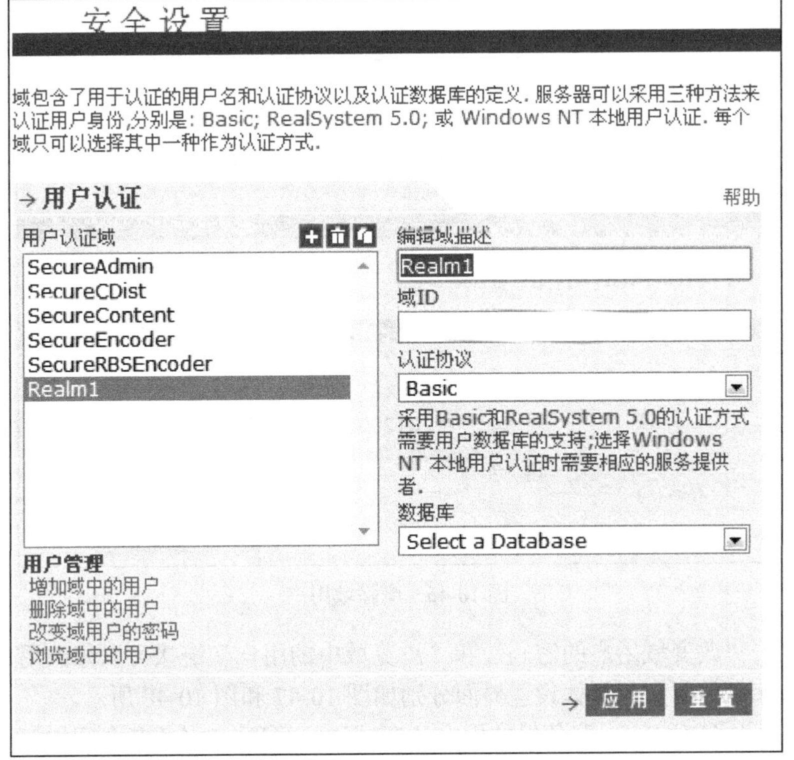

图 10-44　添加一个用户认证

(3)新增域用户。选中了某一用户认证域后，可以通过图 10-43 左下角的链接对域中的用户进行管理。例如，在 SecureAdmin 用户认证中创建一个用户，可以单击“增加域中的用户”链接，出现如图 10-45 所示的对话框，按要求输入用户名和密码。由于 SecureAdmin 用户认证域对应的用户账号数据库是 Admin_Basic，而 Admin_Basic 对应的数据库是以文件形式存在的，位置在 adm_b_db 目录，因此，创建的用户将会在 adm_b_db 目录中出现。

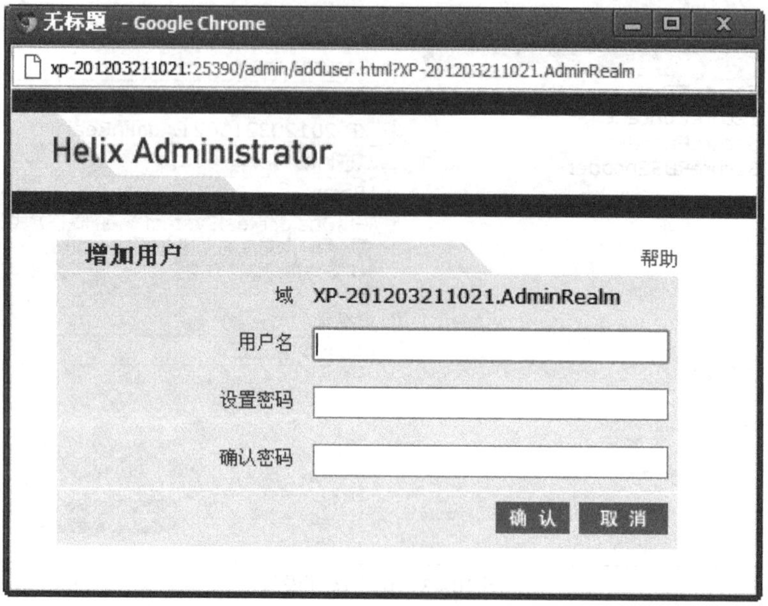

无标题 - Google Chrome

xp-201203211021:25390/admin/adduser.html?XP-201203211021.AdminRealm

Helix Administrator

增加用户　帮助

域　XP-201203211021.AdminRealm

用户名

设置密码

确认密码

确 认　取 消

图 10-45　创建域用户

(4)删除域用户。单击“删除域中的用户”链接，可删除用户认证域中的用户，如图 10-46 所示，输入要删除的用户的名称，然后单击“确定”按钮完成删除域用户。

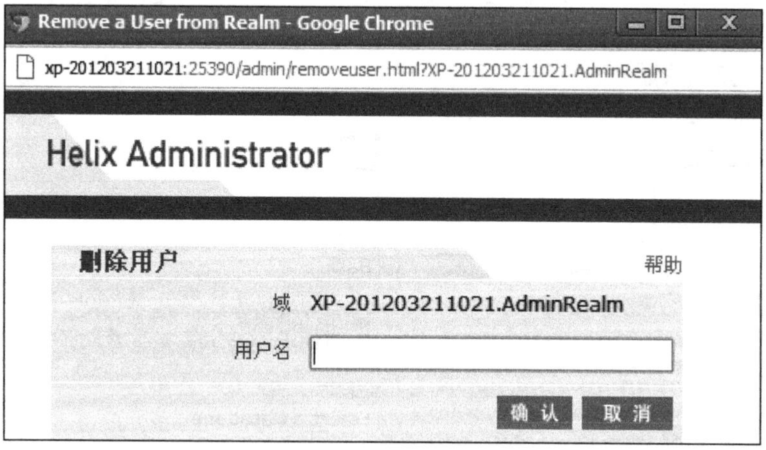

Remove a User from Realm - Google Chrome

xp-201203211021:25390/admin/removeuser.html?XP-201203211021.AdminRealm

Helix Administrator

删除用户　帮助

域　XP-201203211021.AdminRealm

用户名

确 认　取 消

图 10-46　删除域用户

另外，单击“改变域用户的密码”和“浏览域中的用户”链接可以修改用户密码或列出用户账号数据库中的用户，具体设置界面分别如图 10-47 和图 10-48 所示。

以上介绍了如何对 Helix 服务器的用户认证域进行管理，10.6.4 节介绍如何利用用户认证域对 Helix 服务器上的资源进行保护。

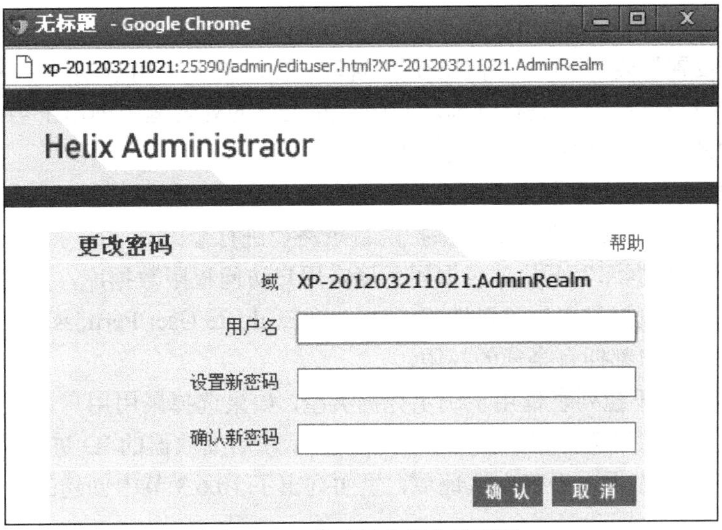

无标题 - Google Chrome
xp-201203211021:25390/admin/edituser.html?XP-201203211021.AdminRealm
Helix Administrator
更改密码　帮助
域 XP-201203211021.AdminRealm
用户名
设置新密码
确认新密码
确 认　取 消

图 10-47　修改域中用户的密码

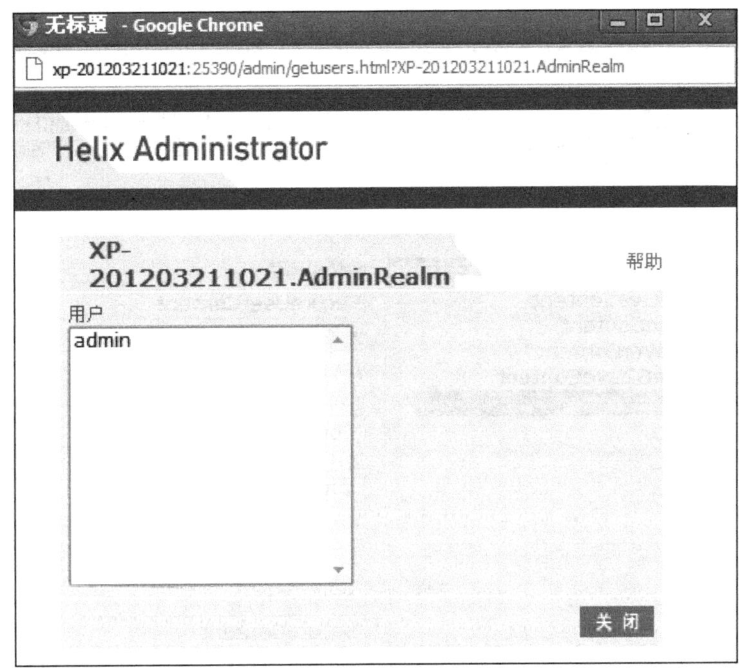

图 10-48　删除域中的用户

10.6.4　资源保护

Helix 服务器可以通过定义商业规则来保护某些目录中的流媒体资源，防止用户任意访问，用户必须通过认证才能访问这些被保护的资源。Helix 服务器预置了 SecureUserContent、SecureLiveContent、SecurePlayerContent 等规则，其中，SecureUserContent 规则使用 SecureContent 认证域对安装目录下的/secure 目录进行保护。当用户提交的 URL 路径指向该目录时，将要求用户输入用户名和密码进行认证，通过后才允许访问流媒体资源。SecureLiveContent 规则使用 SecureContent 认证域，对/broadcast/secure/路径进行保护，这个目录一般用于存放直播流。SecurePlayerContent 规则对全球唯一的流媒体播放器 ID 进行认证，受保护的目录是/secure/player。

选择“安全设置”菜单下的“商业应用”选项，出现商业应用规则设置界面，如图 10-49 所示，在这里可以对保护规则进行管理。其中，左上方的列表框中列出了当前的保护规则，右侧是所选保护规则的具体内容，含义如下。

(1)“编辑规则名”文本框可对所选规则的名进行修改。

(2)“受保护路径”文本框可对受保护的目录路径进行修改。

(3)“许可用户数据库”下拉列表框用于确定用户访问权限数据库，里面列出了在 10.6.2 节中创建的用户账号数据库，也可以选择“Do Not Evaluate User Permissions”关闭权限认证功能，此时，每个用户都拥有全部的权限。

(4)“信任类型”下拉列表框用于确定凭据类型，如果选择采用用户认证，表示使用用户名和密码进行认证，如果选择采用播放器确认，表示使用播放器的 ID 进行认证。

(5)“域”下拉列表框用于确定认证域，里面列出了 10.6.3 节中创建的认证域，必须要选择一个。

图 10-49　设置保护规则(1)

(6)“允许用户 ID 多次连接”下拉列表框用于确定是否允许多个播放器同时使用同一个用户账号进行登录，可以选择 Yes 或 No。

以上是选择了“采用用户认证”的情况。如果在信任类型下拉列表框中选择的是“采用播放器确认”选项，此时的界面将发生变化，如图 10-50 所示。“域”和“允许用户 ID 多次连接”将不再出现，代替它们的是一个“Redirect Unauthenticated Players”链接，它的作用是如果认证不能通过时，将重定向到哪一个 URL。

此外，如果选择了“采用播放器确认”选项，“播放器 GUID 数据库”列表框将起作用，如图 10-50 所示，列表框内列出了现有的 GUID 数据库，右侧列出了数据库的具体设置。其中，播放器数据库用于选择一个在 10.6.2 节中创建的用户账号数据库，“播放器注册信息前缀”用来设置用户注册播放器的 GUID 使用的 URL 路径前缀。

图 10-50　设置保护规则(2)

如果在“许可用户数据库”下拉列表框中选择了某一个用户账号数据库，还可以使用商业规则列表下方的内容访问模块的许可用户权限、编辑用户权限、撤回用户权限、撤回所有用户权限链接对访问许可进行管理。如果单击“许可用户权限”链接，将出现如图 10-51 所示的对话框，此时可以授予许可给用户。其中，用户名后的文本框内可以输入用户名，路径类型下拉列表框可以选择是目录还是文件，路径文本框处输入具体的目录或文件名，访问类型处可以选择许可类型，许可类型有 Event、Calendar、Duration 和 Credit 四种类型，各选项的含义如下所示。

(1) Event：允许用户无限期地访问。

(2) Calendar：指定一个到期时间，超过该时间后，用户将不能访问指定的资源。

(3) Duration：指定一个以秒为单位时间长度，超过该时间后，用户将不能访问指定的资源。

(4) Credit：在访问日志中记录该用户的访问总时长。

单击“编辑用户权限”链接，将出现如图 10-52 所示的对话框，此时可以对用户的到期时间或允许时长进行修改，可根据需要进行设置各项参数。此外还可通过单击“撤回用户权限”和“撤回所有用户权限”链接删除某一用户的许可或所有用户的许可，界面分别如图 10-53 和图 10-54 所示。

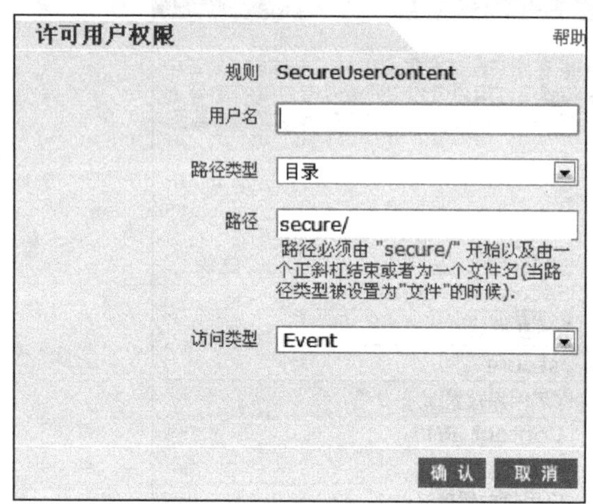

图 10-51　授予用户访问许可的对话框

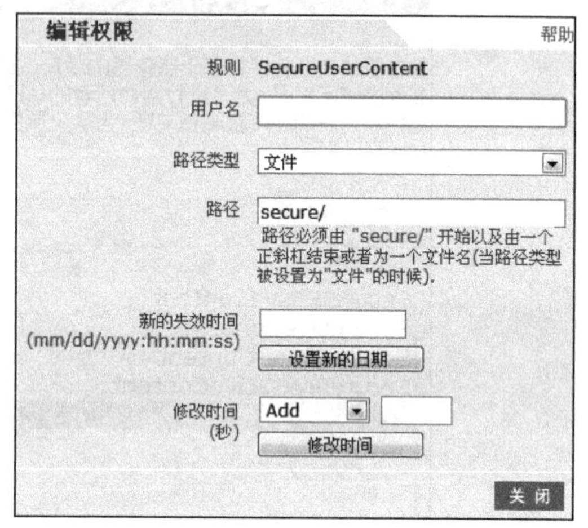

图 10-52　修改用户访问许可的对话框

图 10-53　删除单个用户访问许可的对话框

图 10-54　删除所有用户访问许可的对话框

10.7　小　　结

随着 Internet 带宽的不断增加，视频服务的需求也越来越多。本章主要介绍了有关架设流媒体视频服务器的内容，首先讲述的是流媒体传输的基本原理以及实时流媒体协议 RTSP，然后以 Windows Media Server 和 Helix Server 为例，分别介绍主流流媒体服务器的架设与管理。

第 11 章　Windows Server 2003 服务器安全配置

11.1　服务器端口安全配置

11.1.1　什么是端口？

计算机“端口”是英文 port 的意译，可以认为是计算机与外界通信交流的出口。

在硬件领域，CPU 通过接口寄存器或特定电路与外设进行数据传送，这些寄存器或特定电路称为端口。

在软件领域，端口一般指网络中面向连接服务和无连接服务的通信协议端口，是一种抽象的软件结构，包括一些数据结构和 I/O(基本输入输出)缓冲区。

在网络技术中，端口有好几种意思。集线器、交换机、路由器的端口指的是连接其他网络设备的接口，如RJ-45 端口、Serial 端口等。本章所指的端口不是物理意义上的端口，而是特指 TCP/IP 协议中的端口，是逻辑意义上的端口。

如果把 IP 地址比作一间房子，端口就是出入这间房子的门。一个 IP 地址的端口最多有 65536(即 2^{16})，端口通过端口号来标记，端口号范围为 0～65535($2^{16}-1$)。

在 Internet 上，各主机间通过 TCP/IP 协议发送和接收数据包，各个数据包根据其目的主机的 IP 地址来进行互联网中的路由选择。可见，把数据包顺利地传送到目的主机是没有问题的。问题出在哪里？我们知道大多数操作系统都支持多程序(进程)同时运行，那么目的主机应该把接收到的数据包传送给众多同时运行的进程中的哪一个？显然这个问题有待解决，端口机制便由此被引入进来。

本地操作系统会给那些有需求的进程分配协议端口(protocol port，即我们常说的端口)，每个协议端口由一个正整数标识，如 80、139、445 等。当目的主机接收到数据包后，将根据报文首部的目的端口号，把数据发送到相应端口，而与此端口相对应的那个进程将会领取数据并等待下一组数据的到来。说到这里，端口的概念似乎仍然抽象，那么下面的解释会更形象。

端口其实就是队，操作系统为各个进程分配了不同的队，数据包按照目的端口被推入相应的队中，等待被进程取用，在极特殊的情况下，这个队也是有可能溢出的，不过操作系统允许各个进程指定和调整自己队的大小。

在数据传输过程中，不仅接收数据包的进程需要开启它自己的端口，发送数据包的进程也需要开启端口，这样，数据包中将会标识有源端口，以便接受方能顺利地回传数据包到这个端口。

11.1.2　端口的分类

1. 按协议类型分

根据提供协议类型的不同端口分为两种，一种是TCP 端口，一种是 UDP 端口。

(1) TCP 端口。即传输控制协议端口，需要在客户端和服务器之间建立连接，这样可以提供可靠的数据传输。常见的有 FTP 服务的 21 端口、Telnet 服务的 23 端口、SMTP 服务的 25 端口以及 HTTP 服务的 80 端口等。

(2) UDP 端口。即用户数据包协议端口，无须在客户端和服务器之间建立连接，安全性得不到保障。常见的有 DNS 服务的 53 端口、SNMP 服务的 161 端口、QQ 使用的 8000 和 4000 端口等。

2. 按端口号分布划分

(1) 公认端口 (Well Known Ports)：0～1023，它们紧密绑定 (binding) 于一些服务。通常这些端口的通信明确表明了某种服务的协议。例如，80 端口实际上总是 HTTP 通信。

(2) 注册端口 (Registered Ports)：1024～49151。它们松散地绑定于一些服务。也就是说有许多服务绑定于这些端口，这些端口同样用于许多其他目的。例如，许多系统处理动态端口从 1024 左右开始。

(3) 动态和/或私有端口 (Dynamic and/or Private Ports)：49152～65535。理论上，不应该为服务分配这些端口。但也有例外，SUN 的 RPC 端口从 32768 开始。

11.1.3 端口的重定向

一种常见的技术是把一个端口重定向到另一个地址。例如，默认的 HTTP 端口是 80，不少人将它重定向到另一个端口，如 8080。实现重定向是为了隐藏公认的默认端口，降低受破坏率。这样如果有人要对一个公认的默认端口进行攻击则必须先进行端口扫描。大多数端口重定向与原端口有相似之处，例如，多数 HTTP 端口由 80 变化而来：81、88、8000、8080、8888 等。同样 POP 的端口原来在 110，也常被重定向到 1100。也有不少情况是选取统计上有特别意义的数，如 1234、23456、34567 等。许多人有其他原因选择奇怪的数，如 42、69、666、31337 等。近年来，越来越多的远程控制木马 (RATs) 采用相同的默认端口。如 NetBus 的默认端口是 12345。BlakeR.Swopes 指出使用重定向端口还有一个原因，在 UNIX 系统上，如果你想侦听 1024 以下的端口需要有root 权限。如果你没有 root 权限而又想开 Web 服务，你就需要将其安装在较高的端口。此外，一些 ISP 的防火墙将阻挡低端口的通信，这样即便你拥有整个机器还是得重定向端口。

11.1.4 相关工具

1. netstat-an

查看自己所开放端口的最方便方法，在 cmd.exe 中直接输入此命令就能查看本机开放的端口。如下：

```
C:\>netstat -an
Active Connections
Proto Local Address Foreign Address State
TCP 0.0.0.0: 135 0.0.0.0: 0 LISTENING
TCP 0.0.0.0: 445 0.0.0.0: 0 LISTENING
TCP 0.0.0.0: 1025 0.0.0.0: 0 LISTENING
TCP 0.0.0.0: 1026 0.0.0.0: 0 LISTENING
TCP 0.0.0.0: 1028 0.0.0.0: 0 LISTENING
TCP 0.0.0.0: 3372 0.0.0.0: 0 LISTENING
```

```
UDP 0.0.0.0: 135 *: *
UDP 0.0.0.0: 445 *: *
UDP 0.0.0.0: 1027 *: *
UDP 127.0.0.1: 1029 *: *
UDP 127.0.0.1: 1030 *: *
```

这是没上网的时候机器所开的端口，135 和 445 是固定端口，其余几个都是动态端口。

2. superscan3.0

纯端口扫描类软件，速度快而且可以指定扫描的端口。

3. Visual Sniffer

Visual Sniffer 可以拦截网络数据包，查看正在开放的各个端口，非常好用。

11.1.5　易被黑客利用的部分端口介绍

一些端口常常会被黑客利用，还会被一些木马病毒利用，对计算机系统进行攻击，以下是计算机端口的介绍以及防止被黑客攻击的简要办法。

1. 8080 端口

服务：8080 端口同 80 端口，用于 WWW 代理服务，可以实现网页浏览，经常在访问某个网站或使用代理服务器的时候，会加上“:8080”端口号。

说明：8080 端口可以被各种病毒程序所利用，如 Brown Orifice(BrO)特洛伊木马病毒可以利用 8080 端口完全遥控被感染的计算机。另外，RemoConChubo、RingZero 木马也可以利用该端口进行攻击。

建议：一般使用 80 端口是进行网页浏览的，为了避免病毒的攻击，可以关闭该端口。

2. 21 端口

服务：FTP。

说明：FTP 服务器必须开放的端口，用于实现上传、下载服务。木马 Doly Trojan、Fore、Invisible FTP、WebEx、WinCrash 和 Blade Runner 等利用这个端口进行攻击。

建议：一般 FTP 使用 21 端口进行文件传输，如服务器必须提供 FTP 服务，可以考虑将此端口重定向到其他端口。

3. 22 端口

服务：SSH。

说明：这一服务有许多弱点，许多使用 RSAREF 库的版本会有不少的漏洞存在。

4. 23 端口

服务：Telnet。

说明：远程登录，入侵者搜索远程登录 UNIX 的服务。多数情况下扫描这一端口是为了找到机器运行的操作系统。还有使用其他技术，入侵者也会找到密码。木马 Tiny Telnet Server 通过本端口进行攻击。

5. 25 端口

服务：SMTP。

说明：SMTP 服务器必须开放本端口，用于发送邮件。入侵者寻找 SMTP 服务器是为了传递他们的 SPAM。入侵者的账户被关闭，他们需要连接到高带宽的 E-mail 服务器上，将简单的信息传递到不同的地址。木马 Antigen、Email Password Sender、Haebu Coceda、Shtrilitz

Stealth、WinPC、WinSpy 通过本端口进行攻击。

6. 80 端口

服务：HTTP。

说明：用于网页浏览。木马 Executor 通过本端口进行攻击。

7. 110 端口

服务：Post Office Protocol -Version3。

说明：POP3 服务器需要开放此端口，用于接收邮件，客户端访问服务器端的邮件服务。POP3 服务有许多公认的弱点。关于用户名和密码交换缓冲区溢出的弱点至少有 20 个，这意味着入侵者可以在真正登录前进入系统。成功登录后还有其他缓冲区溢出错误。

8. 135 端口

服务：Location Service。

说明：Microsoft 在这个端口运行 DCE RPC end-point mapper 为它的 DCOM 服务。这与 UNIX 111 端口的功能很相似。使用 DCOM 和 RPC 的服务利用计算机上的 end-point mapper 注册它们的位置。远端客户连接到计算机时，它们通过查找 end-point mapper，确定服务的位置。HACKER 扫描计算机的这个端口是为了找到这个计算机上运行 Exchange Server 是什么版本，还有些 DOS 攻击直接针对这个端口。

9. 137、138、139 端口

服务：NETBIOS Name Service。

说明：其中 137、138 是 UDP 端口，当通过网上邻居传输文件时用这个端口。而139 端口一般被病毒用来获得 NetBIOS/SMB 服务。这个协议被用于 Windows 文件和打印机共享，另外还有 WINS Regisrtation 病毒也利用 139 端口进行攻击。

10. 161 端口

服务：SNMP。

说明：SNMP 允许远程管理设备。所有配置和运行信息的储存在数据库中，通过 SNMP 可获得这些信息。Cackers 将试图使用默认的密码 public、private 访问系统。他们可能会尝试所有可能的组合。SNMP 包可能会被错误的指向用户的网络。

11. 177 端口

服务：X Display Manager Control Protocol。

说明：许多入侵者通过它访问 X-Windows 操作台，它同时需要打开 6000 端口。

12. 389 端口

服务：LDAP、ILS。

说明：轻型目录访问协议和 NetMeeting Internet Locator Server 共用这一端口。

11.1.6 服务器端口安全配置

服务器端口安全配置的基本原则：关闭不用的端口，必须用到的部分端口可以重定向到其他端口，从而实现服务器的安全保障。

以 Web+FTP 类的服务器的安全配置为例，这类服务器通常对外提供虚拟空间服务，大多运行 ASP 或 ASP.NET 程序，虚拟空间的租户通过 FTP 工具维护空间里的程序，访客通过浏览器浏览页面。ASP 类的程序优点是简单、易用、容易上手，缺点是容易被黑客攻击，尤其是如果租用空间的用户恶意上传木马程序，那么对服务器的安全配置要求更高。

1. Web+FTP 类的服务器的端口安全配置需求分析

下面分三个步骤阐述进行 Web+FTP 类的服务器的端口安全配置的需求分析过程。

步骤 1：分析服务器端必须要用到的服务。在这个 Web+FTP 类的服务器环境中，Web 服务需要用到 80 端口；FTP 服务通常需要用到 21 端口，如果允许启用 PASV 模式的话，还需要开放若干大于 1024 的随机端口；服务器管理员通过远程桌面远程管理服务器需要用到 3389 端口。

步骤 2：制定自己的端口策略。对上述必须启用的端口逐一判断是否可以重定向。Web 服务需要用到 80 端口，如果重定向到其他端口会给网站的访客带来诸多不便，因此 80 端口必须开放且不可重定向；FTP 服务通常需要用到 21 等随机端口若干，使用 FTP 服务的虚拟空间租户，有一定的网络基础知识，重定向这部分端口，不会给他们带来很多麻烦，但却提高了服务器的安全性，这里将 21 端口重定向到 2012 端口，PASV 模式需要用到的随机端口重定向到 9001、9002、9003、9004、9005 端口；服务器管理员通过远程桌面远程管理服务器需要用到 3389 端口，可以重定向到 6868 端口，以提高服务器的安全性。综上所述，服务器端需要开放的端口有 80、2012、6868、9001、9002、9003、9004、9005 端口，需要重定向的端口有 FTP 服务的 21 端口、PASV 模式需要用到的随机端口、远程桌面需要用到的 3389 端口，以上端口均为 TCP 端口，其他未提及的端口均可先行关闭，待用到时再开放。

步骤 3：其他相关的安全措施。包含删除共享和打印机共享、禁用 NetBIOS 等，这些措施将有效地防止他人通过网络获取计算机相关信息。

2. Web+FTP 类的服务器端口安全配置的五个步骤

总结上述端口策略，可以分五个步骤完成服务器的端口安全配置，分别如下。

步骤 1：重定向远程桌面的 3389 端口到 6868 端口。

步骤 2：重定向 FTP 服务的 21 端口到 2012 端口，重定向 FTP 服务的 PASV 模式端口到 9001、9002、9003、9004、9005 端口。

步骤 3：在 TCP/IP 协议的“TCP/IP 筛选”功能模块中设置开放 TCP 端口——80、2012、6868、9001、9002、9003、9004、9005，关闭其他所有未提及的 TCP 端口以及 UDP 端口。

步骤 4：删除文件和打印机共享。

步骤 5：禁用 NetBIOS。

【案例 1】Web+FTP 类的服务器端口安全配置

1. 重定向远程桌面的 3389 端口到 6868 端口

步骤 1：在开始菜单中选择“运行”项，打开“运行”对话框，在文本框中输入“regedit”，启动注册表。

步骤 2：在注册表中，按以下路径 HKEY_LOCAL_MACHINE\System \CurrentControlSet\Control\TerminalServer\Wds\Repwd\Tds\Tcp，找到 PortNumber 项，双击选择“十进制”项，输入 6868。

步骤 3：在注册表中，按以下路径 HKEY_LOCAL_MACHINE\System\CurrentControlSet\Control\TerminalServer\WinStations\RDP-Tcp，在右侧窗口找到 PortNumber 项，双击选择十进制项，输入 6868。

通过上述三个步骤完成了远程桌面连接端口的重定向。在用远程桌面工具远程管理服务器时，远程服务器 IP 或网址后加上“:6868”。

【远程桌面连接服务器小实例】

步骤 1：在开始菜单中选择“运行”项，打开“运行”对话框，在其中输入“mstsc”，启动远程桌面连接。

步骤 2：在文本框中输入要连接的服务器 IP 地址: 端口号，如图 11-1 所示。

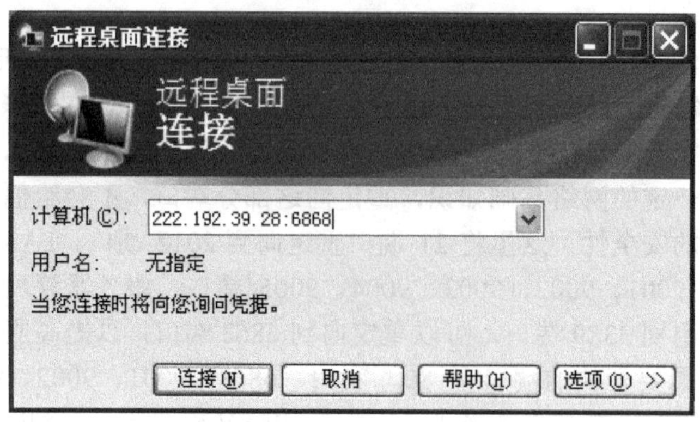

图 11-1　远程桌面连接示意图

2. 重定向 FTP 服务相关端口

Windows Server 2003 本身就能提供 FTP 服务，除此之外，还有其他软件也可以提供 FTP 服务，如 Serv-U 等。本书以 Serv-U 为例讲解如何重定向 FTP 服务的相关端口。

步骤 1：启动 Serv-U 服务器，显示如图 11-2 所示界面。

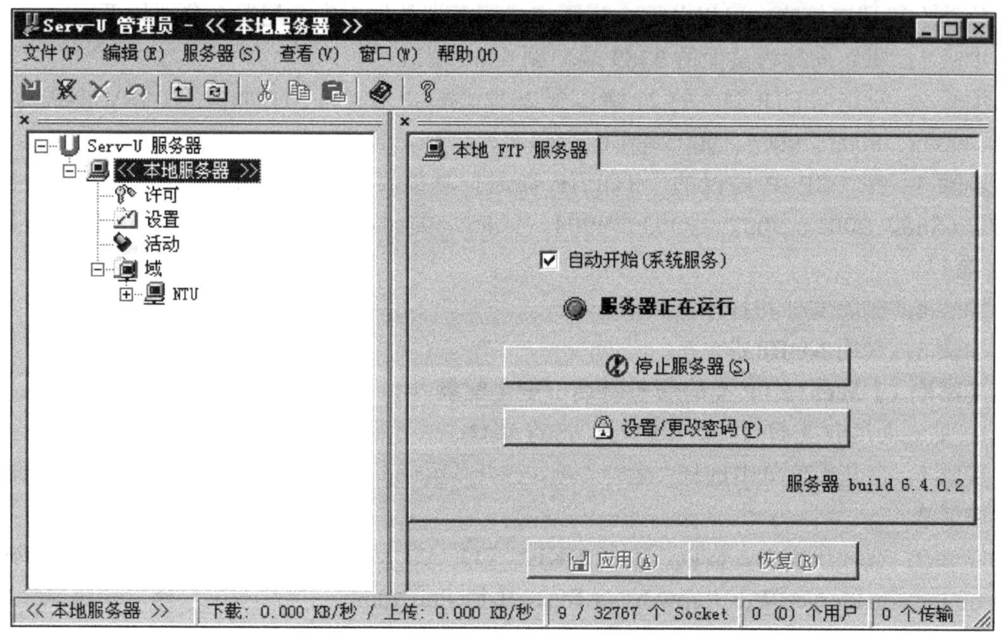

图 11-2　Serv-U 主界面

步骤 2：选中 NTU 域，打开如图 11-3 所示界面，将 FTP 端口号的数值修改成 2012。

步骤 3：选中<<本地服务器>>中的设置选项，选择“高级”选项卡，打开如图 11-4 所示的界面，在 PASV 模式端口中输入 9001-9005。

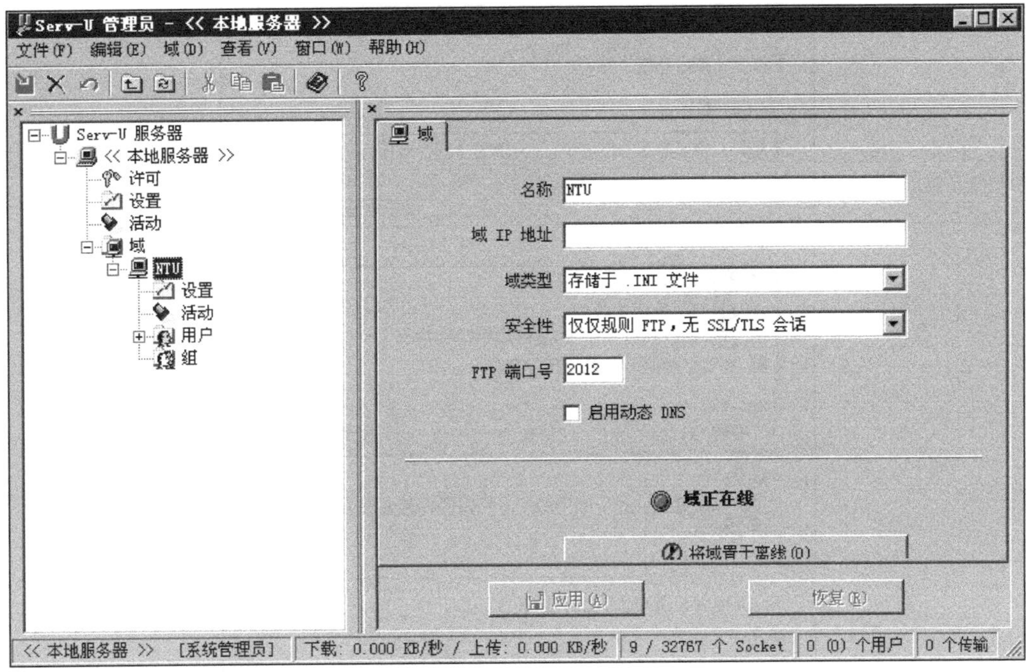

图 11-3　FTP 端口

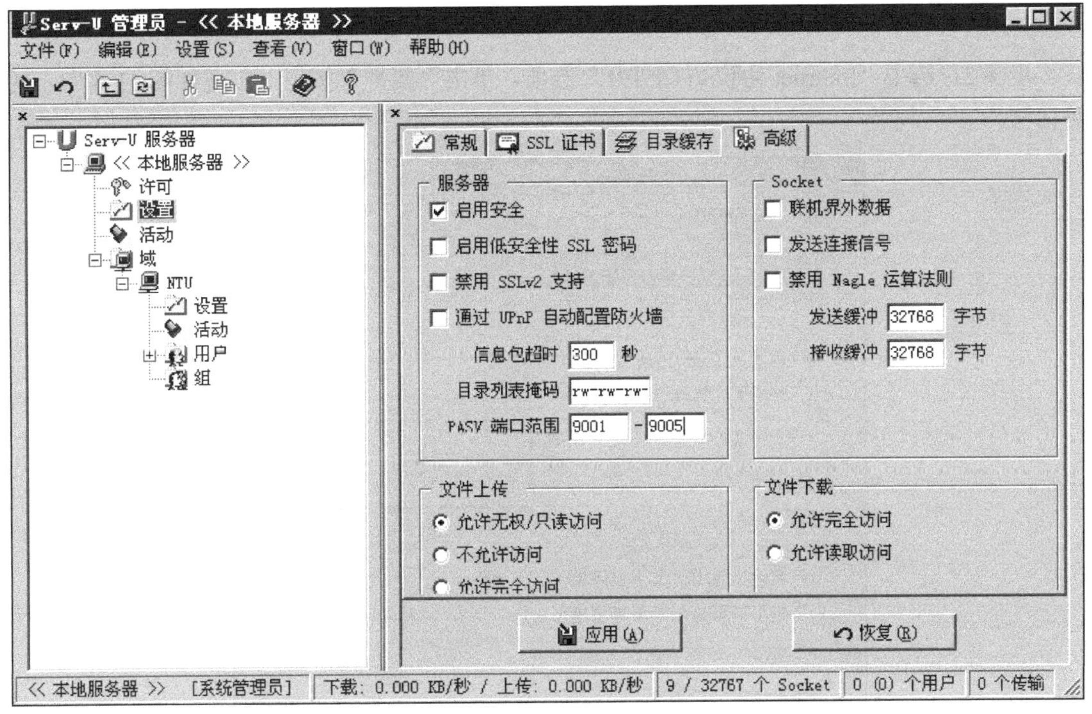

图 11-4　PASV 端口范围

3. 设置 TCP/IP 筛选

步骤 1：执行“网上邻居”→“属性”→“本地连接”→“属性”命令，显示如图 11-5 所示的界面。

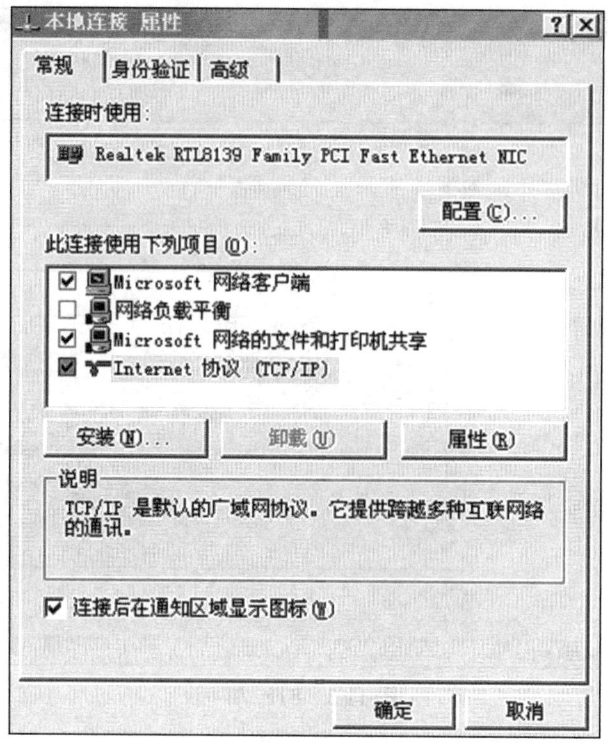

图 11-5　本地连接属性

步骤 2：选中“Internet 协议(TCP/IP)”选项，单击“属性”按钮，出现如图 11-6 所示的对话框。

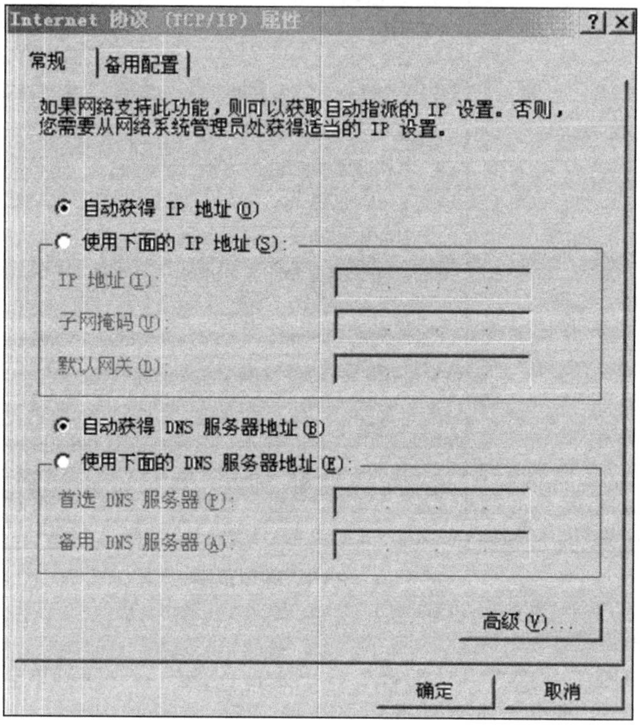

图 11-6　Internet 协议(TCP/IP)属性

步骤 3：单击“高级”按钮，在弹出的对话框中选择“选项”选项卡(图 11-7)，单击“属性”按钮，出现如图 11-8 所示的对话框。

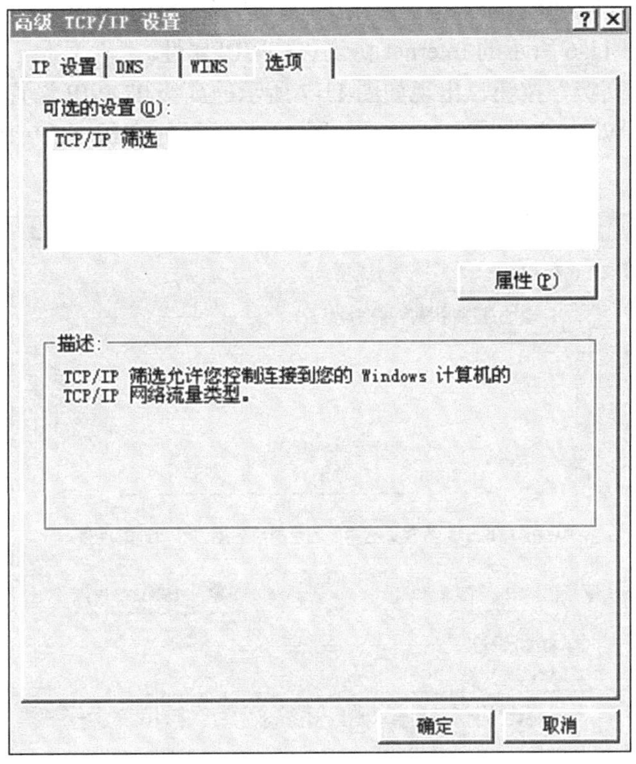

图 11-7　高级 TCP/IP 设置

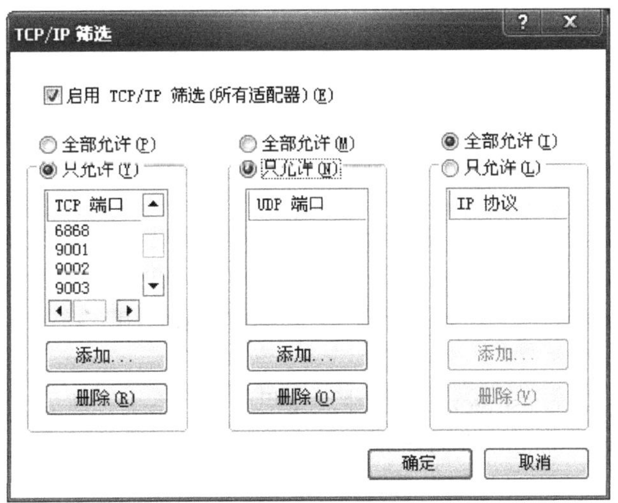

图 11-8　TCP/IP 筛选对话框

步骤 4：勾选“启用 TCP/IP 筛选”前的复选框，设置开放 TCP 端口——80、2012、6868、9001、9002、9003、9004、9005 端口，其他所有端口都禁止开放。

4. 删除文件与打印机共享

右击网上邻居选择属性项，右击本地连接选择属性项，显示如图 11-5 所示的界面，选中

“Microsoft 网络的文件和打印机共享”项，单击“卸载”按钮。

5. 禁用 NetBIOS

步骤 1：在如图 11-5 所示的本地连接属性中，选择“Internet 协议(TCP/IP)”，单击“属性”按钮，弹出如图 11-6 所示的 Internet 协议(TCP/IP)属性。

步骤 2：单击“高级”按钮，出现如图 11-7 所示的高级 TCP/IP 设置。

步骤 3：选择“WINS”选项卡，出现如图 11-9 所示的高级 TCP/IP 设置——WINS 选项卡。

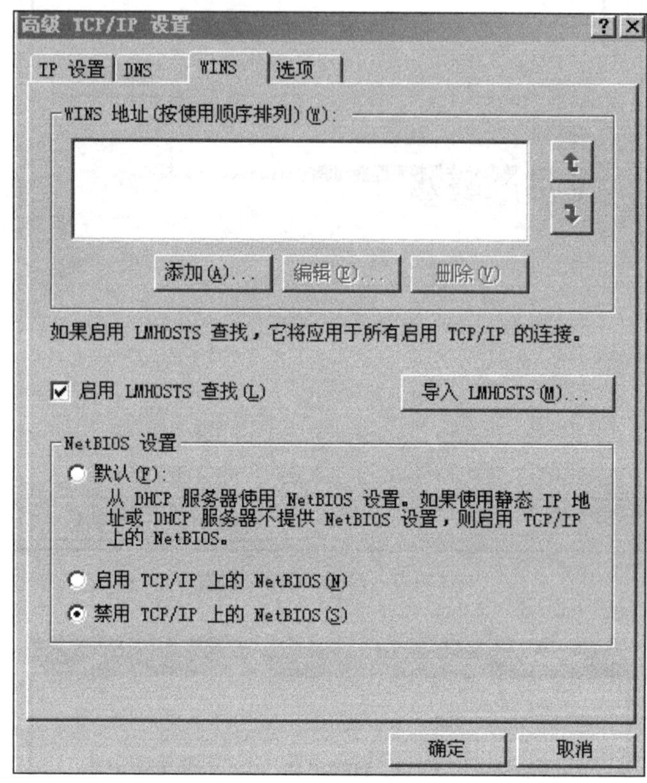

图 11-9　高级 TCP/IP 设置——WINS 选项卡

步骤 4：选择“禁用 TCP/IP 上的 NetBIOS”选项，单击“确定”按钮。

11.2　系统账户及安全策略配置

本地系统账户即 Administrator 账号，中文意思就是“系统管理员”。Windows NT 以后的系统就开始使用“Administrator”用户名作为系统默认的管理员。系统账户安全设置在“计算机管理”功能模块的“用户与组”子栏目中进行。

右击桌面上的“我的电脑”，选择“管理”菜单选项，出现如图 11-10 所示的计算机管理模块窗口，选择“本地用户与组”子栏目，进行系统用户与账户管理。

系统账户安全设置尽量遵循以下基本原则。

1. 禁用 Guest 账号

在“计算机管理”的“用户”选项里禁用 Guest 账号，并从 Guest 组删除掉。为了安全，最好给 Guest 设置一个复杂的密码。可以打开记事本，在里面输入一串包含特殊字符、数字、字母的长字符串，然后把它作为 Guest 用户的密码复制进去。

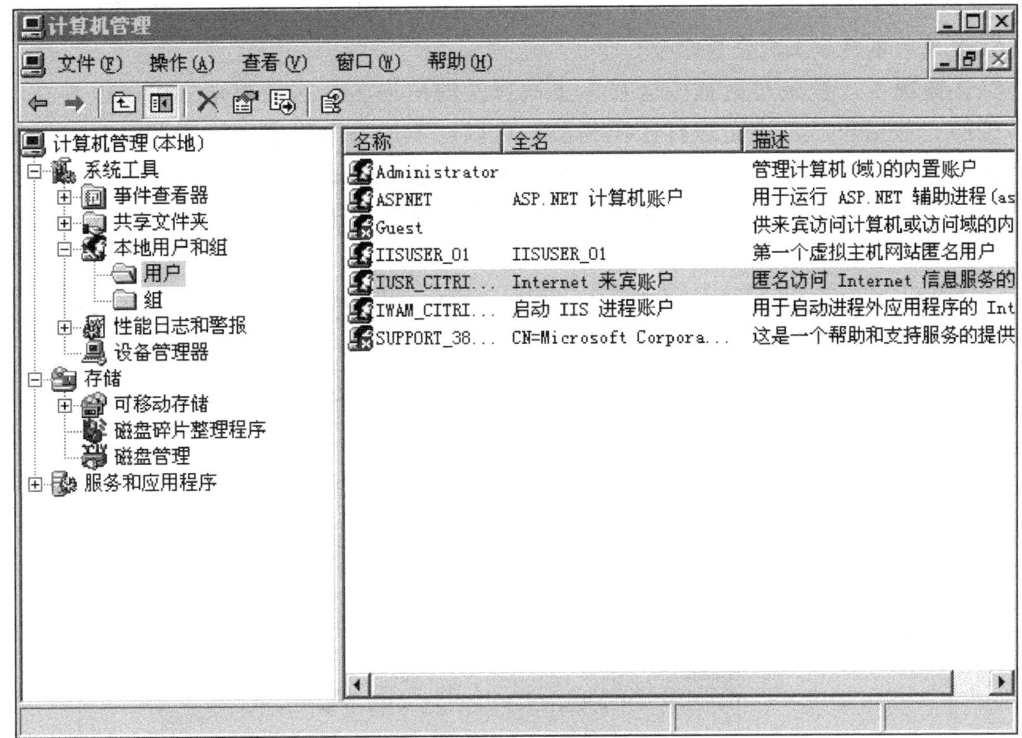

图 11-10　计算机管理窗口

2. 限制不必要的用户

去掉所有的 Duplicate User 用户、测试用户、共享用户等。用户组策略设置相应权限，并且经常检查系统的用户，删除已经不再使用的用户。这些用户很多时候都是黑客入侵系统的突破口。另外，经常检查管理工具的事件查看器，如果在日志审核中发现某个账号被连续尝试，则必须立刻更改此账号和口令。

3. 创建两个管理员账号

除 Administrator 外，有必要再增加一个属于管理员组的账号，一方面防止忘记其中一个账号口令，还有备用账号；另一方面，一旦黑客攻破其中一个管理账号并更改口令，我们还有机会重新在短期内取得控制权作出相应处理。

4. 系统 Administrator 账号改名

Windows 2003 的 Administrator 用户是不能被停用的，这意味着别人可以一遍又一遍地尝试这个用户的密码。可以把 Administrator 账号改成较为复杂的名称，尽量把它伪装成普通用户，例如，AliStudioAdministrator，并赋予强类型组合密码(数字+字母+符号组合)如 Pass1R3&6gG，口令必须定期更改(建议至少两周改一次)，且最好记在心里，除此以外不要在任何地方作记录，取消除管理员 Administrator 外所有用户属性中远程控制选项卡里“启用远程控制”功能以及“终端服务配置文件”选项卡中“允许登录到终端服务器”功能。同时可以新建一个没有任何权限的 Administrator 用户并赋予长串密码，用以迷惑试图穷举破解管理员密码的黑客。

5. 创建一个陷阱用户

创建一个名为“Administrator”的本地用户，把它的权限设置成最低，并且加上一个超过 10 位的超级复杂密码。这样可以让那些黑客们忙上一段时间，借此发现他们的入侵企图。

6. 登录时不显示上次登录账号

默认情况下，登录对话框中会显示上次登录的用户名。这使得别人可以很容易地得到系统的一些用户名，进而进行密码猜测。可以在本地安全设置中设置登录时不显示上次登录的账号名。打开“管理工具”中的“本地安全策略设置”，出现如图 11-11 所示的本地安全设置窗口，启用“本地策略”中“安全选项”里的“交互式登录：不显示上次的用户名”。

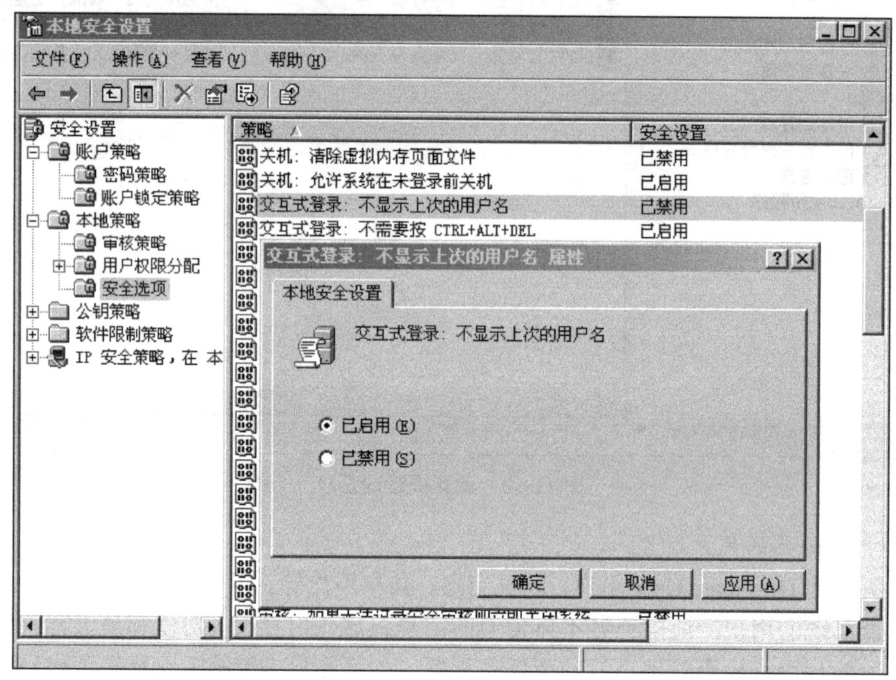

图 11-11　本地安全设置

7. 开启用户策略

在如图 11-11 所示的本地安全设置中，还可以启用用户策略，在账户锁定策略中将锁定阈值设置为 3 次无效登录即锁定，锁定时长为 30 分钟。分别设置复位账户锁定计数器时间为 30 分钟，账户锁定时间为 30 分钟，账户锁定阈值为 3 次，效果如图 11-12 和图 11-13 所示。

8. 启用审核策略

打开“本地策略”中的“审核策略”栏目，根据需要启用部分审核策略。推荐启用以下审核：“审核账户管理”中启用成功和失败选项；“审核登录事件”中启用成功和失败选项；“审核对象访问”中启用失败选项；“审核策略更改”中启用成功和失败选项；“审核特权使用”中启用失败选项；“审核系统事件”中启用成功和失败选项；“审核目录服务访问”中启用失败选项；“审核账户登录事件”中启用成功和失败选项。效果如图 11-14 所示。

9. 删除系统默认共享

在开始菜单中选择运行，启动运行对话框，在文本框里输入“Regedit”，启动注册表，然后进行以下改动。

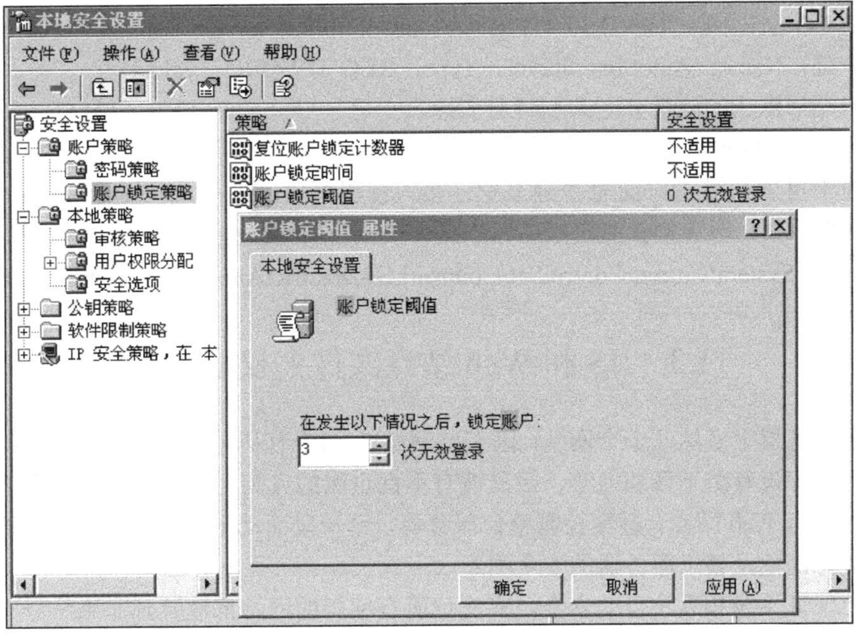

图 11-12　账户锁定策略

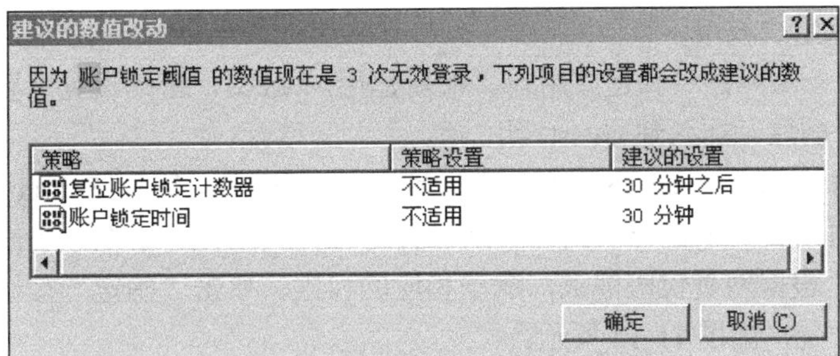

图 11-13　账户锁定策略锁定时长设置

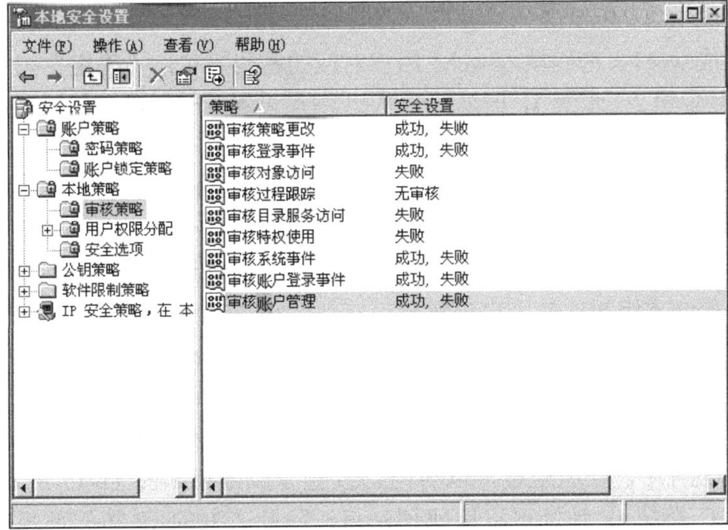

图 11-14　审核策略

HKEY_LOCAL_MACHINE\SYSTEM\CurrentControlSet\Services\LanmanServer\Parameters下增加一个键：Name：AutoShareServer；Type：REG_DWORD；value：0。

重新启动后默认的磁盘分区共享将会去掉。

10. 禁止IPC空连接

黑客通常可以利用net use命令建立空连接入侵服务器，还有net view，nbtstat这些都是基于空连接的，禁止空连接就能较好地杜绝这一类安全隐患发生。打开注册表，找到以下项：Local_Machine/System/CurrentControlSet/Control/LSA/RestrictAnonymous，把这个值改成“1”。

11.3 IIS和Web站点文件夹权限配置

同一台服务器上多达几十个网站，因有些网站的ASP代码漏洞太多，如缺少图片上传验证机制、数据库没有防下载功能等，极易被有不良企图的人利用，通过攻破一个Web站点，进一步攻破所有Web站点，甚至控制整台服务器，牵一发而动全身。如何配置才能避免因一个网站的疏忽而危及整个服务器的安全呢？

首先要保证系统和系统盘的安全，其次把所有部门的网站都放置到非系统分区上，最后采用NTFS权限把不同网站进行隔离。操作步骤如下。

步骤1：修改网站所在磁盘分区的NTFS权限。除保留管理员组完全控制外，删除网站所在磁盘分区所有用户权限。

步骤2：为每一个网站单独建立用户。如新建用户web1，密码设置需要较为复杂，把该用户从Users组中删除，加入到Guests组。

步骤3：单独为每个Web网站文件夹设置NTFS权限。假设该Web站点的主目录在“D:\web1”，右击该文件夹选择“属性”项，打开文件夹属性对话框。单击“添加”按钮，添加web1用户，根据网页代码需求，赋予相应的权限。单击“确定”按钮，完成网站文件夹NTFS权限的配置，如图11-15所示。

步骤4：修改IIS中的匿名用户。在IIS中单击该Web站点项，并在属性窗口中，选择“目录安全性”选项卡，单击“身份验证和访问控制”框中的“编辑”按钮，打开“身份验证方法”对话框，如图11-16所示。

把用户名换成web1，密码填入web1用户对应的密码，单击“确定”按钮完成配置。

步骤5：重复步骤2～步骤4，把每一个Web站点设置成使用不同的匿名用户，同时Web站点对应的文件夹上赋予对应匿名用户的相应NTFS权限。

经过上述设置后，即使有网站被黑客上传了木马程序，也只是危及该网站的安全，不会波及整台服务器，其他Web站点不受影响。

【TIPS】创建的Web服务器只针对本组织内的用户提供影视服务，为避免网络流量负荷过大，如何实现限制本组织外的用户访问？

答：可以实现该功能。启动“管理工具中”的“Internet信息服务(IIS)”管理器，打开虚拟机属性对话框，选择“目录安全性”选项卡，单击“IP地址和域名限制”对话框中的“编辑“按钮，设置默认情况下，所有计算机都将被拒绝访问，仅202.119.240.0～202.119.255.255这16个C类地址可以访问，设置完成效果如图11-17所示。这样就能实现只有这16个C类的IP地址可以访问该站点，除此之外的IP访问都将收到如图11-18所示的错误提示网页。

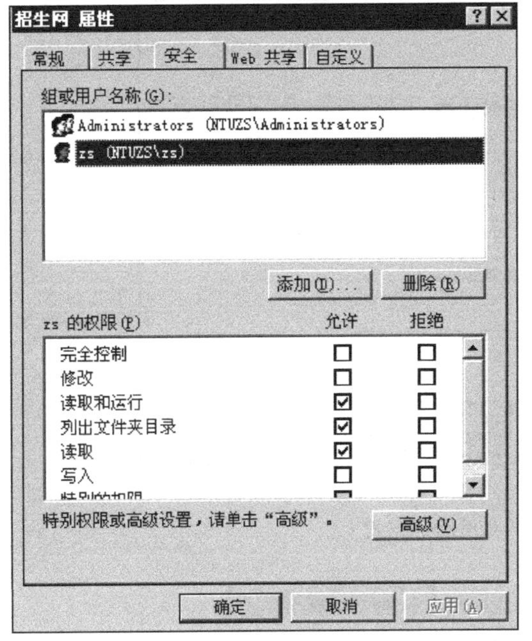

图 11-15　Web 目录的权限设置

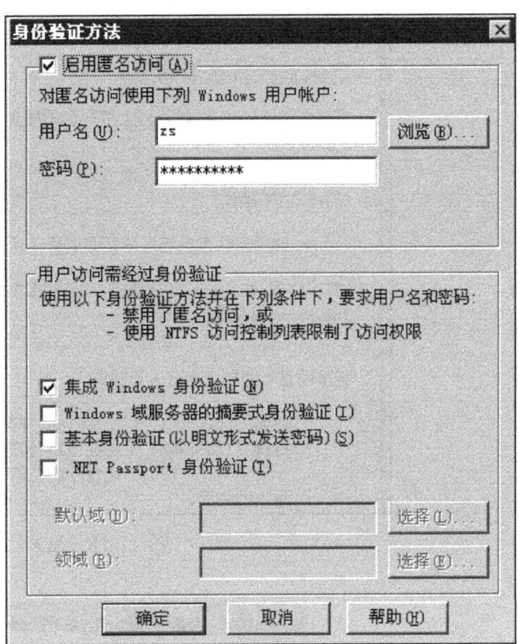

图 11-16　Web 站点的身份验证方式

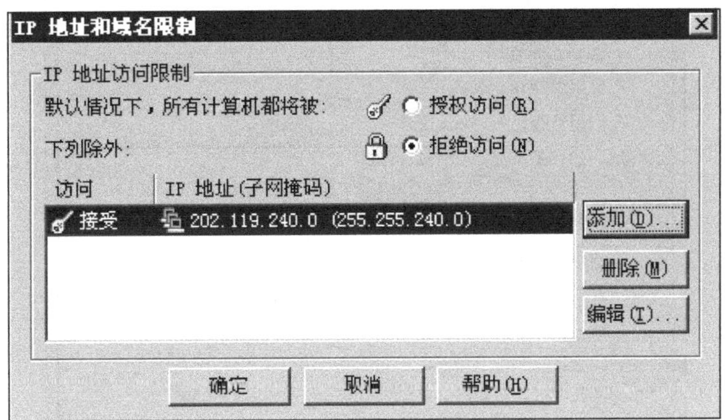

图 11-17　Web 站点的身份验证方式

如果觉得这样的出错提示对用户来说不够明确，根据提示发现是 403.6 的错误，可以打开该站点 IIS 属性对话框，在自定义错误选项卡中找到 403.6 对应的网页所在位置，并使用网页编辑器修改此网页，或者指向用户自己新建的网页，以后客户端的出错提示就能更直观。

【TIPS】在 Windows Server 2000 中运行正常的网页，为何复制到 Windows Server 2003 中却无法正常运行？

答：Windows Server 2003 中默认不允许使用“父路径”，也就是在 ASP 代码中不允许使用“../”的相对路径，最简单的办法是 Windows Server 2003 启用“父路径”的支持。打开该站点 IIS 属性对话框，找到“主目录”选项卡，点击“配置”按钮，弹出如图 11-19 所示的“应用程序配置”对话框，选择“选项”选项卡，勾选“启用父路径”，保存。

【TIPS】采用何种办法可以实现既不修改网站代码(因漏洞层出不穷，所以修改代码工作量大，且不能一劳永逸)，又能保证服务器的安全？

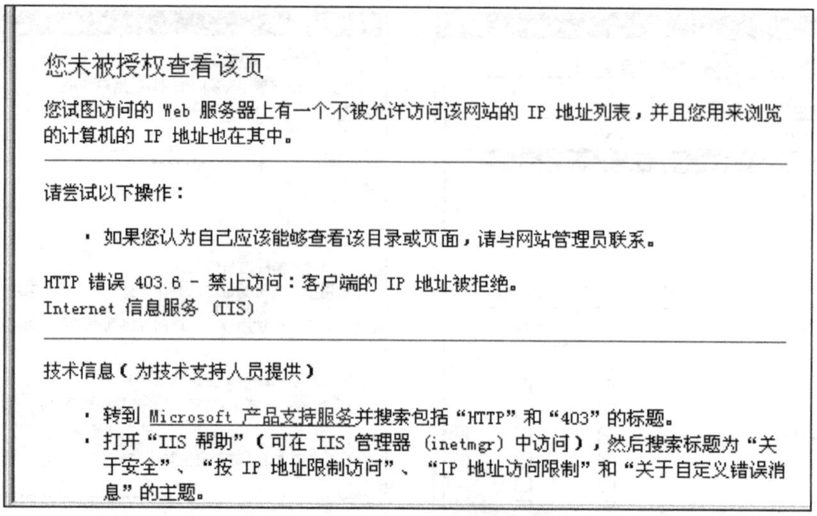

您未被授权查看该页
您试图访问的 Web 服务器上有一个不被允许访问该网站的 IP 地址列表，并且您用来浏览的计算机的 IP 地址也在其中。
请尝试以下操作：
· 如果您认为自己应该能够查看该目录或页面，请与网站管理员联系。
HTTP 错误 403.6 - 禁止访问：客户端的 IP 地址被拒绝。
Internet 信息服务 (IIS)
技术信息（为技术支持人员提供）
· 转到 Microsoft 产品支持服务并搜索包括“HTTP”和“403”的标题。
· 打开“IIS 帮助”（可在 IIS 管理器 (inetmgr) 中访问），然后搜索标题为“关于安全”、“按 IP 地址限制访问”、“IP 地址访问限制”和“关于自定义错误消息”的主题。

图 11-18　Web 站点的身份验证方式

应用程序配置
映射
选项
调试
应用程序配置
启用会话状态(S)
会话超时(T):
20
分钟
启用缓冲(B)
启用父路径(P)
默认 ASP 语言(L):
VBScript
ASP 脚本超时(M):
90
秒
启用并排集合(E)
清单文件名(F):
确定
取消
帮助

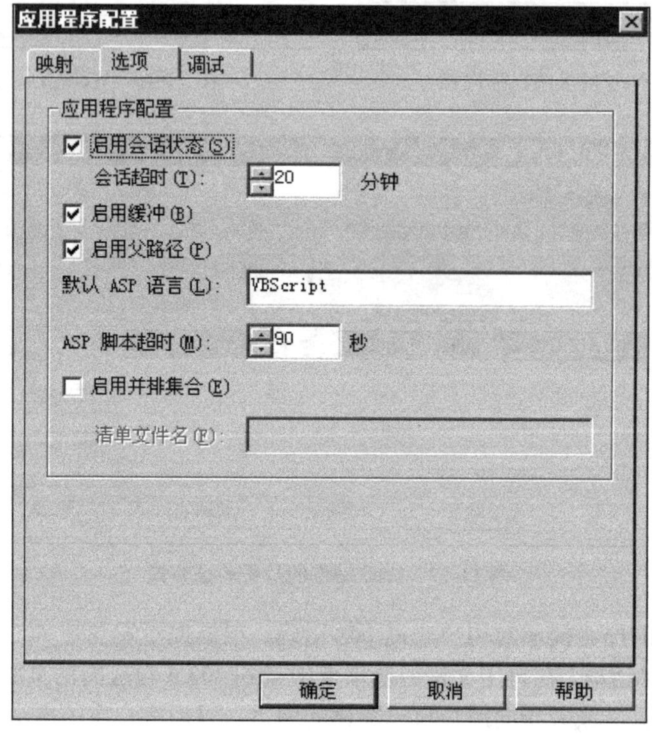

图 11-19　应用程序配置对话框

答：一些 IIS+ASP 的 Web 网站提供了文件上传功能，用户可以通过 Web 上传图片和附件。如果代码写得不够严密，很可能会被黑客加以利用，上传一些木马文件，通过木马文件黑客可以远程操作服务器上的文件，轻者网站瘫痪，重者系统崩溃，造成灾难性后果。下面介绍防范方法。

通过分析网站后台可以找到如 images、upload 的文件夹，这类文件夹是用来上传文件的，可以右击这类文件夹，在快捷方式菜单中选择“属性”项，打开“文件夹属性”对话框，修改“目录”选项卡下的执行权限为“无”，如图 11-20 所示，单击“确定”按钮，完成修改。

即使黑客在这类文件夹中上传了木马文件，也没有执行权限，网站安全得到了一定的保障。

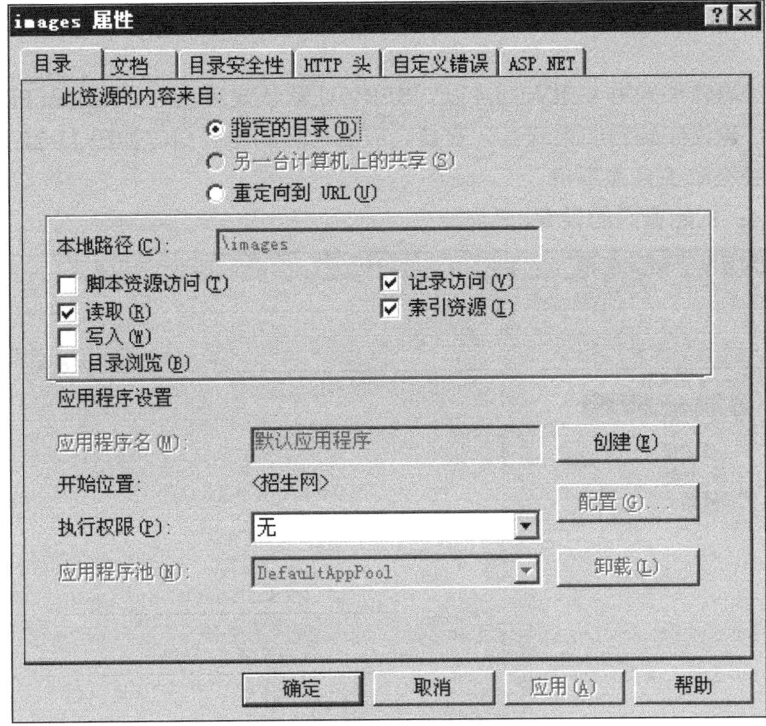

图 11-20　images 文件夹属性

【TIPS】虽然提供了正确的管理员密码，但读写数据库的操作为什么还是会失败？

答：网站对应的用户对数据库文件所在的文件夹仅有读取权限，没有修改权限，如图 11-21 所示，添加“修改”权限。

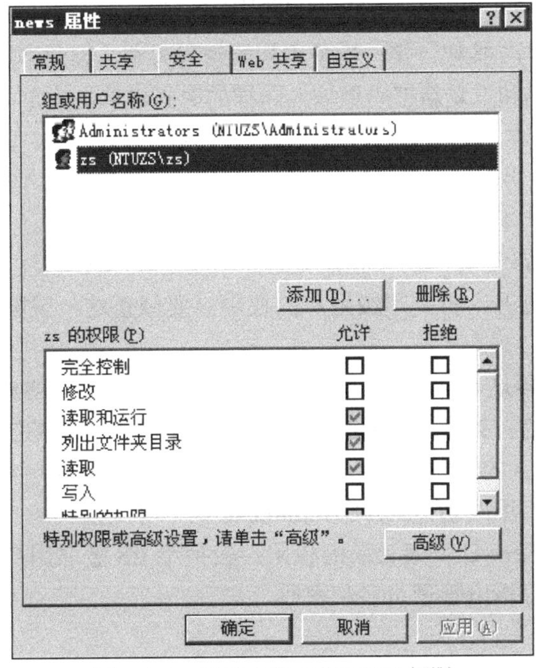

图 11-21　网站文件夹的 NTFS 权限

11.4　FTP 服务器安全权限配置

FTP 服务器端软件采用 SERV-U6.4 版，SERV-U 默认安装在 C:\Program Files\Serv-U 中，会有安全隐患，建议安装到非系统盘。安装完成后，启动主界面，如图 11-22 所示。

1. Serv-U 安全配置注意事项

注意事项 1：初始密码的设置。

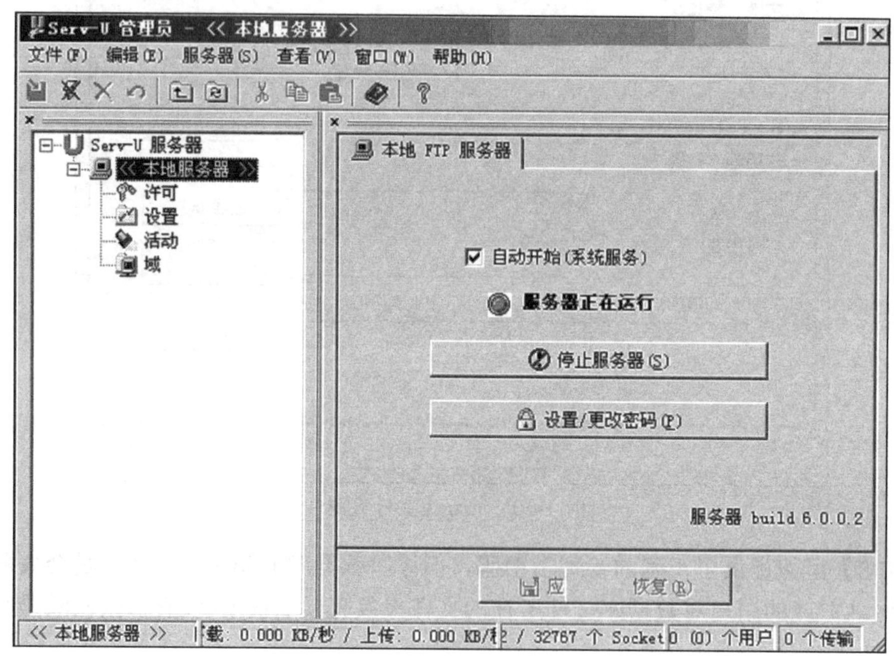

图 11-22　Serv-U 主界面

单击“设置/更改密码”按钮，第一次使用初始密码为空，因此不用在旧密码里输入任何字符，直接在下面的新密码和重复新密码里输入同样的密码再单击确定。建议设置一个足够复杂的密码，以防别人暴力破解。如果密码忘记，只需把 ServUDaemon.ini 里的 LocalSetupPassword=这一行清除并保存即可，再次运行 ServUAdmin.exe 时，不会提示输入密码登录。

注意事项 2：Serv-U 本地管理员名的修改。

由于 ServUAdmin.exe 对异常的不正确处理，导致在 Serv-U 被注册为系统服务的情况下，本地普通用户进行权限提升，得到超级用户的权限。要修正这一缺陷，首先改掉本地管理员名，做法如下所示。

Serv-U 默认管理账号是 LocalAdministrator，默认密码是“#l@$ak#.lk；0@P”，这个密码在同一个版本中是固定的。找来 Ultraedit，用 Ultraedit 打开 ServUDaemon.exe 查找 Ascii：LocalAdministrator，把默认的管理员账号改成其他同长度的字符串就可以了。#l@$ak#.lk；0@P 的意思是空密码，可以不用改动，ServUAdmin.exe 也一样处理。

同时还要注意设置 Serv-U 安装目录的权限，应拒绝 IIS 匿名用户的访问，否则黑客下载这两个文件，一样可以分析出管理员名和密码。

2. Serv-U 安全设置

步骤 1：新增一个 FTP 专用系统账号，为后期权限设置做准备。新建一个名为 ServFTP

的 Windows 系统账号，密码尽量复杂，并从 Users 组里删除。打开管理工具中的服务，在"Serv-U FTP Server 服务"上右击，选择"属性"。打开"Serv-U FTP Server 服务属性"对话框，选择"登录"选项卡，登录身份设置如图 11-23 所示。

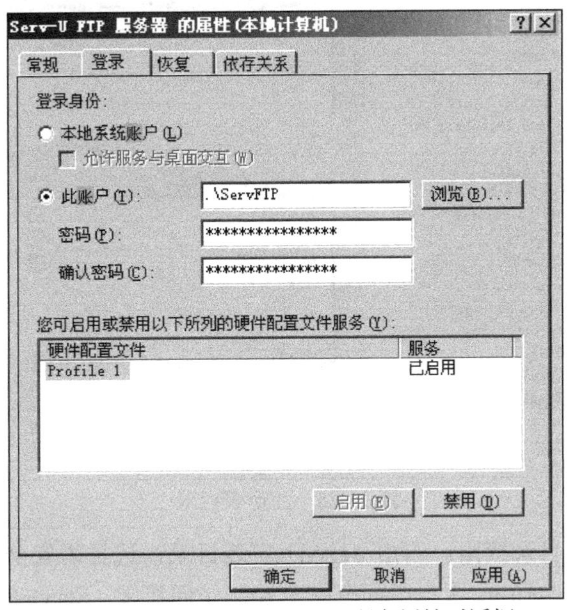

图 11-23　Serv-U FTP Server 服务属性对话框

步骤 2：设置注册表权限。新建一个 FTP 域，建好后选择保存在注册表，如图 11-24 所示。接着打开注册表，找到[HKEY_LOCAL_MACHINE\SOFTWARE\Cat Soft]分支，右击选"权限"项，单击"高级"按钮，取消"允许父项的继承权限"传播到该对象和所有子对象，包括那些在此明确定义的"项目"选项，单击"应用"按钮，删除所有的账号。接着增加系统管理员 Administrators 账号和 ServFTP 账号到该子键的权限列表里，并给予完全控制权限，如图 11-25 所示。

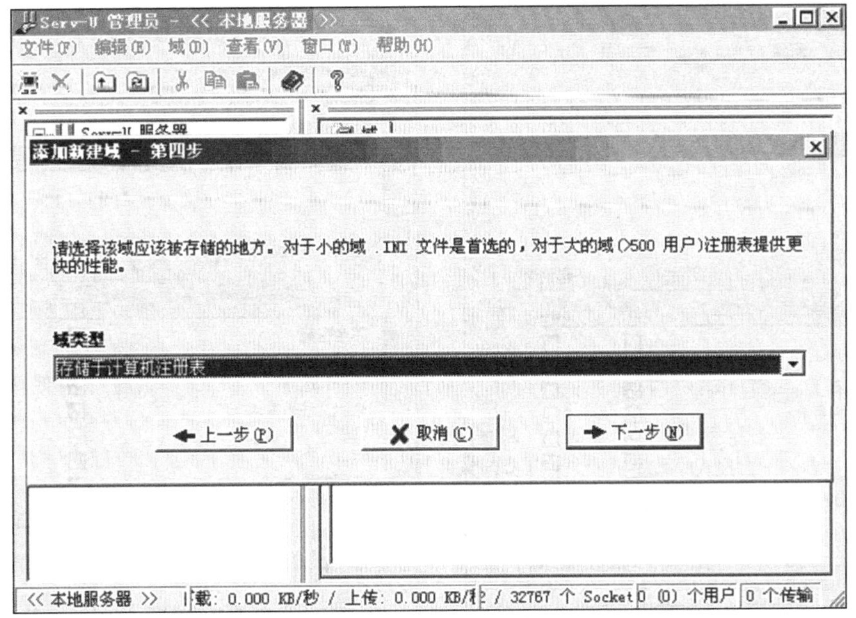

图 11-24　FTP 账号设置

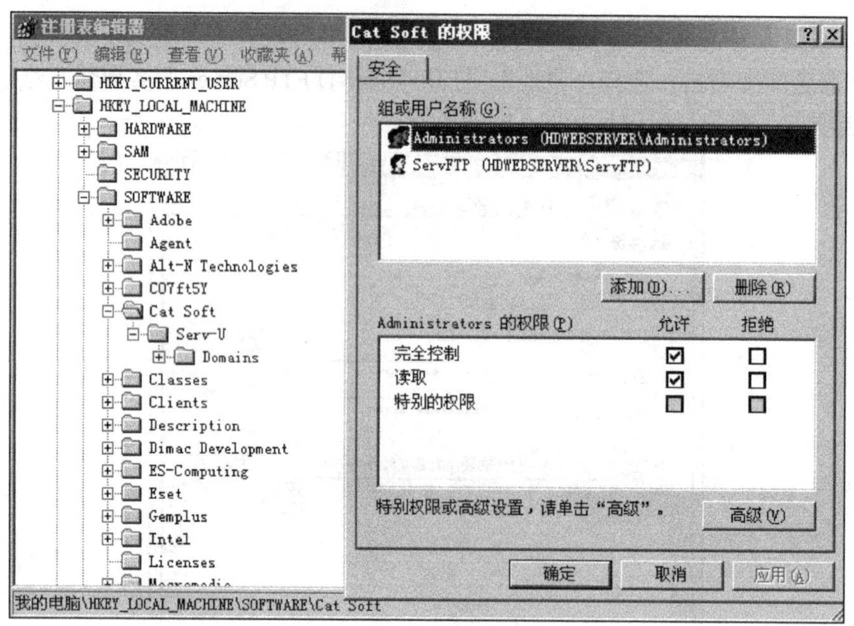

图 11-25 注册表权限

步骤 3：设置安装目录权限。右击 Serv-U 安装目录，选择“安全”选项卡，如图 11-26 所示，设置只有 Administrators 用户组拥有完全控制访问权限，ServFTP 用户拥有除完全控制外的其他权限。到这一步，Serv-U FTP Server 服务可以正常启动了。但是，FTP 目录权限还需要进一步设置。

步骤 4：FTP 目录权限设置。打开虚拟站点主目录的“安全”选项卡，只保留 Administrators 管理员账号、IIS USER_03 和 ServFTP 账号，切记 SYSTEM 账号也需删除。如图 11-27 所示。因为 Serv-U 系统服务现在已调整为由 ServFTP 账号启动，所以访问目录不再使用 SYSTEM 用户而是用 ServFTP 用户，这样就算真的溢出也不可能得到 SYSTEM 权限。

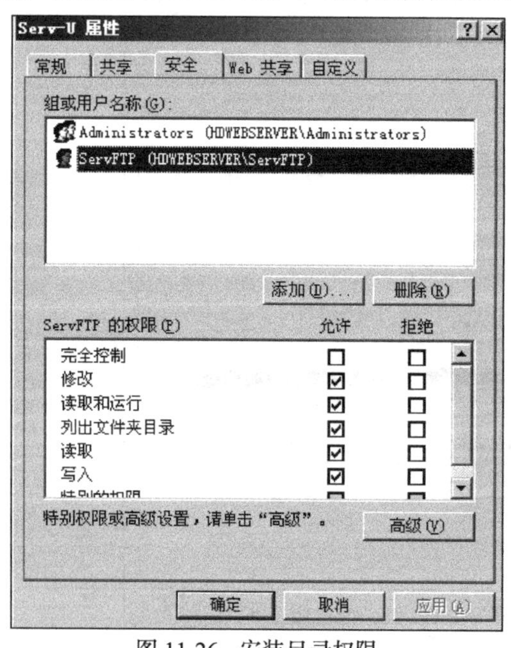

图 11-26 安装目录权限

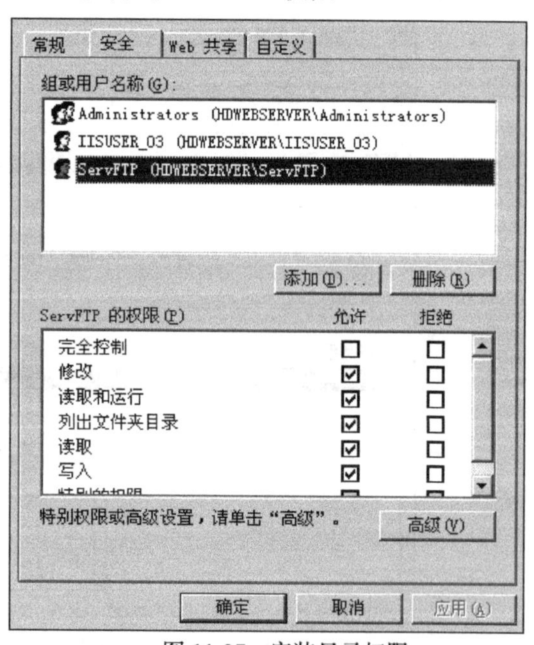

图 11-27 安装目录权限

至此，Serv-U 的安全配置告一段落，下面还需完成 Serv-U 的 FTP 账号的创建与相关设置。

3. FTP 账号的创建与设置

在 Serv-U 域中建立一个 FTP 访问用户，按提示输入 FTP 用户名(例如，WebSite1_User1)和密码，接着选择 d:\wwwroot\WebSite1 目录作为该用户的访问初始主目录，下一步，选择锁定用户于主目录，单击“完成”按钮。这样在 Serv-U 域的用户栏中就出现了 WebSite1_User1 用户，选中该用户，右侧出现相关 FTP 账户的配置。如 11-28 所示。

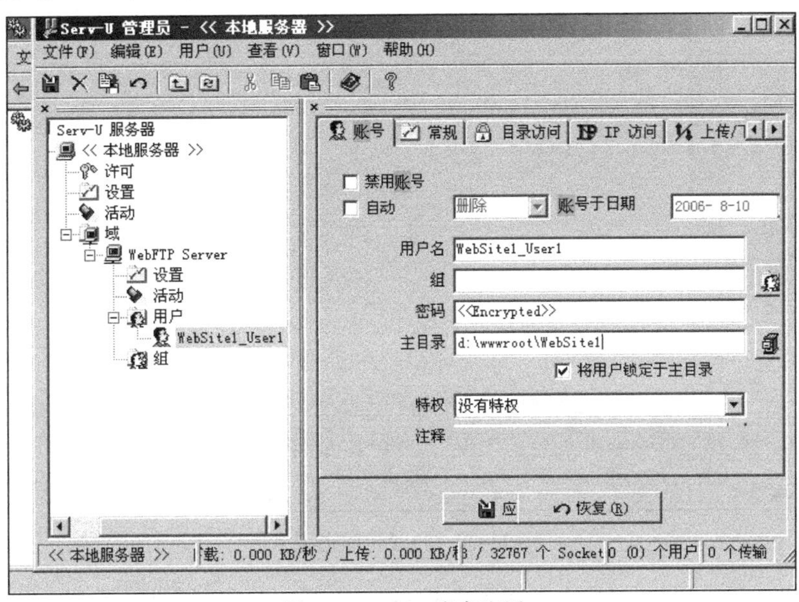

图 11-28　FTP 账户配置

“账号”选项卡可以设置什么时候自动锁定该用户，通常用于收费的虚拟主机用户管理。

“常规”选项卡可限制用户的上传下载速度、连接数、用户数等，如限制同一 IP 的登录个数，可以适当控制服务器的流量。如图 11-29 所示。

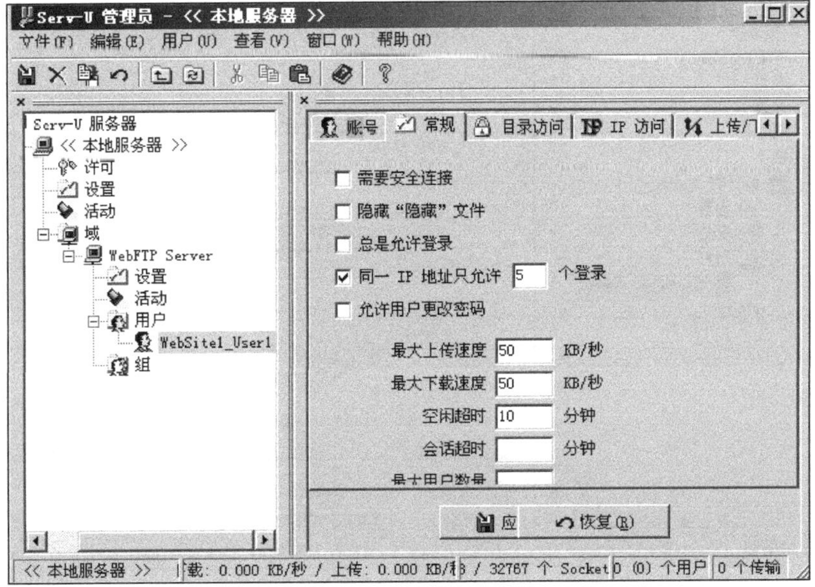

图 11-29　FTP 常规选项卡

“目录访问”选项卡中，可以配置FTP账户的读写目录权限，除了执行功能，通常应用于Web目录管理全部开放，如图11-30所示。

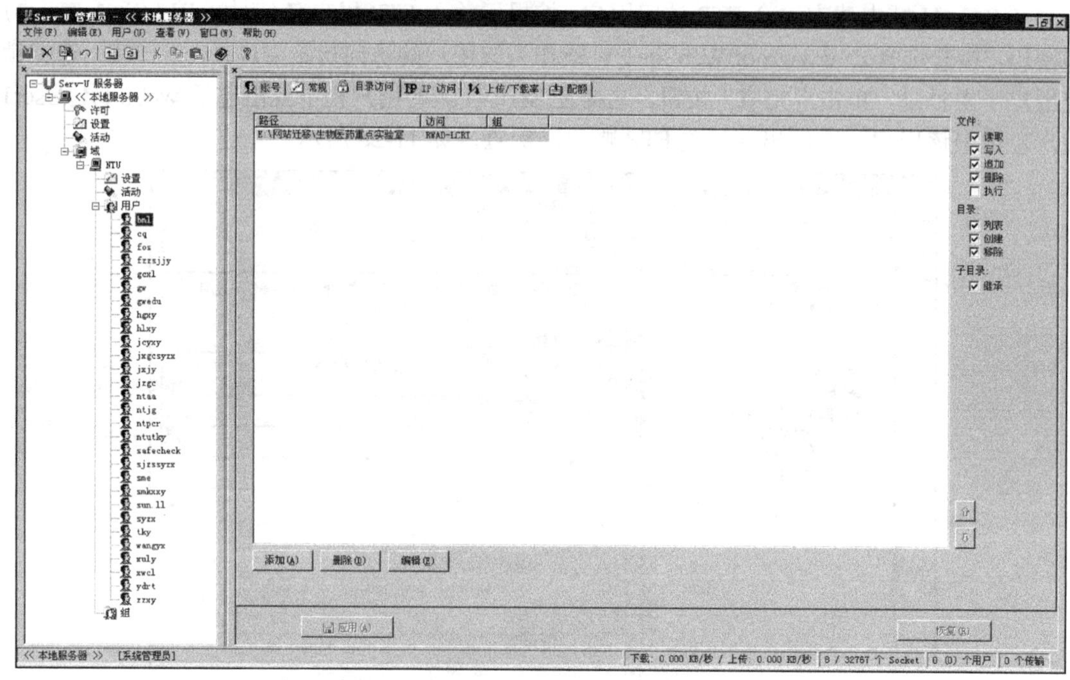

图11-30 目录访问选项卡

“IP访问”和“上传/下载率”根据需求自己定制，一般采用默认设置。“配额”选项卡通常应用于虚拟主机的空间大小限制和管理，效果如图11-31所示。

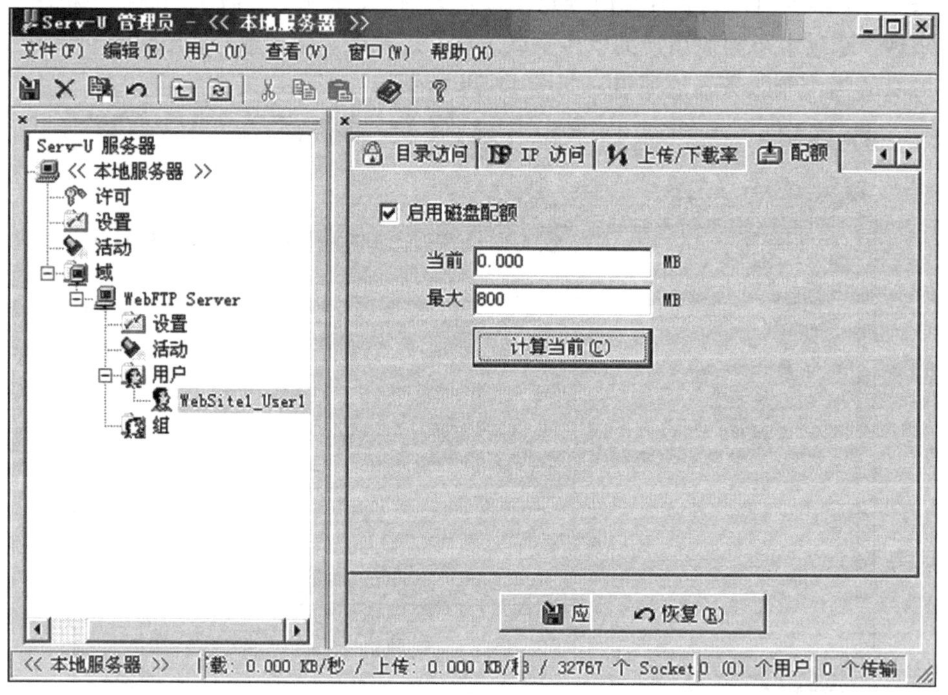

图11-31 配额选项卡

另外，一般情况下禁止对 FTP 服务的匿名访问，如果允许对 FTP 服务匿名访问，该匿名账户就有可能被利用来获取更多的信息，以致对系统造成危害。

至此，FTP 服务器设置告一段落。服务器上的 FTP 服务器主要是为 Web(IIS)服务器作为文件管理和维护使用，经过这样的配置，FTP 与 IIS 使用不同的访问账号，Web 访问用户不管通过 FSO 或木马，都不可能访问 Serv-U 的安装目录，并且 Web 站点目录(d:\wwwroot\WebSite1)没有给予 SYSTEM 权限，所以 SYSTEM 账号也同样访问不了 Web 目录，即使拥有了 SYSTEM 权限，也不能做什么破坏性的操作。

11.5　其他安全配置建议

至此，全部的服务器配置都已经完成，最后，再附上服务器安全方面一些琐碎但又需要注意的事项。

1. 禁用不必要的系统服务

禁用不必要的系统服务，提高安全性和系统效率。打开系统管理工具的“服务”项，如图 11-32 所示。可停用的服务列表如下(本操作可能会影响计算机中相关应用程序的正常使用，请检查是否有与下列服务相依赖的应用程序)。

Computer Browser：维护网络上计算机的最新列表以及提供这个列表。

Task scheduler：允许程序在指定时间运行。

Routing and Remote Access：在局域网以及广域网环境中为企业提供路由服务。

Removable storage：管理可移动媒体、驱动程序和库。

Remote Registry Service：允许远程注册表操作。

Print Spooler：将文件加载到内存中以便以后打印。要用打印机的用户不能禁用此项。

Distributed Link Tracking Client：当文件在网络域的 NTFS 卷中移动时发送通知。

Com+Event System：提供事件的自动发布到订阅 COM 组件。

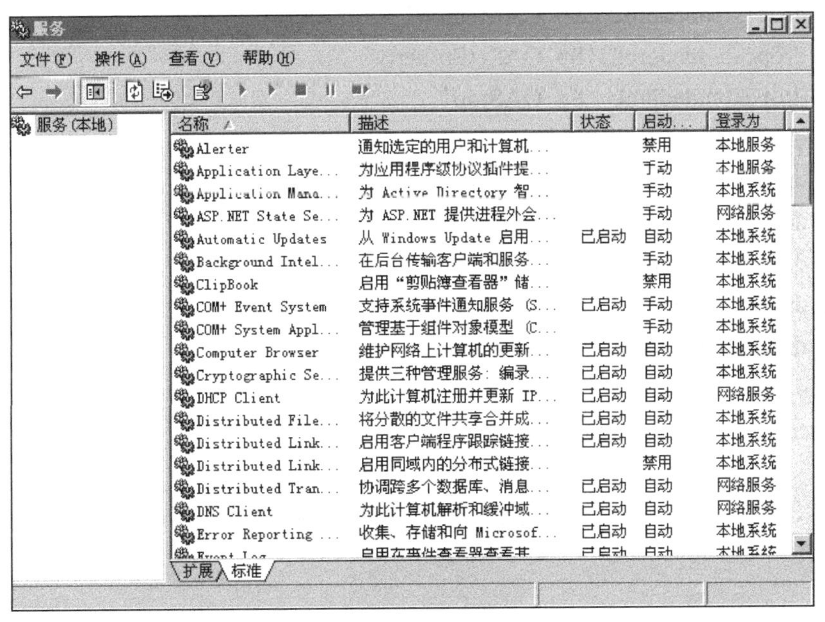

图 11-32　系统服务

Alerter：通知选定的用户和计算机管理警报。

Error Reporting Service：收集、存储和向 Microsoft 报告异常应用程序。

Messenger：传输客户端和服务器之间的 NET SEND 和警报器服务消息。

Telnet：允许远程用户登录到此计算机并运行程序。

2. 拒绝任何人访问 cacls.exe

cacls.exe 很多时候成为被黑客利用的对象，建议设置它的权限为拒绝任何人访问。

3. 只有 Administrators 才能访问的部分程序

把下列几个程序设置成只允许 Administrators 访问，有 net.exe、cmd.exe、ftp.exe、tftp.exe、telnet.exe。

4. FTP 服务尽量不要允许匿名访问

允许匿名访问很有可能被利用来获取更多的信息，以致对系统造成危害。

5. 如果安装了 MSSQL，建议在 MSSQL 查询分析器里执行以下脚本，删除所有危险扩展

```
use master
exec sp_dropextendedproc 'xp_cmdshell'
exec sp_dropextendedproc 'xp_dirtree'
exec sp_dropextendedproc 'xp_enumgroups'
exec sp_dropextendedproc 'xp_fixeddrives'
exec sp_dropextendedproc 'xp_loginconfig'
exec sp_dropextendedproc 'xp_enumerrorlogs'
exec sp_dropextendedproc 'xp_getfiledetails'
exec sp_dropextendedproc 'Sp_OACreate'
exec sp_dropextendedproc 'Sp_OADestroy'
exec sp_dropextendedproc 'Sp_OAGetErrorInfo'
exec sp_dropextendedproc 'Sp_OAGetProperty'
exec sp_dropextendedproc 'Sp_OAMethod'
exec sp_dropextendedproc 'Sp_OASetProperty'
exec sp_dropextendedproc 'Sp_OAStop'
exec sp_dropextendedproc 'Xp_regaddmultistring'
exec sp_dropextendedproc 'Xp_regdeletekey'
exec sp_dropextendedproc 'Xp_regdeletevalue'
exec sp_dropextendedproc 'Xp_regenumvalues'
exec sp_dropextendedproc 'Xp_regread'
exec sp_dropextendedproc 'Xp_regremovemultistring'
exec sp_dropextendedproc 'Xp_regwrite'
drop procedure sp_makewebtask
go
```

新手可以使用一些工具帮助快速建立起安全的服务器环境，如网站安全狗、服务器安全狗等实用工具。

第四篇　网络资源篇

第 12 章　网 站 制 作

12.1　网站建设概述

12.1.1　网站的基础知识

1. 网站和网页

网站开发就是使用网页设计软件，经过平面设计、网页排版、网页编程等步骤，设计出多个网页。这些网页通过一定逻辑关系的超级链接，构成一个网站。网页设计完成以后，再上传到网站服务器上以供用户访问浏览。

网站是网络中一个站点内所有网页的集合。简单地说，网站是一种借助于网络的通信工具，就像公告栏一样，人们可以通过网站来发布自己的信息，或者利用网站来提供相关的服务。人们可以通过浏览器来访问网站，获取自己需要的信息或者享受网络服务。

网站由域名、服务器空间和网页 3 部分组成。网站的域名就是在访问网站时在浏览器地址栏中输入的网址。

网页是通过 Dreamweaver、Frontpage 等软件编辑出来的，使用 HTML 语言来描述文本、图片、动画等内容的排版，多个网页由超链接联系起来。网页需要上传到服务器空间中，然后被浏览器阅读，这就是网页。网页文件的扩展名通常是.htm 或.html。浏览器负责解释网页文件中的代码，将网页中的内容呈现给用户。

HTML 的全称是 Hypertext Markup Language，中文称为超文本链接标记语言。网页中所有的内容都是通过 HTML 语言描述的。

主页，也可以称为首页，它是一个单独的网页，和一般网页一样，可以存放各种信息，同时又是一个特殊的网页，作为整个网站的起始点和汇总点，是浏览者访问一个网站的第一个网页。

2. 网页的类型

从是否执行程序来划分，网页可以分为静态网页和动态网页两种类型。

静态网页，就是没有程序代码的网页。运行于客户端的程序、网页、插件和组件等都称为静态网页，一般以.html 或.htm 为文件扩展名。多通过网页设计工具一次性设计，并通过手工更新页面信息，信息更新速度相对比较缓慢。现在有的网站管理系统也可以生成静态页面，称这种静态网页为伪静态。

动态网页，就是含有程序代码的网页。运行于服务器端的程序、网页和组件等都属于动态网页，它们是通过网页脚本与语言自动处理、自动更新的页面，它们会随不同客户、不同时间及不同需求而返回不同的网页。动态网页一般以.asp、.aspx、.php、或.jsp 等作为文件扩展名。

静态网页是网站建设的基础，静态网页和动态网页之间并不矛盾。如何决定使用静态网页还是动态网页，主要根据网站的内容来决定，如果网站做好之后不需要进行什么修改，可以采用静态网页。静态网页制作简单，网站打开的速度也快一些。但是如果后期要经常进行更新修改，可以采用静动结合的原则，内容变化频繁的地方选择带数据库的动态网页。在同一个网站上，动态网页内容和静态网页内容同时存在也是很普遍的。

3. 网页的基本元素

网页的构成元素包括文本、图像、超链接、多媒体元素、表格和表单等。

文本是页面信息的主体，页面上的大部分内容都是以文本的形式体现，其所占空间很小，下载速度很快。在网页中可以通过字体、大小、颜色、底纹、边框等来设计文本的属性，从而使网页看起来生动活泼。这里指的文字是文本文字，并非图片中的文字。

图像是网页设计必不可少的另一个要素，它能给用户带来更为强烈的视觉效果，图像不但可以直观表达信息，还可以起装饰和美化网页的作用。用于网页上的图片通常以 JPG、GIF 和 PNG 为主。图片经常被运用在如下几个方面：代表企业形象或栏目内容的标志性图片的 Logo 上；用于宣传网站内某个栏目或活动广告的 Banner 上；用于修饰网页的背景图上。一般位于网页的顶部和底部，有一些小型的广告也会被适当地放在网页的两侧。

超链接是网站中最具特色的功能，为了在网页之间自由跳转，可以在网页上的文字或图像中加入目标网页或网站的 URL 地址，这就是超级链接。目的端通常是一个网页，但也可以是一幅图片、一个电子邮件地址、一个文件、一个程序或者也可以是本网页中的其他位置。超链接可以是文字或者图片。

多媒体元素在网页上通常可分为音频和动画两种。网页上常用的音频文件有 WAV 和 MIDI 格式；动画文件的格式有 AVI 视频、Java Applet 动画等。还有一些多媒体文件，需要浏览器安装插件才可以运行，如 Flash、Generator 和 Shockwave 等生成的文件。

表格是网页排版的灵魂。使用表格排版是现在网页的主要制作形式。通过表格可以精确地控制各网页元素在网页中的位置。表格并非指网页中直观意义的表格，它是 HTML 语言中的一种元素。一般表格的边线不在网页中显示。

表单是用来收集站点访问者信息的域集。站点访问者填写表单的方式是输入文本、单击单选按钮与复选框以及从下拉菜单中选择选项。在填好表单之后，站点访问者便送出所输入的数据，该数据就会根据网站设计者所设置的表单以各种不同的方式处理程序。

12.1.2 网站的开发流程

要开发一个优秀的网站，通常应遵循以下工作流程：确定开发网站的目的；对网站的外观进行设计；对实际页面进行制作；对所做网站进行测试，确保它符合最初设计的目标；发布网站。网站发布后还要对网站进行维护，以便及时更新网站内容。

1. 确定网站主题

网站的主题是指一个网站在建设中需要完成的任务和要实现的设计思想。例如，一个新闻类的网站需要有功能强大的新闻发布功能，个人网站可以很好地展示个人风采和相关资料。网站主题是一个网站的设计理念。

设计和确定网站的主题是网站开发的一项重要工作，相关的设计思路需要在这个过程中完成。

2. 网站整体规划

在设计网站以前需要对网站进行整体规划和设计，写好网站项目设计书，在以后的制作中按照这些规划和设计进行。需要从网站内容、网页美术效果和网站程序的构思 3 个方面进行网站的整体规划。

(1)确定网站内容。在网站进行开发以前，需要构思网站的内容，主要突出哪些内容。例如，个人网站，可以有个人文章、个人活动、生活照片、才艺展示、个人作品、联系方式等内容。还需要明确哪些是主要内容，哪些是网站中突出制作的重点。

(2) 确定网页美术效果。页面的美术效果往往决定一个网站的档次，网站需要有美观大方的版面。可以根据个人的喜好、页面内容等设计出自己喜欢的页面效果。如果是个人网站，可以根据个人的特长和才艺等内容制作出夸张的美术作品式的网站。

(3) 确定网站程序的构思。还需要构思网站的功能，网站的这些功能需要由什么样的程序来实现。如果是很简单的个人主页，不需要经常更新，就不必编程做动态网站。

3. 收集资料与素材

网站的设计需要相关的资料和素材，丰富的内容才可以丰富网站的版面。个人网站可以整理个人的作品、照片、展示等资料。企业网站需要整理企业的文件、广告、产品、活动等相关资料。整理好资料后需要对资料进行筛选和编辑。收集网站资料与素材主要包括以下三个方面。

图片：使用相机拍摄相关图片，或对已有的照片使用扫描仪输入到电脑，一些常见图片还可以在网站上搜索或下载。

文档：收集和整理现有的文件、广告、电子表格等内容，对纸质文件需要输入到电脑形成电子文档，文字类的资料需要进行整理和分析。

媒体内容：收集和整理现有的录音、视频等资料，这些资料可以作为网站的多媒体内容。

4. 网页设计

完成网站的页面构思和资料整理后，即可用图片设计软件设计网站的页面。网站页面的设计是一个美术创意的工作，需要对网页的色彩搭配、网页内容、布局排版等内容用平面设计软件设计一个页面效果。本书选用的是 Fireworks 设计网站的页面。

5. 网页制作

完成网页效果图的设计后，使用Fireworks对效果图进行切割和优化，并使用Dreamweaver进行网站页面的设计，在这一过程中实现网站内容的输入和排版。不同的页面使用超链接联系起来，用户单击这个超链接时即可跳转到其他页面。网站的动态功能是靠编程来实现的，编程的技术也有很多种，现在常见的网站程序开发技术有 ASP、PHP、JSP、ASP.NET 等，这些编程技术实现数据库的访问和管理，用户在后台进行网站管理时，程序会把相关的数据保存到数据库中。用户访问网页时，网页中的程序在服务器上运行，从数据库中读出相关内容，并生成网页页面发送到浏览器。网站编程一般比较简单，语法和相关操作比较少，学习难度不大。本书在解决方案中将以 ASP 编写的 cms 系统为例进行讲解。

网站完成设计与调试以后，需要上传到租用的服务器空间中才能被用户访问。网站的发布就是把自己计算机中的网站内容发布到网络服务器空间的过程。

12.1.3　动态网页技术

1. 动态页面编程技术的特点

(1) 交互性，即页面会根据不同的用户要求和选择作出动态改变和响应。

(2) 自动更新，无须人工更新每个 Web 页，而会自动生成新的页面。

(3) 网页因时因人因地而变，即当不同时间、不同人从不同地区访问同一网址时，可能产生不同页面。

2. 常用的动态网页编程技术

动态技术最初是通过公共网关接口(CGI)来实现的，不过 CGI 比较复杂，学起来有些困难。随着 Internet 的发展，出现了很多动态技术，目前常用的动态网页编程技术有 PHP、ASP、ASP.NET 和 JSP 等。

1) PHP

PHP 即 Hypertext Preprocessor(超文本预处理器)，它是当今 Internet 上最为火热的脚本语言，其语法借鉴了 C、Java、PERL 等语言，但只需要很少的编程知识就能使用 PHP 建立一个真正交互的 Web 站点。

PHP 与 HTML 语言具有非常好的兼容性，使用者可以直接在脚本代码中加入 HTML 标签，或者在 HTML 标签中加入脚本代码从而更好地实现页面控制。PHP 提供了标准的数据库接口，数据库连接方便，兼容性强；扩展性强；可以进行面向对象编程。

2) ASP

ASP 即 Active Server Pages，它是微软开发的一种类似 HTML、Script(脚本)与 CGI 的结合体，它没有提供自己专门的编程语言，而是允许用户使用许多已有的脚本语言编写 ASP 的应用程序。ASP 的程序编制比 HTML 更方便且更有灵活性。它是在 Web 服务器端运行，运行后再将运行结果以 HTML 格式传送至客户端的浏览器。因此 ASP 与一般的脚本语言相比，要安全得多。

ASP 的最大好处是可以包含 HTML 标签，也可以直接存取数据库及使用无限扩充的 ActiveX 控件，因此在程序编制上要比 HTML 方便而且更富有灵活性。通过使用 ASP 的组件和对象技术，用户可以直接使用 ActiveX 控件，调用对象方法和属性，以简单的方式实现强大的交互功能。

但 ASP 技术并非完美无缺，由于它基本上是局限于微软的操作系统平台之上，主要工作环境是微软的 IIS 应用程序结构，又因 ActiveX 对象具有平台特性，所以 ASP 技术不能很容易实现在跨平台 Web 服务器上工作。

3) ASP.NET

ASP.NET 是基于通用语言的编译运行程序，所以它的强大性和适应性，可以使它运行在 Web 应用软件开发者的几乎全部的平台上。通用语言的基本库、消息机制、数据接口的处理都能无缝地整合到 ASP.NET 的 Web 应用中。ASP.NET 同时也是 language-independent 语言独立化的，所以，您可以选择一种最适合您的语言来编写程序，或者把您的程序用很多种语言来写，现在已经支持的有 C#(C++和 Java 的结合体)、VB、Jscript、C++、F++。这样的多种程序语言协同工作的能力保护您现在的基于 COM+开发的程序能够完整地移植向 ASP.NET。

4) JSP

JSP 即 Java Server Pages，它是由 Sun Microsystem 公司于 1999 年 6 月推出的新技术，是基于 Java Servlet 以及整个 Java 体系的 Web 开发技术。

JSP 和 ASP 在技术方面有许多相似之处，不过两者来源于不同的技术规范组织，以至于 ASP 一般只应用于 Windows NT/2000 平台，而 JSP 则可以在 85%以上的服务器上运行，而且基于 JSP 技术的应用程序比基于 ASP 的应用程序易于维护和管理，所以被许多人认为是未来最有发展前途的动态网站技术。

虽然以上 4 种新技术在制作动态网页上各有特色，但目前仍都在发展中，不够普及。对于广大个人主页的爱好者、制作者来说，建议尽量少用难度大的 CGI 技术。如果您对微软的产品情有独钟，采用 ASP 技术会让您得心应手；如果您是 Linux 的追求者，运用 PHP 技术在目前是最明智的选择。强大的 JSP 技术也是很好的选择。

12.2 网 页 设 计

网页设计的实现分为两部分：站点的规划、草图的绘制及网页的制作。设计首页的第一步是设计版面布局。我们可以将网页看做传统的报刊来编辑，这里面有文字、图像乃至动画，我们要做的工作就是以最适合的方式将图片和文字排放在页面的不同位置。除了要有一台配置不错的计算机外，软件也是必需的。只要设计者使用起来觉得方便而且得心应手的软件，就可以称为好软件。当然，它应该能满足设计者的要求。接下来我们要做的就是通过软件的使用，将设计的蓝图变为现实，最终的集成一般是在 Dreamweaver 里完成的。虽然在草图上我们定出了页面的大体轮廓，但是灵感一般都是在制作过程中产生的。

设计是有原则的，无论使用何种手法对画面中的元素进行组合，都一定要遵循五大原则：统一、连贯、分割、对比及和谐。统一是指设计作品的整体性、一致性。设计作品的整体效果是至关重要的，在设计中切勿将各组成部分孤立分散，那样会使画面呈现出一种枝蔓纷杂的凌乱效果，因此我们习惯在作图工具(Fireworks、Photoshop)中作出网页的整体效果后进行切割，以保证网页乃至整个网站效果的整体一致性。本章以 Fireworks 为例介绍网页设计。

12.2.1 Fireworks 入门

1. Fireworks 8 的工作环境

Fireworks 是网页制作者设计网页的专业软件工具，是一个创建优秀的、高质量的 JPEG 和 GIF 图像的工具软件。它可以直接将 Fireworks 图形导出为 HTML 或是 JavaScript 代码，也可以直接在图形上插入链接。在 Fireworks 中可以使用矢量工具绘制图形，也可以在位图模式下进行图像的编辑。

安装 Fireworks 8 后，执行桌面左下角“开始”菜单→“程序”→“Macromedia”→“Macromedia Fireworks 8”命令，启动 Fireworks。通过开始页中“新建”Fireworks 文档，或者“打开”最近使用过的文档，就可以进入 Fireworks 8 主窗口，如图 12-1 所示，主要由标题栏、菜单栏、工具栏、工具箱、编辑区、浮动面板等组成。

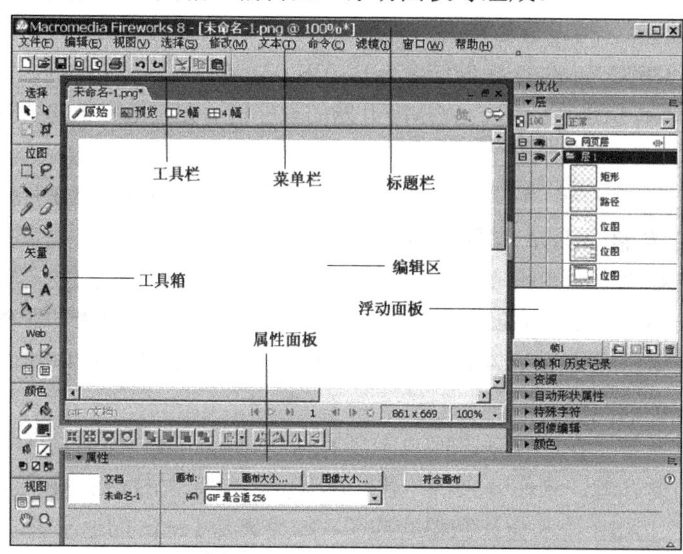

图 12-1 Fireworks8 主窗口

2. Fireworks 文件的基本操作

1) 新建文档

创建新文档的操作步骤如下。

步骤 1：依次执行“文件”→“新建”菜单命令，打开“新建文档”对话框。

步骤 2：输入画布的宽度和高度值，度量单位可以是像素、英寸或厘米。输入分辨率，单位可以是像素/英寸或像素/厘米，默认的分辨率是 72 像素/英寸。

步骤 3：在“画布颜色”选项组中设置画布的颜色，颜色可为白色、透明色或者自定义的其他颜色。

步骤 4：单击“确定”按钮，即可完成指定要求的空白新文档的创建。

2) 打开文档

打开文档的操作步骤如下。

步骤 1：依次执行“文件”→“打开”菜单命令，打开“打开”对话框。

步骤 2：在“查找范围”文本框中确定要打开的图像文档的位置，并在“打开”对话框选择所需要的图像文件，单击“确定”按钮，就可以打开一个已存在的图像。

也可以执行“文件”→“打开最近的文件”菜单命令，打开的子菜单中会列出最近打开过的图像文件，单击选择所需的文件名，就可以便捷地打开该图像文件。如果选中多个图像文件，并选择“打开”对话框底部的“以动画打开”的选项，就可以将选中的多个图像制作成逐帧动画。

3) 导入文档

在 Fireworks 中，可以将已有的图像文件作为一个对象插入到正在编辑的图像中，插入的图像也可以是其他格式的图像文件，例如，Photoshop 格式的图像文件、FreeHand 格式的图像文件、Illustrator 格式的图像文件、未压缩的 CorelDRAW 格式的图像文件和动画 GIF 格式的图像文件。导入图像的操作步骤如下。

步骤 1：新建或打开一个图像。

步骤 2：执行“文件”→“导入”菜单命令，打开“导入”对话框。

步骤 3：在“导入”对话框中选择所需要导入的图像文件，单击“打开”按钮。

步骤 4：在编辑窗口中可以看到鼠标指针变成一个直角的折线，在需要显示图像的区域左上角向右下角拖动鼠标，此时会随鼠标拖动出现一个线框，释放鼠标后即可出现导入的图像。

4) 保存文档

图像文档保存的操作步骤如下。

步骤 1：依次执行“文件”→“保存”命令，如果图像是第一次保存，则会打开“另存为”对话框。

步骤 2：在“另存为”对话框中选择图像的保存路径和输入文件名，单击“保存”按钮即可保存该图像，此时保存的图像文件类型只能是 PNG 图像文件。

步骤 3：如果图像不是第一次保存，则不会打开“另存为”对话框，直接将图像以原文件名保存在原路径下。

图像“另存为”与“保存”的区别在于可以把图像保存为其他格式的图像文件。执行“文件”→“另存为”命令，在“另存为”对话框中的“另存为类型”下拉列表中可以选择需要的文件类型，如图 12-2 所示。

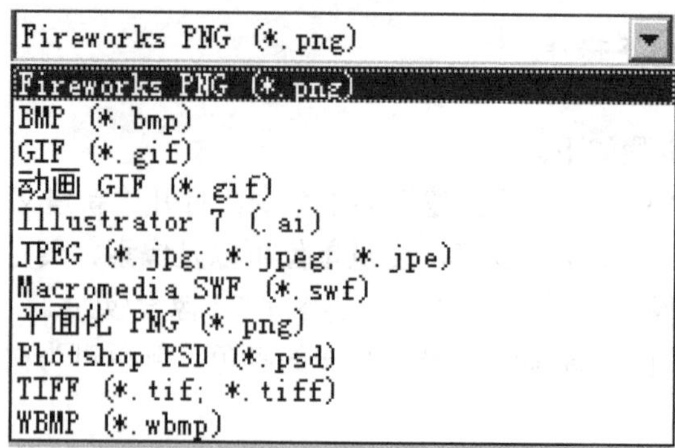

图 12-2　Fireworks【另存为】对话框中的【另存为类型】下拉列表

其中，PNG 为可移植网络图形，是 Fireworks 的本身文件格式；GIF 是一种很流行的网页图形格式，可用于卡通、徽标的图形以及动画；JPEG 是专门为照片或增强色图像开发的图像格式。

5) 导出文档

Fireworks 采用的图像文件格式是 PNG 格式，由于其中保存了图层、帧等信息，所以文件较大，一般不适合直接用于网页制作。导出图像的操作会将图像中的所有图层合并，并采取优化措施，可以把图像保存为 JPEG 或 GIF 等占用空间较小的图像文件格式，或是保存为 GIF 格式的动画。

Fireworks 8 附带了一些与网页制作有关的功能，会自动生成相关的 HTML 文件，导出图像的操作可以把相关的 HTML 文件和图像文件一起保存。导出操作还可以将正在编辑的图像的一部分保存为一个单独的图像文件。导出操作不会破坏正在编辑的 PNG 格式的图像文件。

导出操作要设置导出图像的格式及导出图像的质量等参数，操作步骤如下。

步骤 1：依次执行“文件”→“图像预览”菜单命令，打开“图像预览”对话框，如图 12-3 所示。

图 12-3　“图像预览”对话框

步骤2：在“图像预览”对话框的“格式”下拉列表可以选择导出图像的格式，对每一种图像格式都可以设置与导出图像质量有关的一系列参数，设置完毕后单击“确定”按钮。

步骤3：图像编辑完成后可将图像文件导出保存，依次执行“文件”→“导出”命令，打开“导出”对话框。

步骤4：在“导出”对话框中选择图像的保存路径，并输入文件名，在“导出”下拉列表中选择要导出的内容，单击“导出”按钮即可导出该图像。

导出操作还可以将正在编辑的图像的一部分保存为一个单独的图像文件，操作步骤如下。

步骤1：依次执行“文件”→“图像预览”菜单命令，打开“图像预览”对话框。

步骤2：单击“导出区域”按钮，图像上出现八个控制点的虚线框，虚线框中的图像就是导出内容。

步骤3：拖动控制点可改变虚线框的大小。把鼠标指针放在虚线框内，鼠标指针变成手形，拖动可移动虚线框，用虚线框围住要输出的图像部分。

步骤4：单击“导出”按钮，即可将虚线框中的图像导出为一个图像文件。

12.2.2 矢量图的绘制

计算机以矢量或位图格式显示图形。Fireworks 中既包含矢量工具，又包含位图工具，并且能够打开或导入这两种格式的文件。矢量图形使用包含颜色和位置信息的直线和曲线(矢量)呈现图像。例如，一片叶子的图像可以使用一系列描述叶子轮廓的点来定义。叶子的颜色由其轮廓(即笔触)的颜色和该轮廓所包围区域(即填充)的颜色决定。矢量图形与分辨率无关，更改矢量图形的颜色、移动矢量图形、调整矢量图形的大小、更改矢量图形的形状或者更改输出设备的分辨率时，其外观品质不会发生变化。

1. 绘制矢量工具

使用工具面板上的基本形状工具可以轻松地绘制直线、矩形、圆等基本图形。基本形状工具位于工具面板的“矢量”栏上。

1)绘制直线、矩形和椭圆

步骤1：从“工具”面板中选择“直线”工具、“矩形”工具或“椭圆”工具。

步骤2：在“属性”面板中设置笔触和填充属性。

步骤3：在画布上拖动以绘制形状。

其中，对于“直线”工具，按住 Shift 键并拖动可限制只能按 45° 的倾角增量来绘制直线；对于“矩形”或“椭圆”工具，按住 Shift 键并拖动可将形状限制为正方形或圆形。

2)绘制圆角矩形

步骤1：从“矩形”工具弹出菜单中，选择“圆角矩形”工具。

步骤2：拖动画布以绘制矩形。

3)绘制多边形和星形

多边形的绘制：选择“多边形工具”菜单项后，鼠标光标变成“+”，在画布上拖拽便画出多边形。

星形的绘制：选择“多边形工具”菜单项后，在属性面板中将多边形选项调节到星形选项，拖拽鼠标，即可绘制各种星形。

2. 绘制路径

绘制路径一般使用钢笔工具，路径的形状是由路径上绘制的点和控制柄决定的，控制柄用来控制曲线在定位点处的斜度和弯曲程度，如图 12-4 所示。

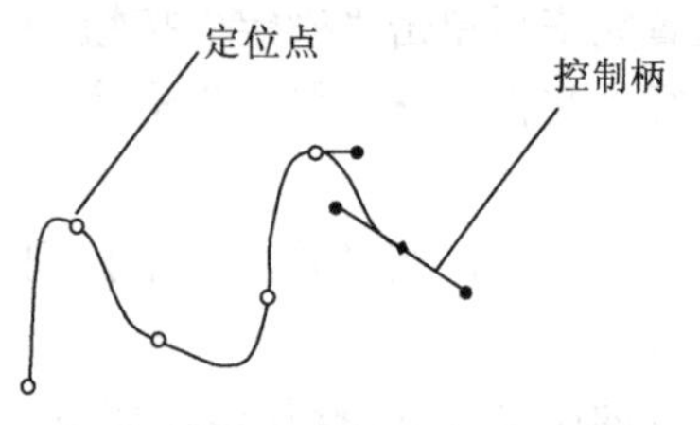

图 12-4　钢笔工具

绘制折线：在文档窗口指定的位置处，单击，然后在目的地再次单击，可在两点之间绘制直线，多次单击可绘制折线。绘制曲线：在文档窗口指定的位置处，按住鼠标左键不放，拖动鼠标，直到显示为所需曲线为止。

使用“自由变形”工具可以直接对矢量对象执行弯曲和变形操作，而不是对各个点执行操作。绘制苹果，步骤如下。

步骤 1：新建一个文件，在画布中绘制一个椭圆，单击“自由变形”工具，在其属性面板中设置光标的半径大小为 40 像素，在画布中按下鼠标，可以看到鼠标变成了一个红色的圆，用这个红色的圆拖动路径变成苹果的样子。

步骤 2：为苹果添加一个小小的柄，选择“更改区域形状”工具，在其属性面板中设置光标的半径大小为 10 像素，强度为 80，然后从苹果的内部来拖动路径，按住鼠标左键向上拖。

步骤 3：选择“油漆桶”工具，对苹果进行由白色到红色的放射性渐变填充。

步骤 4：选中苹果，单击“滤镜”按钮并在弹出的菜单中选择“阴影和光晕”，单击“投影”按钮，使苹果更有立体感。

12.2.3　文本操作

1. 文本的输入与编辑

在 Fireworks 中，文本作为一个对象整体被保存和控制，用户可以在文件的任意位置输入文本，然后将输入的文本作为对象在文件中处理。使用工具箱中的“文字”工具可以直接输入文字，也可以拖动绘制文本块。

文本输入的操作步骤如下。

步骤 1：从工具箱中选择“文本”工具，此时“属性”面板如图 12-5 所示，在此可以设置文本的格式。

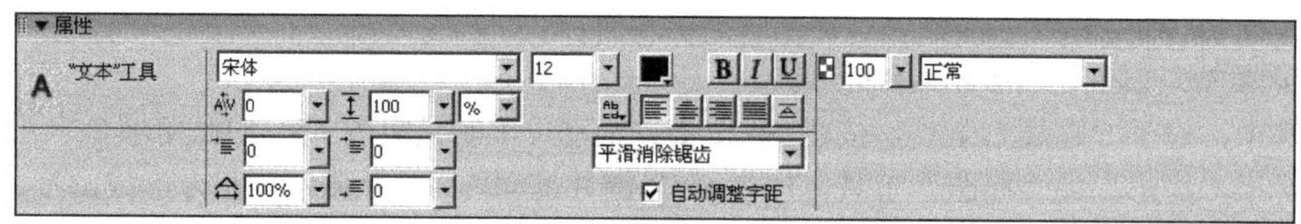

图 12-5　文本属性面板

步骤 2：如果要设置文字的字体，可以单击“字体”下拉按钮，从中选择需要的字体，当将鼠标指针放到某字体上时，在下拉列表右侧会显示该字体的预览效果。对于系统中没有的字体，可从网上下载后，安装到“控制面板”的“字体”文件夹中。

步骤 3：在文本属性面板上，同时可以对字号、颜色、样式文字方向、字间距进行编辑处理。

步骤 4：设置完成后，在编辑窗口中单击或拖动鼠标，输入需要的文本，单击工具箱中的其他工具或按“ESC”键可以结束文本的输入状态。

在编辑窗口中输入完成的文本，可以像选中其他对象一样，先选中，然后在文字属性面板中调整文字的各种属性，完成对文本的再次编辑，也可以通过执行“修改”→“变形”命令，或“缩放”工具、“扭曲”工具等来设置字体的效果。

2. 文本沿路径排列

将文字附加于路径是指使用一条路径来定义文字对象的方向，从而产生特殊的文字效果，如图12-6所示。步骤如下。

步骤1：使用“钢笔”工具在文档窗口中绘制曲线路径，如图12-7所示。

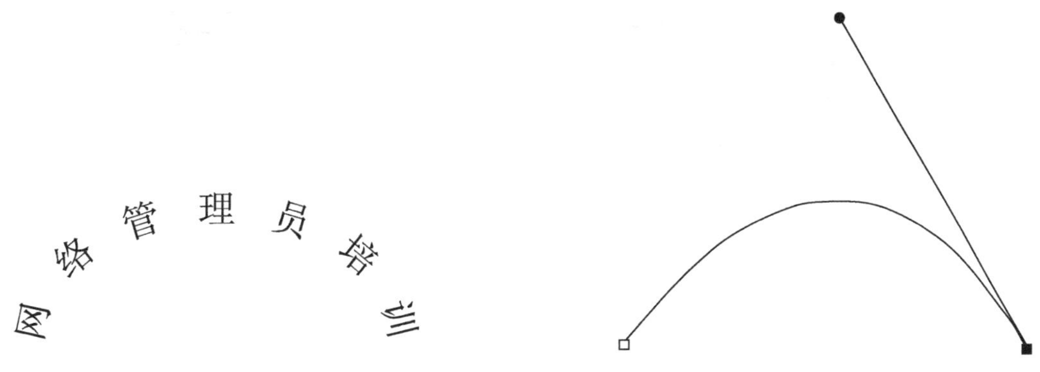

图12-6 绘制曲线路径　　图12-7 绘制曲线路径

步骤2：在文档中添加所需的文本“网络管理员培训”。

步骤3：按住Shift键同时选中曲线路径和“网络管理员培训”的文本。

步骤4：执行“文本”→“附加于路径”菜单命令，根据文本在曲线上的分布，适当调整文本的字符距离。

3. 文本外形轮廓编辑

可以先将文本转换为路径，然后像对待矢量对象那样，编辑字母的形状。一旦文本转换为路径，则所有的矢量编辑工具都可用来编辑该文本。制作如图12-8所示效果，步骤如下。

图12-8 将文本转换为路径实例

步骤1：选用“文字”工具在空白文档中输入文字“管理员”，设定字体、字号和颜色。

步骤2：选中“管理员”，执行“文本”→“转化为路径”菜单命令，将文本转换为路径。

步骤3：保持文本“管理员”选中的状态，单击“修改”菜单下的“取消组合”菜单命令，将其分解成多个路径，从“层”面板中观察到“员”被解成复合路径。

步骤4：选中“员”，执行“修改”→“组合路径”→“拆分”菜单命令，将“员”字拆成五个对象，如图12-9所示。

图 12-9　将“员”路径进行拆分

步骤 5：删除掉“员”字上面的“口”字，保留“贝”。

步骤 6：从工具箱的“矢量工具面板”中选中“椭圆”工具，画一个椭圆，并对其填充颜色，放在“贝”字上方，调整大小。

步骤 7：使用部分选定工具，选中“贝”字下方的“人”的左边一个路径，将其拉伸变形，效果如图 12-8 所示。

12.2.4　位图的选择

位图是图像编辑的主要对象，由排列在网格中的点(即像素)组成。计算机的屏幕就是一个大的像素网格。如以叶子为例的位图版本中，图像是由网格中每个像素的位置和颜色值决定的。每个像素被指定一种颜色。在以正确的分辨率查看时，这些点像马赛克中的瓷片那样拼合在一起。编辑位图图形时，修改的是像素，不是线条和曲线。位图图形与分辨率有关，这意味着描述图像的数据被固定到一个特定大小的网格中。放大位图图形将使这些像素在网格中重新进行分布，这会使图像的边缘呈锯齿状。在一个分辨率比图像自身分辨率低的输出设备上显示位图图形也会降低图像品质。Fireworks 提供了方便、全面的位图编辑工具，灵活应用这些工具，可以制作出非常出色的作品。

1. 创建位图对象

Fireworks 的位图是基于大量不同色彩的像素集合而形成的。要新建一个位图对象，可执行“编辑”→“插入”→“空位图”命令，Fireworks 将在当前的图像文档中插入一个空白的位图对象，并且自动切换到图像编辑模式；也可以执行“文件”→“导入”命令插入位图。

进入位图编辑模式后，在文档窗口的标题栏上会显示“位图“字样，同时在编辑窗口下方的状态栏中出现一个红色“退出位图模式”按钮，如图 12-10 所示。

图 12-10　位图模式

2. 图形的选取

Fireworks用于选定位图区域的工具有选取框系列工具、套索系列工具及魔术棒。

1)利用“选取框”选取图像

“选取框”工具可以从位图中选取矩形像素区域，利用“椭圆形选取框”工具可以选取椭圆形像素区域，两者的方法差不多。下面以椭圆选取框工具为例，介绍在位图中制作规则选区的方法，操作步骤如下。

步骤1：执行“文件”菜单中的“新建”命令，新建一个空白文档。

步骤2：执行“文件”菜单中的“导入”命令，向编辑窗口中导入一幅图像。

步骤3：在工具箱中选中“椭圆选取框”工具(如果要制作矩形选区，可以选择“矩形选取框”工具)。

步骤4：将鼠标指针移到编辑区中，当鼠标变成十字线形时在需要的选区左上角上单击，拖动鼠标选取需要的选区，此时选中的区域四周会出现闪烁的虚线边框，释放鼠标，即可选取虚线边框内的图像像素，如图12-11所示。

图12-11 椭圆形选区

在使用这两个选区区域的时候，按下“Shift”键，可以得到正方形或正圆形的选区；如果同时按下“Alt”键则会以鼠标单击点为圆心作为选区的中心。当需要取消选区的时候，可以按住“Ctrl”键和“D”键的组合键或是“ESC”键。

“魔术棒”可以从图像中选择相近颜色的像素区域，颜色越接近，选择范围越大，若按住“Shift”键，可以进行多重选取。

2)利用“套索”选取图像

利用“套索”选取图像可以选择不规则的图像，步骤如下。

步骤1：从工具箱中选择“套索”工具，此时鼠标的指针变成套索的形状。在“属性”面板中，用户可以设置套索工具的边缘选项。

步骤2：沿需要选取的像素区域拖动鼠标，会随鼠标出现一条蓝色的曲线，拖动直到需要的区域被选中，当鼠标指针回到起点时，鼠标指针右下角会出现一个白色小亮点以表示区域闭合，此时释放鼠标即可完成选区操作，如图12-12所示。

3) 利用“多边形套索”选取图像

多边形套索工具比较适合选取边缘比较规则的图形，它可以更精确地绘制选区。它通过设置关键点来确定选择区域，系统会自动在关键点之间用直线连接，直到绘制结束，形成一个封闭的选区。操作步骤如下。

步骤 1：执行“文件”菜单中的“新建”命令，新建一个空白文档，并导入一幅图片。

步骤 2：从工具箱中选择“多边形套索”工具，此时鼠标指针将变成多边形套索的形状。

步骤 3：在希望选取的多边形起点和末尾单击鼠标，当鼠标指针回到起点时，鼠标指针右下角会出现一个黑色的小点，以表示区域闭合，单击即可完成操作，如图 12-13 所示。

图 12-12　用套索工具制作的选区

图 12-13　用多边形套索工具制作的选区

4) 利用“魔棒”选取图像

当图像颜色差别比较明显时，可以使用魔术棒工具来方便、准确地制作选区。其操作步骤如下。

步骤 1：从工具箱中选中“魔术棒”工具。

步骤 2：在属性面板中设置魔术棒工具的“容差”值，默认情况下该值为 32。当用户需要选择更广的颜色范围时，可以设置较大的容差值，如 66。

步骤 3：在图像中需要选择的颜色上单击，即可将图像中所有包含该颜色的区域同时选中，在选取过程中，按住“Shift”键，这时鼠标指针多了个“+”的形状，继续单击可以加大选区，将每次选择的区域合并在一起，如果需要将已经选择的区域部分去掉，可以按住“Alt”键，这时鼠标指针多了个“-”的形状，单击需要去掉的地方，既可以将不需要的区域从当前选区中删除。

12.2.5　GIF 动画制作

在网页中，图像起着点缀和装饰网页的作用，而动画的存在使网页更加生动活泼、富有活力。网页中动画格式有很多，如 GIF 动画、Flash 动画、Javascript 动画、动态 HTML 动画以及视频动画。GIF 动画是其中最简单、兼容性最好、操作最方便的动画格式。使用 Fireworks 8，可以创建包含活动的横幅广告、徽标和卡通形象的动画图形。例如，可以在徽标淡入淡出的同时让公司的吉祥物在网页上来回跳动。Fireworks 可以将动画作为 GIF 动画文件或 Flash SWF 文件导出。也可以将 Fireworks 动画直接导入到 Flash 中进一步编辑。在 Fireworks 中，可以通过向动画元件的对象分配属性来创建动画。一个元件的动画被分解成多个帧，帧中包含组成每一步动画的图像和对象，他们之间是相互独立的。

1. 利用“分散到各帧”制作动画

将一个帧中的不同层的对象分散到不同的帧上，实现动态显示，就需要用到分散到帧，当然也可以在每一个帧中手工粘贴。步骤如下。

步骤1：执行“文件”菜单中的“新建”命令，新建一个空白文档，选择四个打算作为切换动画的图片导入工作区中，调整大小。

步骤2：按住“Shift”键选中需要分散到帧的所有对象：四幅图片，可以在工作区中选择，也可以在层里面选中。

步骤3：在“帧”面板中单击右上角的选项按钮，从弹出的快捷菜单中选中“分散到帧”命令，如图12-14所示。此时单击任何一个帧，会发现每一个帧中只有一个对象。

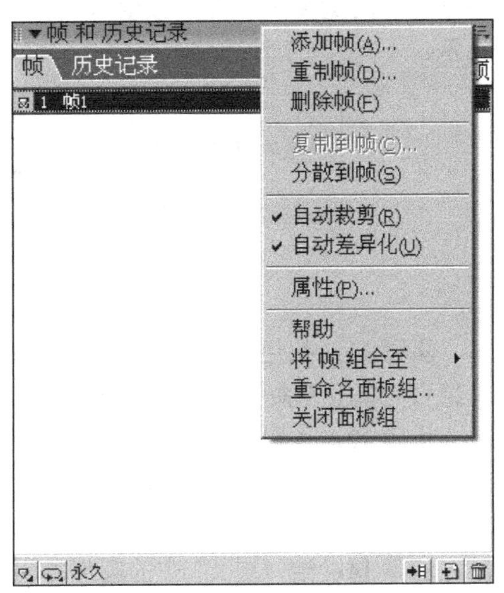

图12-14 分散到帧快捷菜单

2. 图片动画制作

利用Fireworks也可以制作一些类似Flash才能制作的动画效果，如利用Fireworks制作旋转的地球，如图12-15所示，步骤如下。

图12-15 转动的地球

步骤1：双击桌面任务栏右下角的时间，打开“日期和时间属性”对话框后，选择“时区”选项卡，按“Alt”键和“PrintScreen”键，将对话框屏幕复制到剪贴板中。

步骤2：进入Fireworks，新建文件，将剪贴板中的图片粘贴到画布中。粘贴后利用“裁剪”工具将世界地图部分裁剪下来，裁剪时一定要放大比例进行裁剪，力求精确。

步骤3：将裁剪好的世界地图克隆一份，移动到画布右侧之外，空白处单击，选择“修改”→“画布”→“符合画布”项，扩大画布，再详细调整地图素材的位置，将两张图片左右无缝拼接在一起。同时选取两幅图，执行“修改”→“平面化所选”命令，将两幅图片合并为同一张图片。

步骤4：新建画布，宽高分别为300×200像素，绘制一个合适大小的正圆，笔触选择无，白色填充。

步骤5：复制刚绘制的圆形，在层面板中新建一层“层2”，选取新建的层，粘贴。

步骤6：设定粘贴到“层2”中的圆形为1像素黑色柔化线段笔触，圆形为放射状填充，左右两侧颜色均为黑色，将上方的不透明度选项作调整，将其中左侧的不透明度选项稍向右移动，并将其值设置为0，将渐变填充右侧的不透明度选项设置为50。

步骤7：将步骤3中的地图素材复制，粘贴到“层1”中。使用缩放工具将地图素材不改变长宽比例进行缩放，并将地图素材右对齐圆形，此时选取地图素材看属性面板，记下地图素材现在的宽度。

步骤8：在层面板中将地图素材拖动到“层1”中圆形下方。

步骤9：选取地图素材，按F8，打开元件属性面板，将地图素材转换为动画元件。

步骤10：设置动画的帧数、移动方向、移动距离。因为地图素材被拼接成了两张，旋转一周也就是移动一整张地图素材的宽度，或者说是缩放后的地图素材的一半宽度，在步骤 9 中，记下了地图素材在缩放后的宽度 666 像素，将此宽度除以 2，得到结果 333 像素(要根据记下的宽度为主算其数值)，将 333 数值填入移动距离项目中，属性面板如图 12-16 所示。

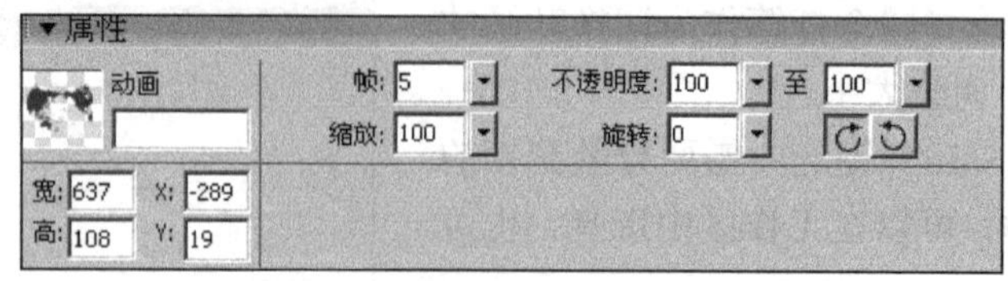

图 12-16　地球动画元件属性面板

步骤 11：按住 Shift 键选取层 1 中的圆形和地图动画元件，执行“修改”→“蒙板”→“组合为蒙板”命令。

步骤 12：选取“层 1”中的蒙板对象，在属性栏设定蒙板方式为路径轮廓。这里的蒙板圆形是白色，这项可以不选，但如果蒙板的圆形设置不是白色，此步骤必不可少。

步骤 13：双击“层 2”的名字，选取“共享交叠帧”项目。

步骤 14：给“层 2”中的圆形加阴影效果来增强立体感。

步骤 15：设置首帧和尾帧的时间，让首帧和尾帧时间加一起等于普通其他帧的时间。因为首帧和尾帧的内容是一样的，如果不改时间，动画会出现停顿。这时候可以播放动画。导出 GIF 时，因为“层 2”中的圆形有渐变，可能会出现颜色过渡不自然，可以在导出选项中设定“抖动”选项。

3. 文字动画制作

步骤 1：新建一个空白文件，设定背景为黑色。然后利用绘图工具绘制图形(图 12-17)，这就是动画第一帧的内容 。

步骤 2：单击帧面板中的“新建”→“重置帧”按钮，添加第二帧，然后绘制第二帧的内容，将“Flash”替换为“Dreamweaver”，绘制完成后，同样，再次单击这个按钮，添加第三、第四帧，然后绘制第三、第四帧的内容，分别将文字部分替换为“Fireworks”和“Macromedia Web Designer”。

步骤 3：在帧面板中将前三帧的帧延迟时间定义为 100，停留 1 秒，将第四帧的延迟时间定义为 200，停留 2 秒。

图 12-17　文字动画第一帧样式

12.2.6　抠图

1. 利用位图工具实现抠图

位图工具选区选择完成后，要对位图的部分区域进行选择或者编辑。将所需要的图像从原图中进行扣取是网页设计时经常需要的工作。

1)利用矩形选取框工具抠图

步骤 1：执行“文件”菜单中的“新建”命令，新建一个空白文档，选择四个打算作为切换动画的图片导入工作区；也可直接打开要进行抠图的对象文件。

步骤 2：从工具箱面板里面选择“椭圆选取框”工具，在其属性面板中，设置“边缘”为羽化 24(图 12-18)，然后将要抠取的对象进行选择后复制，并将其粘贴到新文档。

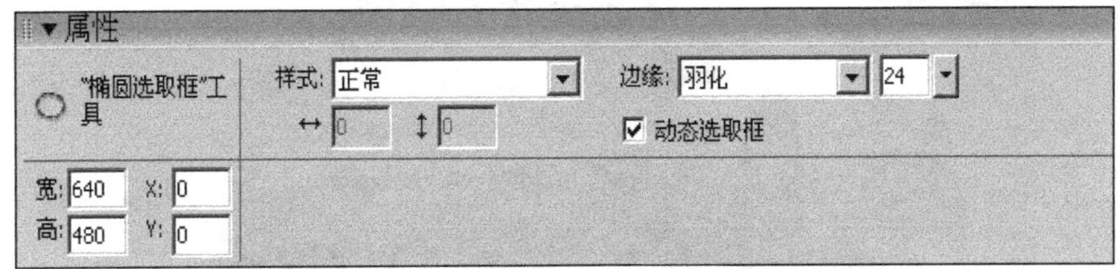

图 12-18 椭圆选区框工具属性面板

2) 利用魔术棒工具实现抠图，如图 12-19(左图为要抠取的图片，右图为实现效果)所示

图 12-19 利用魔术棒抠图

步骤 1：打开要抠图的图像，从工具箱中选中“魔术棒”工具。

步骤 2：在属性面板中设置魔术棒工具的“容差”值，默认情况下该值为 32。

步骤 3：在图像中需要删除的颜色上单击，再按“Delete”键。

步骤 4：重复步骤 2 和步骤 3 动作直至没有多余的颜色。

2. 利用矢量工具实现抠图

蒙版分为矢量蒙版和位图蒙版。矢量蒙版仅显示被遮挡物体的轮廓；位图蒙版使用蒙版像素点的属性来影响被遮挡物的可见性或创建特定的效果。利用蒙版可以快捷地实现抠图效果，如图 12-20 所示，将复杂背景的汽车从图中抠出。操作步骤如下。

图 12-20 利用蒙版抠图

步骤 1：打开要抠图的图像，从工具箱中选中“钢笔”工具。

步骤 2：利用钢笔工具将汽车勾轮廓线，如图 12-21 所示。

图 12-21　利用钢笔勾画汽车轮廓线

步骤 3：在该“路径”的属性面板中将轮廓线设置为透明，将填充设置为白色，如图 12-22 所示。

步骤 4：按住“Shift”键，选择白色的汽车轮廓图形和汽车图片底图，依次单击“修改”菜单→“蒙版”→“组合为蒙版”命令选项，即可完成图 12-20 中右图的效果。

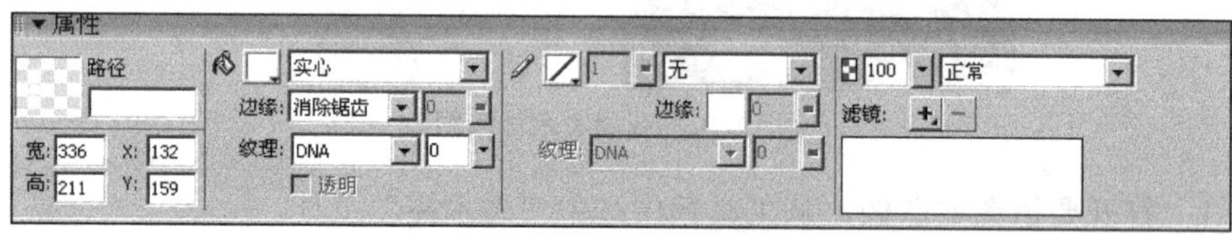

图 12-22　设置轮廓线的属性

12.2.7　切片

网页上的图片较大时，浏览器下载整个图片需要很长时间，切片的使用使得整个图片分为多个不同的小图片分开下载，使得浏览者在浏览网页时，图像有一个非常快的显示速度。步骤如下。

步骤 1：导入要切图的图片，然后选择工具箱中的“切片”工具。

步骤 2：在图像的适当位置上单击鼠标并拖动绘制一个矩形区域，当矩形大小合适时释放鼠标，这样就生成了一个切片。该切片区域被半透明的绿色所覆盖，称为切片对象，另外 Fireworks 根据切片对象的位置以红色分割线对图像进行了分割，称为切片向导。

步骤 3：可反复操作步骤 2，直至在图像上绘出多个切片对象，如图 12-23 所示。

图 12-23　图片切片

步骤 4：执行“文件”菜单中的“导出”命令，在“导出”类型的下拉列表框中选择“HMTL和图像”，表示将导出网页文件和切片图片，也可以选择其他类型，如图 12-24 所示。

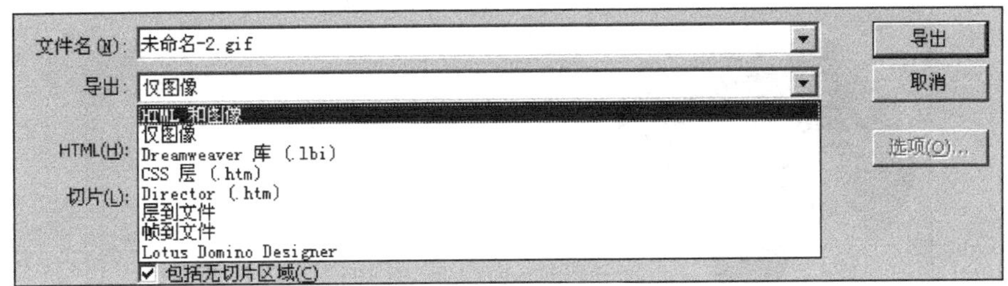

图 12-24　导出类型

12.3　网 页 制 作

12.3.1　Dreamweaver 入门

Macromedia Dreamweaver 是一款专业的 HTML 编辑器，是在网页设计与制作领域中用户最多、应用最广、功能最强大的软件，它集网页设计、网站开发和站点管理功能于一身，具有可视化、支持多平台和跨浏览器的特性，是目前网站设计、开发、制作的首选工具。

1. Dreamweaver 8 的工作环境

在 Windows 操作系统下，依次执行“开始”→“程序”→“Macromedia”→“Macromedia Dreamweaver 8”命令启动 Dreamweaver，如图 12-25 所示为 Dreamweaver 8 的工作界面，该窗口由标题栏、菜单栏、工具栏、插入面板、文档窗口、浮动面板和状态栏等组成。

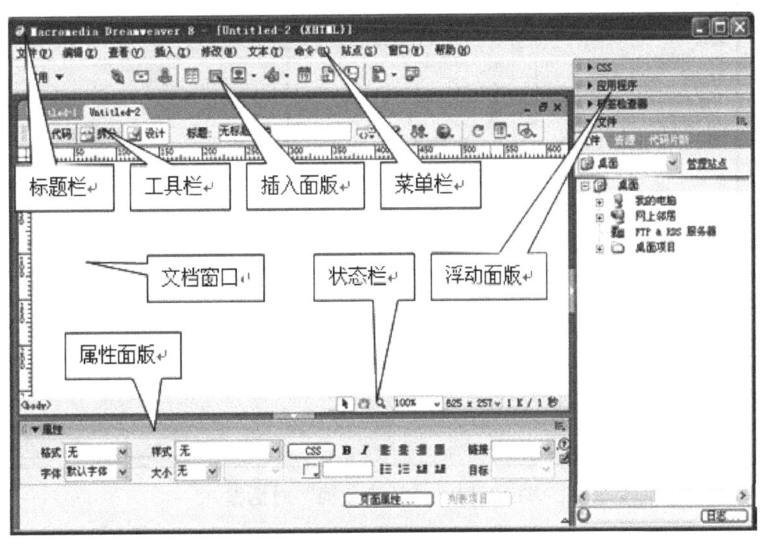

图 12-25　Dreamweaver8 主窗口

2. 制作简单网页

利用 Dreamweaver 可以制作一个简单的网页，所制作出的网页在浏览器中的效果如图 12-26 所示，具体操作步骤如下。

图 12-26　简单网页效果

步骤 1：启动 Dreamweaver 8 后，创建新文档。依次执行“文件”→“新建”菜单命令，打开“新建文档”对话框，如图 12-27 所示。罗列了可以创建的 Dreamweaver 8 文件的基本类型，包含基本页、动态页、模板页等。

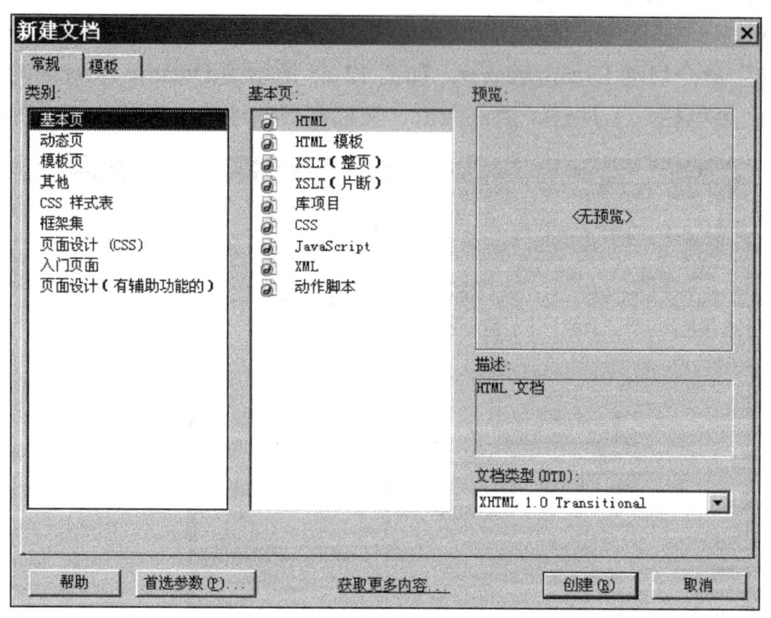

图 12-27　“新建文档”对话框

步骤 2：选择“基本页”中的“HTML”项，单击“创建”按钮，即可新建一个空白网页。

步骤 3：在“文档窗口”中右击，从弹出的菜单中选择“页面属性”选项，在“页面属性”对话框中设置文本颜色为#FF00FF，背景颜色为#FFCCFF，如图 12-28 所示，单击“确定”按钮，此时的文档窗口即可显示粉色的背景颜色。

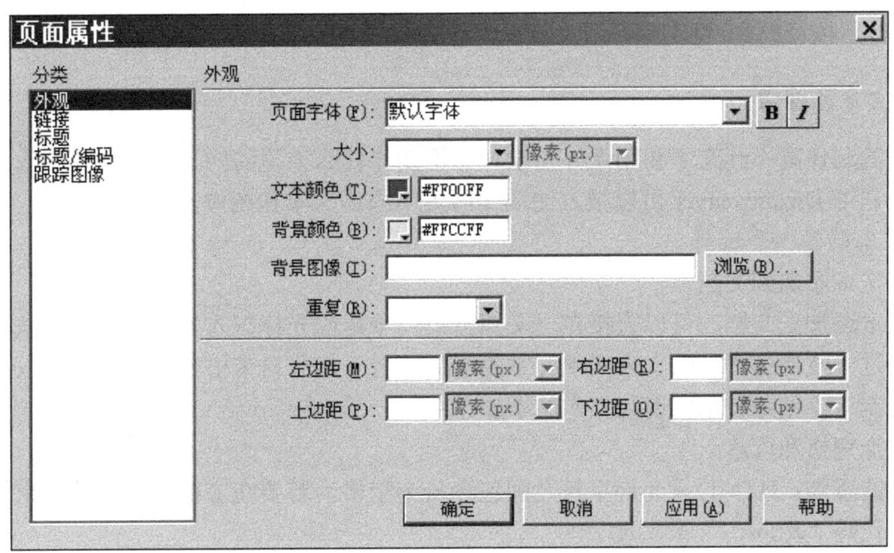

图 12-28　“新建文档”对话框

步骤 4：插入点光标停留在文档窗口的左上角，执行“插入”菜单→“图像”命令，在打开的“选择图像源文件”对话框(图 12-29)中，找到需要插入的图像文件，单击“确定”按钮，这时会弹出保存文档提示框，选中“不再显示这个信息”复选框，这样再插入图像时，就不会每次都出现此提示信息。

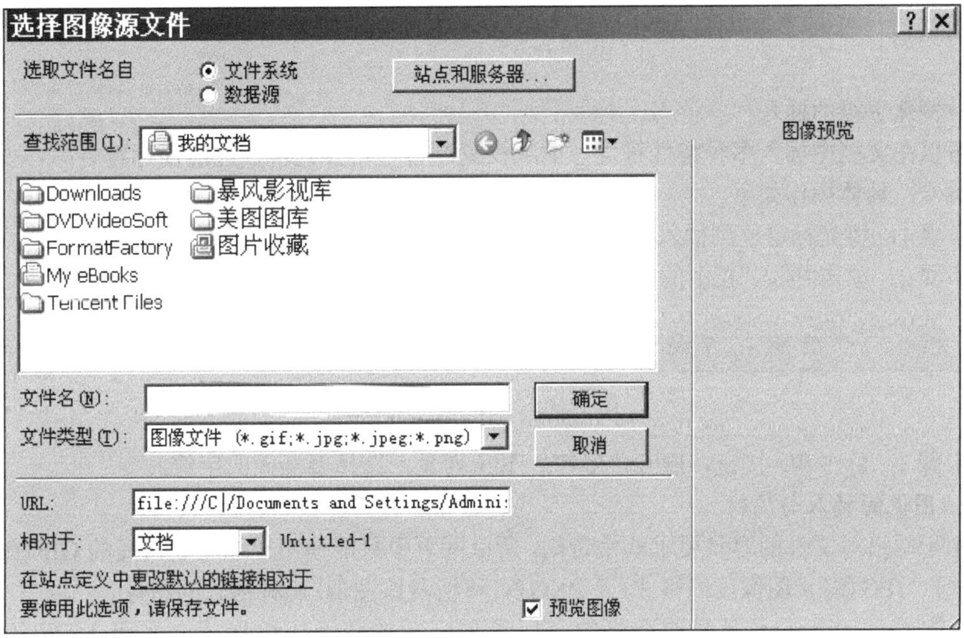

图 12-29　“新建文档”对话框

步骤 5：单击“确定”按钮，弹出“图像标签辅助功能属性”对话框，单击“替换文本”下拉按钮，从中选择“<Empty>”选项，单击“确定”按钮，图片插入完成。

步骤 6：将插入点定位在图片右边，输入“网络管理员”，选中“网络管理员”，在下方的属性面板中，将字体大小设置为 36。

步骤 7：按“F12”键，保存对文档的修改并预览网页效果。

12.3.2　文本和图像

网页的制作离不开文字和图像等元素，无论制作什么类型的网页，文本和图像都是不可缺少的，利用 Dreamweaver 可以很方便地在网页中添加文本和图像。

1. 文本的输入和编辑

1) 将文本添加到文档

将文本添加到文档，可以直接在“文档窗口”中定位光标键入文本，也可以从其他应用程序中通过“复制”、“粘贴”来实现文本的添加。对于部分自带格式的文本，可以通过记事本中“复制”、“粘贴”来实现纯文本的添加。

2) 添加空格和段落

空格的添加：HTML 只允许字符之间包含一个空格，若要在文档中添加其他空格，可以插入空格代码“ ”来实现。

插入空格的方法有以下三种。

方法 1：在“插入”栏中，选择“文本”项，然后单击最右侧下拉列表框中“不换行空格”项。

方法 2：执行“插入”→“HTML”→“特殊字符”→“不换行空格”命令。

方法 3：按组合键“Ctrl”+“Shift”+“空格键”来插入空格，这种方式为插入空格的首选方法。

直接按“Enter”键可添加一个新的段落，按“Shift”和“Enter”组合键可实现段内换行。

3) 特殊字符的插入

可以在文档中插入多种特殊符号，如版权复制符号、并列符、注册商标符号等。要插入特殊符号，具体操作如下。

步骤 1：将光标定位到插入特殊字符的位置。

步骤 2：单击“插入”栏中的“文本”选项，如图 12-30 所示。

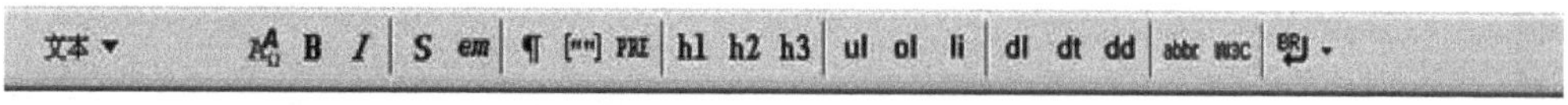

图 12-30　“文本”工具栏

步骤 3：单击 BRJ · 按钮，展开“字符”下拉列表，选择要插入的字符。

2. 图像的插入与编辑

由于网络对文件的容量要求非常苛刻，所以网页中只能使用压缩比非常高的 GIF（图形交换格式）、JPG（静止图像压缩格式）及 PNG（可移植网络图形）三种格式的图像。

GIF 格式（Format）是目前网络中应用最为广泛的图像压缩格式，采用 LZW 无损失压缩算法，不会出现图像效果的失真。它分为静态 GIF 和动画 GIF 两种，支持透明背景图像，适用于多种操作系统，文件很小，可以极大地节省存储空间，因此常常用于保存作为网页数据传输的图像文件。GIF 格式的图像最多只能显示 256 种颜色。对于包含颜色数目较少的图像，可选用 GIF 格式，如卡通、徽标、包含透明区域的图形以及动画等。

JPEG 格式简称 JPG，是应用最广泛的图片格式之一，它采用一种特殊的有损压缩算法，将不易被肉眼察觉的图像颜色删除，从而达到较大的压缩比，所以“身材娇小，容貌姣好”，特别受网络青睐。JPEG 支持 24 位真彩色，因此 JPEG 格式显示图像色彩丰富。对于使用的颜色数较多，含有大量过渡颜色区域，而且追求图像质量的图像应选用 JPEG 格式，如扫描的照片、使用纹理的图像和任何需要 256 种以上颜色的图像等。

PNG 格式是一种新兴的网络格式。该格式是目前最不失真的格式，它汲取了 GIF 和 JPEG 格式的优点，存储形式丰富，兼有 GIF 和 JPEG 格式的色彩模式。采用的也是一种无损压缩算法，能真实再现图像原貌，最多可以支持 32 位的颜色，因此它同时具有 GIF 格式和 JPEG 格式的优点。

1) 图像的插入与编辑

直接插入方法：执行“插入”菜单中的“图像”菜单命令，也可以单击插入栏的“常用”选项卡中的图像按钮，或按“Ctrl” + “Alt” + “I”组合键。

步骤 1：新建一个文件夹，改名为 img，用来存放图片。

步骤 2：执行“插入”菜单中的“图像”菜单命令，在“选择图像源文件”的对话框里选择要插入的图片。如果出现对话框“你愿意将该文件复制到根文件夹中吗？”，选择“是”，然后将它保存到刚建好的 img 文件夹内。

步骤 3：选中插入的该图片，在其属性面板中可以重新设置图片的高、宽，拖住图片角上的点可以改变大小。如要恢复原始大小，则单击左下角的“ ”图标。

步骤 4：在图片的属性面板中，可直接在“链接”里输入地址，单击该图片会超链接至该地址上；“替代”是图片的说明，即鼠标指向图片所显示的文字；“边框”是图片边框宽度，“对齐”是对齐方式。

2) 占位符插入

占位符插入的方法：执行“插入”→“图像对象”→“图像占位符”命令，或在“常用”插入工具栏中，单击“图像”按钮旁边的小三角形，在弹出的下拉菜单中单击“图像占位符”项，打开“图像占位符”对话框，在打开的对话框中设置后插入即可。

12.3.3　网页中的表格

在网页中，表格不仅能在 HTML 网页中显示表格式数据，同时它也是对文本和图像进行布局的强有力工具。

1. 插入表格

在网页中插入表格的方法很简单，具体操作如下。

步骤 1：在文档窗口中要插入表格的地方光标定位。

步骤 2：执行“插入”→“表格”菜单命令，弹出“表格”对话框，如图 12-31 所示。在“表格”对话框中可以设置表格的行数、列数、宽度、边框粗细、单元格间距等参数。其中，“单元格边距”表示单元格中的内容与单元格边框之间的距离；“单元格间距”表示单元格与单元格之间的距离。

步骤 3：根据需要设置表格的属性后，单击“确定”按钮，即可在文档窗口中插入表格。

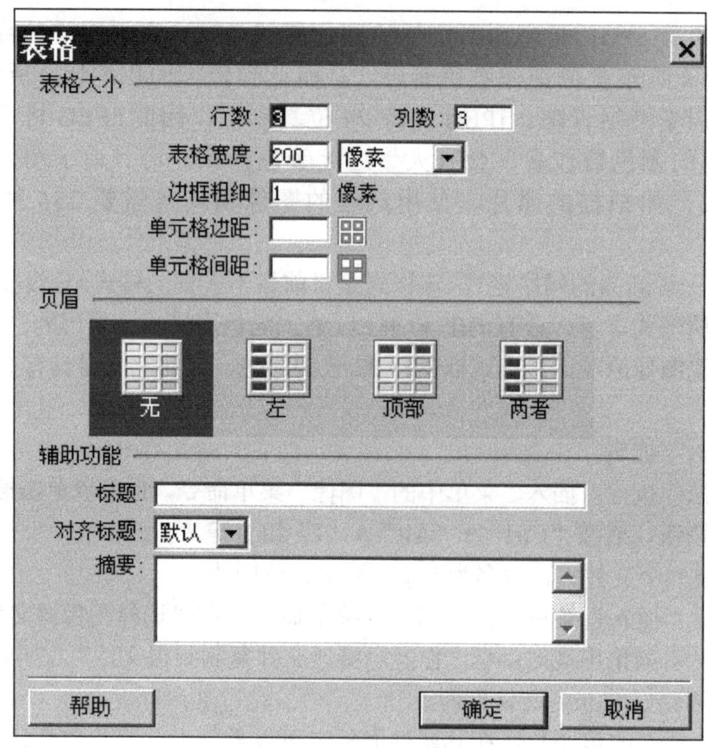

图 12-31　“表格”对话框

2. 选中表格

要对表格进行编辑，首先要选中表格。表格的选中操作可以分为选中整个表格、选中单元格、选中表格行或列等几种情况。

1) 选中整个表格

整个表格的选中有多种方法，较常用的有以下几种。

方法 1：将鼠标移到表格上，当鼠标光标变为形时，单击鼠标即可。

方法 2：将鼠标移到表格的边框线上，表格四周的边框线呈现红色，当鼠标光标变为形或形时单击鼠标。

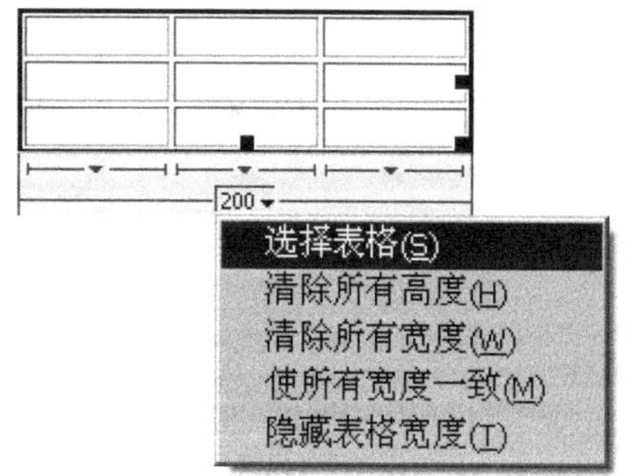

图 12-32　表格选择

方法 3：将鼠标光标定位到表格中，表格弹出绿线的标志，单击标有大小的绿线中的按钮，然后从列表中选择“选择表格”项，如图 12-32 所示。

2) 选中单元格

单元格的选取分为单个单元格的选取和单元格区域的选取两种情况。单个单元格的选取方法很简单，只需将光标定位到要选取的单元格中即可；单元格区域选取的具体操作如下。

步骤 1：将光标定位到要选取的单元格区域的最左上方或最右下方的单元格中。

步骤 2：在光标所在单元格中按住鼠标左键不放，拖动鼠标到需要选取的单元格区域的最后一个单元格中释放鼠标即可，如图 12-33 所示。

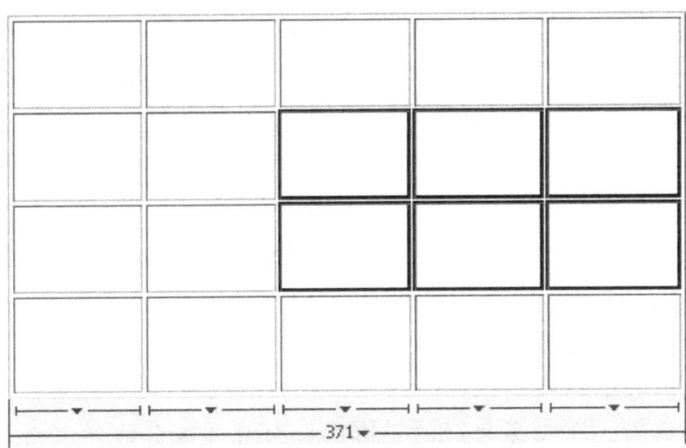

图 12-33　单元格区域的选择

3) 选中表格行或列

选中表格行的具体操作步骤如下。

步骤 1：将鼠标指针移动到要选中的表格行左方（表格之外），当鼠标指针变成指向右方的黑色箭头时，单击鼠标即可。

步骤 2：再拖动鼠标可以选中多行，选中的表格行周围出现粗线框。

选中表格列的具体操作步骤如下。

步骤 1：将鼠标指针移动到要选中的表格列的上方（表格之外），当鼠标指针变成向下的黑色箭头时，单击鼠标即可。

步骤 2：然后在左右方向上拖动鼠标可以选中多列表格。

3. 操作表格或单元格

操作表格或单元格包括表格或单元格属性的设置、在表格中插入行或列、合并或拆分单元格、排序表格及嵌套表格等。设置表格或单元格的属性先选中表格或单元格，然后通过“属性”面板来完成表格属性的设置。其中，如图 12-34 所示为单元格属性面板，“水平”和“垂直”选项用于设置单元格水平和垂直方向上的对齐方式；“不换行”表示如果选中该复选框，该单元格宽度会随输入内容的增加自动加大。

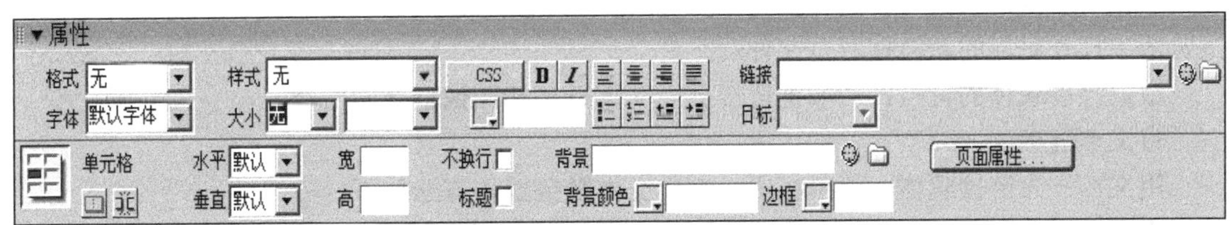

图 12-34　单元格“属性”面板

1) 插入行或列

在表格或单元格中插入行或列操作步骤如下。

步骤 1：将光标定位到单元格中。

步骤 2：执行“修改”→“表格”→“插入行”菜单命令或“插入列”菜单命令，执行此操作后将在插入点的上面出现一行或在插入点的左侧出现一列。

2) 添加多行或多列

步骤 1：将光标定位到单元格中。

步骤 2：执行“修改”→“表格”→“插入行或列”命令，打开“插入行或列”对话框。

步骤 3：在“插入行或列”对话框中进行如图 12-35 所示的设置。

步骤 4：单击“确定”按钮。所需的行或列出现在表格中。

3) 删除行或列

删除行或列可以通过以下方法。

方法 1：选中表格中要删除的行或列，按“Delete”键即可。

方法 2：将光标放置到要删除的行或列中，执行“修改”→“表格”→“删除行”或“删除列”命令，即可删除当前行或列。

4) 合并单元格和拆分单元格

在网页中插入表格后，经常需要对单元格进行合并或拆分操作。合并单元格的操作比较简单，首先选取要合并的单元格区域，然后单击“属性”面板左下角的图标即可。

用户除了可以将多个单元格合并为一个单元格外，还可将一个单元格拆分成多个单元格，拆分单元格的步骤如下。

步骤 1：将鼠标指针置于要拆分的单元格中。

步骤 2：执行“修改”→“表格”→“拆分单元格”菜单命令；或打开“属性”面板，单击“拆分单元格”按钮。

步骤 3：在“拆分单元格”对话框中，进行相应的设置，如图 12-36 所示。然后单击“确定”按钮。

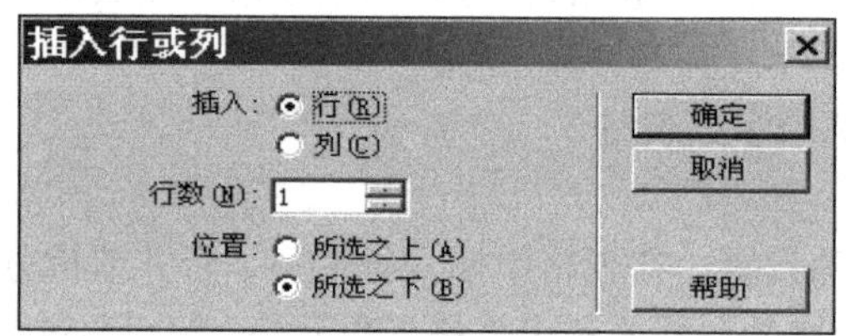

图 12-35　插入行或列对话框

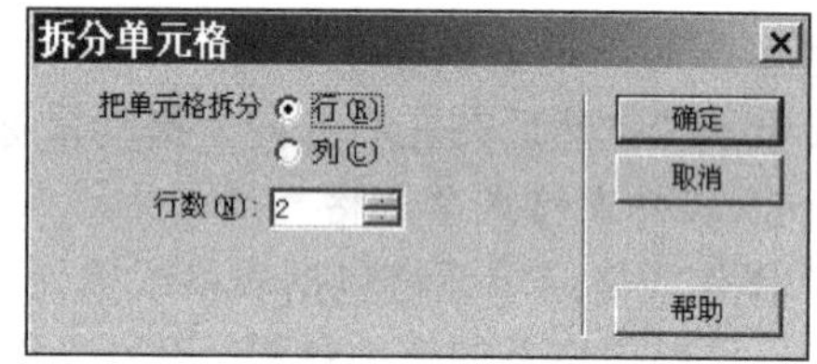

图 12-36　拆分单元格对话框

12.3.4　超链接

超链接是区别网页与普通文档的重要标志，只需要单击网页中的超链接，就可以在 Web 浏览器中打开对应的超链接网页文件。

根据链接载体的特点，一般把链接分为文本链接和图像链接两大类。

1) 文本链接

用文本作为链接载体，简单实用。制作文本链接操作方法如下。

步骤 1：首先选中网页文件中要设置超链接的文本或图像。

步骤 2：在“属性”面板的“链接”文本框中输入要链接的目标网页的文件名或者网站地址，在“目标”选项中选择“_blank”项(图 12-37)。

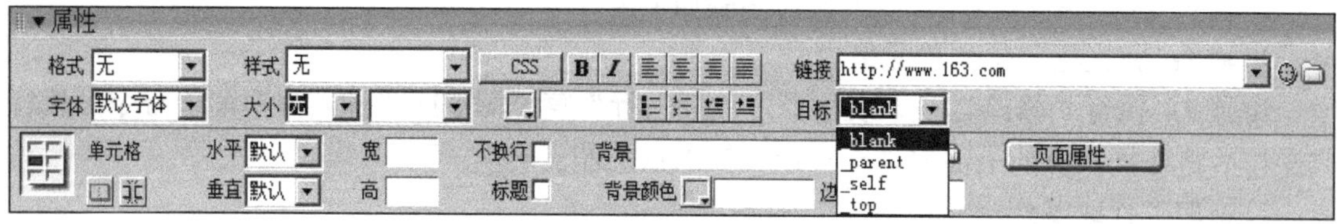

图 12-37　设置文本超链接属性面板

其中，“目标”下拉列表中各选项的含义如下。

_blank：在新打开的浏览器中显示超链接网页，而超链接所在的浏览器窗口不关闭。

_parent：在当前网页的上一级框架中显示超链接网页，如果网页未划分框架，则在新的浏览器中打开超链接网页。

_self：在超链接所在的框架中显示超链接网页，如果网页未划分框架，超链接网页将占据整个浏览器窗口。

_top：在整个浏览器窗口中打开超链接网页，并删除原有的网页和所有框架内容，如果网页中没有划分框架，其作用与“_self”选项是相同的。

2) 图像链接

用图像作为链接载体，可使网页美观、生动活泼，它既可以指向单项链接(对于整个图片的单独链接方法参考文本链接)，同时也可以根据图像不同的区域建立多个链接，步骤如下。

步骤 1：插入图片。

步骤 2：选中“属性”面板的图标，框选图片中的“春”，在对应的“属性”面板中设置其属性值，如图 12-38 所示。

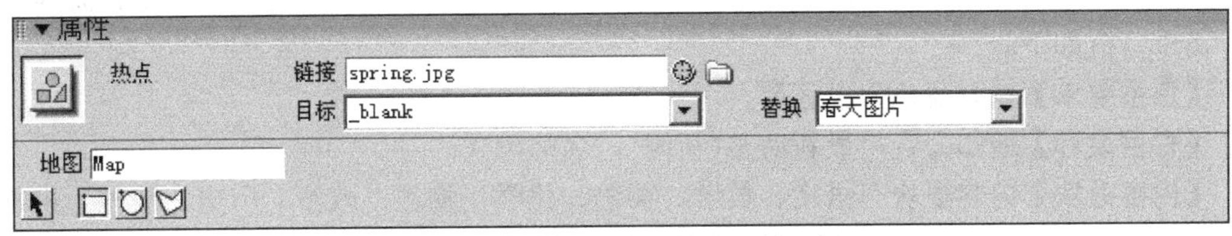

图 12-38　设置“春”热点属性面板

步骤 3：重复步骤 2，依次将图片中的“夏”、“秋”及“冬”进行设置，最终效果如图 12-39 所示。

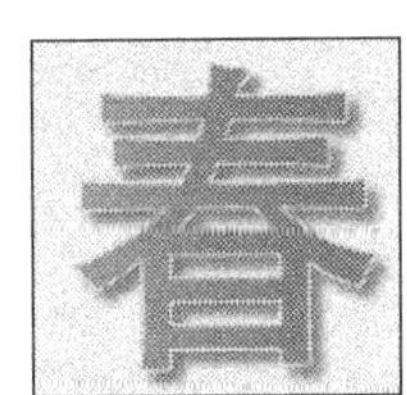

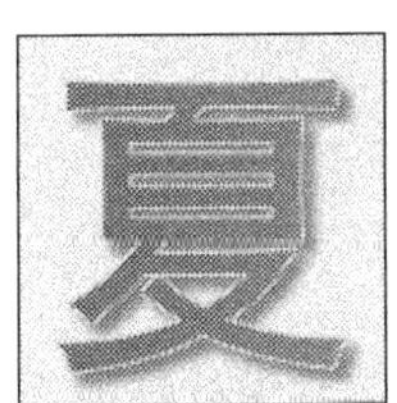

图 12-39　图像多区域热点链接效果

3) 创建锚点链接

步骤 1：单击页面内要设置锚点的地方，将光标移至此处。再单击“插入”面板中“常用”选项卡内的“”图标(命名锚记按钮)，弹出“命名锚记”对话框。

步骤 2：在“锚记名称”文本框内输入锚点的标记名称，如 tswy，再单击“确定”按钮，退出该对话框，此时在页面光标处会产生一个锚点标记。

步骤 3：选中页面内的文字或图像，在“属性”面板栏内的“链接”文本框内输入“#tswy”，即可完成选中的文字或图像与锚点的链接。

4) 创建 E-mail 链接

创建电子邮件链接的方法：首先定位光标，然后单击“插入”工具栏上的“电子邮件链接”图标，打开“电子邮件链接”对话框。在第一个文本框中输入要链接的文字，在第二个文本框中输入收件人的邮箱地址，如图 12-40 所示。单击“确定”按钮，返回编辑窗口，完成操作。

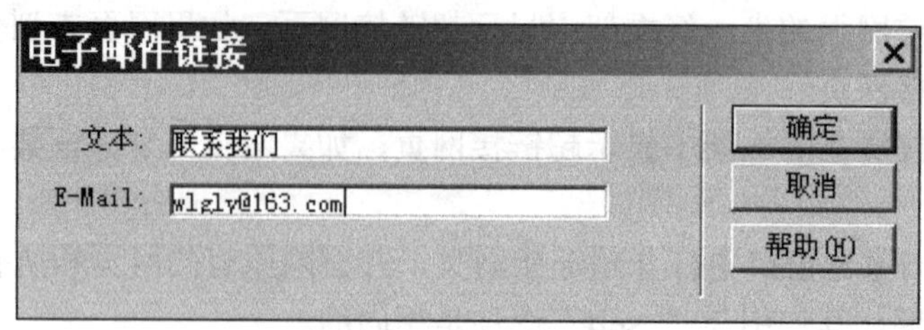

图 12-40 电子邮件链接对话框

12.4 案 例

12.4.1 案例需求

按照学校的需求，打算建立一个教学专题网站，教研室可以发布通知，教师可以发布资源，教师发布的资源需要经过教研室审核后才可以供学生浏览，学生可以就某个资源内容留言。需求分析如下。

【色系要求】以天蓝色为主色调。

【栏目设计】通知公告，最新动态(新闻)，名师风采。

【内容板块】内容板块有语文、数学、英语、化学、物理、政治、历史、地理、生物。可以按照初一上学年、初一下学年、初二上学年、初二下学年、初三上学年、初三下学年进行划分标识。

【附加功能】

(1)要求对每个内容都可以记录浏览次数。

(2)对所有的内容都可以进行模糊搜索。

(3)可以指定栏目搜索。

(4)以时间新旧进行内容的排序。

(5)显示每个栏目最近更新的 10 条内容。

(6)学生可以就某一内容进行留言，留言之前要进行注册，同时留言的内容要经过审核才可以发布。

12.4.2 平面设计

版面宽度：900px。首先用 Fireworks 做出首页的平面设计效果图，如图 12-41 所示。

1. 抠取素材

从素材文件(可在本书配套网站下载)中获得学生.jpg、路.jpg、风车.jpg 和草地.jpg 这四个 jpg 文件，从中抠取所需要的素材。“学生.jpg”里面的两个学生，抠取出的效果如图 12-44 所示。利用 Fireworks 抠取素材“学生.jpg”里面的两个学生的步骤如下。

步骤 1：启动 Fireworks，打开素材文件里面的“学生.jpg”文件。

步骤 2：从工具箱中选中“钢笔”工具。

步骤 3：放大比例后，利用钢笔工具为学生勾轮廓线，轮廓线效果如图 12-42 所示。

图 12-41　初中学校网首页效果

图 12-42　利用钢笔勾画学生轮廓线

步骤 4：选中学生的轮廓线路径，在该“路径”的属性面板中将轮廓线设置为透明，将填充设置为白色，参数如图 12-43 所示。

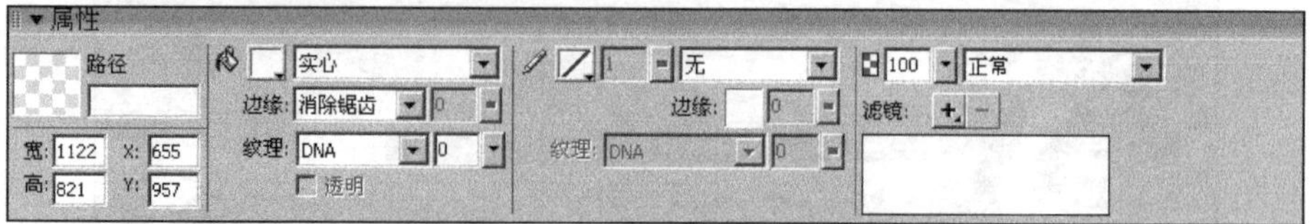

图 12-43　设置轮廓线的属性

步骤 5：按住“Shift”键，选择白色的学生轮廓图形和底图，执行“修改”→“蒙版”→“组合为蒙版”命令，即可只保留轮廓线内的学生。

步骤 6：选中保留下来的“学生”对象，鼠标右击，在弹出菜单中选择“平面化所选”项。

步骤 7：鼠标在空白区域单击，在文档的“属性”面板上单击“符合画布”按钮，将多余的空白部分自动裁剪，效果如图 12-44 所示。

图 12-44　抠取出的“学生”效果

抠取“路.jpg”里面的“路”、“风车.jpg”里面的“风车”、“草地.jpg”里面的“草地”，具体操作方法参考“抠取学生”的步骤，抠取的效果如图 12-45 所示。

图 12-45　抠取出的“路、风车、草地”效果

2. 制作艺术字

制作“初中教学网”的字样，效果如图 12-46 所示。

图 12-46 文本“初中教学网”效果

操作步骤如下。

步骤 1：选择左侧工具箱中的“文本工具”，在文档中输入文字“初中教学网”，同时设置其文本“属性”，“字体”设置为华文隶书，字体大小设置为 50，同时设置为“粗体”，并选择“强力消除锯齿”。

步骤 2：在“属性”面板的“滤镜”选项中单击“添加动态滤镜或选择预设”项，选择“阴影和光晕”中的“投影”，具体参数设置如图 12-47 所示。

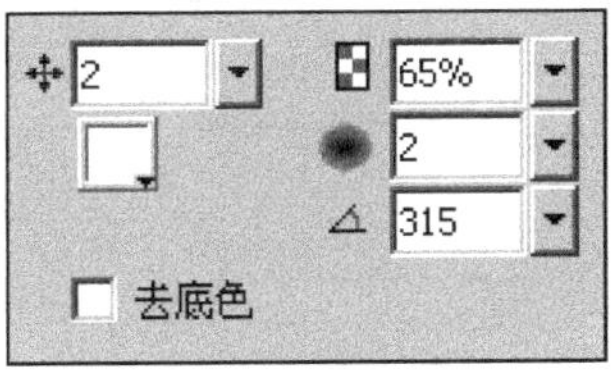

图 12-47 滤镜属性对话框

3. 制作顶部 Banner

将前面抠取出的图像及制作的文字合并在一起，制作出如图 12-48 所示效果的顶部 Banner 图片，操作步骤如下。

步骤 1：新建一个宽为 900 像素、高为 254 像素的空白文档。

步骤 2：选择工具箱中矢量工具中的“矩形工具”，其中宽为 900 像素，高度为 254 像素，填充方式为“渐变”中的“线性”方式，该矩形属性面板如图 12-48 所示。

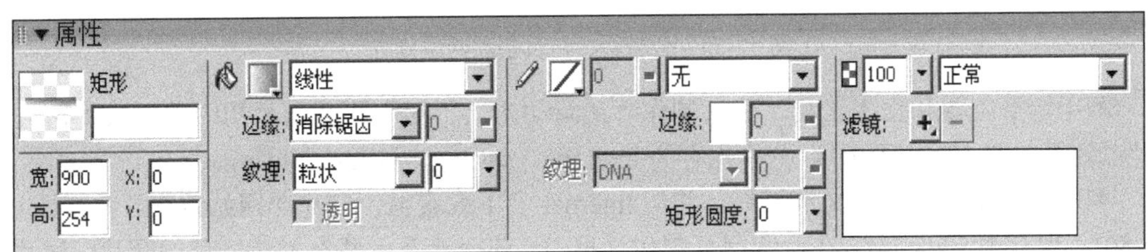

图 12-48 矩形属性面板

步骤 3：将前面抠取出的图像“路、风车、草地”以及制作出的文本“初中教学网”复制到该矩形上，通过属性面板中的“缩放工具”调整大小，并移动到合适的位置，最终效果如图 12-49 所示，保存图片为 banner.jpg。

图 12-49 顶部 Banner 效果图

也可以从本书配套网站下载素材文件如“蝴蝶”、“向日葵”的素材，采用钢笔和蒙版抠图的方式抠取里面的图像，并复制到顶部 Banner 上，最终实现如图 12-49 所示上方 Banner 的效果。

4. 制作公告栏及栏目条

通过工具箱中的圆角矩形工具和文本工具，即可制作出如图 12-41 所示中公告栏的效果。具体方法如下。

步骤 1：选择左侧工具箱中的圆角矩形工具，设置其宽度为 192 像素；高度为 285 像素；笔触为 1 像素的柔滑圆形；填充为白色实心填充；边缘柔化为 50。

步骤 2：在圆角矩形工具中，插入一个宽度为 141、高度为 26 的圆角矩形。

步骤 3：选择左侧工具箱中的文本工具，定位在小的圆角矩形中，输入“公告栏”和“Bulletin Board”，设置合适的大小和颜色，效果如图 12-50 所示，保存为 gg.gif。

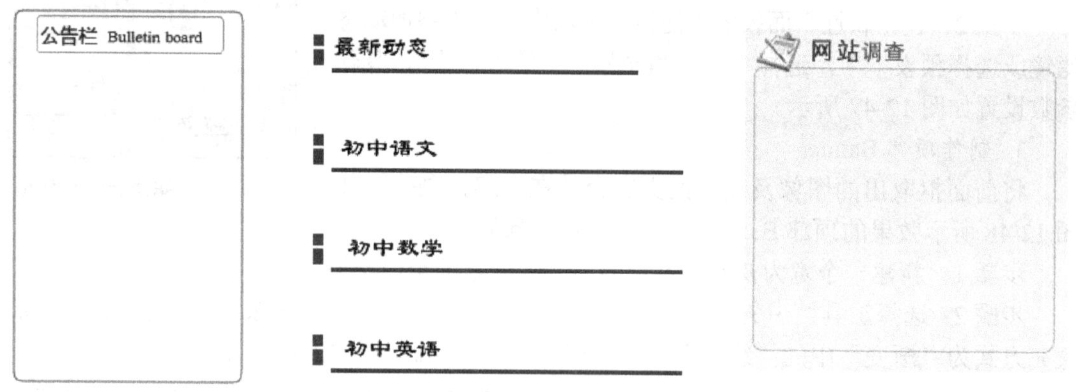

图 12-50　公告栏、栏目条和网站调查

利用矩形工具和文本工具，依次制作“最新动态”、“初中语文”、“初中数学”、“初中英语”(效果如图 12-50 所示)，分别保存为 zxdt.jpg、yw.jpg、sx.jpg、yy.jpg。

利用圆角矩形工具、文本工具，并从 Internet 上下载素材，制作“网站调查”背景图(图 12-50)，保存为 wzdc.gif。在后续网页制作过程中，还会涉及一些充当背景色的图片，如“名师导航”下面的矩形(msbg.jpg)，采用多种颜色的“渐变”中的“放射状”填充，“当前位置”下的矩形底图(dqwzbg.gif)采用“渐变”中的“线性”填充。将所有制作的图片保存至“D:初中学习网的\img”目录中。

12.4.3　网页制作

1. 头部文件的制作

步骤 1：执行“文件”→“新建”命令，弹出“新建文档”对话框，在对话框中选择“基本页”→“HTML”项。

步骤 2：单击“创建”按钮，新建一个空白文档。执行“文件”→“保存”菜单命令，弹出“另存为”对话框，在对话框中选择保存的位置，“文件名”文本框中输入 top.htm。

步骤 3：单击“保存”按钮，保存文档。执行“修改”→“页面属性”菜单命令，弹出“页面属性”对话框，在对话框中将“大小”设置为 12 像素，“左边距”、“右边距”、“上边距”、“下边距”均设置为 0 像素，如图 12-51 所示。

步骤 4：在“页面属性”对话框中的“分类”列表中选择“标题/编码”选项，在“标题”文本框中输入“初中教学网”，如图 12-52 所示。单击“确定”按钮，完成页面属性的修改。

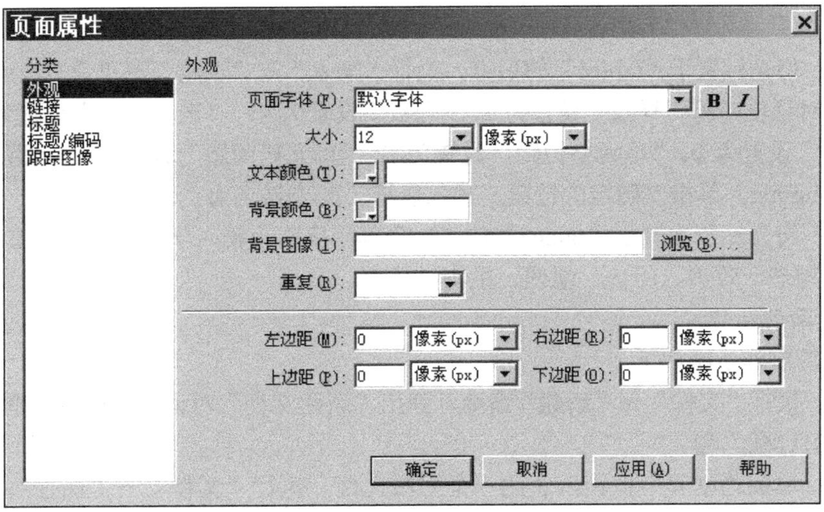

页面属性
分类
外观
链接
标题
标题/编码
跟踪图像
外观
页面字体(F): 默认字体
B I
大小: 12
像素(px)
文本颜色(T):
背景颜色(B):
背景图像(I):
浏览(B)...
重复(R):
左边距(M): 0
像素(px)
右边距(R): 0
像素(px)
上边距(P): 0
像素(px)
下边距(O): 0
像素(px)
确定
取消
应用(A)
帮助

图 12-51　设置“外观”属性

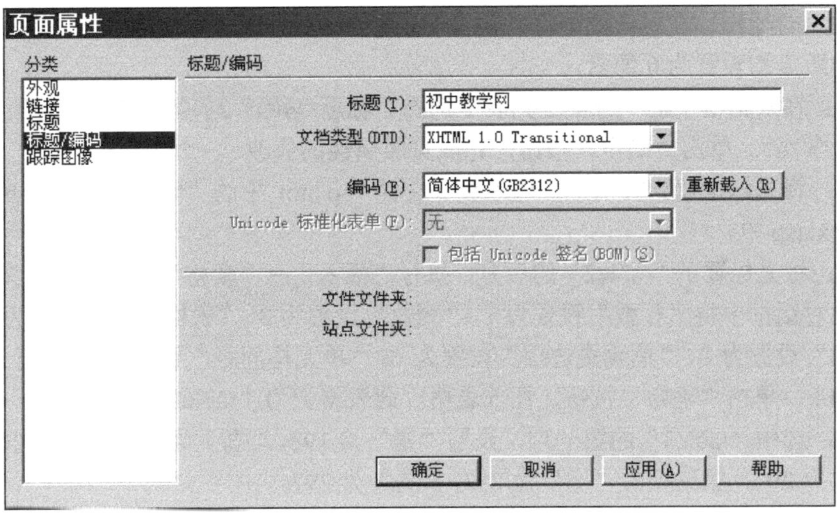

页面属性
分类
外观
链接
标题
标题/编码
跟踪图像
标题/编码
标题(T): 初中教学网
文档类型(DTD): XHTML 1.0 Transitional
编码(E): 简体中文(GB2312)
重新载入(R)
Unicode 标准化表单(F): 无
包括 Unicode 签名(BOM)(S)
文件文件夹:
站点文件夹:
确定
取消
应用(A)
帮助

图 12-52　设置“标题/编码”属性

步骤 5：将光标置于文档窗口中，执行“插入”→“表格”菜单命令，弹出“表格”对话框，在对话框中将“行数”设置为 1，“列数”设置为 1，“表格宽度”设置为 900 像素，“边框粗细”设置为 0，“单元格边距”设置为 0，“单元格间距”设置为 0。单击“确定”按钮，插入表格，此“表格 Id”记为“table1”，如图 12-53 所示。

属性
表格 Id
table1
行 1
列 1
宽 900
像素
高
像素
填充 0
间距 0
对齐 默认
边框 0
类(C) 无
背景颜色
边框颜色
背景图像(B)

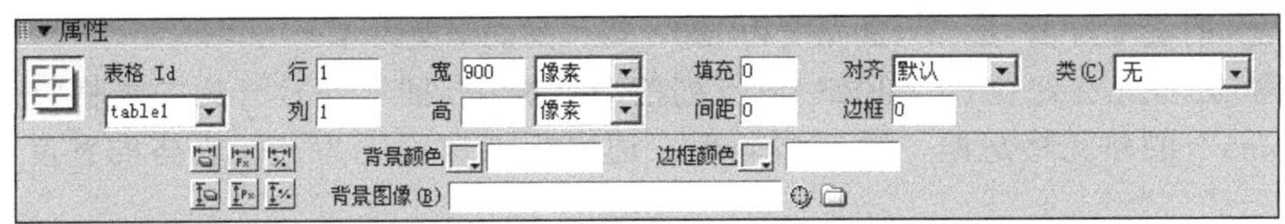

图 12-53　table1 的“属性”面板

步骤 6：将光标置于“table1”的第 1 列单元格中，执行“插入”→“图像”命令，弹出“选择图像源文件”对话框，在对话框中选择顶部 Banner 图像 img/banner.jpg，单击“确定”

按钮，插入图像。

步骤 7：将光标置于“table1”的后方，执行“插入”→“表格”菜单命令，弹出“表格”对话框，在对话框中将“行数”设置为 1，“列数”设置为 11，“表格宽度”设置为 900 像素，“边框粗细”设置为 0，“单元格边距”设置为 0，“单元格间距”设置为 0，“背景图像”设置为 img/dhbg.jpg。单击“确定”按钮，插入表格，此表格记为“table2”。

步骤 8：将光标依次置于“table2”的 11 个单元格内，输入学校首页、语文、数学、英语、化学、物理、政治、历史、地理、生物、体育。

2. 首页面的制作

首页面的制作步骤如下。

步骤 1：执行“文件”→“新建”命令，弹出“新建文档”对话框，在对话框中选择“基本页”→“HTML”项。

步骤 2：单击“创建”按钮，新建一个空白文档。执行“文件”→“保存”命令，弹出“另存为”对话框，在对话框中选择保存的位置，“文件名”文本框中输入 index.asp。

步骤 3：单击“保存”按钮，保存文档。执行“修改”→“页面属性”菜单命令，弹出“页面属性”对话框，在对话框中将“大小”设置为 12 像素，“左边距”、“右边距”、“上边距”、“下边距”均设置为 0 像素。

步骤 4：在对话框中的“分类”列表中选择“标题/编码”选项，在“标题”文本框中输入“初中教学网”。单击“确定”按钮，完成页面属性的修改。

步骤 5：将光标定位到文档中，选中头部文件 top.htm 中的“table1”和“table2”，将其复制到 index.asp 中。

步骤 6：将光标置于“table2”的后方，执行“插入”→“表格”菜单命令，弹出“表格”对话框，在对话框中将“行数”设置为 1，“列数”设置为 3，“表格宽度”设置为 900 像素，“边框粗细”设置为 0，“单元格边距”设置为 0，“单元格间距”设置为 0，“背景颜色”设置为#FFFFFF。单击“确定”按钮，插入表格，此表格记为“table3”。

步骤 7：选中“table3”的第一列，设置“宽”为 198，“高”为 297，第二列的“宽”为 449，“高”为 297，第三列的“宽”为 253，“高”为 297。

步骤 8：将光标置于“table3”第一列的单元格中，设置“背景图像”为 img/gg.gif，并执行“插入”→“表格”菜单命令，弹出“表格”对话框，在对话框中将“行数”设置为 3，“列数”设置为 3，“宽”设置为 100%，“高”设置为 100%，“边框粗细”设置为 0，“单元格边距”设置为 0，“单元格间距”设置为 0。单击“确定”按钮，插入表格，此表格记为“table4”。

步骤 9：设置“table4”第一行的高度为 60，第二行的高度为 221，第三行的高度为 16，设置第一列的宽度为 4，第二列的宽度为 190，第三列的宽度为 4。

步骤 10：将光标定位在“table3”第三列的单元格中，插入两行一列的表格“table5”，将“table5”的单元格边距、单元格间距、边框粗细都设置为 0，表格的宽度设置为 100%。

步骤 11：在“table5”的第一行的单元格内插入“最新动态”的图片为 img/zxdt.jpg。

步骤 12：将光标置于“table3”的后方，执行“插入”→“表格”菜单命令，弹出“表格”对话框，在对话框中将“行数”设置为 1，“列数”设置为 1，“表格宽度”设置为 900 像素，“边框粗细”设置为 0，“单元格边距”设置为 0，“单元格间距”设置为 0，“背景图像”

为 img/msbg.jpg。单击“确定”按钮，插入表格，此表格记为“table6”。

步骤 13：将光标置于“table6”的后方，执行“插入”→“表格”菜单命令，弹出“表格”对话框，在对话框中将“行数”设置为 2，“列数”设置为 3，“表格宽度”设置为 900 像素，“边框粗细”设置为 0，“单元格边距”设置为 0，“单元格间距”设置为 0，“背景颜色”设置为#FFFFFF。单击“确定”按钮，插入表格，此表格记为“table7”。

步骤 14：设置“table7”的三列宽度均为 300px，第一行的高度为 54px。将光标置于“table7”的第一行第一列单元格中，执行“插入”→“图像”命令，弹出“选择图像源文件”对话框，在对话框中选择“初中语文”图像 img/yw.jpg，单击“确定”按钮，插入图像。同样的方法将“初中数学”图像 img/sx.jpg、“初中英语”图像 img/yy.jpg，依次插入到第一行第二列、第一行第三列的单元格中。

步骤 15：将光标置于“table7”的后方，执行“插入”→“表格”菜单命令，弹出“表格”对话框，在对话框中将“行数”设置为 1，“列数”设置为 1，“表格宽度”设置为 900 像素，“边框粗细”设置为 0，“单元格边距”设置为 0，“单元格间距”设置为 0。单击“确定”按钮，插入表格，此表格记为“tablebottom”，将光标定位在单元格中，执行“插入”→“图像”命令，弹出“选择图像源文件”对话框，在对话框中选择底部文件图像 img/bottom.jpg，(其中底部 bottom.jpg 图片为纯色背景下的一些版权信息文字，可以根据实际情况制作)。单击“确定”按钮，插入图像。

步骤 16：按“Ctrl”和“S”键保存。

3. 二级目录及内容页的网页制作

二级目录页面与内容页面的效果在设计样式上基本一致，其制作步骤如下。

步骤 1：执行“文件”→“新建”命令，弹出“新建文档”对话框，在对话框中执行“基本页”→“HTML”命令。

步骤 2：单击“创建”按钮，新建一个空白文档。执行“文件”→“保存”命令，弹出“另存为”对话框，在对话框中选择保存的位置，“文件名”文本框中输入 list.html。

步骤 3：单击“保存”按钮，保存文档。执行“修改”→“页面属性”命令，弹出“页面属性”对话框，在对话框中将“大小”设置为 12 像素，“左边距”、“右边距”、“上边距”、“下边距”分别设置为 0 像素。

步骤 4：在对话框中的“分类”列表中选择“标题/编码”选项，在“标题”文本框中输入“初中教学网”。单击“确定”按钮，修改页面属性。设置“标题/编码”属性将光标定位到文档中，选中头部文件 top.htm 中的“table1”和“table2”，将其复制到 list.html 中。

步骤 5：将光标置于“table2”的后方，执行“插入”→“表格”菜单命令，弹出“表格”对话框，在对话框中将“行数”设置为 1，“列数”设置为 2，“表格宽度”设置为 900 像素，“边框粗细”设置为 0，“单元格边距”设置为 0，“单元格间距”设置为 0，“背景颜色”设置为#FFFFFF。单击“确定”按钮，插入表格，此表格记为“table3”。

步骤 6：在“table3”的第一个单元格中，插入一个四行一列的表格 table4，它的宽度为 255。

步骤 7：设置“table4”的第一列的单元格的宽度为 255px，高度为 253px，设置其“背景图像”为 img/zxdt.jpg，并在该单元格内插入两行一列的表格 table5，设置其第一行的高度为 44px。

步骤 8：设置“table4”的第二行的单元格的高度为 4px。

步骤 9：设置“table4”的第三行的单元格的高度为 236px，其“背景图像”为 img/wzdc.jpg，并在该单元格内插入三行一列的表格 table6，设置其第一行的高度为 40px，第二行的高度为 160px。

步骤 10：在“table3”的第二列第一行的单元格中，设置其宽度为 645，“垂直”对齐方式为顶端，如图 12-54 所示。将光标定位在单元格内，插入一个两行一列的表格 table7，宽度为 100%。

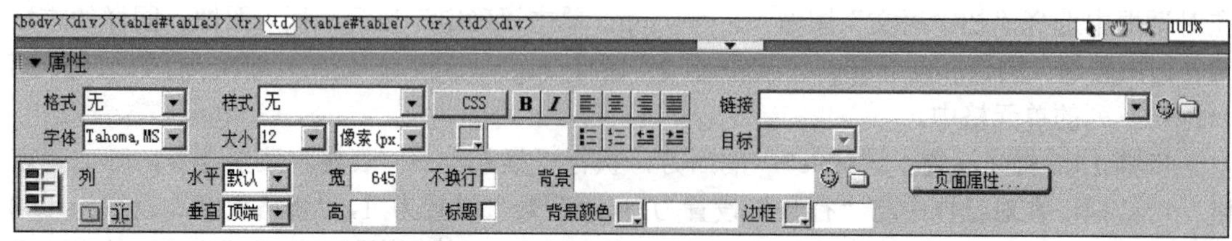

图 12-54　设置“单元格”属性

步骤 11：设置“table7”的第一行单元格的高度为 60px，其“背景图像”为 images/dqwzbg.gif。

步骤 12：将光标定位在“table7”后，复制 index.asp 中的“tablebottom”表格。

步骤 13：按“Ctrl”和“S”键保存。

12.4.4　动态网页构建与发布

根据案例的需求分析，发现该网站无论是对内容的搜索、分类、排序还是其他功能的实现，静态 HMTL 网页都难以满足其需要。

互联网上有很多免费开源的文章管理系统、建站系统，以一个开源的“讯时网站管理系统 4.0(ASP+ACCESS 版)”程序为例，构建“初中教学网”。

1. 平台架构

从本书配套网站下载源码程序后解压缩，复制到 D：/初中教学网内的 zdx 目录下，该平台架构具体步骤如下。

步骤 1：执行“开始”→“程序”→“管理工具”→“计算机管理”命令，在“计算机管理”对话框中单击“本地用户和组”→“用户”项，在右边的窗口中鼠标右击弹出菜单，选中“新用户”项，如图 12-55 所示，建立访问“初中教学网”的用户为 cc。

步骤 2：选中“初中教学网”文件夹鼠标右击，选中“属性”项，在其属性对话框中选择“安全”选项卡，单击“添加”按钮，加入用户“cc”后单击“确定”按钮，在“组或用户名称(G)”中选择“cc”用户，在“cc 的权限”中勾选“修改”、“写入”等权限，如图 12-56 所示。

步骤 3：在 Windows 2003 安装 IIS 服务，要求支持 ASP，具体安装方法见 7.2.2 节。

步骤 4：执行“开始”→“程序”→“管理工具”→“Internet 信息服务(IIS)管理”命令，打开“Internet 信息服务(IIS)管理”管理窗口，如图 12-57 所示。

步骤 5：如果该服务器只提供初中教学网的服务，可以直接修改“默认网站”，如果该服务器为多个 Web 站点服务，选中网站后，鼠标右击，在弹出的菜单中执行“新建”→“网站”命令实现。

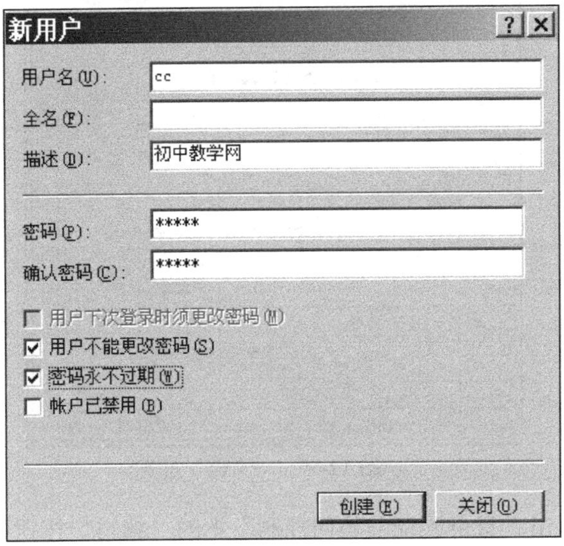

图 12-55　设置“单元格”属性

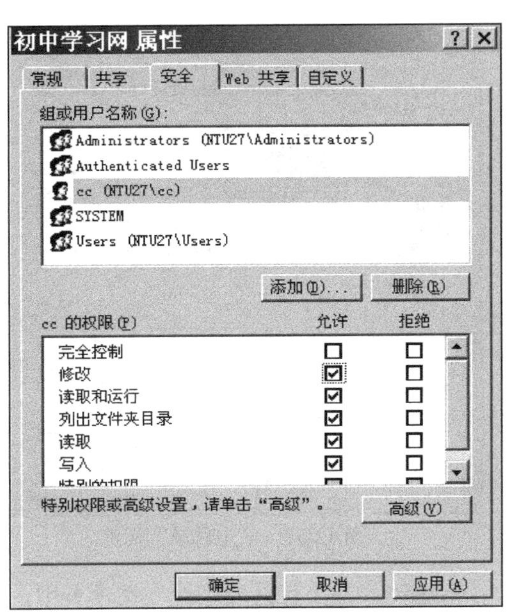

图 12-56　设置文件夹访问权限属性

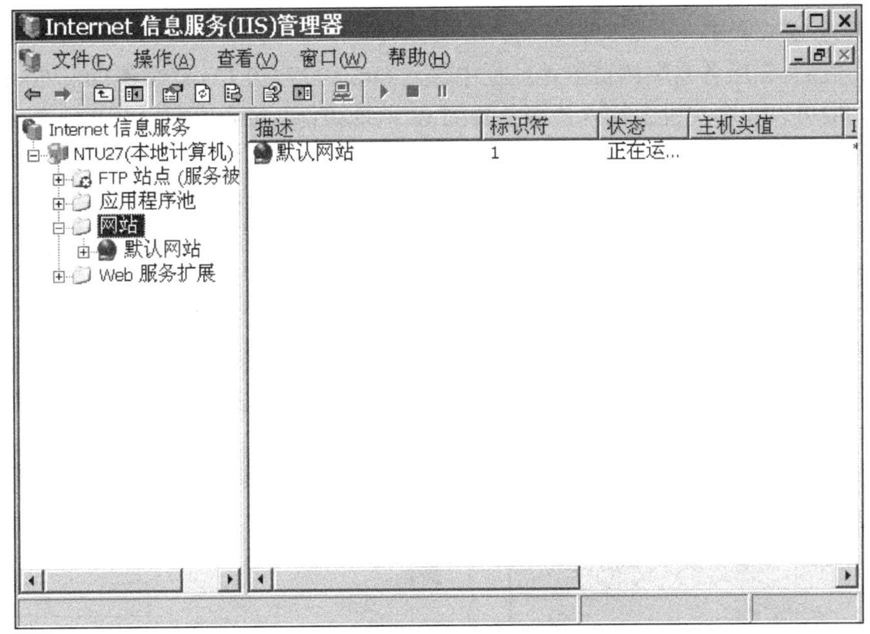

图 12-57　“Internet 信息服务(IIS)管理器”

实验通过修改默认站点实现，选中“默认网站”后鼠标右击，选中“属性”项，在打开的“默认网站属性”窗口的“主目录”选项卡中，将“本地路径”修改为 D:\初中学习网，“执行权限”为纯脚本，如图 12-58 所示。

步骤 6：单击“配置”按钮，打开“应用程序配置”窗口，选择“选项”标签，勾选“启用父路径”，单击“确定”按钮。

步骤 7：在“文档”选项卡中，单击“添加”按钮，“添加默认页”为 index.asp，单击“确定”按钮，单击“上移”按钮，将 index.asp 移动到最上方，如图 12-59 所示。

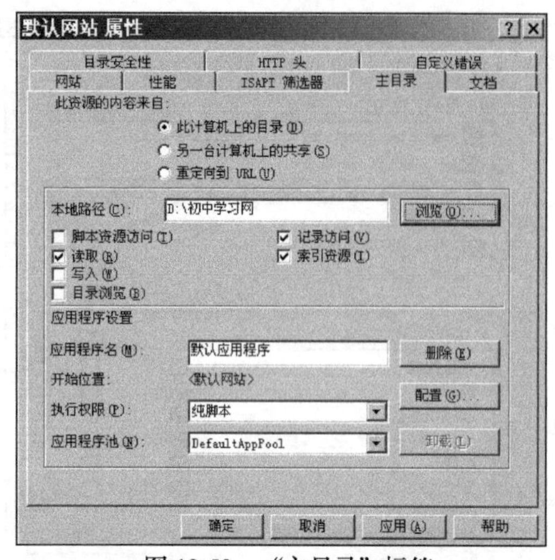

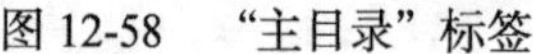
图 12-58　“主目录”标签

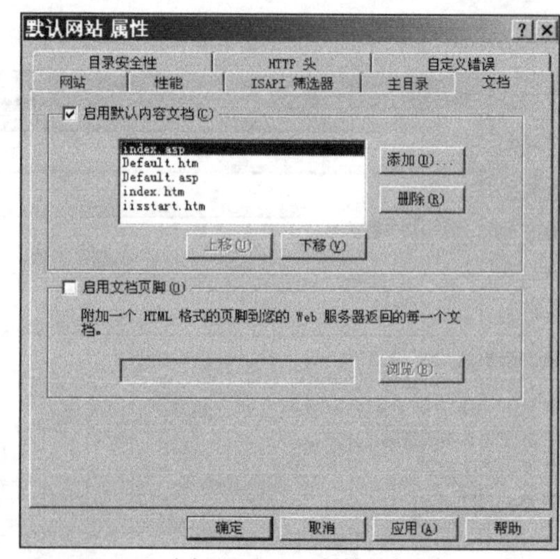

图 12-59　“文档”标签

步骤 8：在“目录安全性”选项卡中，单击“身份验证与访问控制”下的“编辑”按钮，在“身份验证方法”对话窗口中，“用户名”设置为 cc，输入密码，单击“确定”按钮，如图 12-60 所示。

2. 栏目及模板设置

设置完成后，在服务器端浏览器地址栏中输入 http://127.0.0.1/zdx/或者 http://localhost/zdx/ 地址访问，也可以在客户机上输入该服务器的 IP 地址访问：http://服务器 IP 地址/zdx/，来实现栏目及模板的设置。

步骤 1：Zdx 文件夹目录内是后台管理程序，访问后首先进行身份验证，输入用户名、口令和验证码，如图 12-61 所示，默认情况下，用户名和口令均为 admin，登录成功后建议修改口令。

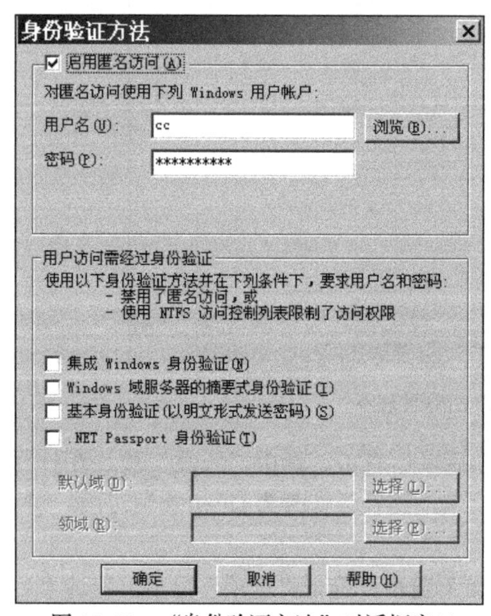

图 12-60　“身份验证方法”对话框窗口

图 12-61　“身份验证方法”对话框窗口

步骤 2：进入后台管理系统后，单击左边的“栏目”项，然后在右边的“增加一级栏目”后输入案例需求说明中的各个栏目，其中一级栏目为新闻动态、名师、学习资源、通知公告。选中学习资源后，增加二级栏目为语文、数学、英语、物理、化学等，最终效果如图 12-62 所示。

步骤 3：单击左边菜单中的“代码调用”(以调用“新闻动态”为例)项，在右边“请选择栏目”下拉列表框中选择“新闻动态”栏目，单击“查看代码”按钮；复制“文章列表调用代码：”中“JS 调用”的代码(红色字显示)<script TYPE="text/javascript"language="javascript"src="/zdx/newscodejs.asp?lm2=89&list=10&icon=1&tj=0&font=9&hot=0&new=1&line=2&lmname=0&open=1&n=20&more=1&t=0&week=0&zzly=0&hit=0&pls=0"charset="gb2312"></script>。

栏目名称
新闻动态[添加二级栏目] (RSS)
名师[添加二级栏目] (RSS)
学习资源[添加二级栏目] (RSS)
├ 语文[添加三级栏目] (RSS)
├ 数学[添加三级栏目] (RSS)
├ 英语[添加三级栏目] (RSS)
├ 物理[添加三级栏目] (RSS)
├ 化学[添加三级栏目] (RSS)
├ 历史[添加三级栏目] (RSS)
├ 地理[添加三级栏目] (RSS)
├ 政治[添加三级栏目] (RSS)
├ 生物[添加三级栏目] (RSS)
通知公告[添加二级栏目] (RSS)

图 12-62　后台管理系统中增加各级栏目后的效果

步骤 4：用 Dreamweaver 打开 list.html，代码窗口状态下，在“table5”的第二行第一列的单元格中，“代码视图”状态下粘贴该代码。

步骤 5：单击左边菜单中的“投票”项，在右边“标题”位置输入“您对新版的初中学习网满意么”，选择“单项选择”项，“结束时间”设置为 2013-12-12，如图 12-63 所示单击“保存后再增加选项”按钮。

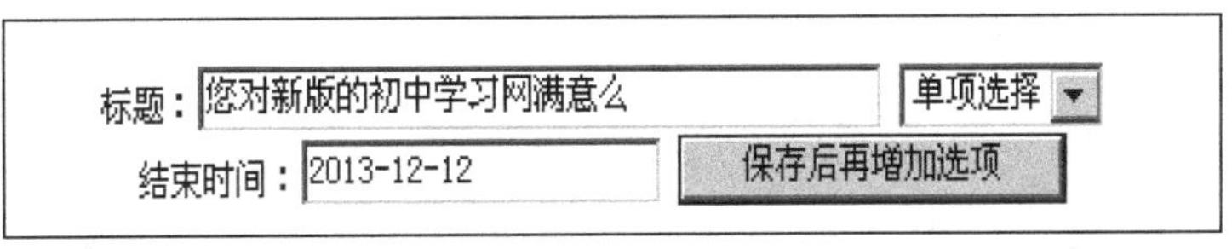

图 12-63　投票设置

步骤 6：复制下方的红色代码“<script TYPE="text/javascript"language="javascript"src="/zdx/js-tp.asp?id=6"></script>”至 list.html 代码中的“table6”的第二行第一列的单元格中，保存 list.html。

步骤 7：在表格“table7”的第一行第一列的单元格中输入“当前位置：$$栏目名$$！”，在第二行第一列的单元格中输入“$$列表$$”，将其另存为 list1.html。

步骤 8：同样的方法，在 Dreamweaver 打开 list.html，在表格“table7”的第一行第一列的单元格中输入“当前位置：$$路径$$”，在第二行第一列的单元格中输入“$$标题$$”，然后换行后再输入“$$副标题$$”，在该单元格下敲击“Tab”键，增加一行，在新增的单元格内输入“加入时间：$$时间$$　$$来源$$　点击：$$访问量$$”，将其另存为 list2.html。

步骤 9：单击管理后台左边菜单中的“设置”项，然后单击右边的“进入栏目模板设置”→“增加新闻模板”项，“标题”设置为初中学习网模板，在“新闻显示页中”将 list2.html 中的代码全部复制到里面，在“更多新闻列表”中将 list1.html 的代码复制到里面，单击“保存”按钮。

步骤 10：用 Dreamweaver 打开 index.asp，在后台管理页面中，单击左侧菜单中的“代码调用”项，在右侧的下拉列表框中选择“新闻动态”后单击“查看代码”按钮，将“JS 调用”下的红色代码，复制到“代码”视图模式下“table4”中的第二行第二列的单元格中。

步骤 11：单击后台管理页面中左侧菜单中的“代码调用”项，在右侧的下拉列表框中选择“名师”后单击“查看代码”按钮，将“图片调用代码”→“JS 调用”下的红色代码复制到“代码”视图模式下 index.asp 网页“table6”的单元格中，将代码中“x”的参数值改为 7。

步骤 12：将 list1.html 页面中“table5”第二行第一列的单元格中的代码内容复制到“代码”视图模式下 index.asp 页面中“table5”第二行第一列的单元格中。

步骤 13：单击后台管理页面中左侧菜单中的“代码调用”项，在右侧的下拉列表框中选择“语文”后单击“查看代码”按钮，将“文章列表调用代码”→“JS 调用”下的红色代码复制到“代码”视图模式下 index.asp 网页中“table7”第二行第一列的单元格中。

步骤 14：单击后台管理页面中左侧菜单中的“代码调用”项，在右侧的下拉列表框中选择“数学”后单击“查看代码”按钮，将“文章列表调用代码”→“JS 调用”下的红色代码复制到“代码”视图模式下 index.asp 网页中“table7”第二行第二列的单元格中。

步骤 15：单击后台管理页面中左侧菜单中的“代码调用”项，在右侧的下拉列表框中选择“英语”后单击“查看代码”按钮，将“文章列表调用代码”→“JS 调用”下的红色代码复制到“代码”视图模式下 index.asp 网页中“table7”第二行第三列的单元格中，保存 index.asp。

步骤 16：单击后台管理页面左侧菜单中的“栏目”项，再单击右边“操作”栏目下方“模板”项，在“请选择模板”的下拉框中选择“初中学习网模板”，重复该步骤，将所有栏目的模板都设置成“初中学习网模板”。

在浏览器上输入网址 http：//127.0.0.1/，或者该台机器的 IP 地址就可以访问，首页效果如图 12-64 所示，栏目页面和内容页面效果如图 12-65 所示。至此，“初中教学网”基本构建完成。

图 12-64 首页效果

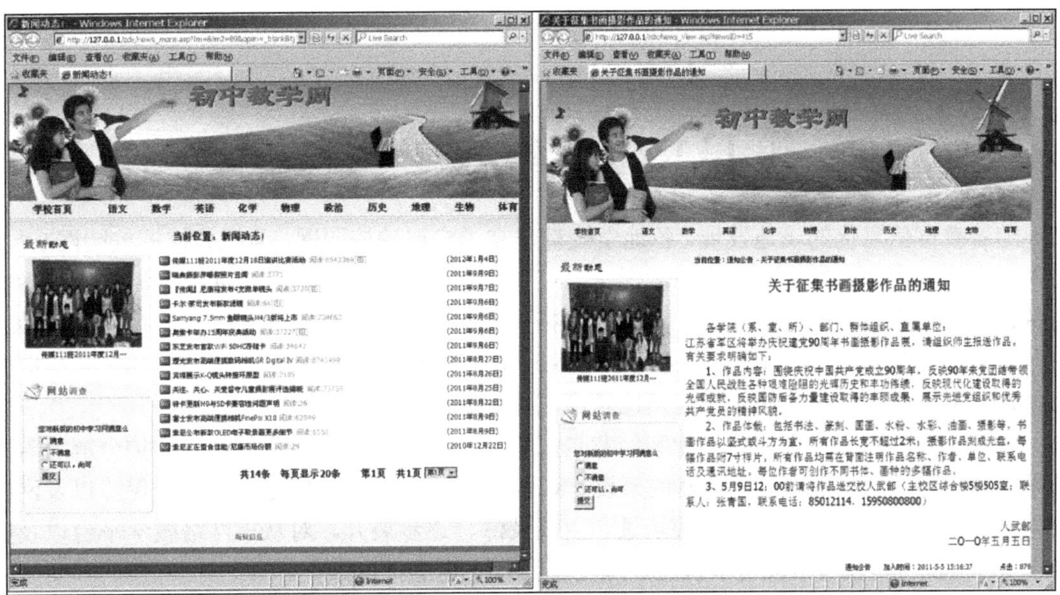

图 12-65 二级页面和内容页面效果

第 13 章　网络教学平台建设

随着教育信息化的飞速发展，各地学校都建立了自己的校园网，为充分挖掘校园网功能，引入网络教学平台势在必行。网络教学平台能够帮助教师更有效地管理课程资源，改变教师的备课、教学方式，改变学生的学习方式，拓展课堂空间。目前国际上比较流行的网络教学平台有 WebCT、Blackboard、Claroline、Moodle 等。其中 Moodle 是基于 PHP + MySQL 的开源软件，是目前在国内各级院校应用比较广泛的一款网络教学平台。

本章以网络教学平台的建设为案例背景，将 Moodle 平台的日常管理与维护分解为若干场景来展开教学。其中包含服务器的架设、Moodle 平台的安装、服务器的安全保障以及网络教学平台的日常维护与高级定制等场景。由浅及深、逐步展开，对从事网络教学平台以及类似于 Moodle 的其他网络应用平台的管理员都会有一定的指导意义。

13.1　网络教学平台的应用现状

13.1.1　概述

互联网是 20 世纪人类最伟大的发明之一，它改变了信息传播方式，改变了人们的思维方式和生活，也改变了世界。美国互联网巨头公司——思科公司总裁钱伯思曾经说过：“互联网的最大卖点在于和教育的结合。”

在过去很长一段时间里，信息技术应用到教学过程中存在着一个偏差，即信息技术仅仅作为演示工具，太多的注意力放在单纯事物的演示和知识呈现上，而未能充分发挥信息技术的数字化优势，更忽视了信息技术与课程的有效整合。

教师难以从讲授式向探究式、启发式转变，其客观原因一是教师面对的学生太多；二是对教师的要求过多、过高；三是教师缺少教学手段、工具和实施载体，只有“五个一”，即“一张嘴、一支粉笔、一块黑板、一本教材、一间教室”，教育处在手工劳动的原始阶段，教师只能依据教材重复讲授式教学，无法达成新课改所强调的“三维”教学基本要求。

解决问题的办法就是要为教师减负、减压，为老师提供教学“十八般武器”，搭建各门课程的网络教学实施平台，将新课标的诸多教学要求固化在网络教学实施平台中，按照一定的探究路线和操作流程，为老师提供教学助手和工具，给学生提供探究平台，变封闭式课堂为开放式课堂，引入外部教学能量和教学资源。

教师欲实现“三维”教学基本要求，可以改变传统教育的教与学的模式，使用网络教学实施平台上课，使“接受式学习”变成“探究式学习”，“封闭式教育”变成“开放式教育”，“流水线生产人才”的方式变成“个性化教育”，解决新课标倡导却长期无法落实的问题。

网络环境下的探究学习，是在运用网络优势的前提下，在教学过程中创设一种类似科学研究的情境和途径，学生在教师的指导与支持下，以科学研究的方法探索问题的学习过程。网络探究的目的在于架设从接受性学习向自主学习过渡的桥梁，帮助学生实现学习方式的转变，通过“脚手架”策略，能够使学生在自主学习过程中掌握各种知识。

13.1.2 国外研发与应用现状

在国外，随着“终身学习”观念的普及，E-learning 得到越来越多人的重视和关注，因而网络教学平台的开发与应用也得到迅速发展，从最初的几个发展到目前的几百个，其中比较有影响力的网络教学平台有 22 个，如表 13-1 所示。

表 13-1 国外有代表性的网络教学平台

产品名称	开发团队	门户网站	创建日期
ANGEL LMS	Indiana University，India	http：//www.angellearning .com	2000
Atutor	The University of Toronto，Canada	http：//www.atutor.ca	2003
Blackboard	Blackboard Inc，USA	http：//www.blackbaord.com	1997
Claroline	Catholic University of Louwain，Belgium	http：//www.claroline.net	2001
Desire2Learn	Desize2Learn Inc，Canada	http：//www.desire2learn.com	1999
dotLEN/OpenACS	Carlos III University of Madrid，Germany	http：//dotlrn.org	2003
eCollege	The University of Colorado，USA	http：//www.ecollege.com	1996
Eduvo School	Faria Systems Inc，USA	http：//www.eduvo.com	2006
eFront	Epignosis LTD，Greece	http：//www.efrontlearning.net	2003
eTEA LMS	Universidad Nacional de cordoba，Republica Argentina	http：//www.etealms.com	2002
Fronter Platform	Fronter AS，Norway	http：//fronter.com	1998
ILIAS	The University Mainz，Germany	http：//www.ilias.de	2005
Joomla LMS	Elearningforce Inc United Kingdom	http：//www.joomlalms.com	2003
JUSUR	Saudi Arabia National Center for E-learning and Distance Learning，the kingdom of Saudi Arabia	http：//www.elc.edu.sa	2006
KEWL.NextGen ELS	The African Virtual Open Initiatives and Resources project (AVIOR)，South Africa	http：//kngforge.uwc.ac.za	2006
LON-CAPA	The Learning Online Network-Computer Assisted Personalized Approach (LON-CAPA)，Michigan State University，USA	http：//www.lon-capa.prg	1993
Moodle	Martin Dougiamas，Curtin University，Australia	http：//moodle.prg	2002
OLAT	The University of Zurich，Switzerland	http：//www.olat.prg	2004
Sakai	Universidade Fernado Pessoa，Protuguese State	http：//sakaiproject.org	2003
Scholar360	Aritotle University，USA	http：//www.scholar360.com	2006
TeleTOP VLE	The University of Twente，Netherland	http：//www.teletop，nl	2004
WebStudy	West Chester University of Pennsylvania，USA	http：//www.webstudy.com	1996

以上网络教学平台不仅拥有通过网页给学习者提供教学材料、有关教育网页链接的功能，还拥有电子邮件、电子公告栏、网上练习和测试等进行异步双向交流的功能。部分网络平台

还有用网上交流室、电话会议、视频会议等进行同步双向交流的功能。世界各地教育信息化应用发展迅速，与此相比我国的教育信息化也有一定发展，但与发达国家之间还有很大的差距。

13.1.3 国内研发与应用现状

中国网络教育起步较晚，发展却很快。从 1999 年教育部批准清华大学等四所高校开展网络教育至今，全国已有多所高校成立自己的网络教育机构。国内网络教学平台的应用来源分为自主研发和国外引进两种。国内高校自主研发的网络教学平台有北京大学网络教学学院开发的 BluePower 网络教学平台，北京师范大学余胜泉、何克抗等专家设计开发的 Vclass 网络教学平台等。IT 公司自主开发的网络教学平台有 K12 网络课程制作平台、中教育星网络课程教学平台、网视宝 NV-Server 课程管理平台、凯迪 KD-WebCT 网络课程平台等。引进国外比较知名的网络教学平台有美国的 Sakai 和 Blackboard、澳大利亚的 Moodle、比利时的 Claroline、加拿大的 Atutor 等。

国外引进的优秀网络教学平台在我国教育信息化的进程中发挥了不容忽视的推进作用，其中在国内应用最广泛的是澳大利亚的 Moodle 平台。Moodle 平台界面简洁，操作简单，功能非常强大，能够满足绝大部分网络教学的需求，平台兼容性好，支持 IMS、SCORM 等国际化资源标准，并且具有良好的安全性能，因此，Moodle 平台一经引入中国，就以其零成本、易用性、灵活性和可扩充性等优势，迅速被众多网络教育机构和高等教育机构所关注，在国内得到广泛的应用。

13.1.4 Moodle 平台的研究与应用现状

Moodle 平台自从诞生就以开源软件的形式出现，遵循 GPL 协议，这给 Moodle 平台带来无穷的活力，吸引了一大批开发者。Moodle 平台的发展一直贯穿着与时俱进的思想，在过去几年里，大量新兴计算机应用技术不断融入 Moodle 平台。自从 2002 年 8 月 Moodle 官方网站公开发布 Moodle1.0 版本至 2012 年公开发布 Moodle2.4 版本，Moodle 平台已经公开发布众多版本，其发展速度令人刮目。Moodle 平台的发展历程如图 13-1 所示。

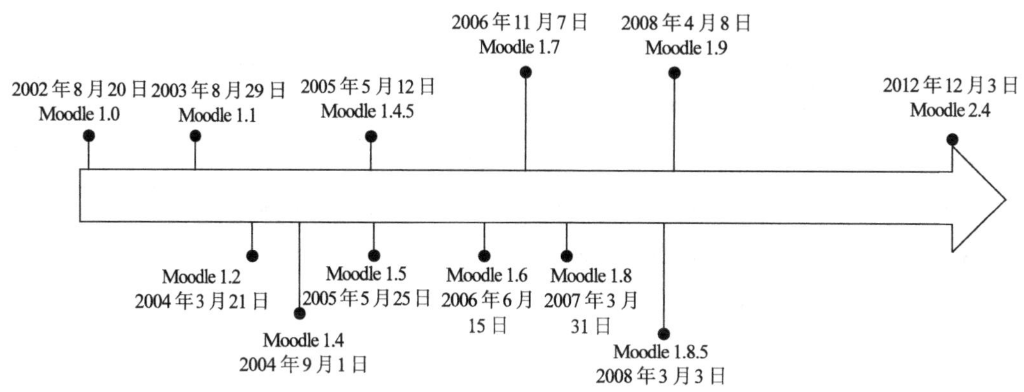

图 13-1 Moodle 网络教学平台的发展历程

受益于平台自身良好的多语言支持特性，Moodle 平台已经在世界各地的大学、中小学等各级教育机构推广应用，与此同时 Moodle 平台也逐渐形成自己的社区，Moodle.org 就是为

Moodle 平台使用者、开发者和研究者进行交流协作而创建的官方网站。根据 2012 年 12 月 Moodle 平台的官方网站统计显示，Moodle 平台的注册网站遍布全球 223 个国家，而且数量还在不断增加。全球有 72102 个网站在 Moodle 官方网站上注册使用 Moodle 平台，其中国内注册站点超过 1000 个的国家有 16 个，分别是中国台湾(1320)、俄罗斯(1245)、加拿大(1501)、印度尼西亚(1318)、哥伦比亚(2001)、波兰(1576)、泰国(1644)、澳大利亚(1750)、美国(12254)、西班牙(6290)、英国(3995)、巴西(5194)、德国(3017)、葡萄牙(2185)、墨西哥(2960)、意大利(1720)。

Moodle 平台在世界各地的应用非常普及但应用水平参差不齐，像美国、英国、德国等发达国家应用较多，其他发展中国家相对较少。从 2004 年开始，我国已经有许多学校开始应用 Moodle 平台搭建自己的网络教学平台，截至 2012 年 12 月中国大陆已有 936 个网站在 Moodle 官方网站注册使用了 Moodle 平台，同时中国台湾有 1320 个网站，中国香港有 175 个网站，中国澳门有 18 个网站。

目前开源、易用的 Moodle 网络教学平台在我国的应用已经成为教育技术领域关注的焦点，由上海师范大学黎加厚教授组织的“魔灯”(Moodle 译音)研究与实践已在全国各地开展。各高校和中小学也纷纷建立起自己的 Moodle 平台网络课程，目前包括东行记 Moodle、魔灯中国、鞍山一中 Moodle 信息化课程平台、魔灯闵行、魔灯虚拟学习社区等多个站点已在 Moodle 平台官方网站上注册。随着国内教学改革的深入发展，我国各级学校将会越来越多地使用 Moodle 平台来建设自己的网络课程。

13.1.5　Moodle 平台的特色功能简介

1. 系统管理方面的特色

(1) 站点集成功能。Moodle 平台集成了网站功能，用户可直接通过平台创建教育培训类型网站，网站可实现新闻公告、论坛、下载等常见功能，用户还可以创建各种类型的栏目。已经有网站的用户也可以不使用平台提供的这些功能，而将平台作为纯粹的学习站点。

(2) 易于使用的设计。Moodle 平台最大程度降低了用户的使用难度，设计上采用了前台显示与后台管理合二为一的方法，教师能够随时编辑平台中的任何内容。平台内嵌了功能齐全的在线编辑器，用户创建内容，变换字体，排版，插入图片、表格，上传文件等均可实现所见所得。

(3) 动态模块化功能设计。Moodle 平台各种功能均实现动态模块化管理，系统管理员可以灵活安装或卸载这些模块，对于平台中安装的各种功能，管理员也可以通过灵活控制实现是否赋予教师使用权限。教师在使用这些教学功能模块时可以任意指定其显示位置，可以灵活地移动、关闭或修改。

(4) 权限角色管理。Moodle 平台支持系统管理员、课程管理员、教师、助教、学员等几种主要角色；系统管理员负责管理控制整个站点，负责对教师、课程管理员等角色进行授权；课程管理员负责平台课程体系的建设与规划；教师负责课程内容建设、开展在线教学，教师可以授权助教以及批准学生入学；助教负责协助教师进行在线教学。

(5) 用户注册管理。Moodle 平台支持多种用户注册、授权方式，既可以指定平台默认在线注册功能、又可以通过调用其他系统的用户数据实现注册与授权，平台留有网上支付等多种接口，用户可根据实际情况做二次开发。

(6) 多种主题风格。Moodle 平台支持风格与系统的分离，提供多种风格供用户选择，并提供标准的风格开发规范，客户可依据自己喜好选择或开发。平台页面布局也可以依据客户喜好随意改变。

(7) 支持多语言。Moodle 平台支持多种语言环境，用户可以指定系统显示的语言，并可通过菜单实现动态切换。平台提供了多语言在线开发环境，通过在线翻译可以很容易创建一个新的语言版本。

(8) 良好的开放性。开放源码平台最大的好处就是其开放性，用户不必完全拘泥于平台的形式和结构，可以完全根据自己的需求做二次开发。很多用户还将开发的成果发布出来共享，更增加了平台功能的多样性。

(9) 完善的管理工具。Moodle 平台拥有完善的管理维护工具，例如，平台日志工具可以查询分析平台的使用记录；备份工具可以按用户设定条件自动备份平台数据。

(10) 其他新技术特征。Moodle 平台还包括了一些新的技术特征，例如，通过电子邮件跟踪内容变化；通过 RSS 订阅论坛内容等。

2. 网络教学方面的特色

(1) 支持多种类型课程。Moodle 平台支持自主式、引领式、讨论式三种主流类型的网络课程。不同领域的网络教育所对应的网络课程类型也是不同的。例如，在企业组织机构中，大量用到的是自主学习的课程；而学校用于服务教学或远程教育则应选择引领式网络课程。

(2) 灵活的课程管理。Moodle 平台支持无限制的课程目录创建，任何时候课程管理员都可以创建、移动、下载、修改课程。课程可以设置为激活或隐藏状态。每门课程都可以设置灵活的权限，设定课程的等级、是否允许学员退课等。

(3) 学习记录跟踪分析。Moodle 平台支持学习记录的跟踪，教师可以查看任何学生的学习报告，包括学生访问课程的次数、时间以及场所；教师也可以查看某个教学模块的学生参与情况。报告可以以图表的形式动态生成，同时也支持下载，教师可通过 Excel 等其他工具对下载数据进行深入分析。

(4) 班级、小组功能。Moodle 平台支持班级、小组功能，提供了方便易用的分组工具。小组支持公开和封闭属性，配合教学功能模块，教师可以组织以小组为单位的教学活动。班级、小组功能增强了网络学习者的学习兴趣。

(5) 课程资源管理。每门课程均设有一个独立的资源存储空间，教师可以方便地上传各种教学资源。平台支持常见的 Flash 动画、音频、视频等多媒体素材，可以挂接任何常见的课件。平台内置所见所得的 HTML 编辑器，HTML 类型的文件资源可直接在线编辑。

(6) 双评价方式。Moodle 平台支持分数制与等级制两种评价方式，所有教学活动均可采用其中一种方式，教师可以根据实际情况灵活运用，组合出多种评价策略。

(7) 测试题库功能。Moodle 平台包含了一个功能强大的在线测试系统，每门课程包含一个独立的题库功能。题库支持选择、判断、填空、完形填空、匹配等在线测试题型。教师可以随机、手工或随机手工组合出题，试卷支持试题打乱排序、答案打乱排序、限定考试时间等功能，系统支持多种成绩统计方式。平台还提供了强大的考试成绩分析功能。

(8) 多种在线教学模块。Moodle 平台支持的在线教学模块包括讨论、笔记、聊天、词汇表、练习、调查、训练、专题等十余种。这些功能模块与网络上常见的类似功能有很大区别，所有模块都针对网络教育进行了优化与改进，教师可以灵活运用这些模块开展教学。

(9) 支持产业标准。Moodle 平台支持 IMS、SCORM、QTI 等在线学习产业标准。SCORM1.2 以上版本的标准课件可直接导入系统中。测试部分支持 QTI、AON 等格式试题的导入与导出。

(10) 其他新特性。Moodle 平台教学部分还支持很多先进的功能，例如，预装的在线问卷可以让教师方便调查学生的学习习惯和类型，为教师提供在线教学的策略；平台通过过滤器功能可以实现如公式编辑、复杂的符号以及支持 MP3 在线播放等功能；利用 WIKI 技术实现集体共同创作等。

3. Moodle 的特征

1) 总体设计

Moodle 比较容易安装，可以支持大量的多种类别课程，特别重视整个系统的安全性，所有的界面设计风格一致、简单、高效，而且不需要特殊的浏览技能。

2) 网站管理

网站由安装时定义的管理者来进行管理。管理者进入“主题”既可以设定适合自己的网站颜色、字体大小、版面等。在网站中还有活动模块和 43 种语言包用以满足不同国家的学习者需求，系统默认给出不少示例源代码，方便用户按照自己的需求修改后调用。

3) 用户管理

每一位用户都可以定制自己的用户界面，如指定自己的时区和相关数据，指定自己的语言包等。用户还可以建立一个在线档案，包括照片、个人描述、E-mail 地址等信息，这些信息可以依据用户要求呈现。如果学习者有一段时间没有参加活动，管理员将根据记录自动删除相关用户的注册信息。为了安全起见，老师可以设定课程的登录密码，以阻止与课程无关的人进入。课程的内容仅对建立课程和学习课程的人公开。

系统可以通过整合验证模块插件来支持验证机制。学生可以创建他们自己的登录账号，而其电子邮件地址将需要验证。

13.2　Moodle 网络教学平台运行环境的配置

Moodle 平台采用目前 Internet 上流行的网站构架方式 LAMP 模式进行构建，所谓 LAMP 模式即 Linux + Apache + MySQL + PHP/Perl/Python，使用 Linux 作为操作系统，Apache 作为 Web 服务器，MySQL 作为数据库，PHP/Perl/Python 作为服务器端脚本解释器。由于这四个软件都是免费或开放源码软件(FLOSS)，因此使用这种方式可以建立起一个免费、稳定的网站系统。本节将在对 Moodle 平台运行环境作基本介绍后，介绍怎样配置 Moodle 平台的运行环境。

13.2.1　PHP 简介

PHP 是英文超级文本预处理语言 Hypertext Preprocessor 的缩写。PHP 语言具备以下特性。

(1) 开放源代码——所有的 PHP 源代码都面向全网公开，很容易获得。

(2) 免费——PHP 可以免费使用，无须支付任何费用。

(3) 基于服务器端——PHP 是运行在服务器端的脚本，支持 UNIX、Linux、Windows 等操作系统。

(4) 嵌入 HTML——PHP 代码中可以自由嵌入 HTML 语言，使用起来非常方便。

(5) 简单的语言——与 Java 及 C++不同，PHP 坚持以脚本语言为主，所以非常简单、易于上手。

(6) 效率高——PHP 消耗的系统资源相当少。

(7) 支持图像处理——PHP 还支持动态的创建图像。

由上述特性不难看出，PHP 既可以运行在 Windows 平台上又可以运行在 UNIX、Linux 等平台上。对于技术力量一般的团队，可以选择 Windows 开发平台；对于在安全性能上有一定要求，同时也有相当技术力量的团队，可以选择 Linux 开发平台。

13.2.2　MySQL 简介

MySQL 是一个小型关系型数据库管理系统，与其他的大型数据库相比(如 Oracle、DB2. SQL Server 等)，MySQL 有它的不足之处，如规模小、功能有限(MySQL Cluster 的功能和效率都相对比较差)等，但是这丝毫不减少它受欢迎的程度。对于一般的个人使用者和中小型企业来说，MySQL 提供的功能已经绰绰有余，而且由于 MySQL 是源代码开放软件，还可以大大降低总体拥有成本。

13.2.3　Apache 简介

Apache 是世界排名第一的 Web 服务器软件。它可以运行在几乎所有广泛使用的计算机平台上，由于其跨平台和安全性被广泛使用，是最流行的 Web 服务器端软件之一。

由于服务器环境的搭建仅仅是本案例必需的一个基础环节，所以，下面选择 Windows 平台作为服务器端的操作系统。若对 Linux 平台下服务器环境的构建感兴趣，可在本书配套网站下载安装说明。

13.2.4　Windows 平台下 PHP + MySQL + Apache 服务器环境的搭建

本案例推荐使用 AppServ 来快速构建 PHP + MySQL + Apache 服务器环境。AppServ 是 PHP 网站建构工具组合包，它将一些网络上免费的建站资源重新包装成单一的安装程序，以方便初学者快速完成架站，AppServ 所包含的软件有 pache、Apache Monitor、PHP、MySQL、phpMyAdmin 等。通过 AppServ 可以迅速搭建完整的底层环境，从而实现对 Moodle 平台的快速使用。下面将以实例形式给出 AppServ 套件的安装过程说明。

【案例 1】AppServ 套件的安装

双击 AppServ 安装包，出现安装界面，按以下提示进行设置。

步骤 1：如图 13-2 所示，界面提示关于该软件的一些申明和建议，直接单击“Next”按钮进入步骤 2。

步骤 2：本步骤界面上会提示关于该软件许可方面的内容。直接单击“I Agree”按钮进入步骤 3。

步骤 3：本步骤对 AppServ 软件的安装路径进行设置。默认安装在“C:\AppSer”，如果有需要，可以安装到其他目录。

步骤 4：本步骤设置需要安装的组件。AppServ 套件里包含的四大主要组件——Apache、MySQL、PHP、PhpMyAdmin，默认全部都安装。

步骤 5：本步骤设置 Apache 服务器的基本信息，如图 13-3 所示，根据需要设置服务器名、管理员邮箱、Apache 端口等参数。

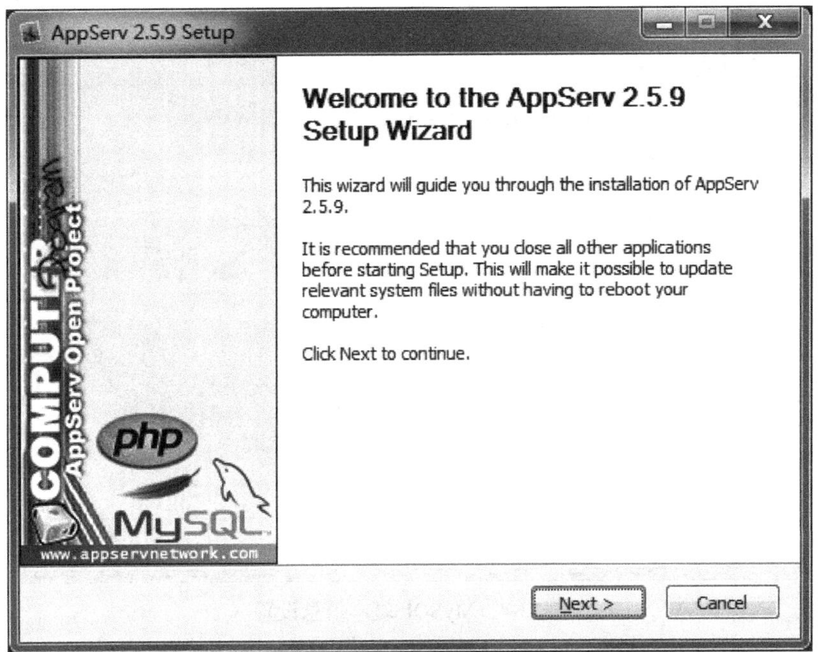

图 13-2　AppServ 安装界面一

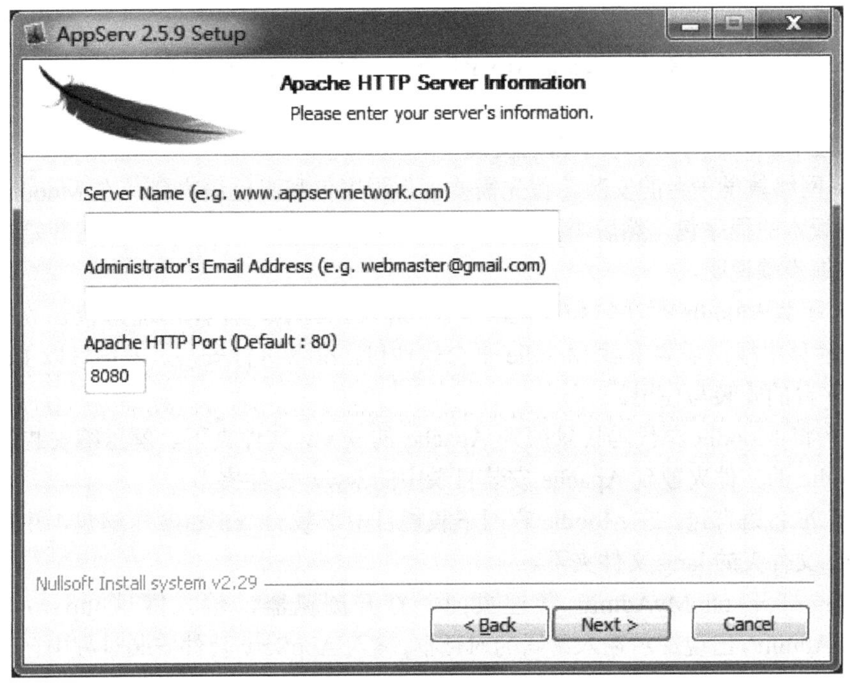

图 13-3　AppServ 基本信息设置

步骤 6：本步骤设置 MySQL 数据库 root 用户的密码。第一个文本框填写密码，第二个文本框重复密码；除此之外，还需要根据具体情况设置默认字符集等其他内容。如图 13-4 所示。

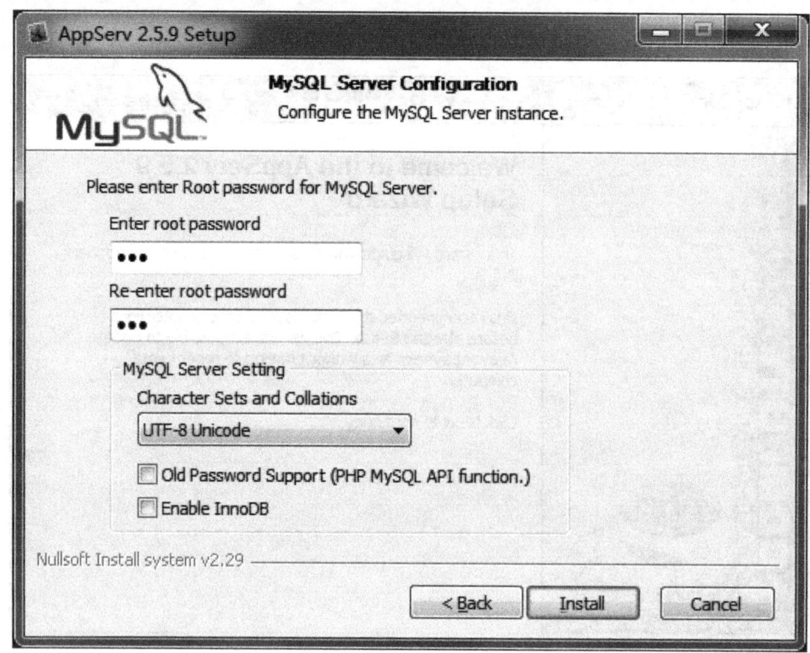

图 13-4　MySQL 基本信息设置

步骤 7：单击“Install”按钮，开始自动安装，自动安装结束后，设置是否需要启动 Apache 和 MySQL，至此，AppServ 套件安装完毕，接下来介绍 Moodle 网络教学平台的安装。

13.3　Moodle 网络教学平台的安装

【案例 2】Moodle 网络教学平台的安装

Moodle 网络教学平台的安装，首先需要下载程序包和汉化语言包，在 Moodle 官网可以下载到各种版本的程序包，然后需要创建一个名为 Moodle 的数据库，最后开始安装。下面是完整的详细步骤说明。

步骤 1：下载 Moodle 程序包和汉化语言包。进入 Moodle 官网，网址为 http：//moodle.org，在“下载”栏目中根据需要下载 Moodle 平台软件包，准备进行安装。本场景以 1.8 版为例讲解 Moodle 平台的安装与使用。

步骤 2：将 Moodle 源代码目录放到 Apache 的 www 文件夹下。解压缩安装包，将解压后名为 Moodle 的文件夹放到 Apache 安装目录中的 www 文件夹下。

步骤 3：准备语言包。在 Moodle 官网下载栏目中下载 zh_cn_utf8 压缩包，并将其解压后放在 Moodle 文件夹的 lang 文件夹下。

步骤 4：打开 phpMyAdmin 管理页面。打开浏览器，输入网址http：//127.0.0.1：8080/phpMyAdmin/，出现提示输入密码的对话框，输入 AppServ 套件安装过程中已设置的 root 用户及其密码，出现如图 13-5 所示的 phpMyAdmin 管理页面。

步骤 5：本步骤需要新建一个名为“Moodle”的数据库，字符集设置为“utf8_general_ci”。在 phpMyAdmin 右侧的操作模块中有新建数据库的子模块，在“新建数据库”下方的文本框中输入“Moodle”，在文本框后面的下拉列表中选择字符集为“utf8_general_ci”，设置完成后，单击“创建”按钮，出现 Moodle 数据库管理页面，至此，完成 Moodle 安装的前期准备工作。

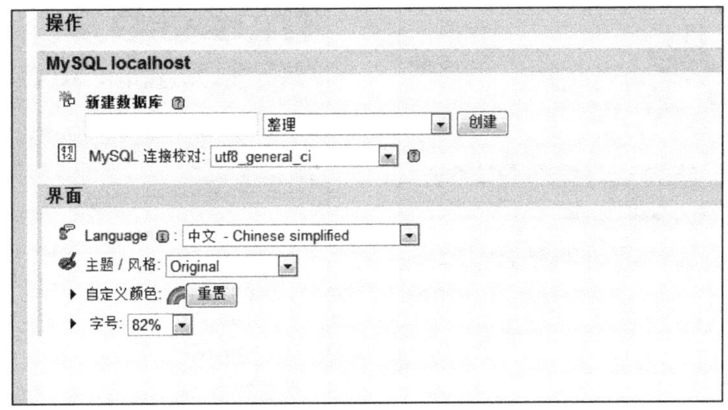

图 13-5 phpMyAdmin 管理页面

步骤 6：选择语言包。在浏览器中输入 http://127.0.0.1/moodle 进入 Moodle 的安装页面。首先选择语言包种类为“简体中文(zh_cn)”，如图 13-6 所示，单击“Next”按钮进入下一步安装。

步骤 7：测试服务器环境。安装 Moodle 前首先要对服务器环境进行测试，如果测试全部通过，会出现如图 13-7 所示的页面，此时单击“向后”按钮，进入下一步安装。

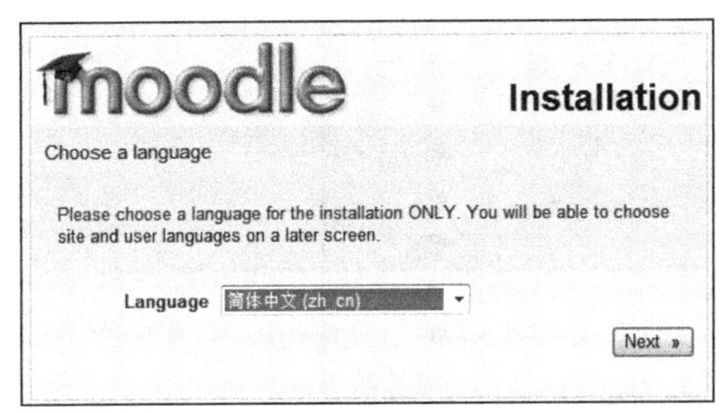

图 13-6 设置字符集

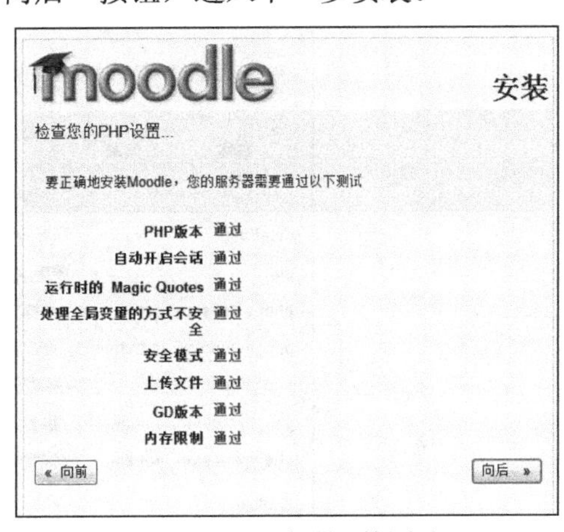

图 13-7 服务器环境测试

步骤 8：设置 Moodle 平台的安装目录。默认情况下，网站地址设置为“http://localhost:8080/moodle”，数据目录设置为“C:\AppServ/moodledata”，Moodle 目录反灰显示为“C:\AppServ\www\moodle”，不可修改，如图 13-8 所示，一般无须任何改动，直接单击“向后”按钮。

步骤 9：设置数据库用户名和密码。这一步需要设置数据库的用户名和密码，根据之前 AppServ 安装时设置的用户名和密码填写，其他采用默认设置，如图 13-9 所示，单击“向后”按钮进入下一步安装。

步骤 10：运行环境检查。在这一步骤，安装程序将自动检查 Moodle 平台运行必备的一些组件是否正常安装，如果全部显示状态为“好”，如图 13-10 所示，此时可以直接单击“向后”按钮进入下一步的安装，否则需要重新配置运行环境，再从第一步开始安装。

步骤 11：下载语言包。如果不下载语言包将以英文继续余下的安装，因为在步骤 3 中已经将语言包复制到 Moodle 文件夹的 lang 目录下，所以本步骤无须任何改动，如图 13-11 所示，直接单击“向后”按钮进入下一步安装即可。

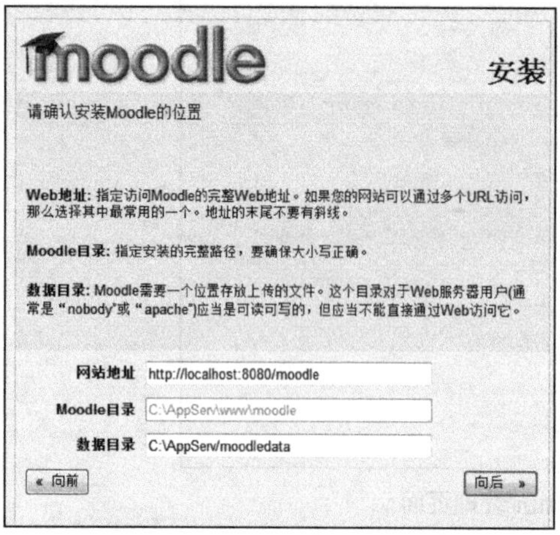

moodle
安装
请确认安装Moodle的位置
Web地址: 指定访问Moodle的完整Web地址。如果您的网站可以通过多个URL访问，那么选择其中最常用的一个。地址的末尾不要有斜线。
Moodle目录: 指定安装的完整路径，要确保大小写正确。
数据目录: Moodle需要一个位置存放上传的文件。这个目录对于Web服务器用户(通常是"nobody"或"apache")应当是可读可写的，但应当不能直接通过Web访问它。
网站地址 http://localhost:8080/moodle
Moodle目录 C:\AppServ\www\moodle
数据目录 C:\AppServ\moodledata
« 向前
向后 »

图 13-8　设置 Moodle 安装目录

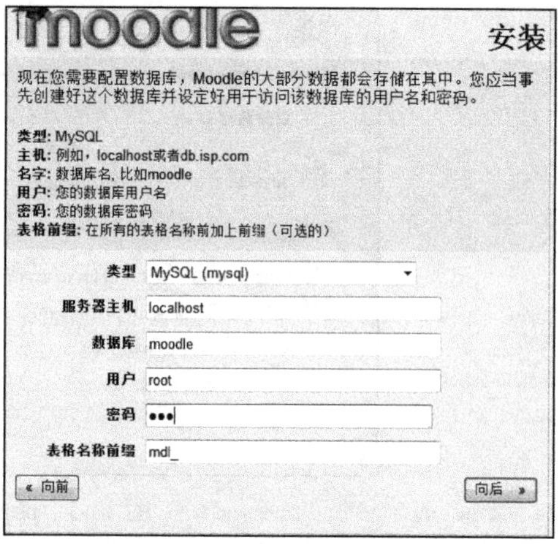

moodle
安装
现在您需要配置数据库，Moodle的大部分数据都会存储在其中。您应当事先创建好这个数据库并设定好用于访问该数据库的用户名和密码。
类型: MySQL
主机: 例如，localhost或者db.isp.com
名字: 数据库名, 比如moodle
用户: 您的数据库用户名
密码: 您的数据库密码
表格前缀: 在所有的表格名称前加上前缀（可选的）
类型 MySQL (mysql)
服务器主机 localhost
数据库 moodle
用户 root
密码 •••
表格名称前缀 mdl_
« 向前
向后 »

图 13-9　设置用户名和密码

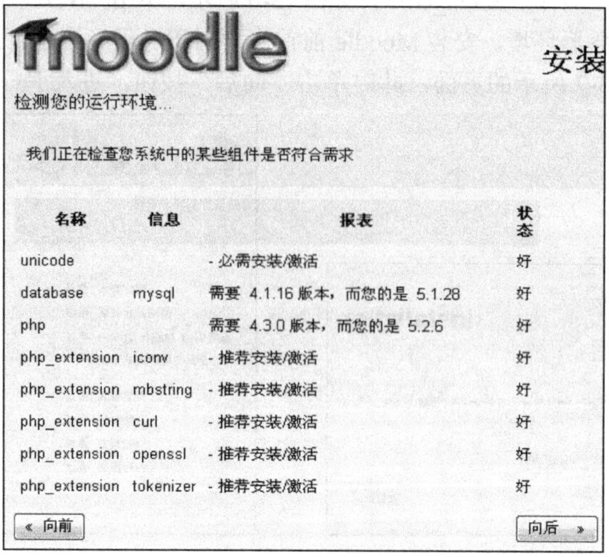

moodle
安装
检测您的运行环境...
我们正在检查您系统中的某些组件是否符合需求
名称 信息 报表 状态
unicode - 必需安装/激活 好
database mysql 需要 4.1.16 版本，而您的是 5.1.28 好
php 需要 4.3.0 版本，而您的是 5.2.6 好
php_extension iconv - 推荐安装/激活 好
php_extension mbstring - 推荐安装/激活 好
php_extension curl - 推荐安装/激活 好
php_extension openssl - 推荐安装/激活 好
php_extension tokenizer - 推荐安装/激活 好
« 向前
向后 »

图 13-10　运行环境检查

步骤 12：创建 config.php 文件。至此参数配置完毕，页面提示已经成功创建 config.php，如图 13-12 所示，无须任何操作直接单击“继续”按钮进入下一步的安装。

moodle
下载语言包
您现在可以下载一个语言包并以该种语言继续安装过程。
如果您无法下载语言包，安装过程将会以英文继续。(当安装过程结束后，您就有机会下载并安装更多的语言包了。)
下载"简体中文 (zh_cn)"语言包
« 向前
向后 »

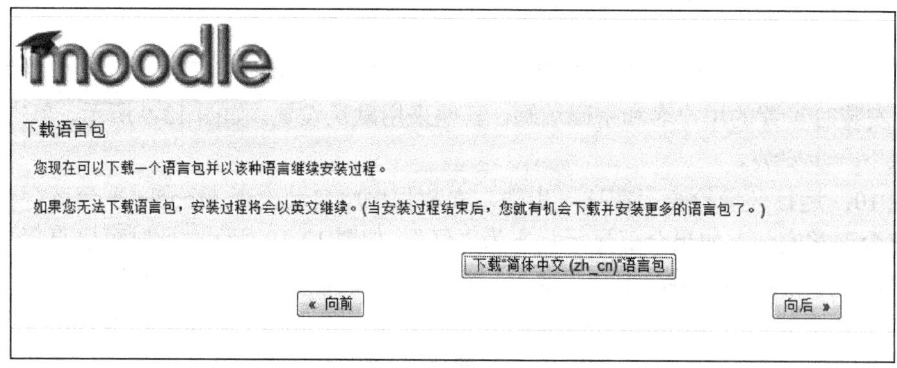

图 13-11　下载语言包

moodle
安装
配置完毕
Moodle会尝试将配置存储在您的Moodle根目录中。
已经成功创建了config.php文件
继续

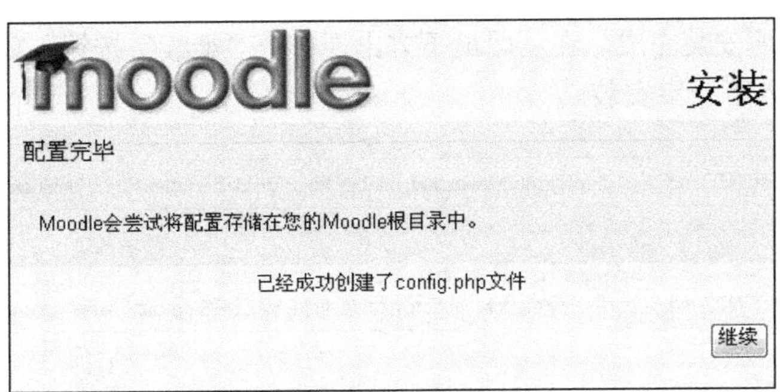

图 13-12　配置完成

步骤 13：阅读 Moodle 版权声明。阅读完版权声明单击按钮“是”，如图 13-13 所示，进入下一步安装。

Moodle - Modular Object-Oriented Dynamic Learning Environment
版权声明
版权所有 (C) 1999-2005 Martin Dougiamas (http://moodle.com)
该系统是自由软件；您可以按照自由软件基金会所公布的GNU通用公共许可证(GPL)进行修改或重新发布；许可证可以是第2版或更新的版本。
发布该软件是希望它有用有益，但不提供任何形式的担保，不论是明确的还是隐含的，包括但不限于可销售和适合特定用途的隐含保证。详见GNU通用公共许可证:
http://www.gnu.org/copyleft/gpl.html
您已经阅读并理解了这些条件吗?
是
否

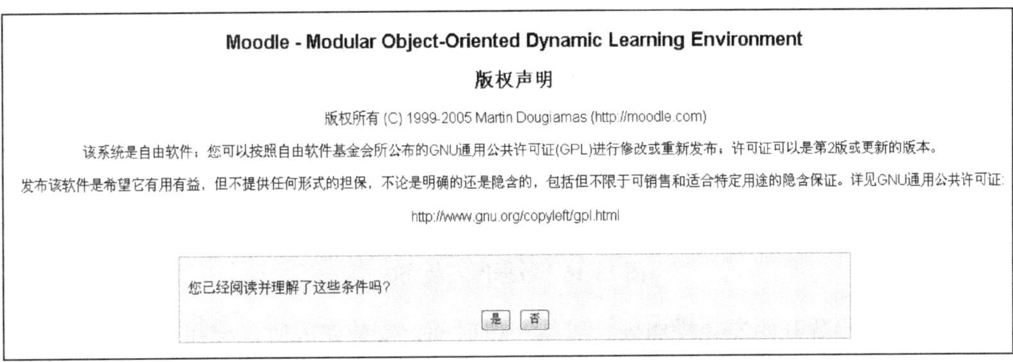

图 13-13　阅读版权声明

步骤 14：开始安装数据库。单击图 13-14 中的“继续”按钮，开始安装数据库，过程如图 13-15 所示。

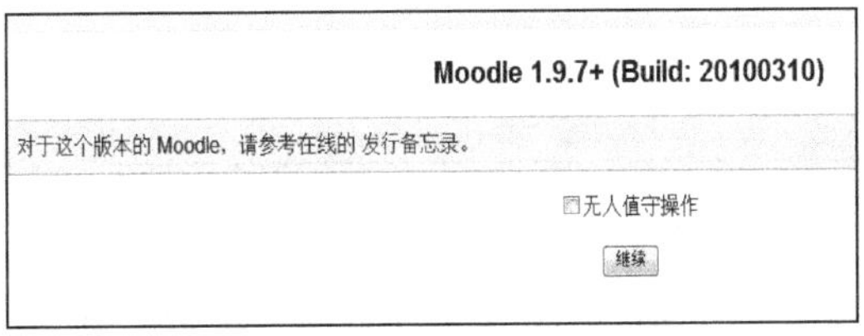

Moodle 1.9.7+ (Build: 20100310)
对于这个版本的 Moodle，请参考在线的 发行备忘录。
无人值守操作
继续

图 13-14　开始安装数据库

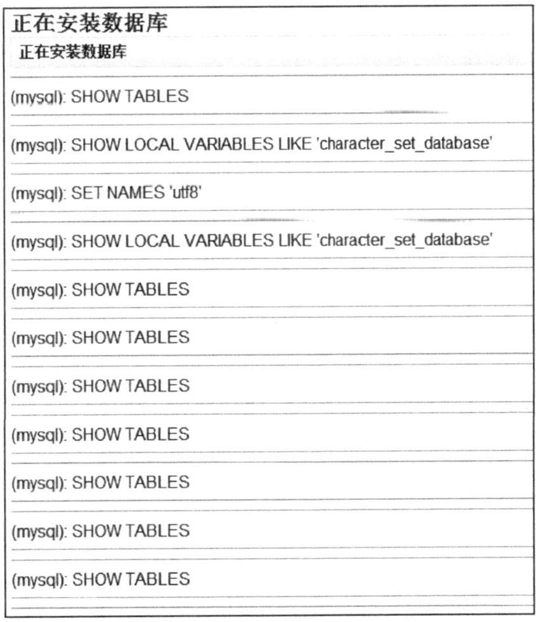

正在安装数据库
正在安装数据库
(mysql): SHOW TABLES
(mysql): SHOW LOCAL VARIABLES LIKE 'character_set_database'
(mysql): SET NAMES 'utf8'
(mysql): SHOW LOCAL VARIABLES LIKE 'character_set_database'
(mysql): SHOW TABLES
(mysql): SHOW TABLES
(mysql): SHOW TABLES
(mysql): SHOW TABLES
(mysql): SHOW TABLES
(mysql): SHOW TABLES
(mysql): SHOW TABLES

图 13-15　安装数据库过程

步骤 15：数据库安装完成，在页面最下方出现一个“继续”按钮，如图 13-16 所示，单击“继续”按钮进入下一步安装。

(mysql): INSERT INTO mdl_log_display(module, action, mtable, field) VALUES ('message', 'unblock contact', 'user',
成功
(mysql): INSERT INTO mdl_log_display(module, action, mtable, field) VALUES ('group', 'view', 'groups', 'name')
成功
(mysql): INSERT INTO mdl_log_display(module, action, mtable, field) VALUES ('tag', 'update', 'tag', 'name')
成功
(mysql): SELECT name FROM mdl_config WHERE name = 'unicodedb' LIMIT 1
(mysql): SELECT * FROM mdl_config WHERE id = '-1'
(mysql): INSERT INTO mdl_config (NAME, VALUE) VALUES ('unicodedb', '1')
(mysql): SELECT LAST_INSERT_ID()
数据库升级成功
继续

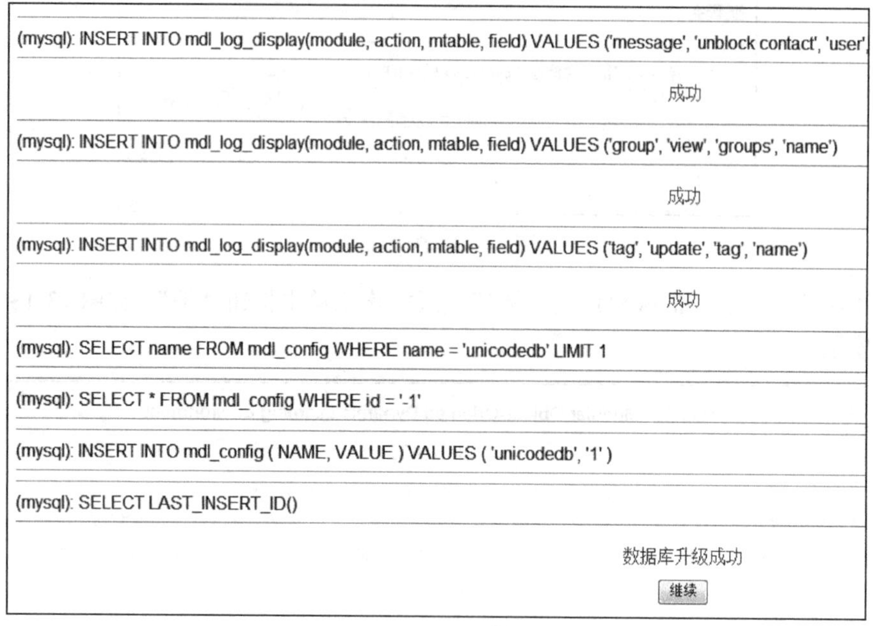

图 13-16　数据库安装完成

步骤 16：本步骤开始安装模组表，等待一段时间，安装完成时，会在页面底端出现“继续”按钮，如图 13-17 所示，单击“继续”按钮进入下一步安装。

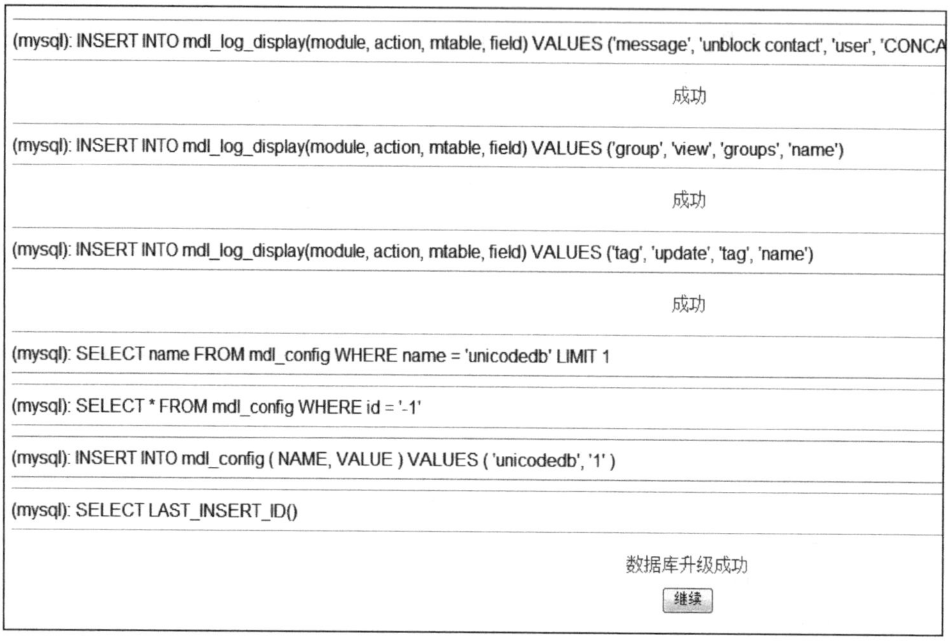

(mysql): INSERT INTO mdl_log_display(module, action, mtable, field) VALUES ('message', 'unblock contact', 'user', 'CONCA
成功
(mysql): INSERT INTO mdl_log_display(module, action, mtable, field) VALUES ('group', 'view', 'groups', 'name')
成功
(mysql): INSERT INTO mdl_log_display(module, action, mtable, field) VALUES ('tag', 'update', 'tag', 'name')
成功
(mysql): SELECT name FROM mdl_config WHERE name = 'unicodedb' LIMIT 1
(mysql): SELECT * FROM mdl_config WHERE id = '-1'
(mysql): INSERT INTO mdl_config (NAME, VALUE) VALUES ('unicodedb', '1')
(mysql): SELECT LAST_INSERT_ID()
数据库升级成功
继续

图 13-17　模组表安装完成

步骤 17：开始创建插件表格表，等待一段时间，创建完成时，会在页面底端出现“继续”按钮，一直单击“继续”按钮，直到出现如图 13-18 所示的管理员基本信息设置页面为止，进入步骤 18 的设置与操作。

步骤 18：设置管理员账户相关的参数。具体参数如图 13-19 所示，设置完成之后，单击“更改个人资料”按钮进入下一步设置。

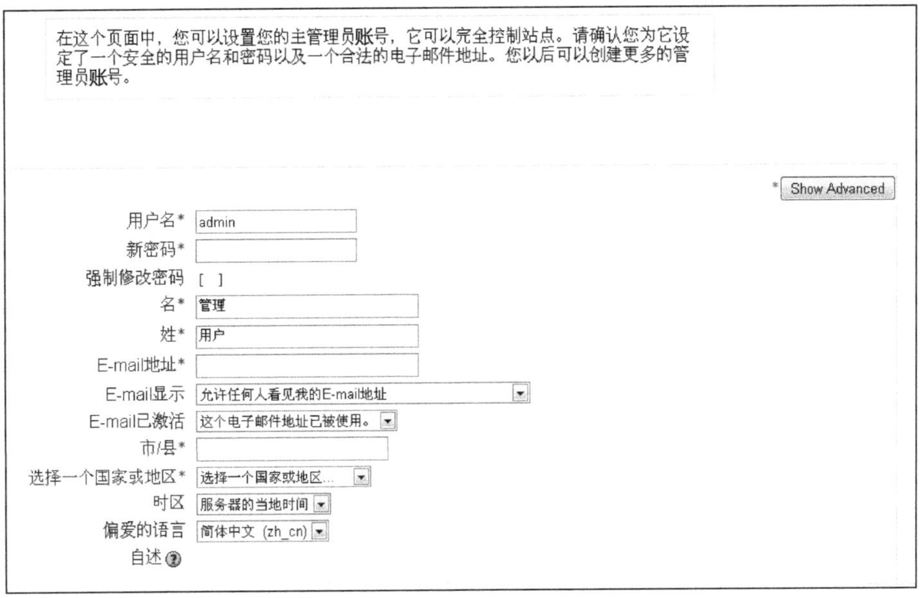

在这个页面中，您可以设置您的主管理员账号，它可以完全控制站点。请确认您为它设定了一个安全的用户名和密码以及一个合法的电子邮件地址。您以后可以创建更多的管理员账号。

Show Advanced

用户名* admin
新密码*
强制修改密码 [ ]
名* 管理
姓* 用户
E-mail地址*
E-mail显示 允许任何人看见我的E-mail地址
E-mail已激活 这个电子邮件地址已被使用。
市/县*
选择一个国家或地区* 选择一个国家或地区...
时区 服务器的当地时间
偏爱的语言 简体中文 (zh_cn)
自述

图 13-18　设置管理员账号

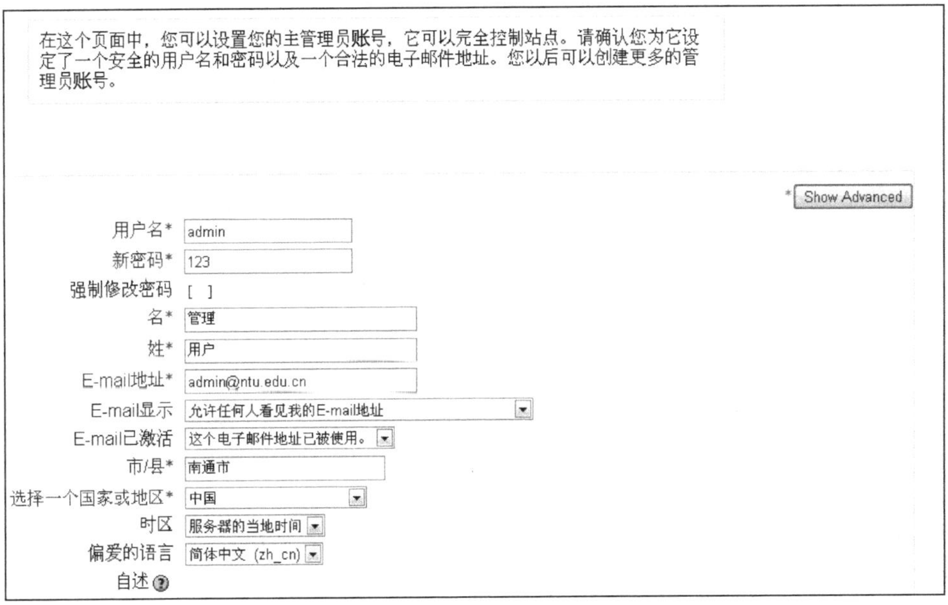

在这个页面中，您可以设置您的主管理员账号，它可以完全控制站点。请确认您为它设定了一个安全的用户名和密码以及一个合法的电子邮件地址。您以后可以创建更多的管理员账号。

Show Advanced

用户名* admin
新密码* 123
强制修改密码 [ ]
名* 管理
姓* 用户
E-mail地址* admin@ntu.edu.cn
E-mail显示 允许任何人看见我的E-mail地址
E-mail已激活 这个电子邮件地址已被使用。
市/县* 南通市
选择一个国家或地区* 中国
时区 服务器的当地时间
偏爱的语言 简体中文 (zh_cn)
自述

图 13-19　管理员账号参数设置情

步骤 19：设置站点名称。本步骤需要设置网站的全名、简称、首页说明、登录前后首页显示的栏目、是否包含标题栏、显示新闻的条数、每页显示的课程数等参数，设置完成之后，单击“保存更改”按钮，直接进入网站首页，默认已经以管理员 admin 账号登录，如图 13-20 所示，至此，Moodle 平台的安装基本完成。

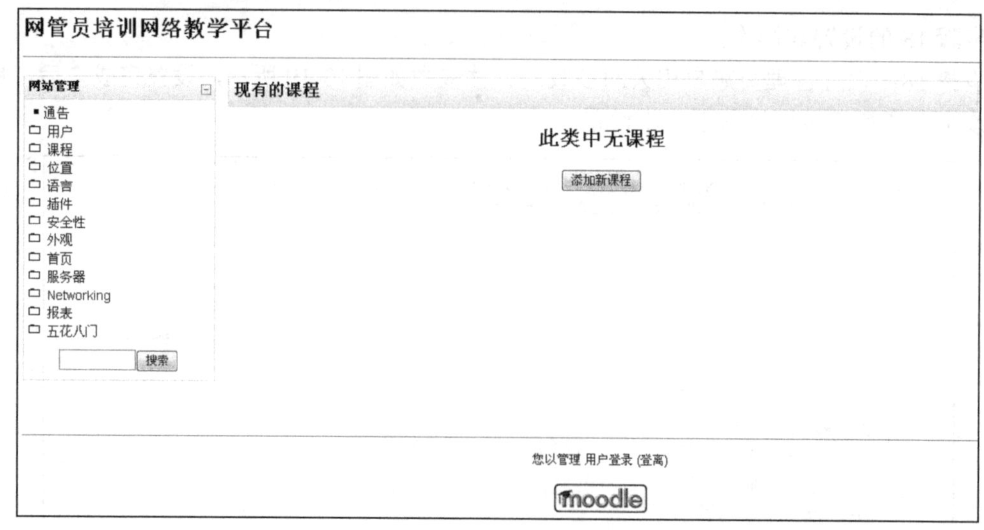

图 13-20　Moodle 首页

13.4　Moodle 主要功能介绍

Moodle 网络教学平台提供了强大的课程管理、作业管理、聊天、投票、论坛、测验、资源管理、问卷调查等功能，下面将逐一介绍。

1. 课程管理

(1) Moodle 平台支持教师全面控制课程的所有设置，包括限制其他教师访问。

(2) Moodle 平台支持星期、主题或社区讨论等多种课程格式。

(3) Moodle 平台的课程活动配置非常灵活，可以有论坛、测验、资源、投票、问卷调查、作业、聊天、专题讨论等多种课程活动。

(4) 课程自上次登录以来的所有变化可以显示在课程主页上，这样使得课程成员能够一目了然地看到课程的最新动态。

(5) Moodle 平台中绝大部分文本(资源、论坛帖子等)可以用所见即所得的编辑器编辑。

(6) 所有在论坛、测验和作业评定的分数都可以在同一页面查看(并且可以下载为电子表格文件)。

(7) Moodle 平台有全面的用户日志和跟踪功能。Moodle 平台能在同一页面内统计每个学生的活动，包含参与的讨论、最后访问时间、阅读次数等信息，以图形报告的形式显示出来，汇编成每个学生的学习记录。

(8) Moodle 平台集成了邮件功能，能够把讨论区帖子和教师反馈等以 HTML 或纯文本格式的邮件发送。

(9) Moodle 平台支持自定义评分等级，教师可以定义自己的评分等级，用来在论坛和作业打分。

(10) Moodle 平台的备份功能可以把课程打包为一个 zip 文件。此文件可以在任何 Moodle 服务器恢复。

2. 作业模块

(1) Moodle 平台可以指定作业的截止日期和最高分。

(2) 学生可以上传作业(文件格式不限)到服务器，上传时间也将被记录。

(3) Moodle 平台允许迟交作业，但教师可以清晰地看到迟交了多久。

(4) Moodle 平台可以在一个页面、一个表单内为整个班级的每份作业评分(打分和评价)。

(5) 教师的反馈会显示在每个学生的作业页面，并且有 E-mail 通知。

(6) 教师可以选择打分后是否可以重新提交作业，以便重新打分。

3. 聊天模块

(1) 聊天模块支持平滑的、同步的文本交互。

(2) 聊天窗口里可以包含个人图片。

(3) 聊天模块支持 URL、笑脸、嵌入 HTML 和图片等。

(4) 所有的谈话都记录下来供日后查看，并且可以允许学生查看。

4. 投票模块

(1) 投票模块类似于选举投票。可以用来为某件事表决，或从每名学生得到反馈(如支持率调查)。

(2) 教师可以在投票模块里看到所有学生的投票结果。

(3) 投票模块可以选择是否允许学生看到更新的结果图。

5. 论坛模块

(1) 论坛模块有多种类型的论坛供选择，如教师专用、课程新闻、全面开放和每用户一话题等类型。

(2) 论坛模块的每个帖子都带有作者的照片，图片附件内嵌显示。

(3) 论坛模块可以以嵌套、列表和树状方式浏览话题，也可以让旧贴在前或新贴在前。

(4) 每个人都可以订阅指定论坛，这样帖子会以 E-mail 方式发送。教师也可以强迫每人订阅。

(5) 教师可以设定论坛为不可回复(如只用来发公告的论坛)。

(6) 教师可以轻松地在论坛间移动话题。

(7) 如果论坛允许评级，那么可以限制有效时间段。

6. 测验模块

(1) 教师可以定义题库，在不同的测验里复用。

(2) 题目可以分门别类地保存，易于使用，并且可以“公布”这些分类，供同一网站的其他课程使用。

(3) 题目可以自动评分，并且如果题目更改，测验模块还支持重新评分。

(4) 教师可以为测验指定开放时间。

(5) 根据教师的设置，测验可以被尝试多次，并能显示反馈和/或正确答案。

(6) 测验模块的题目和答案可以乱序(随机)显示，减少作弊。

(7) 题目可以包含 HTML 和图片。

(8) 题目可以从外部文本文件导入。

(9) 测验可以分多次完成试答，每次的结果被自动累积。

(10) 选择题支持一个或多个答案，包括填空题(词或短语)、判断题、匹配题、随机题、计算题(带数值允许范围)、嵌入答案题(完形填空风格)，在题目描述中填写答案、嵌入图片和文字描述。

(11) 在 Moodle 中设计的各类题目可以备份并导出，可以在任何支持国际标准的学习管理系统中导入。

7. 资源模块

(1) Moodle 平台支持显示任何电子文档、Word、PowerPoint、Flash、视频和声音等。

(2) Moodle 平台既支持上传资源文件到服务器上进行管理，也可以使用 Web 表单动态创建文本或 HTML 形式的资源。

(3) Moodle 平台的资源既可以是来自于 Web 的外部资源，也可以是来自于平台内部管理维护的各种资源。

(4) Moodle 平台支持用链接将资源共享给外部的 Web 应用。

8. 问卷调查模块

(1) Moodle 内置的问卷调查(COLLES、ATTLS)作为分析在线课程的工具已经被证明有效。

(2) Moodle 平台的问卷调查模块可以随时查看在线问卷各种形式的报告，包含图形、Excel、CSV 等，数据还可以下载。

(3) 学生的回答和班级的平均情况的比较可以作为反馈提供给学生。

9. 互动评价(workshop)

(1) 学生可以对教师给定的范例作品文档进行公平的评价，教师对学生的评价可以进行管理并打分。

(2) Moodle 平台支持各种可用的评分级别。

(3) Moodle 平台的互动评价模块有很多非常灵活的选项。

13.5 Moodle 平台应用案例

本节列举了若干真实的小案例，帮助新手管理员快速上手，掌握 Moodle 平台日常管理中最常见的故障排查和应用案例。

【案例 3】怎样让 Moodle 支持中文文件夹?

答:找到 Moodle 中的文件 config.php，用记事本打开在末尾加入$CFG->unicodedb = true;和$CFG->unicodecleanfilename = true; 两行代码。这样设置可以保证 Moodle 平台能使用中文文件夹，但是只能使用偶数个汉字作为文件夹名和文件名。

【案例 4】怎样让 Moodle 支持中文帮助?

答:将 Moodle/lang 文件夹复制到 moodledata 文件夹中。这样设置可以使用 Moodle 平台的中文帮助说明。

【案例 5】Moodle 是否可以与邮件系统关联?

答：可以通过配置邮件系统来实现给注册用户发送邮件，但是必须将系统管理员的邮箱与系统进行关联。

将系统管理员的邮箱与系统进行关联配置方法如下。

在 Moodle 首页的左侧“网站管理”模块中，选择“服务器”→“邮件”子项，出现如图 13-21 所示的页面。设置好 SMTP 主机与用户名密码，其中用户名和密码必须是真实可用的。

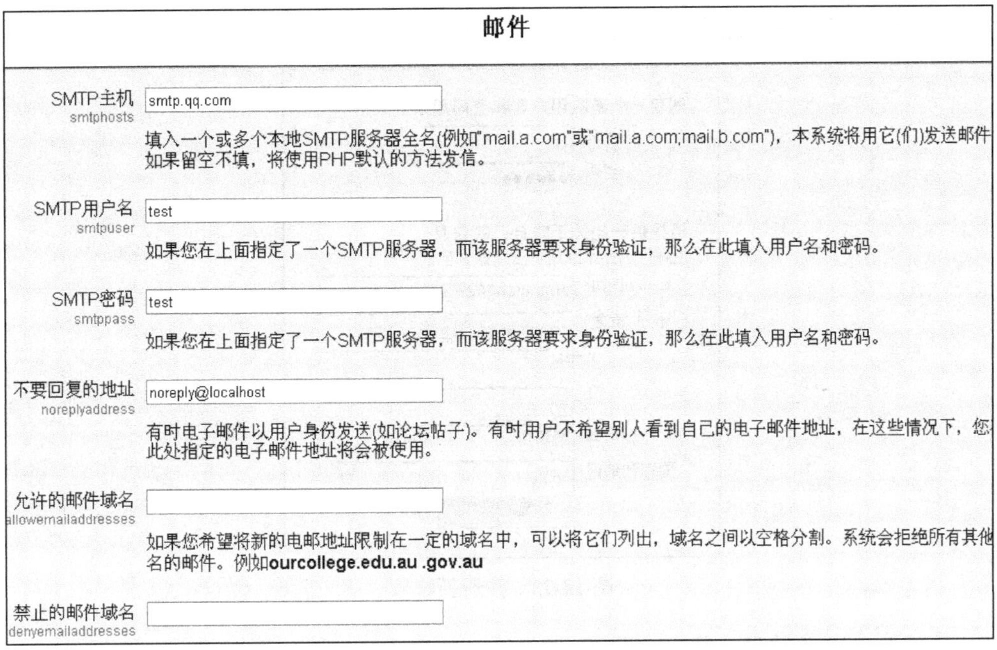

邮件
SMTP主机
smtphosts
smtp.qq.com
填入一个或多个本地SMTP服务器全名(例如"mail.a.com"或"mail.a.com;mail.b.com")，本系统将用它(们)发送邮件
如果留空不填，将使用PHP默认的方法发信。
SMTP用户名
smtpuser
test
如果您在上面指定了一个SMTP服务器，而该服务器要求身份验证，那么在此填入用户名和密码。
SMTP密码
smtppass
test
如果您在上面指定了一个SMTP服务器，而该服务器要求身份验证，那么在此填入用户名和密码。
不要回复的地址
noreplyaddress
noreply@localhost
有时电子邮件以用户身份发送(如论坛帖子)。有时用户不希望别人看到自己的电子邮件地址，在这些情况下，您
此处指定的电子邮件地址将会被使用。
允许的邮件域名
allowemailaddresses
如果您希望将新的电邮地址限制在一定的域名中，可以将它们列出，域名之间以空格分割。系统会拒绝所有其他
名的邮件。例如ourcollege.edu.au .gov.au
禁止的邮件域名
denyemailaddresses

图 13-21　邮件系统配置

【案例 6】Moodle 平台的页面表现风格可以调整吗？

答：Moodle 平台的页面表现风格可以调整。配置方法如下。

在 Moodle 首页的左侧“网站管理”模块中，选择“外观”→“主题风格”→“主题选择器”选项，出现如图 13-22 所示的页面，根据个人喜好选择预置的主题风格。

网站管理
通告
用户
课程
位置
语言
插件
安全性
外观
主题风格
主题设置
主题选择器
首页
主题风格
主题风格
CR-Aq
选择
南师大魔灯
主题风格

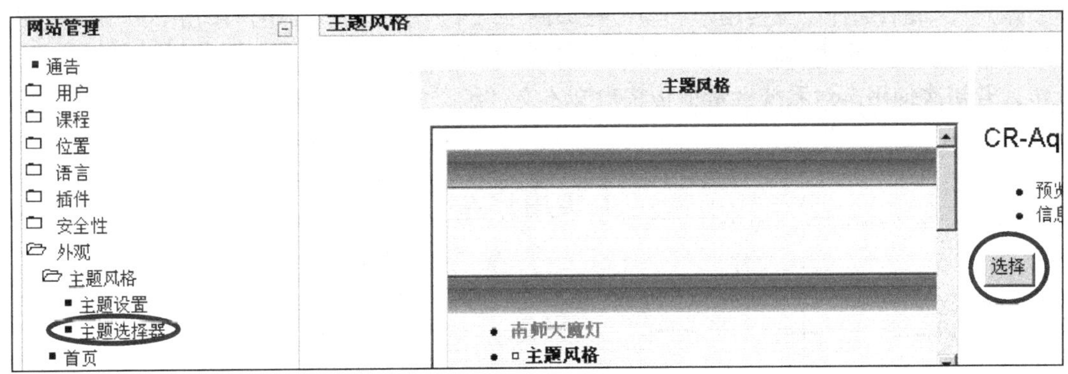

图 13-22　主题风格设置

【案例 7】怎样为 Moodle 平台新增用户？

答：Moodle 平台的用户管理模式非常人性化，既可以由用户自行注册，也可以由管理员手工添加。其中管理员手工添加的方式又有“一次新增一个用户”的方式和“一次新增一批用户”的方式。下面将逐一介绍新增用户的方法。

1. 用户自行注册的操作步骤

在 Moodle 首页单击“登录”链接，出现的登录页面中，右侧为新用户注册区，单击“注册新账号”按钮，出现图 13-23 所示的新账号注册页面。按页面提示输入用户名、密码、E-mail 地址以及姓名等基本信息，单击“创建新账户”按钮，系统会自动发送一封 E-mail 到信箱，

按邮件要求验证邮箱可用性后，完成新用户的注册。

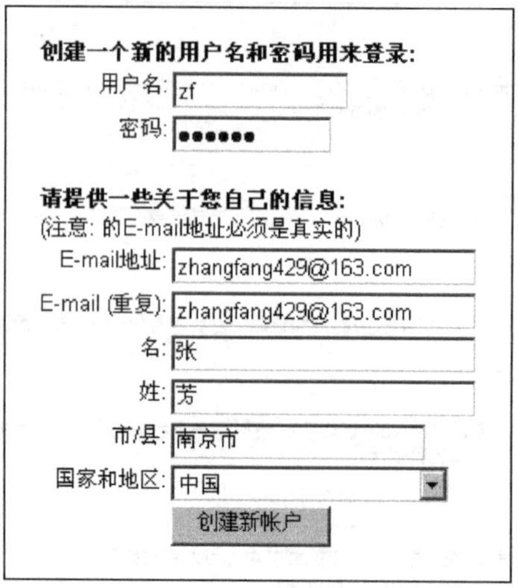

创建一个新的用户名和密码用来登录:
用户名: zf
密码: ●●●●●●
请提供一些关于您自己的信息:
(注意: 的E-mail地址必须是真实的)
E-mail地址: zhangfang429@163.com
E-mail (重复): zhangfang429@163.com
名: 张
姓: 芳
市/县: 南京市
国家和地区: 中国
创建新帐户

图 13-23　注册新账号

2. 管理员手工新增用户的操作步骤

以管理员身份登录系统，选择首页中“网站管理”→“用户”项，在打开的子栏目中选择“账户”，最后选择“添加新用户”选项，按要求填入用户名、密码、E-mail 地址以及姓名等基本信息，单击“更改个人资料”按钮，完成管理员手工新增用户。

3. 管理员批量上传新账户信息的操作步骤

以管理员身份登录系统，选择首页中“网站管理”→“用户”项，在打开的子栏目中选择“账户”，最后选择“上传用户”项，在如图 13-24 所示的新页面中，单击“浏览”按钮，在文件系统中找到事先编辑好的账户文本文件，单击“上传用户”按钮，完成账户信息批量上传。若初次使用，对系统批量上传账户文本文件编排格式不甚清楚，可以单击标题“上传用户”右下角的“？”按钮，根据帮助的提示编辑好账户文本文件。

上传用户
文件
浏览...
设置
如何处理密码字段 字段必需存在于文件中
更新已有账户 否
允许改名 否
上传用户

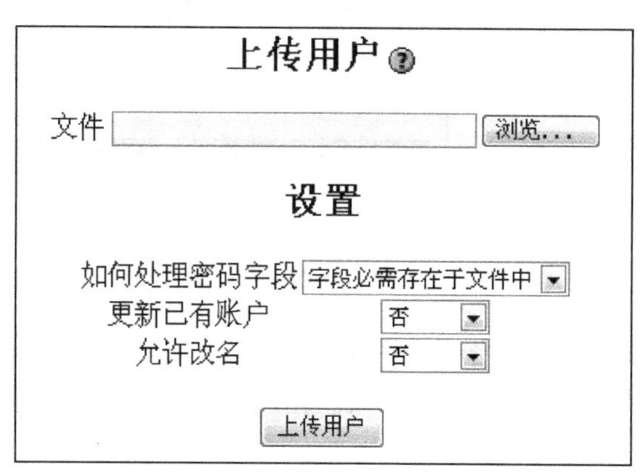

图 13-24　批量上传用户信息

【案例 8】怎样为新用户授权？

答：新用户必须在管理员授权以后才能正常使用 Moodle 平台，默认 Moodle 平台有管理员、课程创建者、教师、无编辑权限教师、学生、访客这六种角色，一种角色下可以有多个用户，一个用户也可以拥有多种角色身份。

为新用户授权的配置方法如下。

以管理员账号登录 Moodle 平台后，选择首页左侧的“网站管理”→“用户”项，打开的子菜单中选择“权限”，最后选择权限子菜单中的“分配全局角色”，出现如图 13-25 所示的分配角色列表。选择需要设置权限的一种角色，打开如图 13-26 所示的“分配角色详情”页面，根据需要设置权限。

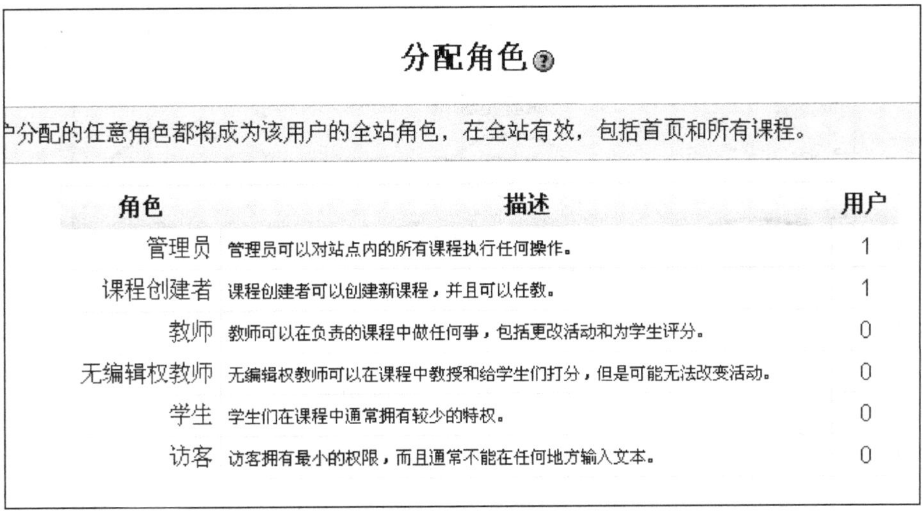

分配角色

户分配的任意角色都将成为该用户的全站角色，在全站有效，包括首页和所有课程。

角色	描述	用户
管理员	管理员可以对站点内的所有课程执行任何操作。	1
课程创建者	课程创建者可以创建新课程，并且可以任教。	1
教师	教师可以在负责的课程中做任何事，包括更改活动和为学生评分。	0
无编辑权教师	无编辑权教师可以在课程中教授和给学生们打分，但是可能无法改变活动。	0
学生	学生们在课程中通常拥有较少的特权。	0
访客	访客拥有最小的权限，而且通常不能在任何地方输入文本。	0

图 13-25　分配角色列表

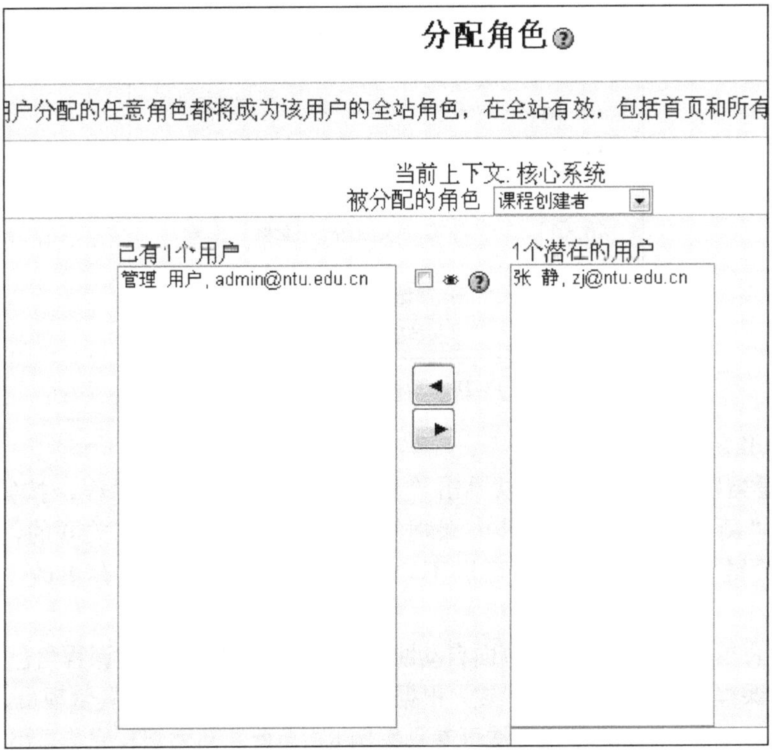

分配角色

用户分配的任意角色都将成为该用户的全站角色，在全站有效，包括首页和所有

当前上下文: 核心系统
被分配的角色 课程创建者

已有1个用户
管理 用户, admin@ntu.edu.cn

1个潜在的用户
张 静, zj@ntu.edu.cn

图 13-26　分配角色详情

【案例 9】怎样新增课程？

答：在为 Moodle 平台新增课程之前，首先需要设置好课程类别，合理设置课程类别能够方便教师和学生更便捷地找到自己的课程。下面将分新增课程类别和新增课程两个步骤来介绍。

1. 新增课程类别的操作步骤

以管理员账号登录 Moodle 平台，选择首页左侧的“网站管理”→“用户”→“课程”→“添加/修改课程”项，出现如图 13-27 所示的课程类别列表。在文本框中输入新课程类别名，单击“新增课程类别”按钮就能实现课程类别的新增，出现如图 13-28 所展示的课程类别列表。

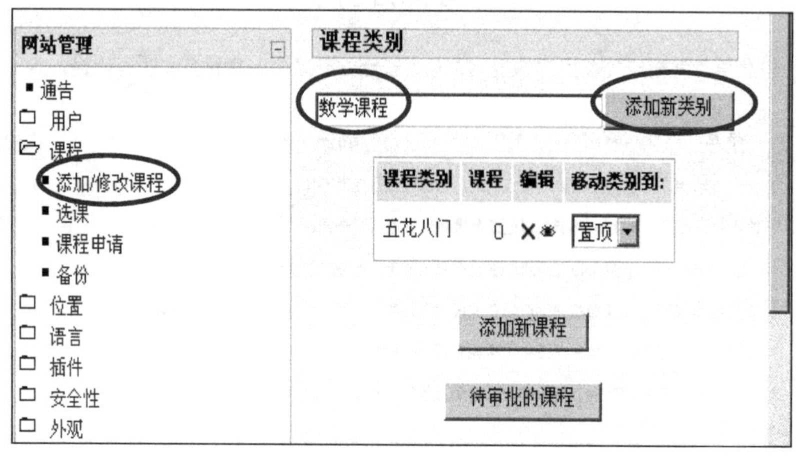

图 13-27　新增课程类别

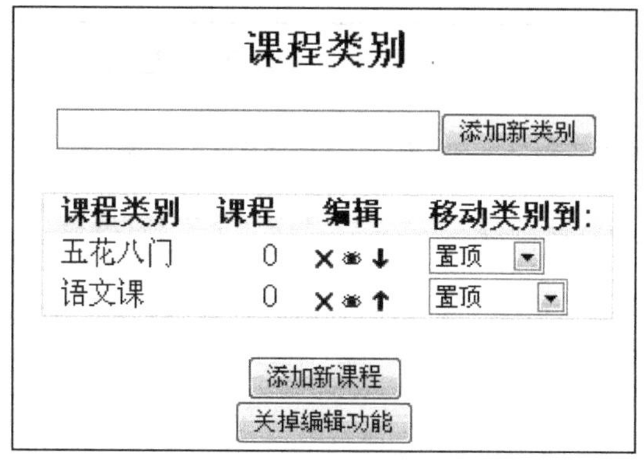

图 13-28　新增课程类别列表

2. 新增课程的操作步骤

完成课程类别的新增，还可以单击“新增课程”按钮新增课程，按需求填写如图 13-29 所示的“新增课程”表单，其中课程编号是用来与外部系统关联的，并非 Moodle 平台内部的关键字，如果不需要可以不填，完成之后单击“保存更改”按钮，提交数据。

新增课程表单保存完毕之后，页面自动跳转到如图 13-30 所示的课程角色分配列表。在这一步骤将对课程的用户列表进行设置，根据课程的需要，为课程设置管理员、学生、教师。设置的页面类似于图 13-26，设置方法可参见案例 8。至此，新增课程完毕，用户可通过单击菜单栏中的课程名链接，进入课程，课程主页可参见图 13-31。

结束日期 25 七月 2012 ☑禁用
选课时间 无限制

选课期满通知

Notify 否
提醒学生 否
下限 10天

Groups

小组模式 否
强制 否

有效性

有效性 该课程允许学生学习
选课密钥
访客进入 不允许访客进入

语言

强制语言 不强制

保存更改 取消

图 13-29　新增课程表单

角色
分配角色　覆盖角色

分配角色

角色	描述	用户
管理员	管理员可以对站点内的所有课程执行任何操作。	0
课程创建者	课程创建者可以创建新课程，并且可以任教。	0
教师	教师可以在负责的课程中做任何事，包括更改活动和为学生评分。	0
无编辑权教师	无编辑权教师可以在课程中教授和给学生们打分，但是可能无法改变活动。	0
学生	学生们在课程中通常拥有较少的特权。	0
访客	访客拥有最小的权限，而且通常不能在任何地方输入文本。	0

此页的Moodle文档

您以管理 用户登录 (登离)

小一语文

图 13-30　为课程分配角色

网络教学平台 ▶ 小一语文

人物
师生名录

搜索论坛
继续
高级搜索

管理
打开编辑功能
设置
分配角色
组
备份
恢复
导入
重置
报表
题目
等级
文件
成绩
我要从小一语文注销

每周概要
07 26ᒧ - 081-
082- - 088ᒥ
089ᒧ - 08 15ᒥ
08 16ᒧ - 08 22ᒥ
08 23ᒧ - 08 29ᒥ
08 30ᒧ - 095ᒥ
096ᒧ - 09 12ᒥ
09 13ᒧ - 09 19ᒥ
09 20ᒧ - 09 26ᒥ
09 27ᒧ - 103ᒥ

图 13-31　课程浏览页面

【案例 10】日历的日期显示有乱码怎么办？

答：将 lang 文件夹下的 langconfig.php 文件用 ANSI 编码格式重新保存一次，并替换原有文件。

【案例 11】怎样在主页上发布一个新话题？

答：在如图 13-32 所示的个人主页上，单击“最新新闻”模块中的“添加一个新话题”链接，按提示填写新话题表单，提交。

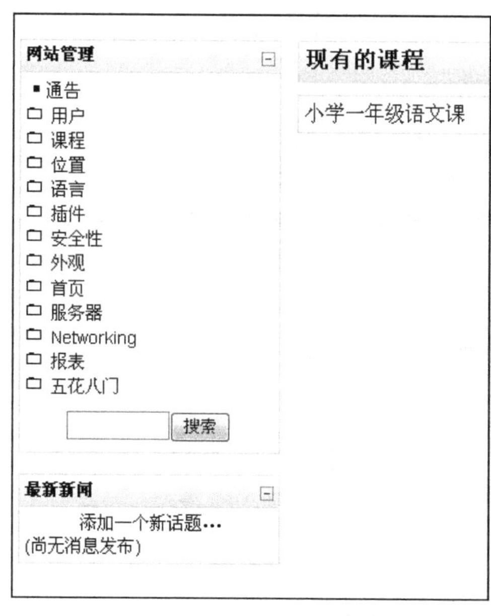

图 13-32　添加新话题

【案例 12】Moodle 平台可以自定义首页样式吗？

答：Moodle 平台可以自定义首页样式，包括展示哪些模块、怎样布局、采用哪种配色方案等，其中配色方案的调整方法参见案例 6，首页上展示版块的增、删、改以及布局调整方法如下。

以系统管理员身份登录系统，单击页面右上角的“打开编辑功能”按钮，进入页面编辑状态，在页面右下角有如图 13-33 所示的“版块”功能区，单击“添加”下拉列表，弹出当前可选用的所有功能模块，选择您需要新增的功能模块，就能完成首页上版块的新增。

对于新增的版块，可以通过每个版块名下方的版块设置工具栏进行位置的调整与角色隐藏等其他设置，如图 13-34 所示，所有页面调整完成之后单击“关掉编辑功能”按钮保存页面设置结果。

图 13-33 新增版块

图 13-34 版块设置工具栏

如果觉得现有模块无法满足需求，还可以新建自定义 HTML 版块，下面是天气预报和时钟两段示例代码，其中“天气预报”版块通过 iframe 潜入了一个其他网站提供的天气预报显示功能，而时钟版块则通过嵌入了一个时钟的 Flash 动画来实现时钟功能。教师可以根据课程需要自行编写或者借用其他网站的共享功能代码来自定义新的版块，从而使课程首页能够更个性化。

```
天气预报版块：
<iframe src="http: //weather.265.com/weather.htm" width="168" height="50" frameborder="0" marginwidth="0" marginheight="0" scrolling="no" name="265"></iframe>
时钟版块：
<embed src="http: //www.china-nurse.com/bbs/UpLoadFile/200511281810505417.swf" width="160" height="160" type="application/x-shockwave-flash" quality="high" wmode="transparent" /></embed>
```

【案例 13】教师怎样为课程新增课程资源？

答：以教师用户登录，进入自己的课程。选择“管理”模块中的“文件”菜单。如图 13-35 所示，如果课程的资源内容很丰富，可以通过单击“新建一个文件夹”按钮来新增文件夹，实现课程资源分门别类的管理。选择课程资源存放的文件夹，通过单击“上载一个文件”按钮，将课程资源上载到服务器端。到这一步，课程资源实现了从教师个人电脑到服务器端的迁移，但学生还是无法查看。怎样将教师上传的资源共享给学生呢？请查看案例 14。

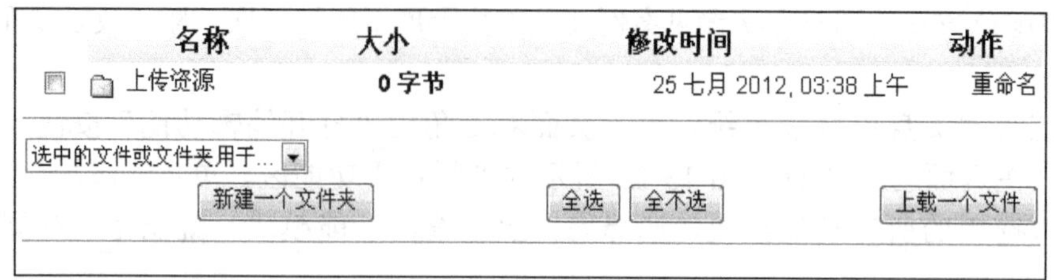

图 13-35　教师上传资源文件

【案例 14】教师怎样将服务器端的课程资源目录共享给学生？

答：单击“打开编辑功能”按钮，进入课程编辑状态，选择添加资源下拉列表中的“显示一个目录”选项，如图 13-36 所示，进入显示目录的基本信息设置表单，按要求设置表单的各项信息，提交后即能在首页将教师上传的资源目录共享给学生，最终结果如图 13-37 所示。

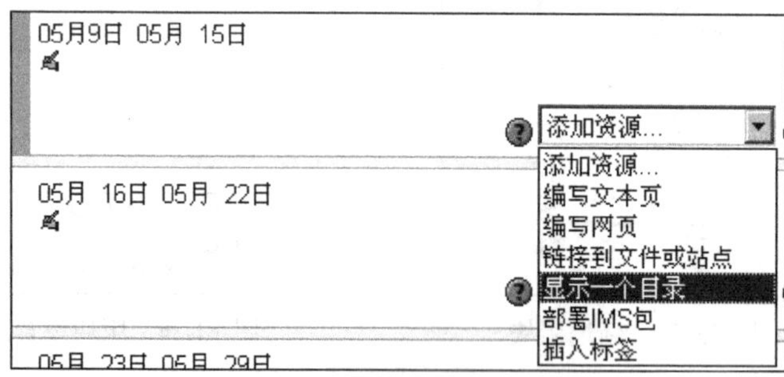

图 13-36　共享资源目录给学生

图 13-37　共享资源目录给学生的最终结果展示

【案例 15】教师怎样给学生布置作业？

答：单击“打开编辑功能”按钮，进入课程编辑状态，单击“添加活动”下拉列表，弹出的菜单项如图 13-38 所示。

由菜单项可以看出作业有四种类型：高级文件上传、在线文本、上传单个文件和离线活动项目。这四种类型是根据学生作业的上交形式来区分的，具体含义如下。

(1) “高级文件上传”作业类型允许学生作业答案中的附件个数大于等于两个。

(2) “上传单个文件”作业类型只允许学生的作业答案中包含一个附件。

(3) “在线文本”作业类型让学生通过在线的文本编辑框编辑作业的答案。

(4) “离线活动项目”作业类型不需要学生上传任何形式的文件，直接通过网下的作业检查给作业评分。

教师可以根据需要选择作业的类型，然后进入作业的编辑与基本信息设置界面，按需求设置并保存，给学生布置作业。教师布置的作业会在学生首页的每周概要中给以提示，学生登录 Moodle 平台后，能在显眼位置看到有新的作业，通过单击新作业链接开始完成作业，最终老师可以根据学生作业完成的情况给予评分，效果如图 13-39 所示。

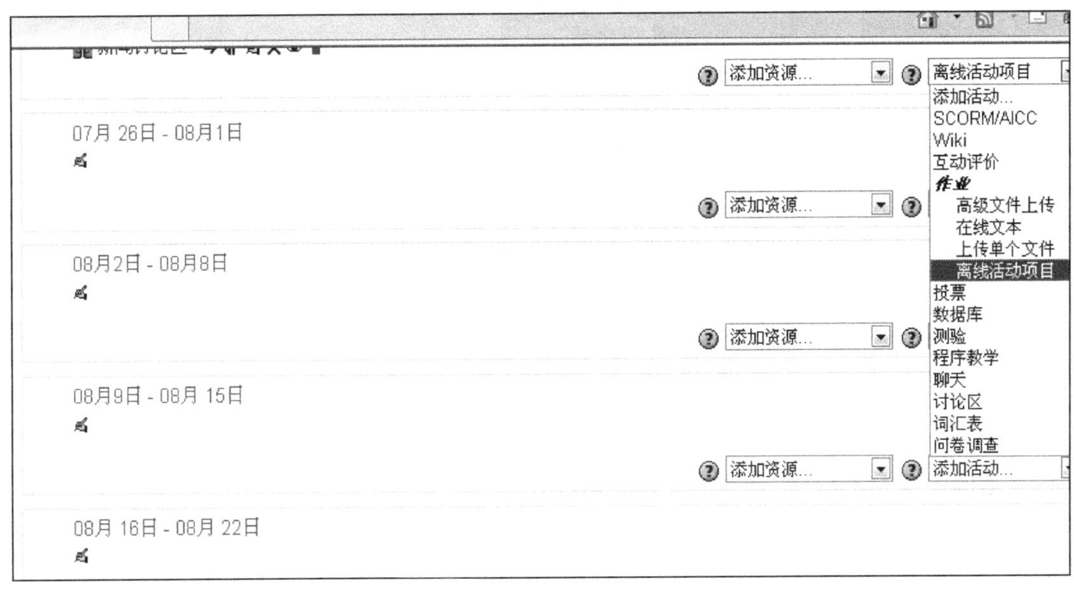

图 13-38　新增活动下拉列表

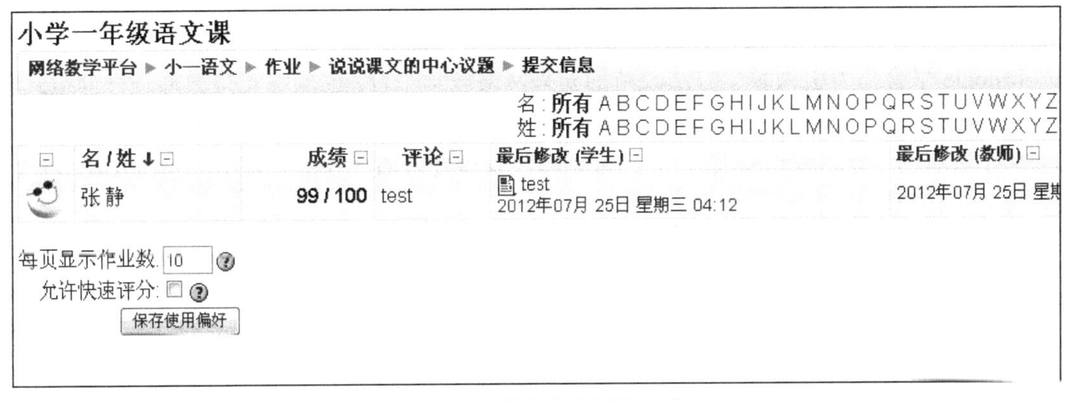

图 13-39　学生作业评分列表

【案例 16】教师怎样新增一次在线考试？

答：单击“打开编辑功能”按钮，进入课程编辑状态，在课程编辑状态下，每周概要的右上角会新增“添加活动”下拉列表，单击弹出的菜单项如图 13-38 所示。可通过选择“测验”创建一次在线考试，填写“新增测验”表单，并提交后出现如图 13-40 所示的在线考试题型页面，其中有名为“新建题目”的设置项，单击新建题目右侧的“选择”下拉列表，弹出的菜单项罗列了 Moodle 平台支持的全部题型，如图 13-40 所示，有计算题、描述、论述、匹配题、完形题、选择题、填空题、数字题、随机填空匹配题和 True/False 等类别。根据考试内容的需要逐一创建考题，最后进行测验的发布，让学生能够在首页显眼位置看到在线考试最新发布。

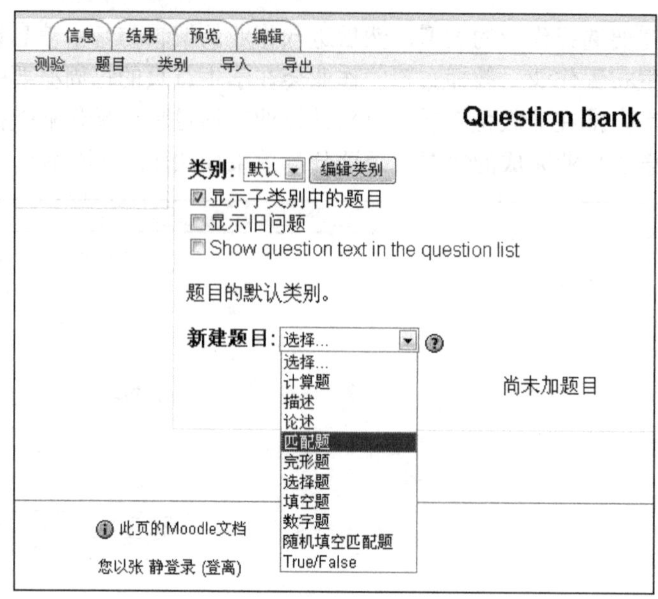

图 13-40　在线考试题型

【案例 17】Moodle 平台支持分组学习吗？

答：分组学习是将班级分成若干小组，以小组为单位进行共同学习的一种教学方法。组内成员共同学习，通过彼此间的分工、交流与合作，共同完成学习任务，强调组内成员的互动，而组际的学习课题内容可以相同，也可以不同；教师对学习小组作间接指导，或者参与到某些小组中与学生共同学习。小组学习有利于学生对教学互动的参与，可以较好地发挥学生自主学习的精神和探究问题的兴趣。因此，小组学习是一种比较好的教学组织形式。

Moodle 平台作为引领教学方法改革的新兴网络教学平台，也能够支持教师进行分组式教学。Moodle 平台中创建学生分组的操作方法如下：单击课程首页管理模块中的组，出现如图 13-41 所示的“分组编辑页面”，首先根据教学安排建好若干小组，然后为每个小组分配参与学生。下面逐一进行介绍。

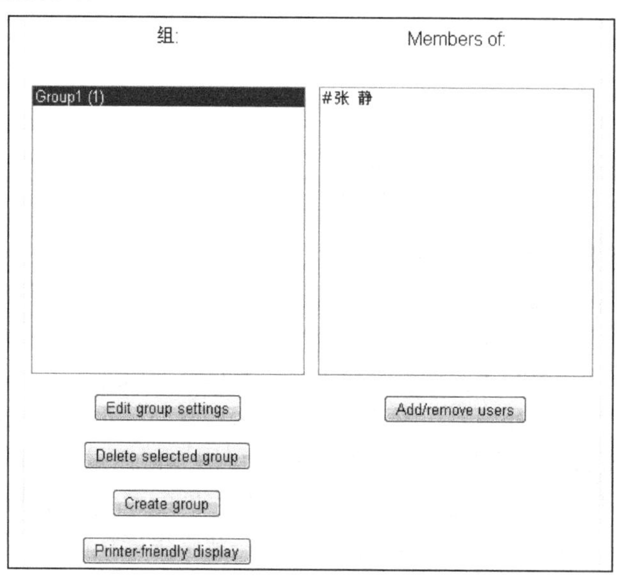

图 13-41　分组设置

(1) 新增小组——单击“Create group”按钮来新增小组。

(2) 修改小组信息——选中需要修改小组信息的小组组名，单击“Edit group settings”按钮来编辑小组信息。

(3) 删除小组信息——选中需要删除的小组组名，单击“Delete selected group”按钮。

(4) 修改小组组员信息——选中一个小组组名，单击“Add/remove users”按钮，在弹出的页面中选择学生。

【案例 18】Moodle 平台支持讨论区吗？

答：讨论区能够提供一个师生互动的平台，有利于培养学生自主学习、合作学习以及共同探究的能力。Moodle 平台也提供了讨论区功能模块，教师可以新增讨论区、新增话题，发起课程成员之间的讨论。

(1) 新增讨论区——单击“打开编辑功能”按钮，进入课程编辑状态，在课程编辑状态下，每周概要的右上角会新增“添加活动”下拉列表，单击“添加活动”下拉列表，弹出的菜单项参见图 13-38。选择“讨论区”选项，出现如图 13-42 所示的新建讨论区的表单，填写讨论区名称、讨论区类型、讨论区简介等内容，保存后完成讨论区的新建。填写过程中遇到问题，可以查看相应位置的“？”按钮，第一时间获得 Moodle 平台提供的帮助信息。

(2) 在讨论区新建话题——在建好的讨论区中，教师可以根据课程需要发起话题，新建话题的表单如图 13-43 所示，按提示填写主题和内容。填写过程中遇到问题，可以查看相应位置的“？”按钮，第一时间获得 Moodle 平台提供的帮助信息。

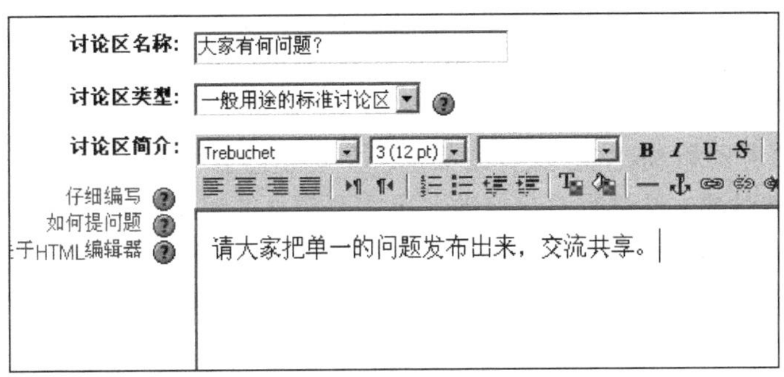

图 13-42　新建讨论区活动

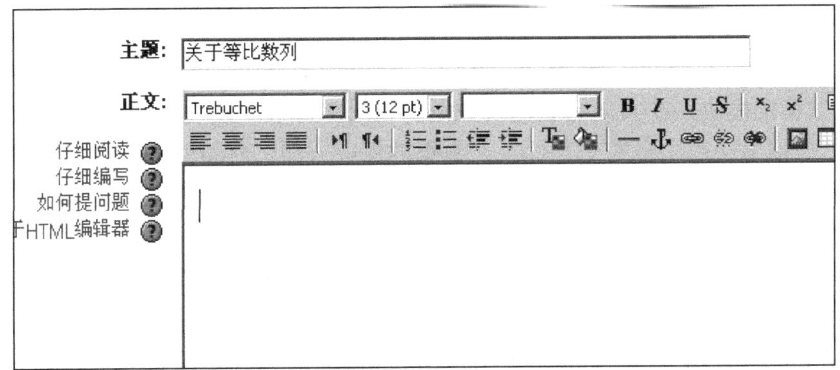

图 13-43　发起讨论话题

13.6 Moodle 平台的系统架构与个性化定制简介

Moodle 平台自诞生就以开源软件的形式出现，遵循 GPL(GNU Public License)协议，这给 Moodle 平台带来无穷的活力，吸引了一大批开发者。Moodle 平台支持管理员对平台进行个性化的定制开发，这需要对 Moodle 平台的系统架构有深入的了解，本节将重点介绍 Moodle 平台的系统架构和个性化定制。

13.6.1 Moodle 的结构分析

1. Moodle 的设计目标

在很多课程管理系统并存的情况下，Moodle 的最初设计目标非常明确，那就是开放和简单。在 Moodle 社区的网站上，列出了以下几个设计目标。

(1)跨平台运行。Moodle 可以在多种操作系统和 Web 服务器上配合不同的数据库运行，Moodle 是一个 B/S 结构的 Web 应用系统，核心组件是构建在 LAMP 环境上的(L 代表 Linux，A 代表 Apache，M 代表 MySQL，P 代表 PHP)。PHP 是一个高效的 Web 服务端技术，它可以运行在目前所有的主流操作系统和 Web 服务器之上，包括 UNIX/Linux、Windows 和 Mac OS 下的 Apache 以及 Windows 下的 IIS。所以构架在 PHP 上的 Moodle 可以在所有的主流系统上运行。

Moodle 使用的默认数据库是 MySQL，是一个开源的关系型数据库系统。为了可以使用其他的关系数据库服务器，Moodle 使用了 ADODB 将数据层抽象，这样 Moodle 就可以采用如 MS SQL Server、Oracle 等作为后台数据库。

(2)方便的安装和维护。Moodle 支持复制——运行的发布模式，安装只需要进行一次复制操作。Apache 服务器和 MySQL 服务器都包含在安装包中，不需要另行下载、安装和配置。可以使用 PHP 脚本对源文件进行直接修改，不需要额外的编译和发布。

(3)方便的版本控制。内建版本检测升级机制(包括核心模块和插件模块)，可以自动升级。如果对协作版本系统(CVS，用于控制系统版本)有所了解，还可以使用 CVS 直接进行版本控制。

(4)模块化的扩展。特殊需求可以通过模块扩展。Moodle 的 M 表示 Modular，就是暗示它可以通过模块进行扩展。这些模块涵盖了系统主题风格(Theme)、界面语言、数据库模型、课程结构、问题格式、导入导出格式和活动模块等各个方面。Moodle 开发社区的“Modules and plugins”数据库(http://moodle.org/mod/data/view.php?id=6009)中已经注册了上百种标准的和第三方开发的稳定模块。在大量热衷模块开发的用户支持下，模块还在不断增加。

(5)与其他网络课程平台的交互性。在数据的保存方面，Moodle 将一个课程的文件全部保存在一个目录中。这样即便不通过 Moodle 系统，也可以很方便地通过目录操作访问到某个课程的内容，可以将这些文件带到其他课程平台上使用。在未来版本中，还将支持不同平台格式的课程导入和导出，目前已经实现的有 SCORM 和 IMS 的课程包。

2. 模块化架构

Moodle 是如何实现上述目标的呢? 下面从开发者的角度对其进行分析。Moodle 平台建立在 PHP 环境上，整体采用按功能封装的函数库结合面向对象的方法来构建。由于 PHP 是一种解释执行的脚本程序语言，所以 Moodle 平台所有的源代码都完全公开，这为全球开发者总结其系统架构提供了便利。

Moodle 平台支持扩展模块，可以通过开发者自行开发，以模块插件的形式整合到 Moodle 平台中。整合到 Moodle 平台中的插件可以采用 PHP 脚本编写，但是也不排除和其他技术整合的可能性，特别是在 SOA 的构架下，Service 可以基于各种技术框架进行设计，PHP 可以调用非 PHP 构架的 Service，当然最终的 HTML 表现页面还是需要借助 PHP 来完成。

3. Moodle 数据库模型

要进行二次开发，还需要熟悉 Moodle 平台的数据库模型。在没有涉及核心模块的最初阶段可以不作细节分析。一旦涉及核心模块，就需要深入了解 Moodle 平台的数据库模型。

Moodle 的数据库模型经过近十年的发展已相当复杂，为了减少这种复杂关系带来的混乱，系统采用了模块化的命名方式。如 mdl_course_categories，其中 mdl 是所有系统表格的前缀，course 代表属于 course 的模块，categories 代表课程分类表，这样既可以保证清晰的表述，又可以避免不同模块之间数据表格的重名。由于模块部分的数据模型会随着系统模块的增加而增加，所以当扩展模块的时候，那部分数据模型就可能会发生变化。利用 DBDesigner4(一种免费的数据库设计软件，可以从 http://fabforce.net/dbdesigner4/下载)将 Moodle 数据库导成 XML 文件。1.8 版的数据库一共包含约 180 个表，结构复杂，故应该采用各个模块分别分析的方法来研究，其中 config、user、course、quiz、question 等模块的数据模型应该优先掌握。在每次接触到某个模块的数据模型时，必须分析细节，如在设计自己的模块时，如果需要进行权限分配，就需要研究用户和角色的数据结构，图 13-44 是 user 和 role 模块关系数据模型的简化图(各表的字段略)。

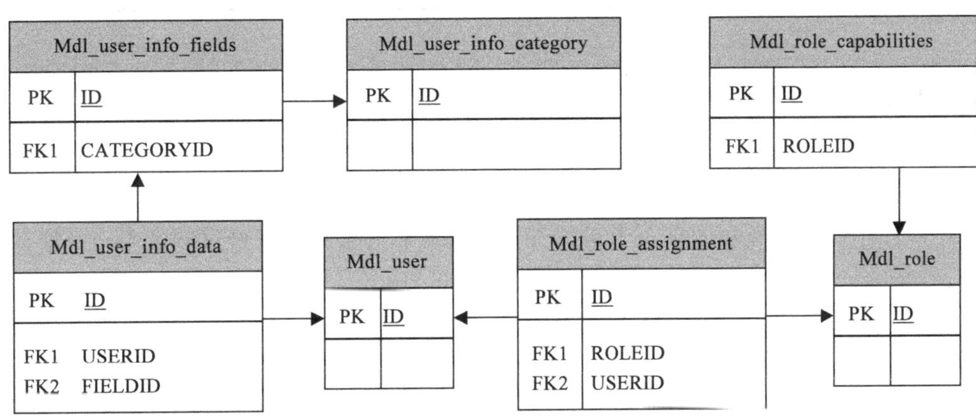

图 13-44　user 和 role 模块关系数据模型的简化图

这个模型中 Mdl_user 包含了用户的基本信息；Mdl_user_info_fields、Mdl_user_info_ category、Mdl_user_info_data 这三张表用于增加用户的自定义属性；Mdl_role 和 Mdl_role_capabilities 这两张表存储了系统用户的角色和各角色所拥有的能力/权限；Mdl_role_assignment 是 Mdl_user 和 Mdl_role 的关联表，保存了 user 和 role 的包含关系。Moodle 平台提供了 ADODB 数据访问抽象层来进行数据库的访问，所以不需要直接编写访问数据库的代码，只要通过抽象层的方法就能读取到数据库中的数据。

13.6.2　Moodle 二次开发的形式

通过对 Moodle 平台系统结构和数据库模型的分析，可以得出，Moodle 平台第三方的二次开发的重点并不是针对 Moodle 平台的核心模块和核心代码进行修改，而是为了满足某些特定的需求，针对平台外围功能模块的设计和开发，即围绕着 Moodle 平台的核心模块进行的外围开发。Moodle 平台的核心模块开发规划可参考 MoodleRoadmap（http：//docs.moodle.org/en/Roadmap）。

表 13-2 描述了 Moodle 二次开发的形式、具体内容和适合的用户，从表中可以看出，Moodle 的二次开发并不是程序员的特权，所有人只要愿意，都可以为 Moodle 平台的二次开发事业贡献自己的力量。这也是开源软件的一个特性，在学习中开发，在开发中学习。Moodle 不仅仅是一个网络教学平台，更是一种新的学习模式。

表 13-2　Moodle 平台二次开发的形式

形式	适合用户	具体内容	难度
语言包开发	熟悉 Moodle 平台功能，熟悉网络课程，具有语言翻译能力	为 Moodle 平台的界面提供语言包，如将 en_utf8 翻译成 zh_en_utf8。除了界面语言包外，还有很多帮助文档也需要翻译	简单
主题风格	熟悉 Moodle 平台功能，具有一定 CSS、HTML 和 XML 知识	为 Moodle 平台提供不同的外观，主要是布局、色彩、图片、自提等界面外观的修改，提供类似 Theme 或是 Skin 之类的插件	一般
功能模块及插件	熟悉 Moodle 平台功能，熟悉网络课程，具有一定 Web 设计知识，具有一定 PHP 和关系数据库的知识	进行特定需求的货站，包括活动模块（Activity Module）、作业类型（Assignment Type）、验证方式（Authentication Method）、课程格式（Course Format）、功能块（block）、问题类型（Question Type）、测验报告（Quiz Type）、资源类型（Resource Type）等	较难

13.6.3　Moodle 二次开发的准备

1. 开发环境和开发工具

进行 Moodle 的二次开发的第一项准备工作是构建开发环境和选择开发工具。需要注意的是，不能在正式对外发布的平台上进行任意的修改和开发，必须经过测试平台严格测试后再发布。

Moodle 平台的开发环境，在 13.2 节中已有介绍，具体步骤可以参见 13.2 节。如果对 Web 服务器和数据库不熟悉可以在 Moodle 官网下载完整的安装包，如果对 Web 服务器和数据库环境的配置驾轻就熟，也可以只下载运行包，自己配置 Moodle 平台的运行环境。建议下载运行包，然后亲自配置服务器环境，这样可以帮助理解 PHP 服务器和 MySQL 服务器的运行原理。

运行环境构建好后，接下来需要选择 Moodle 平台的开发工具。因为 PHP 是解释执行的脚本语言，源代码修改以后不需要编译就能直接运行，所以使用最简单的文本编辑器（如记事本）就可以进行开发。如果使用能对 PHP 的语法和关键词进行错误提示的工具能达到事半功倍的效果。Moodle 社区推荐的开发工具是 eclipse，这是一个运行在 Java 平台上支持多语言开发的开源可视化的编辑器，可以从 http://www.eclipse.org 下载。eclipse 内建 CVS 更新，可以方便地从 sourceforge 下载最新版本的代码。如果要进行功能模块开发，推荐使用这个工具。如果是要进行语言包开发或是主题开发，建议选择简单的文本编辑器（如 EditPlus）以及网页编辑器（如 FrontPage 或 Dreamweaver）。

2. 熟悉目录结构

进行 Moodle 平台二次开发的第二个准备工作是熟悉 Moodle 的目录结构，只有熟悉了目录结构才能够迅速的定位文件，进行修改。表 13-3 罗列了 Moodle 平台的主要目录及文件。Moodle 平台进行了个性化开发后，子目录的结构会有所不同，上述根目录的结构对原始相同版本的 Moodle 平台来说是固定的。

表 13-3　Moodle 平台的主要目录和文件

文件夹	功能
admin/	系统管理相关的代码
auth/	验证用户基本模块及扩展模块
blocks/	页面 block 基本模块及扩展模块
calendar/	日历管理与维护模块
course/	课程管理模块
doc/	Moodle 平台的帮助文档
files/	上传文件管理模块
lang/	放置语言包的目录，一个目录对应了一种语言
lib/	Moodle 平台的核心代码库
login/	登录及账号创建代码
mod/	Moodle 平台的基本模块和扩展模块
pix/	Moodle 平台的图片
theme/	平台的主题包/皮肤包，控制平台的样式
user/	用户管理模块
config.php	基本的系统设置文件
install.php	安装程序
Version.	版本控制
index.php	首页

3. 总体开发约定

二次开发的第三个准备工作就是熟悉 Moodle 二次开发的约定。因为 Moodle 是一个开源的软件，二次开发的目的除了要满足自己的特定需求以外还有一件更有意义的事情，就是让别的用户分享你的劳动成果。根据 Moodle 社区的约定进行二次开发才可以让所有的用户都方便地共享。Moodle 社区制订了开发约定(可以访问 http：//docs.moodle.org/en/Developer_documentation#Guideline 查看具体信息)，包括 coding guidelines、interface guidelines 等。特别是 coding guidelines 部分，它约定了文件的名称、代码编写的风格、数据库基本结构和安全问题，所有模块的开发都应该遵循这个约定。如果是进行主题的开发，那么 interface guidelines 中约定了如界面风格、CSS 结构、页面布局等问题。按照约定进行的二次开发模块可以很方便地嵌入到 Moodle 系统中，无须对核心代码进行修改。

13.6.4 Moodle 平台语言包的二次开发

1. 了解 Moodle 平台语言包的结构

Moodle 中几乎所有在页面上看到的文本都是从一系列的语言文件中动态获取的，这些文件被称为 Language File 或者 String File。这些文件通常按照语言代码的文件夹存放在 lang 目录中，如 en_uft8．zh_cn_utf8，并且以 PHP 为扩展名。文件内以字符串的形式定义了界面的文本，例如：

```
$string["action"]="Action";
$string["activemodule"]="Active Module";
```

然后在界面引用时使用如下语句，即可显示相应的文本：

```
print_string("action");
print_string"(activemodule");
```

或者将文本赋给变量，例如：

```
$activemodule=get_string(“activemodule”);
```

开发新的 Moodle 平台语言包的过程就是将英文语言包中的文本翻译成其他语言。

2. 开发方法

Moodle 一般会提供多种国家的语言包支持基本的 Moodle 界面，扩展模块如果按照约定来设计也会有相应的英文语言包，但是不一定会有其他语言的语言包。在决定开发某种语言包时首先使用 Moodle 的管理工具进行语言包升级，将原始语言包下载到本地，然后在其基础上进行翻译；如果找不到原始语言包，可以新建语言包，Moodle 建议新建语言包时能联系 Moodle 的翻译合作伙伴(translation@moodle.org)，确定新语言的代码。

非常幸运，简体中文语言包已经提供了部分语言的翻译，按下面步骤操作，可以进行语言包的开发。

使用管理员账号登录 Moodle 平台，在“Administration”→“Language”的选项中进行语言包的管理，下载语言包，检查语言包的翻译情况，对未翻译的文本进行处理。

3. 贡献发布

贡献语言包可以帮助更多和你使用相同语言的用户，可以将语言包压缩成 zip 文件，然后发送到 translation@moodle.org，Moodle 的翻译伙伴会为你提供更多的信息。

13.6.5 Moodle Theme 的二次开发

1. 了解 Theme 结构和开发约定

Moodle 拥有一个强大的 Theme 系统，可以通过 XHMTL 和 CSS 进行界面效果的修改。Moodle 的 Theme 中定义了多层样式，分别是站点级别(Site Level)、课程级别(Course Level)、用户级别(User Level)和页面级别(Page Level)，支持用户进行多层次样式风格的定义。

Moodle 平台的 Theme 存放在 Theme 文件夹中，每有一个子文件夹代表有一套 Theme，在每个 Theme 的子文件夹中都包含表 13-4 中的文件和文件夹。

表 13-4　Theme 文件夹结构

文件夹/文件	功能
Pix/	包含所有在 Theme 中用到的图片
Config.php	CSS 文件配置
Favicon.ico	浏览器标题栏和收藏夹中显示的图标
Footer.html	页脚
Header.html	页眉
Styles.php	调用 CSS 文件的代码(无需修改)
Styles_colors.css	色彩样式文件
Styles_fonts.css	自提样式文件
Styles_moz.css	针对 Mozilla 和 Firefox 的特性格式
Styles_layout.css	布局样式文件

设计 Theme 时，开发者可以将多个文件夹中的 CSS 文件整合使用，其过程就是重新定义和添加 CSS 的样式。更详细的内容请参考 http://docs.moodle.org/en/Themes。

2. *开发方法*

要创建新的 Theme，最好是从当前使用版本中的标准 Theme 开始。先复制一个原始的 Theme 文件夹，将文件夹名字修改为新名字，然后就可以开始设计新的 Theme。主要的工作就是将原子目录中的内容进行重新定义，设计新的图标、整体风格、色彩体系、字体和布局。对 CSS 和 XHTML 不熟悉的用户可以参考 http://docs.moodle.org/en/Theme_sources 上的资源进行 CSS 和 XHTML 的学习。

3. *贡献发布*

在完成新 Theme 的设计后可以通过 http://moodle.org/mod/data/view.php?d=26 进行发布，需要提供下载地址、演示站点、版本信息和截屏等信息。

13.6.6　Moodle 模块的二次开发

1. *了解模块结构和开发约定*

Moodle 模块是 Moodle 中最具扩展性的构架之一，因此需要开发者对 PHP 和 MySQL 都有一定的开发能力，并且还要对 Moodle 模块的结构有一定了解。要学习 PHP 和 MySQL，可以参考有关的书籍。表 13-5 是 Moodle 平台模块的目录结构。

将新模块文件夹放到 Moodle 目录下的 Mod 目录下，就可以让 Moodle 发现并启用新模块。Moodle 在管理界面下可以进入 Maintenance(维护)模式，对所有的模块和插件进行检测。对于模块来说，Moodle 会检测 Mod 文件夹下所有的子文件夹，对于已有模块的文件夹，Moodle 会检测 Version.php，比较系统中的模块版本和文件夹中的模块版本是否一致，如果一致就不作任何操作，如果不一致就进行版本更改的操作；对于新模块的文件夹，Moodle 会将该文件的名字作为模块的名字，并读取 Db 文件夹下的.sql 文件，将 script 程序在数据库中执行以生成新的数据表格和初始数据。一切工作完成后，就可以在课程中使用新的模块。

表 13-5　Moodle 平台各功能模块的目录结构

文件夹/文件	功能
Mod.html	创建或编辑模块时使用的表单界面
Version.php	版本控制，如果复制进来的版本号比数据库中的版本号高，便进行升级操作
icon.gif	模块的显示图标
db/	数据库文件夹(根据数据库类型的不同，其中文件会有所不同)
Db/mysql.php	导入到系统数据库时需要读的控制文件
Db/mysql.sql	建立模块数据库和插入初始数据的 SQL 脚本
index.php	所有新建模块的首页
View.php	查看单个模块详细信息
Lib.php	模块中的函数库
Config.html	设置新模块的页面，可选。如果有这个文件就会在模块设置管理页面中出现 config 的链接

在模块开发时要遵守一些基本的约定，特别是对于 Lib.php 这个函数库文件，要求必须定义下面的方法。

(1) newmodule_add_instance () 添加一个模块记录到数据库。

(2) newmodule_update_instance () 更新数据库记录。

(3) newmodule_delete_instance () 删除一个数据库记录。

(4) newmodule_user_outline () 传递一个实例，返回用户贡献的总结。

(5) newmodule_user_complete () 传递一个实例，返回用户贡献的细节。

其中 newmodule 为新建模块的名称，这个名称一般为不含数字和其他特殊符号的单个英文名称。上述五种方法，即便功能用不上，也要定义，方法体可以为空，或返回空的结果。

2. 开发方法

新模块的开发可以通过下面几个步骤完成。

(1) 从 moodle.org 下载开发模板 (http://download.moodle.org/download.php/modules/NEWMODULE.zip)。其中包含了上面提到的所有文件和文件夹，且在 Lip.php 中定义了所有必要的方法。

(2) 解压缩文件到任意文件夹。

(3) 将文件夹名改为新模块名，如 bulletin。

(4) 将文件夹下所有文件中的 NEWMODULE 文本替换为 bulletin。

(5) 如果需要用到数据库，那么在 Db/mysql.sql 文件中编写 sql 数据库定义语句，注意在创建表格时使用模块名作为前缀，如 bulletin_posttable，这样可以避免表格重名。同时编辑 Db/mysql.php 文件，设置模块名和版本号。

(6) 创建模块的语言包文件，建议默认使用英文语言。避免将文本直接在页面上硬编码，便于语言版本的更换，例如，创建如下目录：lang/en_utf8/bulletin.php，然后在文件中输入需要在界面上显示的文本。

```
<?php
$string[' modulename' ]=' Bulletin' ;
$string[' modulenameplural' ]=' Bulletins' ;
?>
```

(7) 将整个模块文件夹复制到 moodle/mod 目录下。

(8) 在管理站点中，开启维护模式，访问 Administration 页面，Moodle 会提示注册新 bulletin 模块。

如果要升级安装新模块，注意将 Version.php 文件中的版本号修改为更大的数字(日期)，否则将无法在课程中增加新模块。

当然还有其他很多数据库操作(Lib.php)和使用界面(mod.php，index.php 和 View.php)的代码需要编写，这里不作详细介绍，如有需要可登录 Moodle 官网的开发者论坛学习。

3. 共享发布

在完成新模块的开发和测试后，可以将模块压缩打包发布到 http：//moodle.org/ mod/ data/edit.php?d=13。建议除了发布源文件包外，还要提供 help 文档，这样便于大家共享使用。

参 考 文 献

安淑梅, 武志刚. 2006. 网络设备与管理. 北京: 北京希望电子出版社.

陈波, 于泠, 肖军模. 2009. 计算机系统安全原理与技术. 北京: 机械工业出版社.

陈景亮. 2011. 网络操作系统——Windows Server 2003 配置与管理. 北京: 人民邮电出版社.

陈明. 2008. 计算机网络设计教程. 2 版. 北京: 清华大学出版社.

崔北亮, 陈家迁. 2010. 非常网管: 网络管理从入门到精通(修订版). 北京: 人民邮电出版社.

冯登国. 2011. 安全协议: 理论与实践. 北京: 清华大学出版社.

光纤线缆安全性. http: //blog.neu.edu.cn/sonic3021/archives/50[2009-01-04].

胡宝成, 梁普选, 等. 2008. Dreamweaver CS3, Flash CS3, Fireworks CS3 三合一实用教程. 北京: 电子工业出版社.

姜大庆, 洪学银, 曹钧尧, 等. 2011. 综合布线系统设计与施工. 北京: 清华大学出版社.

寇晓蕤, 罗军勇, 蔡延荣. 2009. 网络协议分析. 北京: 机械工业出版社.

雷渭侣. 2010. 计算机网络安全技术与应用. 北京: 清华大学出版社.

黎加厚. 2007. Moodle 课程设计. 上海: 上海教育出版社.

李建新, 银鹰, 蒋兴浩, 等. 2010. 高等院校信息安全专业规划教材·公钥基础设施(PKI)理论及应用. 北京: 机械工业出版社.

李明江. 2007. SNMP 简单网络管理协议. 北京: 电子工业出版社.

梁会亭. 2011. 网络工程设计与实施. 北京: 机械工业出版社.

刘省贤. 2006. 综合布线技术教程与实训. 北京: 北京大学出版社.

刘亚刚. 2012. 黑客攻防与电脑安全无师自通. 北京: 清华大学出版社.

斯桃枝, 杨寅春, 俞利君. 2008. 网络工程. 2 版. 北京: 人民邮电出版社.

谭晓玲, 蔡黎, 刘毓, 等. 2012. 计算机网络安全. 北京: 机械工业出版社.

王达. 2005. 网管员必读——超级网管经验谈. 北京: 电子工业出版社.

王达. 2007. 网管员必读——网络应用. 北京: 电子工业出版社.

王文寿, 王珂. 2007. 网管员必备宝典——Windows Server 2003 网络管理. 北京: 清华大学出版社.

王小琼, 杨志国, 敬军. 2007. Windows Server 2003 网络配置与管理. 北京: 人民邮电出版社.

严体华, 张凡. 2009. 网络管理员教程. 3 版. 北京: 清华大学出版社.

颜东成, 韩玉宁. 2011. 网络监测基础与实战. 北京: 清华大学出版社.

于鹏, 丁喜纲. 2009. 网络综合布线技术. 北京: 清华大学出版社.

曾棕根. 2010. Moodle 网络课程平台. 北京: 北京大学出版社.

张同光. 2010. 计算机安全技术. 北京: 清华大学出版社.

张泽虹, 赵冬梅. 2010. 信息安全管理与风险评估. 北京: 电子工业出版社.

中国互联网络信息中心(CNNIC). [2012-01-16]. 第 29 次中国互联网络发展状况统计报告. http://www.cnnic.net.cn/hlwfzyj/hlwxzbg/hlwtjbg/201206/t20120612_26720.htm.

信息产业部. 2007. 综合布线系统工程设计规范. GB 50311-2007. 北京: 中国标准出版社.

信息产业部. 2007. 综合布线系统工程验收规范. GB 50312-2007. 北京: 中国计划出版社.

信息产业部. 2003. 智能建筑工程质量验收规范. GB 50339-2003. 北京: 中国标准出版社.

Obaidat M S, Boudriga N A. 2009. 计算机网络安全导论. 毕红军, 张凯译. 北京: 电子工业出版社.

Stevens W R. 2000. TCP/IP 详解卷 1: 协议. 北京: 机械工业出版社.

Tanenbaum A S. 2004. 计算机网络. 4 版. 潘爱民译. 北京: 清华大学出版社.